LEAN NA PRÁTICA

1ª edição

Organizadores
Gabriela Salim Spagnol
Robisom Damasceno Calado,
Alice Sarantopoulos & Li Li Min

ROCKVILLE, MARYLAND

2018

GlobalSouth
PRESS

Published in the United States by GlobalSouth Press Inc TM.
 For information, address GlobalSouth Press Inc., 199 E. Montgomery Suite 100, Rockville-MD. 20850. GlobalSouth Press books are available at exclusive discounts for bulk purchases in the U.S. by corporations, institutions, and other organizations.

For more information, please contact
info@globalsouthpress.com or go to
http://www.globalsouthpress.com/

LEAN NA PRATICA by Gabriela Salim Spagnol,
Robisom Damasceno Calado,
Alice Sarantopoulos and Li Li Min

—1st ed. — 2018

Includes bibliographical references and index
ISBN: 978-1-943350-76-6

1. TECHNOLOGY & ENGINEERING / Industrial Technology
2. TECHNOLOGY & ENGINEERING / Manufacturing
3. TECHNOLOGY & ENGINEERING /Lean Six Sigma
4. TECHNOLOGY & ENGINEERING /Healthcare

Os organizadores e a editora não assumem responsabilidade por danos a pessoas ou propriedades decorrentes do uso ou operação de métodos, produtos, instruções ou ideias contidas nessa publicação.

Revisores do Lean na Prática

Adalberto da Cruz Lima
Alberto Eduardo Besser Freitag
Carolinne Yuri Tagami
Eduardo Guilherme Satolo
Elen Nara Carpim Besteiro
Fredjoger Barbosa Mendes
Gabriela Salim Spagnol
Luana Rodrigues Pizetta Claudino
Mateus Carvalho Amaral
Milena Estanislau Diniz
Paulo Sérgio de Arruda Ignácio
Regina Meyer Branski
Renan de Lima Branco
Robisom Damasceno Calado
Sérgio Crespo Pinto
Stephanie D`Amato Nascimento
Tiago Henrique Oliveira

Apresentação

Lean na Prática é um livro de coletâneas de experiências sobre a aplicação da filosofia Lean, traduzido como pensamento enxuto, na gestão de indústria, de saúde e de serviços.

Este livro é parte da jornada Lean do Grupo de Inovação e Gestão em Saúde (GIGS) da Unicamp. O GIGS-Unicamp é um grupo de pesquisa com diretório no CNPq sediado na Faculdade de Ciências Médicas. Nos primórdios, os pesquisadores se organizaram para constituir um grupo focal do Educational Network for Lean Advancement Initiative do Massachusetts Institute of Technology no Brasil. No decorrer dos anos da organização do Lean Day ao consagrado evento acadêmico em Lean Six Sigma, produção de conhecimentos e publicações de livros "O que é esse tal de Lean Healthcare", "Lean Six Sigma na Indústria de Óleo e Gás", o GIGS-Unicamp afirma o seu compromisso na disseminação da filosofia Lean.

Da mesma forma, o livro Lean na Prática nasceu da necessidade de compartilhar o conhecimento com objetivo de promover a educação continuada aos adeptos e estimular interessados nesta temática.

De forma desprendida e com muita generosidade os autores responderam a nossa chamada para realização deste projeto. O resultado foi mais do que esperávamos, os capítulos trazem um recorte sobre a presença do Lean nos diversos setores produtivos no Brasil.

Dividimos o livro em 3 partes, a primeira visa apresentar as experiências no setor da manufatura e serviços e a segunda parte dedicada ao setor da saúde. E por fim, não menos importante, são relatos em primeira pessoa da vivência Lean.

Temos orgulho de fazer parte deste projeto e desejamos a todos uma boa leitura

Kaizen!

Gabriela Spagnol
Enfermeira com mestrado pela Unicamp, Black Belt Six Sigma.
Pesquisadora do Grupo de Inovação e Gestão na Saúde – GIGS.
Editora associada do JIHM, Journal of Innovation and Healthcare Management.
Analista de saúde na HealthBit e Professora Assistente da Graduação em Enfermagem da Faculdade de Jaguariúna.

Robisom Calado
Engenheiro de Produção com doutorado pela Unicamp e Pós-doutorado na Universidade de Coimbra. Professor de Engenharia de Produção da Universidade Federal Fluminense. Coordenador do Laboratório Design Thinking, Gestão e Engenharia Industrial.

Alice Sarantopoulos
Enfermeira mestre Lean Healthcare pela Unicamp, Black Belt Six Sigma.
Editora associada do JIHM, Journal of Innovation and Healthcare Management
Pesquisadora do Grupo de Inovação e Gestão na Saúde – GIGS.
Consultora e professora da FM2S Treinamentos e Desenvolvimento Profissional e Gerencial

Li Li Min
Médico, neurocientista, administrador, professor de Neurologia da Unicamp.
Coordenador do GIGS-Unicamp e Editor do JIHM, Journal of Innovation and Healthcare Management

Prefácio

Is There Value in Sharing?

Sharing of knowledge, tools, and experiences is integral to the culture of Lean Thinking. I've done plenty of sharing through presentations, publications, teaching, and the LAI Educational Network. And I have greatly benefited from the sharing by others. But it wasn't until Professor Li asked me to write this preface that I wondered – in the context of Lean Thinking – is there value in sharing, and if so what is that value? Let's look at different aspects of sharing, some of which are directly relevant to this book and the VII Lean Six Sigma Conference.

Familiar ways of sharing include:

- Presentations and publications that report thoughts, tools and techniques, and findings.
- Workshops with give-and-take dialog, or where participants learn and practice tools and techniques.
- Gemba walks to see lean implementation first hand and learn directly from those who are involved.
- Transferring explicit knowledge such as tools or training materials.
- Imparting implicit knowledge through mentoring or coaching.

Benefits from sharing include:

- The recipient of the shared knowledge or tools becomes more profi cient.
- The party that shares the knowledge or tools also becomes more proficient, much like a teacher who has a deeper grasp of the content once they explain it to others.
- The collective proficiency of the "community" increases, which contributes to a greater societal good.
- Personal reward to those that share from peer recognition.

Lean Thinkers categorize activities into three groups: value added; non-value added necessary waste; non-value added pure waste. Which group does sharing fit? That would depend upon whether the person initiating the sharing considers the recipient as their customer. If the answer is "yes" then the act of sharing would be valued added assuming the recipient wants whatever is being shared, that whatever is shared is not defective, and the act of sharing is well executed. Otherwise the activity of sharing is necessary waste and should be done with as little effort as possible, or pure waste and should be eliminated.

So in the context of Lean Thinking, whether sharing provides value comes down to understanding the customer and what they want. Most of my sharing is done with professional colleagues, although some is with students and some with my community. I have never thought of my professional colleagues as customers. But as I write this preface, I realize that they are customers in this context. And I do think they see great value in whatever I share when I do well. Boring talks, slides with typos, and poorly prepared teaching materials don't add value. So I try to avoid these.

This preface takes me to an interesting realization – that I am also a customer who benefits from my sharing. Whatever and whenever I share knowledge, I receive much more in return. When I give a talk at a conference, I learn much more from the other speakers. When I share teaching with colleagues, I learn much more from them.

Sharing becomes a virtuous circle of value delivery and is a very rich part of Lean Thinking culture. So I conclude that my professional colleagues are my customers, that there is value in sharing, and that value is increasing the collective capability of all that participate.

Enjoy the contributions to the book, and happy sharing!

Earll M. Murman
MIT Ford Professor of Engineering Emeritus.
March 2018

The Value of Sharing Lean Experiences

Lean thinking is a management model derived from the Toyota Production System which seeks to achieve operational excellence by engaging the workforce, developing a mindset of continuous improvement, and focusing on process waste and value. Healthcare systems have embraced lean thinking strategies to transform their organizations to provide high value care, delivering excellent quality at an affordable. Studies of system transformation across healthcare contexts have found that goal alignment and leadership engagement throughout the organization are critical to supporting front line staff in continuous improvement work, to enable and empower them as the organization's primary problem solvers. Successful transformation requires health care managers and front line staff to behave differently. In the Shingo model, these behaviors are grouped into three domains: alignment, enabling and improvement.

To implement lean thinking, most organizations build capability by training employees on lean ideas and tools, teaching approaches like A3 problem-solving and developing a structure that supports individuals in developing increasing levels of competency with lean ideas and the ability to apply them. In addition, organizations often work with lean experts or senseis and participate in experiential site visits to lean exemplar organizations. The investment provides knowledge about lean tools and ideas, but the goal is to change employees' perspectives and behaviors. Yet, organizations encounter significant roadblocks. Much of the training is focused on front line employees, who seek to apply their knowledge to small scale improvements within their own workplace. Broader process issues, which cross organizational boundaries and involve stakeholders in multiple areas, are not addressed. Mid-level managers may not provide the time or resources for their staff to engage in process improvement, discouraging engagement. Because coaching and mentoring are resource-intensive, many training activities are content-focused rather than experiential. To counteract these barriers, healthcare organizations that have used lean to drive enterprise-level transformation have developed management systems focused on new leadership behaviors (management standard work such as going to the Gemba, with leaders' walking through patient-interaction areas) and strategic planning focused on goal alignment.

As an academic and researcher, my role in healthcare organizations engaged in a lean transformation has primarily been as a project coach. I have facilitated a leadership course for physicians for several years that requires participants to complete a project using an A3 planning approach, and have also supported students who work on improvement projects sponsored by healthcare organizations. In my coaching, I have found that project teams are often hesitant to engage others outside the team; they want to solve the problem themselves and limit the extent to which their work might interfere with the routines of others. In addition, projects initiated by front line staff are typically motivated by waste in their work environment; links to enterprise processes and the work of others in different parts of the organization may not be well understood.

Opportunities for project teams, front line employees, and managers to share their lean experiences generates action that can help to build the lean management behaviors and goal alignment that are key to top-level transformation plans, as well as support behavior change at the project and front line staff level. For many organizations, a key challenge is moving the lean transformation through the middle; top-level leaders and front-line employees are energized around lean, but it is difficult to communicate goals and to find resources. Lean experiences can be shared in a variety of formats; at regularly scheduled staff meetings, during gemba walks by leaders, and at organization-wide events to celebrate and promote change. Encouraging project teams to seek input and share results with their peers throughout a project, during regularly scheduled staff meetings or daily huddles can build a broader awareness and commitment to the change from a larger group, better supporting implementation. Gemba walks can be structured so that managers from upstream and downstream processes are invited to report-outs to provide an enterprise perspective, as well as to deepen their own knowledge about work outside their own area. Organization-wide events can similarly broaden perspective, and also provide recognition and support to front line staff. While each report out is a small action, taken together a program of sharing experiences can be a glue that links goals throughout the organizations, delivering results that provide resources for future improvements.

Sharon A. Johnson, Ph.D.
Professor, Foisie School of Business
Worcester Polytechnic Institute

Uma das coisas que mais me encanta no modo de pensar Lean é a ideia básica de que qualquer mudança só se justifica se traduzida em mudar para melhor, em "kaizen". Isso parece algo muito óbvio, mas a grande maioria das mudanças que tenho observado nem sempre representam melhorias. Na verdade, o que mais vejo são mudanças que, se não pioram o desempenho de um processo, no mínimo pioram ou encarecem a maneira com que esse processo é executado, introduzindo burocracia e etapas inúteis – basicamente mais desperdício. Inúmeras iniciativas de segurança na saúde criando barreiras e novos procedimentos não têm sido capazes de reduzir o número de eventos ou os chamados "erros médicos", hoje a terceira causa de morte no Brasil, atrás apenas das doenças cardiovasculares e do câncer. O sistema sofre uma ânsia por mudar, mudar, mudar, mas quase nunca para melhor.

Depois de algum tempo em minha jornada Lean comecei a entender onde está outra diferença que torna Lean tão elegantemente simples e ao mesmo tempo tão poderoso em transformar a forma como trabalhamos: o "respeito pelas pessoas" é o que permite que uma mudança se traduza em melhoria. Precisamos de um ambiente onde a origem dos problemas esteja nos processos, não nas pessoas. Esse respeito tem sua maior expressão no que chamamos de lugar real: "genba". É impressionante o quanto de esforço e tempo economizamos fazendo perguntas simples no genba. Tenho por hábito confrontar a opinião do profissional no genba com dados coletados através de indicadores: eles batem sempre. "Quantas vezes por dia/mês você tem esse problema?" é uma de minhas perguntas prediletas. E quase sempre a principal barreira para o bom desempenho é conhecida de quem está no "genba", mas é solenemente ignorada pelos donos das planilhas e dos indicadores.

Outro conceito que aprendi ao longo do tempo foi que um processo ou sistema só é eficiente se suas etapas possuírem conexões sólidas e mecanismos de feedback eficientes – às vezes chamados de "catchball". Muitos sistemas fracassam por não serem capazes de estabelecer rotas rápidas e seguras de comunicação de problemas; seguras enquanto confiáveis e seguras quanto ao respeito pelas pessoas. No sistema de saúde a expressão "mate o mensageiro" é uma realidade cotidiana. Falar sobre problemas, erros e preocupações é ainda um tabu tratado com severas punições.

Hoje cresce o entendimento e a adoção desses princípios no sistema de saúde e o Grupo de Inovação e Gestão em Saúde (GIGS), capitaneado pelos Prof. Dr. Li Li Min e Prof. Dr. Robisom Calado, tem sido um protagonista ativo nesse processo, integrando diversas indústrias, fomentando a troca de experiências entre elas e produzindo conhecimento. O livro que vocês tem em mãos é mais um fruto desse trabalho.

Trata-se de uma coletânea de experiências que nos inspira e abre novos caminhos para a mudança. Combinando indústria, saúde, educação e urbanismo, ele antevê um futuro Lean para nossa sociedade, onde o "respeito pelas pessoas" e o "mudar para melhor" sejam o novo modo de ser de nossa "polis." Boa leitura.

Dr. Carlos Frederico Pinto
Diretor Executivo do Instituto de Oncologia do Vale
Autor do Livro em Busca do Cuidado Perfeito

Este livro sobre Lean é importante não somente porque tem por objetivo disseminar conhecimento útil a evolução de empresas que querem ser protagonistas em seu futuro. Seu valor essencial está em disponibilizar caminhos para a superação das pessoas em sua busca por fazer a diferença nos processos em que estiverem envolvidas. O Lean com seus métodos, ferramentas e experiências nos ajuda a viabilizar processos mais eficientes e empresas sustentáveis, sua filosofia nos dá todos os dias a oportunidade de demonstrar que nós somos capazes de conduzir transformações organizacionais através do planejamento, da persistência e da inovação. É gratificante ver que uma obra como esta é também fruto de um ato generoso de profissionais que dedicaram seu tempo a preparar e compartilhar conhecimento que pode garantir o futuro de muitas companhias e o cumprimento do papel social que elas exercem na comunidade.

Fredjoger Barbosa Mendes
Gerente de Produção, Manutenção & Projetos - Vallourec

O livro denominado “Lean na Prática” é composto por 34 capítulos, tratando de experiências Lean, nas 4 áreas: Indústria 4.0, Lean City, Lean healthcare, Lean Education.

É um livro estimulante.

Inúmeros autores estudam e escrevem sobre o pensamento e a prática de gestão da Toyota.

O livro “Lean na Prática” agrega valor, em direção à manufatura avançada, incluindo conceitos de manufatura 4.0.

Neste livro, os diversos autores apresentam os métodos gerenciais da organização com acuidade e precisão.

Os diversos capítulos componentes do Livro proporcionam conjunto de ideias e práticas que permitem as organizações implantarem e fomentarem,em seus processos de manufatura e serviços,o desempenho da Toyota.

A mensagem central do Livro é descrever e explicar o processo da Toyota para gerenciar manufatura e serviços, agregando ideias e práticas da manufatura 4.0.

O Livro expõe com clareza e detalhe as rotinas de melhoria e liderança, detalha a importância da cultura organizacional, aborda questões da cadeia de suprimentos, apresenta casos de implantação de Lean production e descreve solução de problemas nos processos de implantação e de execução, contribuindo para que as organizações obtenham a vantagem competitiva.

O livro “Lean na Prática” descreve o momento em que o pessoal da “linha de frente”, em contato direto com a produção de produtos e serviços faz alguma coisa que cria oportunidades de melhoria da produtividade e da competitividade.

Este livro é uma contribuição importante para que os profissionais de gestão da produção, estudantes e pesquisadores. A contribuição que nos é concedida pelos autores dos diversos capítulos permite que as organizações aprendam conceitos, reflitam e coloquem em prática, obtendo desempenhos elevados.

Com muita satisfação recomendamos este livro, certo da sua contribuição aos leitores e à Sociedade.

Prof. Osvaldo Luiz Gonçalves Quelhas, D.Sc.
LATEC Laboratório de Tecnologia, Gestão de Negócios e Meio Ambiente
UFF UNIVERSIDADE FEDERAL FLUMINENSE

INDEX

PROPOSTA DE MELHORIA DE PREPARAÇÃO PARA A TROCA DE PRODUTO EM UMA LINHA DE PRODUÇÃO

Cintia Tavares do Carmo[1], Thaís Coutinho dos Santos[1],
Tiago José Menezes Gonçalves[1]
[1]Instituto Federal de Educação Ciência e Tecnologia do
Espírito Santo *Campus* Cariacica
Contato: cintiata@ifes.edu.br; coutinhos.thais@gmail.com;
tiago.goncalves@ifes.edu.br.

RESUMO

Este capítulo apresenta uma aplicação dos conceitos de *Lean* Seis Sigma, na melhoria de uma linha de produção em uma empresa do ramo alimentício. Com o objetivo de reduzir o alto número de paradas de máquina para atender ao mix de produção, foi realizada uma proposta de melhoria utilizando as metodologias DMAIC, TRF e ferramentas da qualidade. A aplicação destas metodologias resultou na redução dos tempos de preparação, na eliminação de perdas relacionadas ao setup da linha de produção que contribuíram para a redução do tempo da parada de máquinas em 18 horas mensais e, como consequência, na redução dos custos de produção, que resultaram em 125,8 % de ganho planejado para 5 meses.

Palavras-chave: Lean Seis Sigma; Troca Rápida de Ferramentas; Ferramentas de solução de problemas; Redução do tempo de *setup*.

INTRODUÇÃO

Toda parada de máquina, em uma dada produção, gera o efeito da diminuição do tempo para a fabricação de produtos. Nesse caso, é preciso controlar as paradas que não são planejadas como também as consideradas planejadas. As paradas não planejadas basicamente consistem em intervenções nas máquinas devido a problemas como quebras, falhas. Já as paradas planejadas, normalmente, tratam-se de intervenções planejadas anteriormente, com as ações e as durações definidas.

Produzem-se, normalmente, em uma linha de produção, vários produtos diferentes, que atendem à demanda do cliente. Uma das paradas regulares é a troca de produto, e o controle do processo dessa troca influencia diretamente a flexibilidade da produção; como consequência, essa troca de produto impacta no custo de produção devido ao tempo de máquina parada. A análise desse fenômeno é o objeto do presente trabalho em uma indústria alimentícia.

A aplicação das ferramentas do Lean surgiu da necessidade de uma empresa do ramo de achocolatados implementar o método capaz de reduzir o impacto das perdas. Neste cenário, um estudo, que visava à priorização das perdas, mostrou que as perdas planejadas equiparavam-se às perdas não planejadas. Isto é, o tempo dedicado a intervenções nas máquinas para a realização da manutenção planejada, do *setup*, da limpeza igualava-se ao tempo de quebras, pequenas paradas. Com essas informações, a estratégia compreendia-se a reduzir as perdas planejadas e, assim, controlar a quantidade de intervenções nas máquinas praticadas para esse fim. Posteriormente, o trabalho poderia ser conduzido à redução das perdas não planejadas, quando a solução estivesse sustentada.

Por esse motivo, o foco desta aplicação foi garantir a redução do tempo de perdas planejadas de máquinas para atender ao mix de produtos de uma das linhas de produção. A aplicação foi desenvolvida em uma linha de produção, que funciona no regime de 24 horas, de segunda-feira a sexta-feira, e produz seis produtos distintos. Os produtos são idênticos no formato de bastão, mas as características são distintas.

Neste contexto, devido à variedade de produtos fabricados, a redução do *setup* foi uma escolha pertinente para alcançar as intenções almejadas. Portanto, o objetivo deste trabalho é descrever a aplicação dos conceitos de Lean Seis Sigma na melhoria de uma linha de produção supracitada. A principal metodologia utilizada foi o Seis Sigma, associado à Troca Rápida de Ferramentas (TRF) e ferramentas da qualidade.

REFERENCIAL TEÓRICO

O Seis Sigma, criado na década de 1950, consolidou-se no gerenciamento da qualidade como uma metodologia para solucionar problemas. Mais tarde, o Seis Sigma direcionou-se para reduzir a variabilidade, ajudando na tomada de decisão, pois baseia-se em dados concretos (3). Já o *Lean Manufacturing* buscava a eliminação de desperdícios, excluindo-se o que não agrega valor para o cliente, além de aumentar a velocidade do processo. Deste modo, o Seis Sigma e o *Lean Manufacturing* integraram-se naturalmente e as empresas passaram a beneficiar-se de seus pontos fortes. Através do Seis Sigma, emprega-se o método estruturado de solução de problemas e ferramentas estatísticas, que soluciona a variabilidade, e o *Lean Manufacturing* focaliza os esforços para o aumento da velocidade dos processos; consideram-se, portanto, meios para desempenhar a gestão do negócio (12).

A redução do tempo de *setup* derivada dos conceitos *Lean* tornou-se uma ferramenta consolidada. Ela veio contribuir para a eliminação de perdas, pois visa à diminuição do tempo e dos custos para aumentar a flexibilidade e melhorar o desempenho geral do processo de produçao (2). (9) apresentou dois tipos de *setup*: para a mudança de produto e por desgaste das ferramentas. O *setup* por desgaste de ferramentas seria inviável para aplicação da Troca Rápida de Ferramentas (TRF), mas para mudança de produto apresenta-se como uma solução benéfica. Isso porque a mudança do produto baseia-se em um processo, que demanda a parada das máquinas cuja finalidade é preparar a linha de produção para fabricação de outros produtos. Assim, necessita-se dela para garantir os requisitos de qualidade o que gera impactos nos custos de produção. Utiliza-se, portanto, a aplicação de TRF para solucionar esse problema.

Destaca-se que, no começo do desenvolvimento dos conceitos sobre TRF, Shingo (1950) criou as definições sobre *setup* interno e *setup* externo durante a realização de seus estudos sobre a redução do *setup*. O *setup* interno trata das atividades desenvolvidas com a máquina parada; o *setup* externo, das atividades desenvolvidas com as máquinas em funcionamento. Definiu-se, então, o nome TRF como trocas de ferramentas inferiores a dez minutos (7).

Outra ferramenta derivada do *Lean* e utilizada neste trabalho é o ECRS (Eliminar, Combinar, Reduzir e Simplificar). (1) apresenta a aplicação desta técnica, cujo objetivo é aumentar o fluxo do processo. Essa ferramenta é amplamente difundida na empresa objeto deste estudo, motivo por que foi incluída no projeto desenvolvido para a melhoria da linha de produção.

Além do método estruturado de solução de problemas, o Seis Sigma realiza a quantificação da variabilidade do processo para analisar a variabilidade em relação às especificações. Isso se chama análise da capacidade do processo, que pode apresentar-se na distribuição de probabilidade como um centro (média) e dispersão (desvio padrão). Considera-se o estudo da capacidade do processo, quando se controla a coleta de dados e se conhece a sequência temporal dos dados para inferir-se sobre a estabilidade do processo no decorrer do tempo (4). Utilizou-se esse conceito para embasar e classificar o processo da linha de produção da fábrica alimentícia em busca de solução de problemas, entretanto foi classificado como incapaz de atender os requisitos do cliente.

Como complemento, adicionaram-se as ferramentas da qualidade para auxiliar na solução do problema do processo. O uso dessas ferramentas possibilita selecionar, implantar ou avaliar melhorias no processo através de análises objetivas. Também orienta-se a ação do usuário por meio de avaliação de ações desenvolvidas, que possibilitam o conhecimento de mudanças operacionais do processo. Dentre elas, foram utilizadas o Diagrama de Causa e Efeito, histogramas, Diagrama de Pareto e *Brainstorming* (5).

Outra ferramenta utilizada foi a "Análise dos Por quês". É uma analise que, após a definição do problema, pergunta-se o porquê da ocorrência até que apareça a causa para que seja tratada devidamente (8).

MÉTODO

A pesquisa-ação norteou o desenvolvimento metodológico deste trabalho. É um método de pesquisa cujo objetivo é solucionar problemas, cobrindo pesquisas orientadas a ação, que projeta e escolhe as mudanças feitas (10). E para a elaboração e implantação do projeto criado para a melhoria do processo da linha de produção recorreu-se ao método DMAIC, utilizado pela empresa de alimentos para empregar o TRF nas linhas de produção. (11) e (3) indicam o DMAIC (*Define, Measure, Analyze, Improve, Control*) como estrutura básica de trabalho para atingir o nível de qualidade 3,4 partes por milhão. Para tanto, deve-se cumprir com as seguintes etapas: Definir o processo a ser melhorado; Medir o desempenho atual; Analisar quando, onde e por que os defeitos ocorreram; Melhorar o processo com a eliminação dos defeitos; e Controlar o desempenho do processo (12).

Na etapa analisar, utilizou-se como primeira análise a redução do tempo de *setup* aplicado ao TRF. O setup divide-se nos seguintes estágios conceituais apresentados por (7): Estágio inicial (não existe distinção de *setup* interno e *setup* externo); Estágio 1 (separa-se o *setup* interno do *setup* externo); Estágio 2 (converte-se o *setup* interno em *setup* externo); Estágio 3 (racionalizam-se os aspectos das operações de *setup*).

Como boa prática adotada pela empresa, após aplicar o método TRF, utilizou-se a ferramenta ECRS para complementar a redução do *setup*. Ela divide-se nas seguintes etapas: *Eliminar* o desperdício pela melhoria ou eliminação de um passo; *Combinar* os passos onde houver um sobre o outro; *Reduzir* os passos quando não for possível eliminá-los; *Simplificar* o fluxo ao máximo possível.

O TRF e o DMAIC contribuem para a realização das análises do problema. Porém, caso não seja suficiente, faz-se uso das ferramentas da qualidade para priorização das causas do problema: o *Branstorming* e Diagrama de Causa e Efeito. Por fim, após priorização, aplica-se a "Análise dos Por Quês" para encontrar a causa raiz. A aplicação desses conceitos nessa sequência foi determinante para o sucesso desta implementação de melhoria da linha de produção.

RESULTADOS

As etapas DMAIC descrevem o conjunto de resultados alcançados. Na etapa "Definir", foi validada a relevância desta iniciativa, construída a equipe responsável, descrito o problema e a meta a ser alcançada, e identificadas as necessidades do cliente. Com esse método, o conhecimento da importância do problema e seus impactos transpareceram após priorização dos problemas da linha de produção, que foram percebidos através da Análise de Pareto. Após esse processo, a equipe responsável foi criada a partir da seleção de pessoas que trabalhavam diretamente com o processo e poderiam contribuir positivamente com o projeto.

Para definir descrição do problema e alcance da meta, foram selecionados 96 dados históricos das trocas registradas no sistema, realizadas durante o ano anterior à criação do projeto. Os dados selecionados variavam à duração entre 0,1 e 5 horas. Enquanto a média dos valores totalizava 0,93 horas, o desvio padrão dos dados resultava em 0,88. O desvio padrão era praticamente o dobro da média. Por este motivo, surgiu uma constatação preliminar: *o processo não era controlado, nem possuía a duração bem definida.* Após constatação do problema, as metas definidas para o projeto foram: reduzir a variabilidade do processo e fixar a duração da mudança do produto. Baseado nessas definições, a economia financeira foi calculada com o objetivo de saber quanto o projeto poderia ganhar com o alcance da meta.

Antes de seguir para a próxima etapa, a necessidade do cliente identificada, fixaram-se valores mínimo e máximo para a realização deste processo. Para o valor mínimo, definiu-se o valor baseado nos requisitos de qualidade do produto e segurança dos colaboradores. Portanto, para o cumprimento dos requisitos, exigia-se o tempo mínimo de 0,8 horas. Como não existia uma definição prévia do valor máximo, utilizou-se, como referência, a adição da média dos 96 valores (0,93 horas) e o desvio padrão (0,88), que resultava em 1,82 h.

Na etapa "Medir", para analisar a alta variabilidade dos dados históricos, optou-se por efetuar a medição das mudanças de produto mais recorrentes da linha de produção. Para isto, a medição consistiu em uma atividade de acompanhamento da execução do processo. Realizaram-se anotações da sequência das atividades realizadas para cada pessoa, com a informação do momento do início e término de cada uma. As principais ferramentas usadas foram: papel, caneta e cronômetros. A Figura 1 exemplifica a medição realizada.

Nº	Atividades	Início	Fim	Duração
1	Posicionar escada	10:15:00	10:15:20	00:00:20
2	Buscar bandeja	10:15:20	10:16:00	00:00:40
3	Retirar recheio	10:16:00	10:18:00	00:02:00
4	Configurar painel dosador	10:18:00	10:21:00	00:03:00
5	Retirar bandejas	10:21:00	10:22:00	00:01:00
6	Retirar escada	10:22:00	10:23:00	00:01:00
7	Posicionar a placa dosadora	10:23:00	10:23:30	00:00:30
8	Retirar parafuso	10:23:30	10:24:00	00:00:30
9	Retirar molde	10:24:00	10:25:00	00:01:00
10	Posicionar moldes limpos	10:25:00	10:26:00	00:01:00

Figura 1. Exemplo da Medição

Observou-se que as atividades de 1 a 10 foram executadas pelo operador com as máquinas paradas. Elas foram escritas de forma sequencial com o horário de início e fim. Deste modo, calculou-se o tempo de cada atividade e, com essas informações, foi possível realizar o método TRF e ECRS da etapa analisar.

A etapa "Analisar" resumiu-se na aplicação de TRF para a redução do tempo de *setup*. Em seguida, a aplicação do ECRS. Por fim, após *brainstorming* com os membros da equipe do projeto e utilizado como base o Diagrama de Causa e Efeito, foram selecionadas as principais causas que geravam o efeito descrito no problema do projeto. Com essa análise, identificaram-se as causas potenciais do problema. Por fim, após o uso da "análise dos por quês", foi possível a identificação da causa raiz.

No desenvolvimento do método TRF, a análise do problema de projeto respeitou os estágios conceituais. Para cada medição realizada, identificaram-se os *setup* internos e externos, converteram-se os internos em externos possíveis e, em seguida, racionalizaram-se os aspectos das operações. Por exemplo, a análise da Figura 1 permitiu a identificação das atividades consideradas *setup* interno. Neste caso, todas elas encontram-se nessa classificação. Dentre as 10 atividades, as atividades 1 e 2, descritas como posicionar escada e buscar bandeja, converteram-se de *setup* interno para *setup* externo.

A aplicação do ECRS utilizou como referência a Figura 1. A atividade 6, descrita como "retirar escada", pôde ser eliminada com a adaptação da realização das atividades sem a necessidade de movimentação da escada. A atividade 7 foi reduzida pelos ajustes simples na máquina; a atividade 8 foi simplificada após padronização dos parafusos utilizados e ferramentas apropriadas. Ao final de todas as análises, surgiu o resultado favorável ao processo de redução de 4,62 h nas trocas selecionadas.

A Tabela 1 resume a quantidade de atividade e o resultado da aplicação de TRF e ECRS. Observaram-se, inicialmente, 153 *setup* internos provenientes das quatro medições. A partir de TRF, 18 atividades converteram-se em *setup* externo, ou seja, foram realizadas com a máquina em funcionamento. Dos 135 *setup* internos restantes, 17 foram eliminados, 3 reduzidos ou simplificados. Logo, reduziu-se a 118 atividades, que permaneceram classificadas como *setup* interno.

Tabela 1. Resumo da Aplicação de TRF e Ferramenta ECRS

	Antes TRF	Depois TRF	Antes ECRS	Depois ECRS	Tempo Total Reduzido (h)
Atividades Internas	153	135	135	118	4,62
Atividades Externas	0	18	0	0	

Após as análises com a utilização das ferramentas TRF e ECRS, foi necessário investigar as causas potenciais e/ou raiz, porque o problema ainda não estava completamente resolvido. Desse modo, foi realizado um *brainstorming* associado ao Diagrama de Causa e Efeito e posteriormente, Análise dos "Por quês".

Com o Diagrama de Causa e Efeito, foram identificadas cinco causas relacionadas à máquina, duas ao método, duas ao meio ambiente e uma à medida. Essas causas resultavam no efeito de elevada variabilidade do processo de mudança do produto. Com a seleção das causas potenciais para priorização, a análise dos "por quês" foi decisiva para a determinação da "atividade sem padrão operacional" como causa raiz.

Adicionalmente, outro problema identificado foi porque a execução do processo era realizada a partir do conhecimento tácito dos operadores. Consequentemente, havia variação na duração do processo por ser realizado por diferentes operadores. Todas as análises contribuíram para solucionar o problema do projeto e identificar as principais ações a serem aplicadas na redução das perdas do processo.

Na etapa "Melhorar", após o esclarecimento da causa raiz, foi necessário o desenvolvimento de um plano de ação com todas as ações necessárias para sanar a causa raiz e as causas potenciais. Através de um *brainstorming* com os colaboradores responsáveis pela execução do processo, foi possível determinar as melhores sequências e execução das atividades, com a inclusão das informações retiradas da etapa "Analisar". A finalidade desse *brainstorming* foi melhorar e padronizar as trocas de produto. Apoiado pelo *brainstorming*, as informações da especificação máxima foram incluídas em uma matriz, onde ficaram comprovadas que algumas das trocas eram inviáveis devido ao tempo de máquina parada, pois, acima do período de 2 h, tornava-se impeditivo o processo. Essas restrições do processo geraram a matriz apresentada na Tabela 2.

Tabela 2. Matriz de Troca de Produto

De \ Para	P1	P2	P3	P4	P5	P6
P1		1,25 h	1,25 h	2 h	2 h	2 h
P2				1,25 h	1,25 h	1,25 h
P3	1,25 h	1,25 h		1,5 h	1,25 h	1,25 h
P4		1,25 h			1,25 h	1,25 h
P5		1,25 h		2 h		
P6		1,25 h		2 h		

Os produtos na Tabela 2 são identificados como Produto 1 (P1), Produto 2 (P2), Produto 3 (P3), Produto 4 (P4), Produto 5 (P5) e Produto 6 (P6). Nessa tabela, consta a determinação de 20 das 36 possíveis mudanças de produto. Com essas informações, o setor de programação da produção conseguiu programar o melhor sequenciamento para produzir e atender a demanda dos clientes. Devido a esse fator, a tomada de decisão tornou-se mais assertiva depois de realizado o sequenciamento, os tempos definidos foram mais próximos da realidade do que eram antes (esse estudo dos tempos não foi feito anteriormente) por basear-se em informações adequadas a cada uma das circunstâncias.

Com a implementação das melhorias, necessitou-se garantir o resultado efetivo durante a etapa "Controlar". Após a criação da matriz de troca, surgiram instruções com o detalhe de todos os procedimentos técnicos e sequenciais necessários para realização de cada troca definida. Como consequência, vinte processos foram padronizados. Em seguida, os operadores relacionados ao processo foram treinados para aumentar a competência sobre todas as atividades.

Sobre a capacidade do processo, inicialmente 46,88% dos dados estavam abaixo do limite inferior (0,80) e 10,42% acima do limite superior (1,82). Portanto, 57,29% dos dados ficaram fora dos limites estabelecidos durante a etapa "Definir". Com a execução do projeto, construíram-se análises com 15 amostras realizadas após o projeto e apoiadas pelo *software* Matlab®. Os resultados das análises mostraram que o comportamento das novas mudanças de produto tornou-se mais uniforme, pois todas elas estavam dentro dos limites de especificação definidos na etapa "Definir". Apesar de o valor médio ter aumentado para 1,033, o desvio padrão (0,121) diminuiu consideravelmente, o que confirma o controle do processo.

Os resultados puderam ser comprovados nos meses seguintes, em razão de os ganhos financeiros realizados superarem sempre os ganhos planejados. A economia financeira foi estipulada baseada na associação dos custos e do tempo total mensal das máquinas paradas da linha de produção. No começo do projeto, planejou-se o ganho mensal de 8 horas a partir de julho de 2017, e eles seriam percebidos por um período de um ano. Porém, o alcance da meta do projeto foi além do estipulado. Durante os cinco meses seguintes, a economia em horas resultou em 50 horas, além das 40 horas planejadas; ou seja, foram reduzidas 90 horas de máquina parada relativo a esse processo. A economia financeira foi substancial, pois atingiu aproximadamente 125,8% além da economia planejada.

CONCLUSÃO E CONSIDERAÇÕES FINAIS

Os resultados da aplicação dos conceitos Lean - Seis Sigma, apresentados neste capítulo, indicam a viabilidade da utilização de suas metodologias e ferramentas. O projeto atingiu os principais resultados: a diminuição do tempo mensal deste processo como também a diminuição da variabilidade do processo. Com a eliminação das perdas, o processo, que não se considerava capaz, tornou-se capaz. Outro benefício do projeto foi a criação de informações que guiaram o planejamento da produção na tomada de decisão sobre planejar a sequência do mix de produtos. Através do planejamento e da redução do tempo de *setup*, a linha tornou-se mais flexível.

Os ganhos financeiros superiores a 125% do objetivo vieram em consequência à aplicação do método e priorização do problema. Com o efeito, os resultados alcançados mais que dobraram a economia da produção em relação à perda de mudança de produto. Além da redução das perdas, o conhecimento adquirido pela equipe do projeto pôde ser transferido para outras pessoas. Aumentou-se a competência em aplicar as metodologias e, também, solucionar problemas. Com esta conquista, faz-se necessário o combate à redução das perdas não planejadas geradas por quebras, pequenas paradas. Essas perdas, além de gerar prejuízos à produção, deixam os colaboradores mais vulneráveis à ocorrência de acidentes, já que se trata de uma situação fora do controle da operação.

REFERÊNCIAS

1. Bem-Tovim DI. Process redesign for health care using lean thinking: A guide for improving patient flow and the quality and safety of care. Flórida: Productive Press; 2017.
2. Dave Y, Sohani N. Single minute exchange of dies: literature review. International journal of lean thinking. 2012; 3(2): 27-37.
3. Hopp WJ, Spearman ML. A ciência da fábrica. Porto Alegre: Bookman; 2013.
4. Montgomery DC. Introdução ao controle estatístico da qualidade. Rio de Janeiro: LTC; 2016.
5. Paladini EP. Ferramentas para a gestão da qualidade. In: Carvalho MM, Paladini EP, editors. Gestão da qualidade: teoria e casos. Rio de Janeiro: Elsevier; 2012.
6. PMI. Um guia do conhecimento em gerenciamento de projetos (Guia PMBOK). 5 ed. Pensilvânia: Project Management Institute; 2013.
7. Shingo S. Sistema de troca rápida de ferramenta: uma revolução nos sistemas produtivos. São Paulo: Bookman; 2000.
8. Slack N, Chambers R, Betts A. Gerenciamento de operações e de processos: princípios e prática de impacto estratégico. Porto Alegre: Bookman; 2008.
9. Tubino DF. Manufatura enxuta como estratégia de produção: a chave

para a produtividade industrial. São Paulo: Atlas; 2015.
10. Turrioni JB, Mello CHP. O método de estudo do caso na engenharia de produção. In: Miguel PAC, editor. Metodologia de pesquisa em engenharia de produção e gestão de operações. Rio de Janeiro: Elsevier; 2012.
11. Werkema C. Lean seis sigma: introdução às ferramentas do lean manufacturing. Rio de Janeiro: Elsevier; 2011.
12. Werkema C. Criando a cultura lean seis sigma. Rio de Janeiro: Elsevier; 2012.

PENSAMENTO ENXUTO EM FÁBRICAS BRASILEIRAS DA TOYOTA

Jorge Muniz Jr.[1], Daniel Wintersberg[2]
[1]Departamento de Produção, Universidade Estadual Paulista (UNESP), BR.
[2]Department of Management, University of Birmingham (UoB), UK.

RESUMO

Este capítulo apresenta o Sistema Toyota de Produção, relacionando aspectos históricos, conceituais com um estudo de caso em quatro fábricas da Toyota instaladas no Brasil, uma montadora e três autopeças. O caso demonstra uma rotina de trabalho extremamente semelhante entre elas, principalmente na preocupação com comunicação de problemas, rotina diária, uso de ferramentas de solução de problemas. O Caso analisa a organização das pessoas, da produção e é sublinhado pela valorização do conhecimento dos operários. A análise dos dados evidencia que aspectos culturais do país não influenciam o modo operante da Toyota no Brasil, cujas práticas de pensamento enxuto são idênticas às das suas fábricas instaladas no Japão.

Palavras-Chave: Operários; Sistema Toyota de Produção; Brasil; Japão; Conhecimento.

INTRODUÇÃO

> *Precisamos olhar mais profundamente o pensamento humano e os processos que são bases das práticas específicas que observamos (Liker e Rother)*

Na procura por melhor competitividade, a indústria automotiva tem discutido e implementado vários conceitos relacionados com as pessoas e processos. O Sistema Toyota de Produção (TPS) é um mantra nas empresas e consolidá-lo é um desafio gerencial. Este capítulo analisa o TPS puro indicando extrema disciplina no trabalho diário das quatro fabricas brasileiras do grupo Toyota aqui pesquisadas. Este capítulo provoca o leitor a refletir se a teoria disponível sobre TPS é concretamente presente na realidade das fábricas brasileiras do Toyota, por que outras fábricas tem dificuldade de implementá-lo.

Tradicionalmente, os modelos de gestão de produção possuem uma dimensão técnica e social. A dimensão técnica refere-se à organização da produção, processos, atividades, tipos e disposição física do equipamento e ao fluxo de material que resulta em serviços e bens. A dimensão social refere-se à organização do trabalho e aos aspectos de recursos humanos.

A organização industrial evoluiu do modelo taylorista com foco na produção em massa, na racionalização da organização de produção e no aumento da eficiência (1) para o modelo sócio-técnico (2) que considera que o comportamento das pessoas no trabalho depende da estrutura da tarefa e do conteúdo da tarefa. O desempenho das pessoas e os sentimentos relacionados às suas tarefas são importantes para a sua satisfação.

Portanto, apesar do fato de que as dimensões sociais e técnicas são identificadas como separadas, ambas devem ser *otimizadas em conjunto* para obter resultados e desenvolver e integrar pessoas. Esta proposição é essencial para que o modelo sócio-técnico não seja considerado um exercício de experimentação social, mas uma forma de desenvolver organizações mais eficazes.

A nova configuração do setor automotivo brasileiro é fundamentada numa transformação que envolve relações com fornecedores, localização produtivas, desenvolvimento de produtos, organização do trabalho e da produção. Em 2016, o Brasil vendeu mais de 2,16 milhões de veículos e passou a ocupar a (10ª.) décima posição entre os maiores produtores de veículos do mundo (3). A indústria automotiva representa um importante setor econômico brasileiro. As principais marcas automotivas globais estão localizadas no Sudeste e Sul (Figura 1), e nos últimos anos houve uma expansão para o Nordeste de montadoras (Troller, Ford, JAC, Jeep) e diversas autopeças.

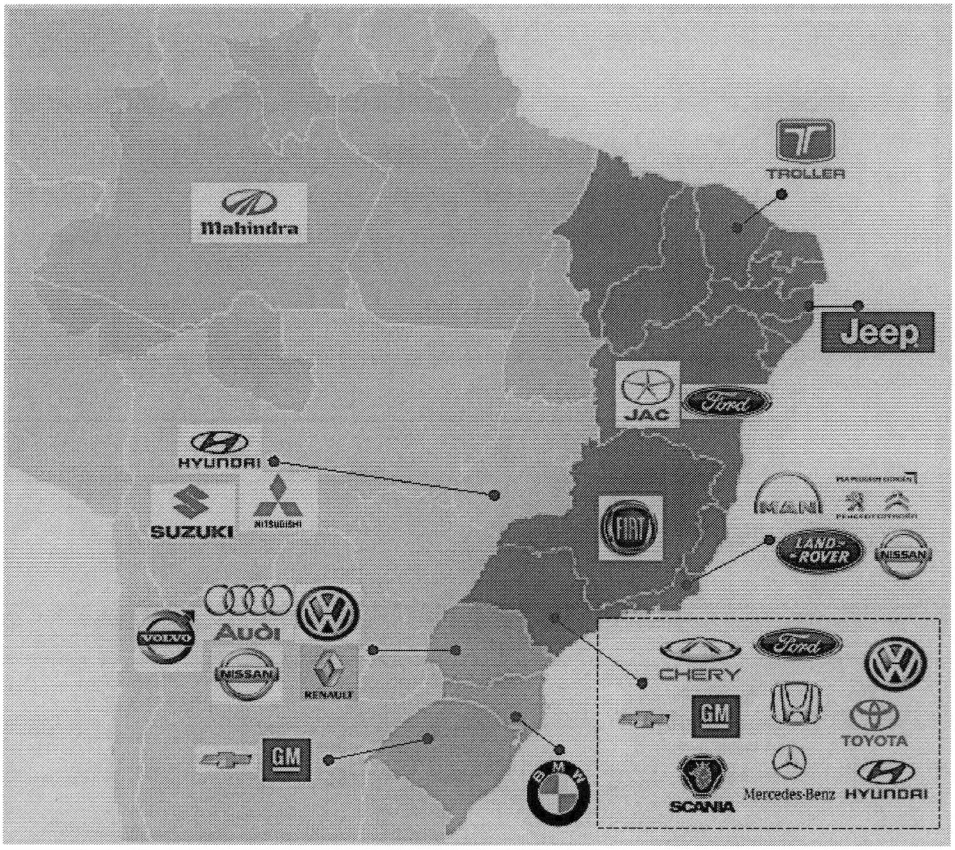

Figura 1. Principais montadoras instaladas no Brasil

O crescimento dos princípios do Sistema Toyota de Produção no Brasil levanta questões sobre sua aplicação em um contexto cultural diferente do japonês. Historicamente, a primeira fábrica de Toyota no exterior foi instalada no Brasil, em 1958. As empresas Toyota localizadas no Brasil possuem imagem de credibilidade, foco nas necessidades do cliente, envolvimento do fornecedor e questões de segurança como relevantes.

O sucesso na sustentação da cultura Lean é determinado em grande medida pela hibridação (4) de onde está sendo implementado. Em outras palavras, a implementação de Lean pode exigir estratégias diferentes, dependendo da cultura organizacional e da região.

O presente caso compara as plantas brasileiras da Toyota (Figura 1) por meio de fatores de organização do trabalho (objetivos, estrutura, comunicação, treinamento, incentivo) e fatores de organização da produção (métodos de resolução de problemas, instrução de trabalho, 5S). As plantas possuem uma relação cliente fornecedor como ilustrado na Figura 2.

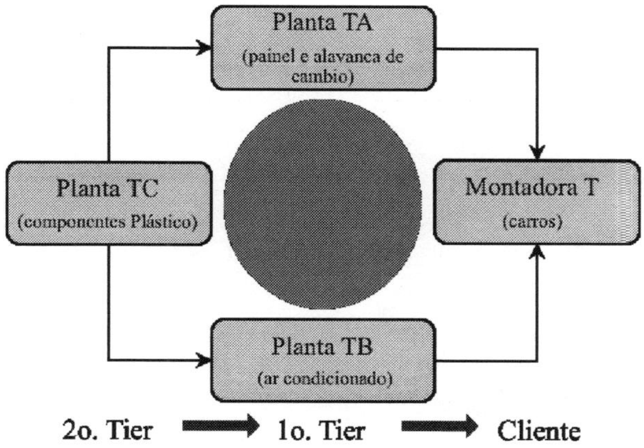

Figura 2. Relacionamento das Fábricas Toyota pesquisadas

Este capítulo apresenta o sistema Toyota de Produção (Seção 2), indicando aspectos históricos, conceituais e sua relevante relação com os funcionários (Organização do Trabalho) e na Seção 3 quatro fábricas da Toyota instaladas no Brasil (5), indicando uma rotina de trabalho extremamente semelhante, e principalmente a preocupação com formas de comunicação, rotina diária, uso de ferramentas básicas de solução de problemas.

O SISTEMA TOYOTA DE PRODUÇÃO

A Toyota Motor Company foi fundada em 1918, quando o empreendedor Sakichi Toyoda estabeleceu seu negócio de fiação e tecelagem com base em seu tear automático avançado. Ele vendeu as patentes aos Platts Brothers em 1929 por £ 100.000, e esses fundos forneceram a base para que seu filho, Kiichiro, colocasse em prática sua visão de fabricação de automóveis (6).

Krafcik (7) cunhou o termo Lean para descrever o Sistema de Produção Toyota (TPS), que captura a essência do TPS com menos *fome* por recursos comparados aos sistemas de produção típicos ocidentais. Lean tornou-se popular por (8) e seu estudo evidenciou um enorme hiato de desempenho entre produtores de carros japoneses e ocidentais. Liker (9) resume Toyota Way em 14 princípios de gestão.

Lean é uma prática de gestão que busca resultados organizacionais baseado nos princípios da Toyota e uso de ferramentas para melhoria contínua de seus processos.

Apesar da grande disponibilidade de informação sobre as práticas da Toyota, poucas empresas têm sucesso em implementar os seus princípios de forma sustentável. Geralmente, o Pensamento Enxuto está associado à várias ferramentas e não ao real Sistema, por exemplo Pavnascar et al. (10) argumentam que não existe uma única maneira sistemática de vincular um dado problema organizacional a uma ferramenta específica para sua solução. O ponto mais importante do Lean é a busca de uma maior eficiência de produção, eliminando sistematicamente e completamente o desperdício relacionado com pessoas / processo / produto / máquinas.

Fatores de produção relevantes como métodos de solução de problemas e procedimentos operacionais padrão são identificados no Lean para apoiar o controle e melhoria das atividades diárias dos trabalhadores de produção. Spear e Bowen (11) indicam que os trabalhadores da linha de frente fazem as melhorias em seus próprios postos de trabalho, e cabe aos seus supervisores a orientação e apoio. O funcionário Toyota é educado para sistematicamente procurar e eliminar sete desperdícios, que são práticas improdutivas de produção.

Likert (9) inclui o 8º Desperdício como Talento não utilizado/subutilizado, pelo qual a organização não consegue reconhecer ou utilizar os talentos, habilidades ou conhecimentos das pessoas, não só perdendo o benefício de uso, mas gerando insatisfação entre as pessoas com os talentos subutilizados. Esse desperdício acontece quando o gerenciamento não é responsivo, não atribui tarefas adequadamente ou não treina adequadamente, o que deve ser tratado pela Organização do Trabalho. Sobre a Organização do Trabalho, os fatores relevantes são objetivos, comunicação, treinamento, incentivo, estrutura.

- Os objetivos representam uma maneira mensurável de relacionar o trabalho do grupo com a consecução dos resultados, indicando progresso, estabelecendo prioridades e justificando a reivindicação de recursos materiais e temporários para serem usados em projetos de resolução de problemas e melhoria.
- A comunicação é o processo pelo qual, em última análise, ideias e sentimentos são transmitidos de pessoas para pessoas, de pessoas para grupos, ou de grupo para grupo (incluindo grupos de apoio, por exemplo, Manutenção e Logística).
- O treinamento é o desenvolvimento de habilidades nas atividades de produção, emulando situações semelhantes às situações de trabalho. O treinamento deve fornecer aos grupos de trabalho conhecimento para a ação.
- O incentivo está relacionado ao estímulo para realizar ações, como, por exemplo, para motivar as operadoras a fazer sugestões de melhoria no local de trabalho.
- A estrutura abrange a especificação de papéis e responsabilidades das pessoas no grupo de trabalho, isto é, membros do grupo, líder do grupo e supervisão direta, e também a disponibilidade de recursos de material e tempo.

Melhores resultados podem ser alcançados com a existência de um contexto favorável, estimulado por ações focadas em compartilhamento de conhecimento tácito e integração de pessoas nos eventos de melhoria contínua (12, 13), tais como kaizens e solução de problemas. Spear e Bowen (11) indicaram que os gerentes da Toyota usam uma abordagem de ensino e aprendizagem que permite que seus funcionários se desenvolvam na solução de problemas, como exemplo, eles fazem uma série de perguntas:

- Como você faz esse trabalho?
- Como você sabe que está fazendo isso funcionar corretamente?
- Como você sabe que o resultado está livre de defeitos?
- O que você faz se tiver um problema?

CASO TOYOTA: 4 FÁBRICAS DIFERENTES E UM ÚNICO TPS

O típico dia das plantas Toyota (Figura 3) começa com uma breve ginástica laboral, no qual todos os funcionários podem participam voluntariamente, desde executivos a operários. Este tempo não conta na jornada formal de trabalho.

Este evento é seguido por uma reunião de trabalho matinal (Tiorey), cujo tempo faz parte da jornada de trabalho e cobre os acontecimentos no dia anterior e os previsto para o dia atual. Tiorey aborda todos os assuntos relacionados ao dia útil (visitas, relatórios, eventos) e ao dia/turno anterior.

Ginástica Laboral	Reunião *Tiorey*	Checagem *(Star up)*	Ciclo 1	Ciclo 2	Período Lazer (Café)	Ciclo 3	Ciclo 4
Almoço (1º. turno) / Jantar (2º. turno)							
Ginástica Laboral	Ciclo 5	Ciclo 6	Período Lazer (Café)	Reunião *Yuichi*	Ciclo 7	Ciclo 8	Final de Turno

Figura 3. Um dia típico na Toyota

Após esta reunião, os operadores verificam o processo de produção (Checagem), como por exemplo, os recursos/dispositivos da produção, e o plano de trabalho. A checagem é baseada numa lista de verificação, que torna-se um registro de qualidade. Alguns desses itens são avaliados também pelo supervisor de produção. Essas práticas buscam disciplina de tarefas no início do turno e controle do processo de produção.

Os oito Ciclos de Produção estão alinhados com oito Ciclos de fornecimento da expedição de entrega. Após cada ciclo, há um processo de mudança de posto de trabalho e a cada dois ciclos, o trabalhador para uma interrupção de café de 10 minutos. Entende-se que mudança de posto de trabalho implica muitas vezes em ir para outro posto de trabalho/célula.

O turno é dividido por um período de refeição (Almoço/Jantar) e após a segunda pausa para o café há uma reunião chamada *Yuchi*, semelhante a *Tiorey*. Os trabalhadores discutem os problemas que enfrentaram durante o dia/turno, o que contribui com uma ampla visão organizacional caso haja um problema e agiliza a tomada de decisão e solução. Todos os funcionários previstos tem de estar presentes, mas se ao chegarem não há nada a relatar a reunião termina.

Reuniões diárias como Tiorey e Yuchi desempenham um papel importante em relação à Comunicação Interna e ajudam no melhor fluxo de informação nas trocas de turno das plantas. Ambos os eventos procuram estimular comunicação entre os trabalhadores e as demais áreas.

Os ciclos de turnos são concluídos (Final) com tarefas de organização, higiene e limpeza (5S) e fechamento de relatórios de produção, ou seja, cada turno é responsável por deixar o ambiente em boas condições de trabalho para o turno seguinte.

A boa comunicação busca melhorar a troca de informações e é apoiada basicamente no diálogo e reuniões regulares, e segue o princípio do Horenso, que combina três palavras japonesas: Houkoku (Relatório), Renraku (Contato) e Soudan (Discussão).

Os times de trabalho buscam sistematicamente a melhoria contínua nos postos de trabalho por meio de ações que visem, por exemplo, aumentar o nível de qualidade e reduzir o tempo de ciclo de produção (Objetivos Internos). Os novos negócios no Brasil visam tornar a operação independente da matriz

(Objetivos Externos), o que significa aumentar o retorno do investimento e a participação no mercado.

A estrutura relaciona-se a poucos níveis hierárquicos nas plantas (Diretor, Supervisor, Linha Líder e Trabalhadores). Isso facilita o fluxo de comunicação e informação e é apoiado por presença do pessoal indireto no chão de fábrica. A montadora tem um número maior de funções, e tem um número significativamente maior de funcionários diretos.

O treinamento visa a especialização dos trabalhadores e se concentra no desenvolvimento de habilidades técnicas (Qualidade, Produção, Segurança, Custo, Manutenção e Meio Ambiente). Programas de Sugestões e de melhores práticas são voltados para melhorar o desempenho dos funcionários e estimular que eles desenvolvam soluções e recebam incentivos em regularmente. Existe intercâmbio com a matriz no Japão, que oferece experiência profissional em processos de produção, TPS, gerenciamento de projetos (engenheiros). Todas as plantas estão preocupadas em aumentar a independência da matriz.

Os trabalhadores recém contratados, geralmente têm pouca ou nenhuma experiência industrial prévia. Observou-se predominância de ascendência japonesa entre os executivos da montadora (gerentes, supervisor). As fábricas de autopeças já possuem maior ascendência ocidental entre os executivos. A integração de novos funcionários merece treinamentos específicos em qualidade e produção. Espera-se que o novo operador faça peças com 100% de qualidade dentro do tempo-padrão. A curva de aprendizado e desempenho do novo operador é acompanhada de perto por seu supervisor.

Incentivos como viagens, camisas, dinheiro pequeno, cursos de inglês, almoços para a família são usados para estimular sugestões dos trabalhadores.

As ferramentas tradicionais de controle de processo (métodos de solução de problemas, procedimento operacional padrão, 5S) são observados nas plantas dia a dia.

"Estas ferramentas são o ABC da produção." [Supervisor de Produção]

Conclui-se que os resultados apresentados evidenciam uma forte semelhança no trabalho diário das plantas, consistente com a orientação da sede japonesa e a literatura sobre Lean, independente das fábricas estarem no contexto cultural brasileiro. Também estas semelhanças são indicadas na literatura de fabricação enxuta. Além disso, o Caso observou uma forte disciplina em comunicação e estímulo ao uso de método de solução de problemas para sustentar TPS entre as plantas.

REFERÊNCIAS

1. Taylor FW. The principles of scientific management. Harper, 1911.
2. Emery F. Characteristics of socio-technical systems. London: Tavistock Institute, I959, Document no. 527.
3. OICA (Organisation Internationale des Constructeurs d'Automobiles). Production Statistics. Available em: http://oica.net/category/production-statistics/. Acessed in: 13 may. 2017.
4. Liker JK, Fruin WM and Adler PS. Remade in America: Transplanting and transforming Japanese management systems. Oxford University Press on Demand, 1999.
5. Batista JB, Muniz Jr. J, Batista Jr ED. Análise do sistema Toyota de produção: estudo exploratório em empresas brasileiras do grupo Toyota. Anais. XXVIII Encontro Nacional de Engenharia de Produção (ENEGEP). Rio de Janeiro, Brasil, 2008;1:13.
6. Holweg M. The genealogy of lean production. Journal of operations management. 2007; 25(2): 420-437.
7. Krafcik JF. Triumph of the lean production system. MIT Sloan Management Review. 1998; 30(1):41.

8. Womack J.P, Jones DT & Roos D. Machine that changed the world. Simon and Schuster, 1990.

9. Liker JK. O Modelo Toyota: Quatorze princípios de gestão do maior fabricante do mundo. Porto Alegre: Bookman, 2005.

10. Pavnascar S, Gershenson J, Jambekar A. Classification Scheme for Lean Manufacturing Tools. International Journal of Production Research. 2003; 41(13): 3075-90.

11. Spear S and Bowen HK. Decoding the DNA of the Toyota Production System. Harvard business review. 1999; 77:96-108.

12. Muniz Jr. J, Dias Batista Jr E, & Loureiro G. Knowledge-based integrated production management model. Journal of Knowledge Management. 2010; 14(6):858-71.

13. Nakano D, Muniz Jr J & Batista Jr ED. Engaging environments: tacit knowledge sharing on the shop floor. Journal of Knowledge Management. 2013; 17(2):290-306.

APLICAÇÃO DO LEAN SUPPLY CHAIN NO TRANSPORTE DE MALOTES UTILIZANDO AHP E GREY SYSTEM

Luisa Antonioli[1], Patricia Katsuko Yara Buelmo[1], Roni Gonçalves Py[1], Robisom Damasceno Calado[1], Marcilene De Fatima Dianin Vianna[1]
[1]Universidade Federal Fluminense (UFF), Rio das Ostras– RJ
Contato: luisa.antonioli@gmail.com,patyyara@gmail.com, ronigpy@gmail.com, robisomcalado@id.uff.br, marcilenedianin@id.uff.br

RESUMO

Esse trabalho apresenta uma proposta de melhoria de um sistema de transporte de malotes de documentos de uma Instituição Pública utilizando a abordagem *Lean Supply Chain.* A análise do fluxo de transporte convencional utilizado atualmente mostra que com a aplicação da ferramenta *Milk Run* é possível reduzir gastos relativos ao serviço de malote prestado. A definição da melhor rota proposta é efetuada através do método de correlação *Grey System* juntamente com o método *Analytical Hierarchy Process* (AHP). O resultado mostrou maior redução dos desperdícios contribuindo para uma tomada de decisão mais eficiente de uma gestão pública.

Palavras-chave: *Milk Run*; Gestão Pública; Método *Grey; Lean Supply Chain;* AHP.

INTRODUÇÃO

Quando se pensa em Gestão Pública, grandes decisões que permeiam este tipo de organização são lembradas. Tomar decisões em uma Instituição pública certamente não é uma tarefa trivial e fácil, requer uma metodologia eficaz pois afetam diretamente o bem-estar e desenvolvimento de toda uma sociedade, além do grande senso de responsabilidade social envolvido.

As fases desse processo são classificadas por Oliveira (1) sendo: 1º identificação do problema, 2º análise do problema, 3º estabelecimento das soluções, 4º análise e comparação das soluções, 5º seleção das alternativas e 6º avaliação das alternativas. Este trabalho irá se desenvolver considerando as fases 1, 2, 3 e 4 do processo decisório.

Como uma forma de auxiliar o processo decisório de uma Instituição pública este trabalho associa metodologias de tomada de decisão ao seu setor de transporte propondo novas alternativas de rotas utilizando a ferramenta *Milk Run* e a aplicação do método *Analytical Hierarchy Process* (AHP) para definição dos pesos dos critérios utilizados para tomada de decisão e a metodologia *Grey System* para definição da melhor proposta. Desta forma é possível tornar mais efetiva a Gestão pública e consequentemente trazer como resultado um processo decisório mais consistente com redução de desperdícios.

OBJETIVO GERAL

Esse trabalho tem o objetivo geral de avaliar o cenário atual de rotas de transporte de documentos de uma Instituição pública, propor novas rotas através da utilização da ferramenta *Milk Run*, aplicação de dois métodos de tomada de decisão visando economia e reduzindo o desperdício de recursos no transporte de documentos.

OBJETIVOS ESPECÍFICOS

Os objetivos específicos são: a) apresentar os conceitos e metodologias *Lean Thinking* a fim de aplicar na avaliação do problema proposto; b) apresentar os conceitos e metodologias *Grey System* e AHP; c) identificar o cenário atual aplicado ao setor de transporte da Instituição pública estudada; d) aplicar a ferramenta *Milk Run* na proposição de melhorias da situação problema identificada; e) utilizar o método de Análise Hierárquica (AHP) para definir os pesos dos critérios utilizados para comparar as alternativas propostas; f) avaliar a melhor proposta através da aplicação de método de análise relacional *Grey System*.

REFERENCIAL TEÓRICO

A referência teórica para este trabalho foi construída de acordo com a importância e relevância dos conceitos necessários para atingir o seu objetivo geral. Baseado na ampla pesquisa sobre aplicação desses conceitos necessários para melhoria de rota de transporte definiu-se uma estrutura de pesquisa que seguirá a seguinte sequência: desdobramento conceitual do *Lean Thinking* e *Lean Supply Chain*, *Milk Run*, Aplicação do método de análise hierárquica (AHP) para definição dos pesos dos critérios e aplicação do método relacional *Grey System*.

PENSAMENTO ENXUTO (LEAN THINKING) E LEAN SUPPLY CHAIN

O termo *Lean*, foi popularizado no livro "A Máquina que Mudou o Mundo" (2), onde foi possível identificar os principais elementos responsáveis pelo aumento de desempenho das indústrias japonesas: uso reduzido de recursos, sendo eles financeiros, materiais, pessoal, tempo, estoque sintetizados em redução de desperdício. Os princípios do *Lean,* conforme Womack e Jones (3) definem cinco princípios fundamentais para eliminação dos desperdícios: a definição do valor, a identificação do fluxo de valor, a construção de um fluxo contínuo, a produção puxada e a busca da perfeição.

O *Lean Thinking* é uma metodologia que nos permite fazer mais com menos, pensar em reduzir ou até mesmo eliminar os desperdícios e prover melhoria nos processos. O objetivo é produzir mais, utilizando menos recursos, motivo pelo qual ficou conhecido como Produção Enxuta (4). Esta metodologia está redefinindo a forma como as empresas se organizam para desenvolver seus produtos e serviços, e não pode ser diferente na Gestão Pública.

Muitos dos custos de produção do sistema de produção em massa são gerados por atividades que não agregam valor (desperdícios) para o cliente, portanto devem ser eliminadas, ou, caso não seja possível, reduzidas ao máximo. Segundo Ohno (5), os desperdícios podem ser classificados em: superprodução, inventário, transporte, movimentação, defeitos, processos desnecessários e espera. Este trabalho irá focar nos desperdícios de transporte e espera.

Quando o pensamento *Lean* é aplicado em todas as unidades da cadeia de suprimentos (fornecedores e clientes), isso representa uma nova forma de pensar que pode ser chamada de *Lean Supply Chain* (LSC). O conceito de LSC foi desenvolvido por Lamming (6), que define *Lean Supply Chain* como "Um arranjo que deve fornecer um fluxo de bens, serviços e tecnologia dos fornecedores para os clientes com informação e outras comunicações em ambas direções sem desperdícios".

A comparação entre LSC e as práticas convencionais nos mostra várias diferenças no que diz respeito aos assuntos operacionais e relacionais. A começar pela estrutura organizacional onde verificamos no modelo convencional uma estrutura vertical e no LSC uma estrutura processual. O Departamento de compras grande, a terceirização baseada em custos, o critério de seleção baseado em baixo preço e tempo de contratos firmados em curto prazo se contrapõe às características do LSC onde o Departamento de compras é limitado, a terceirização é estratégica, o critério de seleção baseado performance, tempo de contratos firmados em longo tempo de contratos firmados em longo prazo e a qualidade de inspeção é projetada (7).

MILK RUN

A ferramenta Milk Run (traduzida como "a rota do leite") surgiu da análise das pessoas que trabalhavam com a entrega do leite, de casa em casa, nos EUA (8). O objetivo de encontrar um melhor caminho para a entrega do leite e a coleta das embalagens vazias, serviu como base para o desenvolvimento de estudos que visavam à entrega do leite no local, na hora determinada e com suas embalagens específicas. Sadjadi, Jafari e Amini (8) mencionam que este estudo foi adotado pelas empresas para a coleta programada de peças junto aos seus fornecedores na indústria americana, com o objetivo de reduzir custos com transporte, reduzir tempo de carregamento e descarregamento, reduzir o número de veículos envolvidos, padronizar as coletas e embalagens e criar melhores rotas de transportes.

De acordo com Bozer e Ciemnoczolowski (9), o *Milk Run* representa o manuseio de materiais cíclicos baseados em itinerários que são amplamente utilizados para permitir entregas frequentes e consistentes numa base de necessidade a partir de uma área de armazenamento central e pode ser aplicado dentro de uma fábrica e não somente entre fábrica e fornecedores.

Com a necessidade de minimização dos custos logísticos, o fluxo de transporte convencional vem perdendo espaço e se difere do fluxo Milk Run na forma de execução (figura 1).

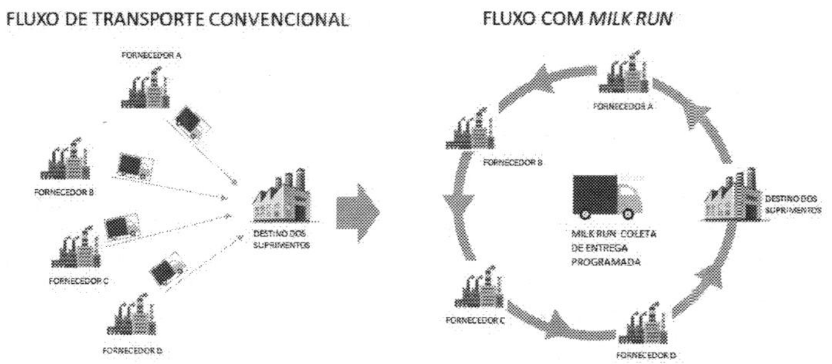

Figura 1. Fluxo de transporte convencional x Fluxo com *Milk Run*.
Fonte própria: Dados da pesquisa.

No fluxo convencional cabe ao fornecedor a responsabilidade de entregar os componentes na quantidade e data solicitada, caracterizando um sistema empurrado. Este sistema não é eficaz, pois, encarece o produto final por não haver aproveitamento da ocupação total do caminhão. Já no fluxo *Milk Run* o cliente com um único transporte irá coletar em mais de um local e em horários pré-determinados seus insumos, de forma a otimizar o carregamento e reduzir os custos com transporte, caracterizando um sistema puxado.

AHP – ANALYTICAL HIERARCHY PROCESS

Desenvolvido para auxílio à decisão em problemas complexos, o AHP foi criado por Thomas. L. Saaty, que o define como uma teoria de medição através de comparações em pares e confia nas avaliações de especialistas para obter escalas de prioridade. Para Saaty (10), tomar uma decisão de forma organizada para gerar prioridades, é decompor as seguintes etapas de decisão: a) definir o problema e determinar o tipo de resultado que deseja alcançar; b) decompor o problema em uma estrutura hierárquica; c) construir a matriz de comparação através da análise par a par entre elementos de cada nível do sistema em relação ao nível imediatamente superior de cada elemento e d) definir a prioridade relativa de cada critério.

Para fazer as comparações foi criada uma escala de números que indica quantas vezes um elemento é mais importante ou dominante que o outro elemento em relação ao critério ou propriedade em relação ao qual eles são comparados (Quadro 1) (11).

Quadro 1. Escala Fundamental de Saaty. Fonte: Saaty, 1990 (11).

Intensidade em escala absoluta	**Definição**	**Explicação**
1	Igual importância	As duas atividades contribuem igualmente para o objetivo
3	Importância pequena de uma sobre a outra	A experiência e o juízo favorecem uma atividade em relação à outra
5	Importância grande ou essencial	A experiência ou juízo favorece fortemente uma atividade em relação à outra
7	Importância muito grande ou demonstrada	Uma atividade é muito fortemente favorecida em relação à outra. Pode ser demonstrada na prática.
9	Importância absoluta	A evidência favorece uma atividade em relação à outra, com o mais alto grau de segurança.
2, 4, 6, 8	Valores Intermediários	Quando se procura uma condição de compromisso entre duas definições

GREY SYSTEM

JuLong Deng propôs, em 1982, o *Grey System*, definindo-o de acordo com o conceito de uma caixa preta, como um sistema contendo informações conhecidas e desconhecidas, e a Matriz *Grey* como uma matriz que tem algumas de suas propriedades (por exemplo, o número de colunas ou linhas) conhecidas, mas alguns elementos são desconhecidos (12).

A Análise Relacional *Grey* (GRA) integra a teoria de Sistemas *Grey* (12), sendo uma análise estatística de multi-fator (13), e seu objetivo é preencher a lacuna existente entre as ciências sociais e a ciência natural, com possibilidades de aplicação em diversas áreas como agricultura, ecologia, economia, medicina, etc. É um método utilizado para determinar o grau de relacionamento entre uma observação referencial com observações levantadas. Segundo Calado (14), é usada para descrever a força e a fraqueza, o tamanho e a forma da relação entre fatores.

Seja um conjunto de observações $\{x_0, x_1, ..., x_m\}$, onde x_0 é uma série referencial e $x_1, x_2, ..., x_m$ são observações originais a serem comparadas. Cada observação x_i possui m atributos que são descritos sob a forma de séries $x_i = \{x_i(1), ..., x_i(m)\}$, onde cada componente desta série, deve ser adequadamente normalizado, numa escala numérica comum. Esses componentes são descritos a seguir de acordo com os critérios.

Quanto maior o atributo melhor:

$$x_i(m) = \frac{x_i(m) - \min_{\forall i} x_i(m)}{\max_{\forall i} x_i(m) - \min_{\forall i} x_i(m)} \quad (1)$$

Quanto menor o atributo melhor:

$$x_i(m) = \frac{\max_{\forall i} x_i(m) - x_i(m)}{\max_{\forall i} x_i(m) - \min_{\forall i} x_i(m)} \quad (2)$$

Depois de normalizado, deve-se calcular os coeficientes relacionais γ, para cada atributo de cada série. Este coeficiente é obtido pela fórmula (3):

$$\gamma\left(x_0(m), x_i(m)\right) = \frac{\min_{\forall i} \min_{\forall m} \left|x_0(m) - x_i(m)\right| + \zeta \max_{\forall i} \max_{\forall m} \left|x_0(m) - x_i(m)\right|}{x_0(m) - x_i(m) + \zeta \max_{\forall i} \max_{\forall m} \left|x_0(m) - x_i(m)\right|} \quad (3)$$

onde *z Î (0,1)* podendo assumir qualquer valor, em geral, o valor *0,5* sendo útil somente para diferenciar os elementos da série e não influenciando na ordenação final das séries (15).

Sendo que γ assumirá valores entre *0* e *1*, onde quanto mais próximo de *1* maior é o relacionamento entre os atributos sob consideração. Estabelece-se o grau de relacionamento da série comparativa com a série padrão. Esse grau de relacionamento é dado por:

$$\Gamma\left(x_i \tilde{a} x_0\right) = \sum_{i=1}^{m} \beta_i \quad i \qquad (4)$$

Sendo β o peso dos diversos índices, sendo sua somatória *1*.

METODOLOGIA DE PESQUISA

A metodologia aplicada neste trabalho é de caráter qualitativo com a utilização de estudo de caso descritivo através de obtenção de informações documentais relevantes ao propósito do estudo. Primeiramente, foi feito um levantamento de referencial bibliográfico sobre assuntos relevantes que darão sustentabilidade ao Estudo de Caso em questão. Logo em seguida, houve a definição da situação-problema do estudo de caso, incluindo os critérios que seriam relevantes para propostas de melhorias. A partir daí, foram definidas algumas propostas de soluções à situação-problema, utilizando a ferramenta *Milk Run*. Posteriormente, foi utilizado o método de análise hierárquica AHP para definir os pesos dos critérios e posteriormente utilizá-los no método de correlação *Grey System* para comparar as propostas existentes.

ESTUDO DE CASO

DEFINIÇÃO DA SITUAÇÃO PROBLEMA

O órgão analisado é uma Instituição pública, criada através da agregação de várias Instituições de Ensino Superior que foram estatizadas. Essa Instituição tem algumas filiais situadas na mesma cidade de sua Sede – Órgão Central – mas também possui Filiais – Unidades Acadêmicas – em outros municípios.

Uma das implicações dessa interiorização é a necessidade de transporte de documentos (malote) das Unidades do interior para a Reitoria, onde estão localizados os setores centrais. Neste trabalho, as Unidades Acadêmicas do interior serão denominadas filiais, e o conjunto de setores centrais será denominado Sede.

Atualmente, para cumprir esse fim, cada Filial desloca um veículo oficial com motorista, para levar seus documentos até o Protocolo Central, na Sede, e de lá traz os documentos e processos encaminhados para a respectiva Filial, ou seja, ida e volta, de cada veículo, de cada Filial, para transporte de documentos e processos. Esse formato de transporte de malote utiliza um carro e um motorista de cada Unidade, todos dirigindo-se ao mesmo lugar, o Protocolo Central, na Sede da Instituição. Neste modelo atual, a Instituição formada pela Sede e oito Filiais, percorre diariamente um total de 2710 Km, com um tempo de viagem de 2530 minutos, utiliza 8 veículos e um total de 4 diárias.

Para a análise da aplicação do *Milk Run* nesse transporte de malote, inicialmente foram levantadas as distâncias entre as Filiais e o tempo de duração da viagem entre elas (Tabela 1).

Tabela 1. Distância e tempo aproximado de viagem entre as entre as Filiais e a Sede. Fonte: Google Maps.

	Filial 1	Filial 2	Filial 3	Sede	Filial 4	Filial 5	Filial 6	Filial 7	Filial 8
Filial 1		425 km 360 min	335 km 290 min	165 km 155 min	275 km 240 min	185 km 175 min	315 km 270 min	375 km 330 min	95 km 120 min
Filial 2	425 km 360 min		110 km 100 min	265 km 210 min	215 km 195 min	315 km 270 min	150 km 130 min	135 km 135 min	400 km 310 min

	Filial 1	Filial 2	Filial 3	Sede	Filial 4	Filial 5	Filial 6	Filial 7	Filial 8
Filial 3	335 km 290 min	110 km 100 min		180 km 140 min	130 km 130 min	230 km 210 min	28 km 37 min	200 km 210 min	310 km 260 min
Sede	165 km 155 min	265 km 210 min	180 km 140 min		125 km 120 min	75 km 80 min	150 km 120 min	255 km 240 min	140 km 120 min
Filial 4	275 km 240 min	215 km 195 min	130 km 130 min	125 km 120 min		155 km 160 min	105 km 120 min	130 km 150 min	235 km 200 min
Filial 5	185 km 175 min	315 km 270 min	230 km 210 min	75 km 80 min	155 km 160 min		225 km 190 min	210 km 210 min	150 km 130 min
Filial 6	315 km 270 min	150 km 130 min	28 km 37 min	150 km 120 min	105 km 120 min	225 km 190 min		240 km 240 min	285 km 240 min
Filial 7	375 km 330 min	135 km 135 min	200 km 210 min	255 km 240 min	130 km 150 min	210 km 210 min	240 km 240 min		260 km 250 min
Filial 8	95 km 120 min	400 km 310 min	310 km 260 min	140 km 120 min	235 km 200 min	150 km 130 min	285 km 240 min	260 km 250 min	

As distâncias entre as Unidades, informação disponibilizada na tabela 1, é um dos principais critérios que devem ser levados em conta neste estudo de caso, já que é aproximadamente proporcional ao tempo para realização do serviço, além de envolver desgaste do veículo e emissão de poluentes pelos veículos durante as viagens. Para efeitos quantitativos, a distância foi usada para calcular o custo com combustível, que é analisado neste trabalho.

Outro critério fundamental para análise deste problema é o tempo de viagem – tabela 1 – entre as Unidades, visto que a quantidade de diárias pagas ao motorista depende diretamente do tempo para concluir a rota, além do tempo de serviço que para este trabalho foi considerado de 20 minutos.

PROPOSIÇÃO DE MELHORIAS PARA SITUAÇÃO PROBLEMA COM A IMPLEMENTAÇÃO DA FERRAMENTA MILK RUN

A partir dos dados levantados na tabela 1, foram estudadas cinco propostas de melhoria, dentre as várias possibilidades de otimização, onde cada uma deve ser analisada para tomada de decisão, visando a eficiência do serviço e a economia dos recursos públicos. A figura 2 mostra as configurações das propostas estudadas.

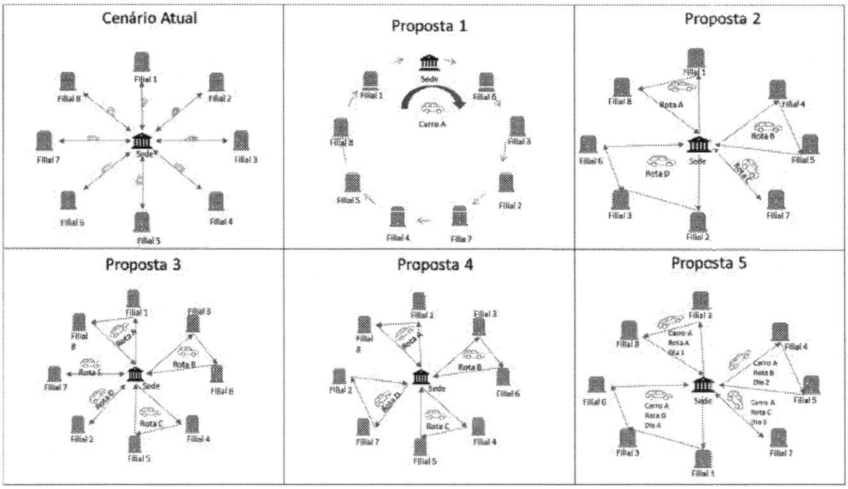

Figura 2. Propostas de rotas. Fonte: Dados da Pesquisa.

Em síntese, a tabela 2 mostra os dados comparativos das rotas propostas neste trabalho:

Tabela 2. Comparativo semanal das rotas propostas. Fonte: Dados da Pesquisa

	Modelo atual	Proposta 1	Proposta 2	Proposta 3	Proposta 4	Proposta 5
Distância (km)	2710	1118	1818	2153	1768	1818
Tempo (minutos)	2530	1287	1942	2212	1877	1942
Veículos	8	1	4	5	4	1
Diárias	4	2,5	2	2,5	3	2
Custo de combustível (R$)	1.355,00	559,00	909,00	1.076,50	884,00	909,00
Custo com diárias (R$)	708,00	442,50	354,00	442,50	531,00	354,00
Quantidade de dias	1	3	1	1	2	4
Custo total (R$): diárias + combustível	2.063,00	1.001,50	1.263,00	1.519,00	1.415,00	1.263,00

Comparando o modelo atual com as propostas, percebe-se que qualquer uma delas tem um custo menor, já que o modelo atual custa anualmente R$ 107.276,00.

APLICAÇÃO DO AHP PARA DEFINIÇÃO DOS PESOS DOS CRITÉRIOS

Após o levantamento dos dados e das definições das propostas das rotas é necessário estabelecer as prioridades entre os critérios. Para isso o problema foi decomposto hierarquicamente conforme figura 3.

Figura 3. Hierarquia de decisão. Fonte: Dados da pesquisa.

Essa avaliação foi efetuada com a utilização do método AHP, por meio de uma matriz de comparação utilizando a escala fundamental de Saaty (tabela 1), calculando assim a prioridade relativa de cada critério representada na tabela 3, pelo fator Peso. A razão de consistência calculada é de 8,73% o que caracterizam os julgamentos feitos como consistente.

Tabela 3. Definição da prioridade relativa de cada critério. Fonte: Dados da Pesquisa.

	Tempo	N°veículos	Custo de diária	Custo de combustível	N° de dias	Pesos
Tempo	1	3	6	3	1/3	27,0%
N° de Veículos	1/3	1	4	2	1/4	14,0%
Custo de diária	1/6	1/4	1	2	1/5	6,7%
Custo de combustível	1/3	1/2	1/2	1	1/4	7,0%
N° de dias	3	4	5	4	1	45,3%

ANÁLISE DAS PROPOSTAS DE IMPLEMENTAÇÃO UTILIZANDO O MÉTODO GREY SYSTEM

Com base nos dados da Tabela 2 e os conceitos associados, a análise relacional *Grey* foram aplicados, de modo a se estabelecer uma ordem de prioridade entre as propostas apresentadas. Primeiramente, devem-se estabelecer as séries normalizadas de análise de correlação, com os dados normalizados, cada elemento é dividido pelo maior valor de cada coluna. Assim é montada uma matriz com todos os índices positivos. Sendo a amostra ideal $X_0 = (1,1,1,1,1)$, calcula-se a Matriz Diferença(Δ):

$$\Delta_{ij} = | X_{0j} - X_{ij} | \text{ (i= 1, 2, 3, 4, 5, 6 e j=1, 2, 3, 4, 5).} \quad (5)$$

$$\Delta = \begin{bmatrix} 1,000 & 1,000 & 1,000 & 1,000 & 0,000 \\ 0,000 & 0,000 & 0,250 & 0,000 & 0,667 \\ 0,527 & 0,429 & 0,000 & 0,440 & 0,000 \\ 0,744 & 0,571 & 0,250 & 0,650 & 0,000 \\ 0,475 & 0,429 & 0,500 & 0,408 & 0,333 \\ 0,527 & 0,000 & 0,000 & 0,440 & 1,000 \end{bmatrix}$$

A partir da matriz das diferenças (Δ), foram calculados os coeficientes D (máx.) = 1 e D (min.) = 0. É necessária a definição do peso, que representa o grau de importância da informação, os quais foram adquiridos através no método de análise hierárquica (AHP) (β): 0,27; 0,14; 0,067; 0,07; 0,453. Logo em seguida, calcula-se o coeficiente de correlação, conforme fórmula 2, considerando o coeficiente atribui-se o valor igual a 0,3 para se calcular os coeficientes relacionais ⊠. Calculam-se os graus de relacionamento Grey conforme tabela 4:

Tabela 4. Graus de relacionamento *Grey*. Fonte: Dados da Pesquisa.

Propostas	Modelo Atual	Proposta 1	Proposta 2	Proposta 3	Proposta 4	Proposta 5
Γ□	0,5792	0,6571	0,7040	0,6374	0,4316	0,4379
Prioridade	4	2	1	3	6	5

Na tabela 5 observa-se que a Proposta 2 apresentou-se como melhor alternativa e a proposta 4 o pior desempenho. Analisando os dados desta tabela, percebe-se que o resultado faz sentido, uma vez que o número de dias tem um importante papel no correto funcionamento das atividades da Instituição, representando 45,3% de importância calculado através do método AHP. Além disso, a proposta 2 utiliza somente um dia para cumprir a tarefa de malote em todas as filiais. O modelo atual utiliza também somente uma viatura, no entanto seus custos são visivelmente mais elevados e também a utilização de mais veículos para cumprir o trajeto.

CONCLUSÃO

Este trabalho mostrou que com a aplicação de metodologias científicas na Gestão Pública é possível obter melhorias de seus processos com foco na redução do desperdício de recursos, em especial financeiros os quais são primordiais para a construção de uma sociedade mais justa.

O estudo de caso com as rotas propostas através da ferramenta *Milk Run* foram avaliadas através de técnicas de auxílio à decisão: *Grey System* em conjunto com a AHP, possibilitando escolher uma proposta que atenda as expectativas dos usuários e o cumprimento da missão da Instituição contribuindo para um processo de tomada de decisão mais coerente e econômico.

Pode-se observar que se a Proposta 2 for aplicada, a economia com combustível e diárias para transporte de malote será de 38,47%, o que representa o montante de R$ 41.600,00 economizados anualmente nessa Instituição. Além disso, essa proposta permite a disponibilidade de quatro veículos em suas unidades para as demais demandas das filiais e uma economia em manutenção devido a diminuição da quilometragem rodada. Este resultado demonstra a pertinência da aplicação do método Grey System associado com a AHP aplicados na situação problema identificada.

REFERÊNCIAS BIBLIOGRÁFICAS

1. Oliveira DPRD. Sistemas de informações gerenciais: estratégicas, táticas e operacionais. 9 ed São Paulo: Atlas, 2004.
2. Womack J, Jones DT. A máquina que mudou o mundo. Gulf Professional Publishing, 2004.
3. Womack J, James P, Jones DT. Lean thinking: banish waste and create wealth in your corporation. Simon and Schuster, 2010.
4. Werkema MCC. Lean seis sigma: Introdução às ferramentas do lean manufacturing. Belo Horizonte: Werkema Editora, 2006.
5. Ohno T. O Sistema Toyota de Produção Além Da Produção. Bookman, 1997.
6. Lamming R. Squaring lean supply with supply chain management. International Journal of Operations & Production Management. 1996; 44(2): 228-245.
7. Manzouri M, Nizan Ab Rahman M, Saibani N, Zain CRCM. Lean supply chain practices in the Halal food. International Journal of Lean Six Sigma. 2013; 4(4) 389-408.
8. Sadjadi SJ, Jafari M, Amini T. A new mathematical modeling and a genetic algorithm search for milk run problem (an auto industry supply chain case study). The International Journal of Advanced Manufacturing Technology. 2009; 44(1-2): 194.
9. Bozer YA, Ciemnoczolowski DD. Performance evaluation of small-batch container delivery systems used in lean manufacturing–Part 1: system stability and distribution of container starts. International Jounal

of Production Research. 2013; 51(2): 555-567.

10. Saaty TL. Decision making with the analytic hierarchy process. International journal of services sciences. 2008; 1(1): 83-98.
11. Saaty TL. How to make a decision: the analytic hierarchy process. European journal of operational research. 1990; 48(1): 9-26.
12. Julong, Deng. Control problems of Grey systems. Systems & Control Letters. 1982; 1(5): 288-294.
13. TIE-JUN C, SHA L. Application and study of lean production theory in the manufacturing enterprise. In: Information Management, Innovation Management and Industrial Engineering, 2008. ICIII'08. International Conference on. IEEE, 2008: 78-81.
14. Calado RD, Silva MB, Oliveira AASBS, Spagnol GS, Sarantopoulos A, Li LM. Defining quality and maturity level applying the Grey system and the method for automotive enterprises diagnosis. American Journal of Theoretical and Applied Statistics. 2014; 3(6-1): 23-34.
15. Julong D. Introduction to *Grey* system theory. The Journal of *Grey* system. 1989; 1(1): 1-24.

APLICAÇÃO E IMPACTO DE INICIATIVAS LEAN NO NIVELAMENTO DE PRODUÇÃO NA INDÚSTRIA DE ÓLEO E GÁS

Raphael Pereira Scudino Borges[1], Patricia Katsuko Yara Buelmo[1], Robisom Damasceno Calado[1], Bruno Faria Almeida[2]
[1]Universidade Federal Fluminense (UFF), Rio das Ostras, RJ.
[2]Universidade Federal de Itajubá (UNIFEI), Itajubá, MG.
Contato: scudino6416@yahoo.com.br; patyyara@gmail.com; robisomcalado@id.uff.br; bralmeida@hotmail.com.

RESUMO

Explosivos exercem papel fundamental nas operações necessárias para exploração e produção de petróleo. Podemos citar como alguns exemplos de sua utilização o corte ou desprendimento de tuberia, assentamento de tampão de isolamento, perfuração de tuberia e canhoneio de revestimento de poço. Portanto, toda operação envolvendo os mesmos precisa ser de extrema confiabilidade, já que na maioria dos casos os resultados são irreversíveis.

A aplicação de iniciativas da abordagem *Lean* em um paiol de explosivos, com a implementação de diversas ferramentas e conceitos trouxe aumento na qualidade dos produtos, maior conformidade com a legislação, melhoria no planejamento e nivelamento da produção, mantendo a empresa competitiva no mercado.

Palavras-chave: Nivelamento da produção; Paiol de explosivos; *Lean Thinking*.

INTRODUÇÃO

O preço do barril de petróleo WTI (*Western Texas Intermediate*) ao longo dos últimos dez anos mostra que a indústria petrolífera mundial já passou por momentos muito mais prósperos. Em um curto intervalo de um ano e meio o preço da *commodity* simplesmente despencou de 100 USD para um valor abaixo de 30 USD e desde então vem se recuperando de forma bastante tímida (1).

Com as empresas do setor bastante combalidas, as operadoras dos campos passaram a concentrar seus investimentos em iniciativas que potencializassem a produção em detrimento aos esforços para encontrar novas reservas. Em paralelo a este movimento, houve um corte agressivo de mão-de-obra por todos os envolvidos nesta cadeia produtiva. De acordo com a empresa de consultoria *Graves & Co* (2), em fevereiro de 2017 o número de demissões no setor ao redor do mundo já se aproximava de meio milhão de trabalhadores.

Assim sendo, as células de trabalho voltadas para a atividade de produção, que no momento se encontram no foco dos investimentos, enxergaram ao mesmo tempo um aumento de demanda e uma redução de recursos. Sob estas circunstâncias, apenas dois resultados poderiam ser esperados: queda de qualidade ou aumento de performance. Como uma redução de qualidade nunca é desejada, independente do ramo ou ambiente de trabalho, era sabido que um grande esforço seria realizado para ocorrer um aumento de eficiência.

Se isso já não fosse o bastante, no Brasil a consequência de uma queda de qualidade seria certamente catastrófica. Os resultados de operações envolvendo explosivos são na grande maioria irreversíveis e a necessidade de reparo geralmente implica em dias de trabalho sem progresso no cronograma. Isto, aliado aos altos custos das sondas que operam no território brasileiro, traria um grande impacto financeiro.

Apenas para dar uma ideia da ordem de grandeza, de acordo com a Agência Nacional de Petróleo, 95% das reservas petrolíferas declaradas comerciais se encontram em águas profundas (400m < lâmina de água < 1500m) e ultra-profundas (> 1500m) (3). Nestas condições, a média de custo das sondas de exploração ao redor do mundo se encontra acima de 150k USD/dia (4). Isto sem contar o custo dos serviços disponíveis a bordo, que geralmente representam entre 50 e 70% do valor da diária da sonda.

Os dados expostos acima demonstram a importância da implementação de iniciativas para aumento de eficiência em detrimento da queda de qualidade, e o momento atravessado pela indústria não permitia mais que as mesmas fossem postergadas. Apesar do conteúdo aqui ilustrado ter foco em um paiol de explosivos da indústria de óleo e gás, tais práticas podem ser aplicadas a qualquer processo de qualquer indústria, principalmente aquelas com baixa tolerância a erros como a saúde. Portanto, o objetivo deste artigo é compartilhar com os leitores as práticas *Lean* adotadas e ao final quantificar o impacto das mesmas para permitir que através das experiências descritas, os leitores sejam capazes de estimar o custo-benefício da aplicação destas iniciativas em seus respectivos ambientes de trabalho.

FUNDAMENTAÇÃO TEÓRICA

A seguir, serão apresentadas fundamentação teórica das ferramentas e abordagens utilizadas na prática para implantação de melhorias no paiol.

Lean Thinking

Lean é descrito por Al-Balushi (5), como uma filosofia de reengenharia de processo composta por orientação de princípios e um conjunto de ferramentas de nível operacional. *Lean* é um sistema que requer menos tempo, menos esforço humano, menos custos, menos espaço com poucas perdas e menos erros para criar uma organização que realiza mais e da melhor forma. Para Worley & Doolen (6), *Lean* é a sistemática remoção de desperdício realizado por todos os membros da organização e por todas as áreas envolvidas no fluxo de valor.

O conceito de *Lean Thinking* é proveniente da indústria automobilística japonesa, da Toyota Production System (TPS), onde atividades que não agregam valor são chamadas de desperdícios e são classificados em superprodução, inventário, transporte, movimentação, defeitos, processos desnecessários e espera (7). Os cinco princípios fundamentais para eliminação dos desperdícios são: a definição do valor, a identificação do fluxo de valor, constituir um fluxo contínuo, a produção puxada e a busca da perfeição (8). O TPS é representado por uma casa, como na figura 1:

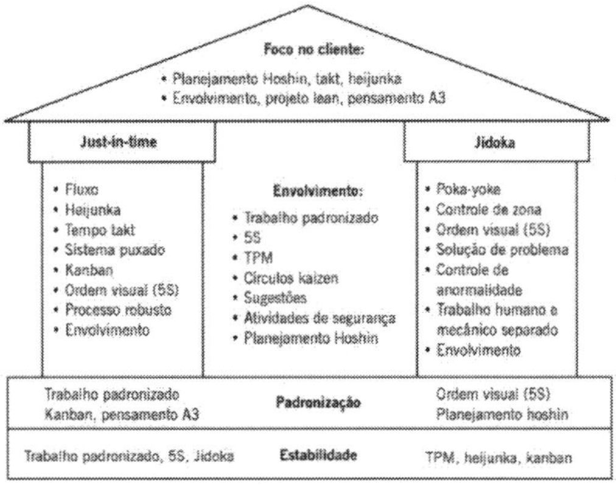

Figura 1. Toyota Production System e as atividades Lean. Fonte: Dennis (9).

Business Process Management

O Business Process Management (BPM) é uma disciplina gerencial que presume que os objetivos organizacionais podem ser alcançados com mais êxito por meio do gerenciamento de processos (10). Tendo como dois principais antecedentes intelectuais, primeiro o trabalho de Shewhart e Deming, sobre o controle estatístico de processos dando origem ao Six Sigma, e o segundo trabalho de Hammer sobre reengenharia de processos de negócio (11).

Segundo PAIM (12) os processos possuem forte relação com outros elementos organizacionais importantes como: desempenho, estratégia, competências, informação e conhecimento, tecnologia e estrutura organizacional. A abordagem integrada do BPM é evidente a partir de sua definição como "apoio a processos de negócios usando métodos, técnicas e software para projetar, implementar, controlar e analisar processos operacionais envolvendo humanos, organizações, aplicações, documentos e outras fontes de informação" (13).

A técnica de modelagem do processo permite uma melhor análise crítica das atividades existentes e, consequentemente, definir o melhor processo. Esta técnica se resume em modelar o estado atual do processo (AS IS) e otimizar o estado futuro (TO BE) (14).

Técnicas e Ferramentas para Atividade Lean

- *Heijunka:* Nivelamento da Produção - conhecido como nivelamento da produção ou suavização de carga é uma técnica para reduzir a variabilidade nas cargas de trabalho, portanto reduz os desperdícios (15).

O termo *muda* é utilizado para falar sobre perdas ou desperdícios, sendo a eliminação de *muda* o foco da maioria dos esforços para fabricação enxuta. O TPS refere-se à eliminação de *Muda*, *Muri* e *Mura*. Sendo *muda* atividades que não agregam valor, *muri* sobrecarga de pessoas ou equipamentos e *mura* desperdícios por variabilidade (16). Atingir nivelamento da produção é fundamental para a eliminação de mura, que, por sua vez, é fundamental para a eliminação de muri e de muda (16).

O nivelamento do plano de produção apresenta grandes benefícios em todo o fluxo de valor, incluindo a possibilidade de planejar cada detalhe da produção meticulosamente e a padronização de práticas de trabalho. Para satisfazer os clientes, cuja demanda flutua significativamente o estoque tem um papel fundamental. Nesses casos, os especialistas em TPS muitas vezes recomendarão manter pelo menos um pequeno estoque de produtos acabados, apesar de parecer contradizer o pensamento enxuto. Um pequeno estoque de produtos prontos muitas vezes é necessário para proteger o plano de produção nivelado de um fornecedor contra a desorganização causada por súbitos aumentos de demanda. Pode parecer uma perda, mas, vivendo com a perda de um estoque de alguns produtos acabados, você pode eliminar muito mais perdas em todo o seu processo de produção e em sua cadeia de suprimentos, se mantiver seu nível de produção (16).

- 5S - Metodologia utilizada para alcançar maior ordem, eficiência e disciplina no local de trabalho. É derivado das palavras japonesas Seiri (liberação de área), Seiton (organização), Seiso (limpeza), Seiketsu (Padronização, Asseio e Arrumação) e Shitsuke (disciplina) (15).
- Trabalho Padronizado - Uma descrição precisa de cada atividade de trabalho especificando o tempo de ciclo (cycle time), o tempo de entrega (takt time), a sequência de trabalho de tarefas específicas e o inventário mínimo de peças necessárias para realizar a atividade (8).

  Linker (16) cita que é impossível melhorar qualquer processo antes que ele seja padronizado. Se o processo muda daqui para ali, então qualquer melhoria será apenas mais uma variação que ocasionalmente é utilizada e quase sempre ignorada. Deve-se padronizar e, assim, estabilizar o processo antes que o aperfeiçoamento contínuo possa ser efetuado.
- Cadeia de Valor - Identificação da Cadeia de Valor: mapear todas as atividades da empresa para o ciclo de vida de um produto ou serviço. Em outras palavras, a partir de matérias-primas, produção do produto ou serviço, entrega ao cliente, uso do cliente e disposição final. A identificação da cadeia de valor consiste em mapear todas as atividades da empresa separando-as em três categorias distintas: as que efetivamente geram valor (VA), as que não geram valor (NVA), mas são essenciais a manutenção da produção e da qualidade, e as não geram valor e devem ser eliminadas imediatamente (8).
- Análise de Processo - Análise de processos é a ação de conduzir uma revisão e obter um entendimento sobre processos de negócio. Envolve a revisão dos componentes de um processo, incluindo entradas, saídas, procedimentos, controles, atores, aplicações, dados, tecnologias e suas interações para produzir resultados. A análise abrange avaliação de tempo, custo, capacidade e qualidade de processos, podendo utilizar modelos visuais estáticos ou dinâmicos do processo, coleta de dados do início ao fim de atividades,

análise de cadeia de valor, modelagem ponta a ponta e decomposição funcional (10).

MÉTODO DE PESQUISA

Devido a fatores de segurança da comunidade, que neste contexto não faz referência a roubo e sim a integridade física, um paiol de explosivos precisa se estabelecer sempre em local remoto. Assim sendo, se localiza distante das bases principais e em regiões com vias que tornam o acesso difícil (figura 2.a). Isto representa um fator complicador na administração/gerenciamento deste tipo de unidade operacional, já que traz como consequência uma escassez de informações de sua rotina. A fim de mudar as práticas ali vigentes, a primeira atitude tomada foi a designação de um supervisor competente para o local (*Genchi Genbutsu* / *Gemba*).

(a) Localização

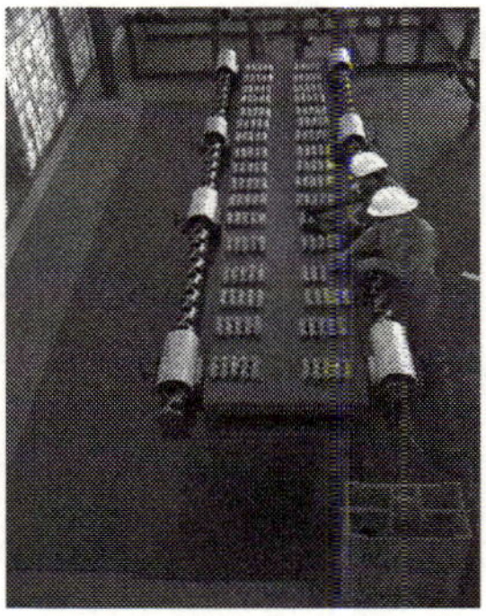

(b) Montagem de canhões

Figura 2. Localização e Montagem. Fonte: Autoria própria.

Uma prática de gestão bastante utilizada que costuma refletir nas pessoas como uma mensagem de mudança de estilo, é a implementação de um 5S profundo. Durante este exercício, notou-se o quanto era possível se fazer para tornar aquele local melhor e potencializar sua capacidade produtiva.

Como toda operação envolvendo explosivos precisa ser de extrema confiabilidade, já que na maioria dos casos os resultados são irreversíveis, o próximo passo foi mapear os processos, determinar procedimentos padronizados para minimizar a frequência de desvios e assignar responsabilidades a todos os colaboradores de forma que contribuíssem positivamente na cadeia de valor e evitassem desperdícios. Dentre os principais processos mapeados no paiol, pode-se listar:

- Armazenamento e controle de estoque dos explosivos dentro dos bunkers fixos para serem acondicionados;
- Armazenamento e rastreamento de explosivos em bunkers móveis para serem utilizados;
- Preparação de explosivos em canhões cilíndricos, os quais serão utilizados nos serviços de canhoneio (figura 2.b);
- Planejamento de compra de explosivos e equipamentos relativos;
- Manutenção e inspeção das peças reutilizáveis.

O armazenamento, controle e rastreio dos explosivos são de extrema importância, já que os mesmos são produtos controlados pelo Exército e necessitam estar em conformidade com a legislação vigente, sob pena de incorrer em severas multas ou até a perda da licença de operação. Devido a isto, o paiol é alvo constante de auditorias internas e externas, tornando estas tarefas não somente uma das mais importantes desta unidade operacional como uma das que mais consome tempo dos empregados devido a frequência e ao nível requerido de acurácia.

Durante os primeiros meses de trabalho do gestor foi identificado que a maioria das discrepâncias de inventário se devia a má utilização do *software* de controle de estoque já disponível. Foi primordial para se ter melhoria neste quesito o treinamento da equipe responsável.

Já com todos os membros do time engajados e vendo resultados práticos no cotidiano, passou-se a receber sugestões de melhorias, que após implementadas se traduziram em um aumento ainda maior da capacidade produtiva.

Contudo, uma despesa ainda se mostrava muito significativa nos demonstrativos mensais, o pagamento de horas extras. Ou seja, mesmo com o aumento da velocidade de resposta aos eventos, parecia que o processo/estrutura permanecia incapaz de suprir dentro da jornada normal de trabalho as demandas solicitadas.

É importante contextualizar que, até então, a preparação de cada serviço se iniciava somente após a confirmação do design final solicitado pelo cliente. Isto ocorria, pois os explosivos precisavam ser preparados de forma customizada para cada serviço. Como consequência, gerava uma oscilação muito grande na demanda dos serviços prestados pelos funcionários. Ou estavam ociosos esperando a confirmação de um serviço ou estavam sobrecarregados para entregar uma demanda no menor tempo possível.

A fim de buscar um melhor nivelamento da quantidade de serviço, foram realizados estudos que permitiram a implementação de algumas modificações:

- Estudo dos itens/tarefas comuns a todos os serviços a serem prestados;
- Melhoria de planejamento da demanda;
- Implementação de *Heijunka*.

RESULTADOS

Todas as medidas descritas trouxeram tanto um aumento de eficiência produtiva, quanto uma maior acurácia no controle de estoque e qualidade.

Exemplo claro na melhoria de controle foi a diferença no tempo levado para auditar os estoques de explosivos. Após os treinamentos oferecidos aos funcionários para melhor utilização do *software*, o exercício que antes durava 60 dias passou a ser realizado em 13 (78% de redução).

Já sobre a capacidade produtiva, após a implementação do 5S, assignação de responsabilidades e implementação de sugestões dos funcionários, foi possível observar uma melhoria de 50%. É inegável que o 5S teve uma grande contribuição nesta porcentagem e as imagens abaixo tornam nítido o tamanho da melhoria que esta iniciativa causou.

Figura 3. Antes e depois do 5S. Fonte: Autoria própria.

No que tange as horas extras, o primeiro passo foi realizar um estudo detalhado dos serviços e produtos comuns a maioria das demandas confirmadas. Ao longo desta análise, ficou claro que estas tarefas representavam em média 80% do tempo consumido durante a preparação. Com isto, mudou-se a estratégia de preparação de forma a deixar estes itens antecipadamente prontos e após a confirmação do serviço pelo cliente, preparar apenas os 20% restantes que precisariam ser customizados.

Uma vez que se concluiu que era necessário haver estoque de determinados produtos acabados, era necessário agora estabelecer o nível de estoque ideal e consequentemente adequar a quantidade de serviço diário a ser realizado pelos funcionários. Estes foram definidos através da média de consumo dos últimos 90 dias. A fim de antecipar movimentos de mudança de nível de produção (aumento ou redução), passou-se a ter reuniões semanais com os clientes aonde os mesmos informavam suas perspectivas de demanda em um horizonte de 90 dias.

Com o intuito de facilitar a visualização do que foi exposto acima, foi criado um gráfico que é ilustrado na Figura 4. É importante salientar que o exemplo abaixo é meramente ilustrativo, a fim de resguardar possíveis dados confidenciais.

Figura 4. Gráfico de capacidade e demanda

Legenda:

- □ Linha sólida contínua completa superior: Capacidade produtiva considerando horas extras
- □ Linha pontilhada horizontal completa: Capacidade produtiva sem horas extras
- □ Linha sólida continua completa: Demanda de acordo com informações dos clientes
- □ Linha sólida contínua incompleta: Demandas confirmadas através de fatura
- □ Linha pontilhada horizontal incompleta: Media de demanda dos últimos 90 dias
- □ Linha pontilhada vertical: Data atual

A expressão gráfica dos dados facilita bastante a visualização e consequente tomada de decisão. Com a média dos últimos 90 dias, pode-se ter uma boa estimativa da produção diária necessária que deve ser executada (linha vermelha horizontal). Caso esta demanda esteja abaixo da capacidade produtiva sem horas extras (linha negra pontilhada), é sabido que a tão contestada linha do demonstrativo mensal deve estar zerada. Claro que isto ocorrerá apenas se nenhum pedido atípico surgir.

Com a ajuda da linha azul (demanda informada pelo cliente), pode-se observar se haverá ou não uma mudança de comportamento no nível de pedidos. A título de exemplo, o gráfico foi construído de forma a sinalizar uma alteração positiva no patamar de pedidos. Em uma situação como esta, fica claro que, ao identificar tal comportamento, o gerente precisaria rever seu nivelamento de produção para conseguir atender tal demanda. Um estudo mais profundo e um horizonte de observação maior seriam necessários para se definir se um investimento em aumento de capacidade produtiva seria necessário ou não. Fatores que poderiam implicar nesta decisão seriam: duração desta mudança de patamar de pedido ("Pico"?), custo das horas extras *vs* custo para aumento da capacidade produtiva, etc.

Outro dado bastante importante é o fornecido pela linha laranja. Através de uma comparação entre ela e a linha azul se pode auditar o nível de confiabilidade da previsão de demanda que os clientes têm informado. Caso estas linhas coincidam, fica provado que a previsão de demanda que vem sendo informada é confiável e a sinalização de uma possível mudança de comportamento deve ser estudada com atenção. Caso não o seja, poderá também informar que tipo de tratamento deve ser dado a previsão futura para se chegar ao número mais realista possível para demanda.

Com a implementação do *heijunka* e das demais iniciativas, foi possível observar uma queda de 52.5% na quantidade de horas extras pagas, mesmo havendo um aumento de demanda de 53.5% durante o mesmo período. É importante salientar que neste espaço de tempo o contingente de pessoal foi inalterado

Tabela 5. Indicadores de desempenho. Fonte: Dados da Pesquisa.

Indicadores	Antes do início	Após 01 ano do início	Após 02 anos do início
Metro de explosivo preparado	1	1.278	1.535
Horas extras	1	0.771	0.475
Metro preparado/h extra	1	1.658	3.232

CONSIDERAÇÕES FINAIS

Com a implementação das técnicas *Lean* mencionadas acima, foi possível impactar de forma direta a preparação de trabalhos, tarefa que se assemelha bastante a um processo de baixíssima tolerância a erros, tal qual pode-se observar em alguns ramos da saúde. A implantação do nivelamento da produção permitiu a empresa torna-se mais apta a atender aos pedidos de última hora, com *lead time* menor, o que trouxe não apenas benefícios para o cliente, que passou a ter seu produto mais rápido, como para a própria empresa que conseguiu aumentar o nível de satisfação do cliente e reduzir significativamente a quantidade de horas extras pagas.

As melhorias não se limitaram apenas a operação, mas também as formas de controle, que se tornaram mais confiáveis através do aumento de treinamento no *software* utilizado. Isto não apenas gerou ganhos diretos no tempo de auditoria, quanto minimizou a exposição a possíveis sanções.

Outro fator que foi possível notar uma melhoria significativa, mas que é de difícil mensuração, foi o nível de satisfação dos funcionários desta unidade operacional. Aonde antes era normal ouvir reclamações e descontentamento, hoje se ouvem propostas de melhoria e observa-se alto nível de engajamento.

REFERÊNCIAS

1. Western Texas Intermediate (Internet). Crude Oil Prices – 70 Years Historical Chart; atualizada em 12 de janeiro 2018. Acesso em 14 janeiro de 2018. Disponível em: http://www.macrotrends.net/1369/crude-oil-price-history-chart.
2. Graves & Co. More Than 440,000 Global Oil, Gas Jobs Lost During Downturn. Atualizado em 17 de fevereiro de 2017. Acesso em 14 de janeiro de 2018. Disponível em: http://www.rigzone.com/news/oil_gas/a/148548/more_than_440000_global_oil_gas_jobs_lost_during_downturn.

3. Agência Nacional de Petróleo (Internet). Superintendência de Desenvolvimento e Produção da. Boletim de Recursos e Reservas de Petróleo e Gás Natural 2016. Acessado em 2 de abril de 2017. Disponível em: http://www.anp.gov.br/wwwanp/images/DADOS_ESTATISTICOS/Reservas/Boletim_Reservas_2016.pdf
4. IHS Markit. Analyze offshore drilling costs with timely IHS Markit day rate data. Atualizado em dezembro 2017. Acesso em 14 de janeiro de 2018. Disponível em: https://www.ihs.com/products/oil-gas-drilling- rigs-offshore-day-rates.html.
5. Al-Balushi S et al. Readiness factors for lean implementation in healthcare settings–a literature review. Journal of health organization and management. 2014; 28(2): 135-153.
6. Worley JM, Doolen TL. The role of communication and management support in a lean manufacturing implementation. Management Decision. 2006;44(2): 228-245.
7. Ohno T. O Sistema Toyota de Produção Além Da Produção. Bookman, 1997.
8. Womack JP, Jones D.T. Lean thinking: banish waste and create wealth in your corporation. Simon and Schuster, 2010.
9. Dennis P. Produção lean simplificada. Bookman Editora, 2009.
10. Brazil, ABPMP. BPM CBOK V3. 0: Guia para o Gerenciamento de Processos de Negócio-Corpo Comum de Conhecimento, 3ª edição. ABPMP Brazil. 2011.
11. Vom Brocke J, Rosemann M. Manual de BPM: gestão de processos de negócio. Bookman Editora, 2013.
12. Paim C, Caulliraux C. Gestão de Processos: pensar, agir e aprender.
13. Van der Aalst WMP, Ter Hofstede AHM, Weske M. Business process management: A survey. In: International conference on business process management. Springer Berlin Heidelberg, 2003: 1-12.

14. Baldam R, Valle R, Pereira H, Hilst S, Abreu M, Sobral V. Gerenciamento de processos de negócios: BPM – Business Process Management. 2ª Ed. São Paulo: Érica, 2009.
15. Ohno et al. Introducing kaizen in Africa. In: GRIPS Development Forum. 2009.
16. Liker JK. O modelo Toyota: 14 princípios de gestão do maior fabricante do mundo. Tradução de Lene Belon Ribeiro. Porto Alegre: Bookman, 2005.

CRITÉRIOS PARA IDENTIFICAÇÃO DE PROCESSOS CRÍTICOS EM PROJETOS DE INOVAÇÃO - LEAN OFFICE

João Henrique Escamia[1], Antonio Batocchio[1]
[1]Faculdade de Engenharia Mecânica, Universidade Estadual de Campinas.
Contato: escamia.joao@gmail.com; batocchi@fem.unicamp.br

RESUMO

A aplicação dos princípios de *Lean Office* nas organizações de serviços apresenta algumas dificuldades, referentes à necessidade de adaptação das ferramentas *LEAN* a processos administrativos. Uma das dificuldades principais é definir os processos críticos a serem mapeados, uma vez que grande parte desses processos não possui indicadores de desempenho que permitam comparar resultados e definir prioridades. Este trabalho propõe o uso de algumas métricas para auxiliar na identificação de processos críticos e apresenta um estudo de caso em que estas métricas foram aplicadas e que permitiram à identificação, priorização e tratamento dos processos críticos.

Palavras Chaves: Lean Office; Lean Service; Value Added Diagram; Value Stream Mapping.

Lean Office

Desperdícios no Ambiente Administrativo

Na área administrativa, o que torna difícil a identificação de desperdícios é o fato de que a maior parte das atividades diz respeito à geração de informações. Cabem as seguintes interrogações no que tange a área administrativa: o que são estoques? O que são defeitos e falta de matéria-prima? No ambiente fabril, a causa desses problemas normalmente é visualizada imediatamente, mas numa área administrativa nem sempre isso fica visível como uma máquina parada ou falta de matéria-prima.

O objetivo do pensamento relacionado ao Escritório Enxuto é reduzir ou eliminar os desperdícios ligados ao fluxo de informações, uma vez que apenas 1% das informações geradas agregam valor (1).

No entanto, as ferramentas utilizadas precisam ser "customizadas" a cada ambiente organizacional. Nesta fase de aplicação, as dificuldades começam a se delinear.

Relatório gerado a partir de pesquisa realizada pela Allied Consultants Europe (2) cita as principais dificuldades enfrentadas pelas empresas para adoção de *LEAN OFFICE*, conforme mostrado na tabela 1.

Tabela 1. Dificuldades para adoção de LEAN em organizações de serviços[2]

A transferência dos conceitos LEAN das organizações produtivas para as prestadoras de serviços deve ser feita de forma criteriosa, em função das diferenças existentes entre os dois tipos de organização:
☑ Os processos não se repetem com a mesma frequência nas organizações de serviços e os clientes são parte do processo com frequência;
☑ As entregas das organizações de serviços são predominantemente MTO, enquanto as organizações de manufatura podem ser MTS;
☑ O fluxo de processo é de difícil visualização para serviços;
☑ A qualidade para serviços é muitas vezes intangível e baseada nas expectativas nem sempre objetivas dos consumidores, enquanto nos processos industriais, baseia-se nos custos e no preço, que dependem das especificações dos produtos.
☑ A maioria das organizações de serviços não possui histórico de avaliações de performance, indicadores de desempenho e padronização de processos.

Ferramentas de Diagnóstico com Abordagem Gerencial

Nas fases iniciais, particularmente na identificação de processos críticos e de mapeamento, existem várias ferramentas de diagnóstico que podem ser utilizadas.

A tabela 2 mostra as principais ferramentas de diagnóstico que o programa *LEAN* utiliza nesta etapa.

Tabela 2. Ferramentas para identificação de oportunidades – processos críticos. Fonte: o autor.

Abordagem	Ferramenta	Aplicação	Observações
Gerencial	Grau de Maturidade LEAN	Processos de qualquer natureza	Baseada na norma SAE J4000 (Operações Enxutas)
Gerencial	MMOG/LE	Planejamento de Materiais e Logística	Desenvolvida pela AIAG (cadeia automotiva)
Processos	Diagrama AV/NAV	Processos de qualquer natureza	SME (Society of Manufacturing Engineers)
Processos	VSM (Value Stream Mapping)	Adaptável a processos de qualquer natureza	LEAN

A identificação dos "processos críticos" para posterior mapeamento é feita considerando os maiores "gaps" encontrados.

Tanto a norma de Operações Enxutas SAE J4000 como o conjunto de orientações denominado MMOG/LE são ferramentas de diagnóstico gerencial usadas com este objetivo.

O grau de maturidade *LEAN* é medido utilizando-se como modelo de referência, a norma de Operações Enxutas, cuja primeira versão foi publicada pela *Society for Automotive Engineers* (SAE) em 2000.

Segundo sua própria definição, a norma SAE J4000 tem por objetivo "identificar e medir as melhores práticas, na implementação de operações enxutas, em uma organização".

A figura 1 apresenta a estrutura da norma de Operações Enxutas.

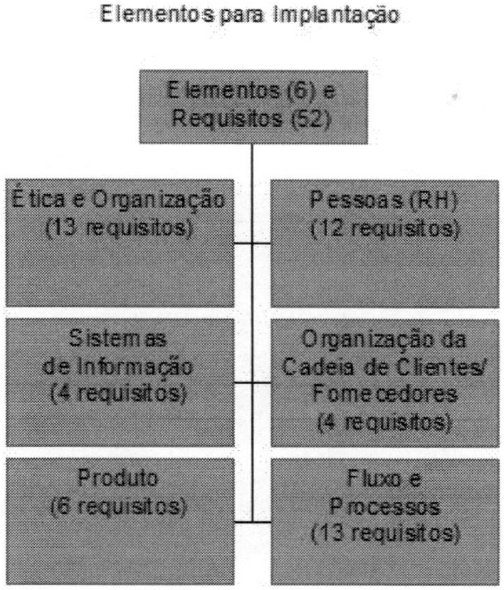

Figura 1. Estrutura da SAE J 4000. Fonte: o autor.

A avaliação dos processos de uma organização é feita, avaliando-se cada requisito (total de 52) da norma, comparando-se as práticas com o padrão "*world class*".

Esta avaliação é qualitativa – cada requisito permite a opção em 4 níveis, conforme discriminado a seguir:

Nível (1): a prática/ferramenta não é conhecida ou não é aplicada na empresa;
Nível (2): é conhecida e aplicada, mas apenas parcialmente e com resultados incipientes;
Nível (3): é conhecida e aplicada na organização;
Nível (4): conhecida e aplicada, com melhoria de resultados evidenciada nos indicadores LEAN nos últimos 12 meses.

A atribuição de cada nível aos elementos e requisitos permite avaliar os resultados e identificar os processos críticos, a serem priorizados na implantação de projetos de melhoria.

Ferramentas de Diagnóstico com Abordagem por Processos

Os diagramas VA/NVA (*Value Added – Non Value Added*) e o VSM (*Value Stream Mapping*) são as ferramentas de diagnóstico disponíveis para identificação de oportunidades de melhorias em projetos *LEAN*, considerando a abordagem por processos.

Sua aplicação pressupõe a ocorrência de uma etapa anterior de trabalho, quando os processos críticos da organização já foram identificados.

As métricas %VA e %VAt (*Value Added time)* são utilizadas para avaliar o potencial de melhorias do processo: valores mais baixos de %VA e %VAt implicam em maior desequilíbrio entre tempos e atividades "*value added*", e tempo e duração total de processos.

Desse modo, processos cujo diagrama apresentar valores baixos para %VA e %VAt apresentam maior potencial de melhoria e devem ser priorizados.

A métrica PCE (*Process Cycle Efficiency*) é utilizada no VSM *Office* para avaliar o potencial de melhorias de um processo. O PCE é medido comparando-se, para cada etapa do processo, os tempos gastos para sua realização com o tempo de valor agregado correspondente à cada etapa.

Assim, quanto menores os valores parciais de PCE gerados em cada etapa do processo mapeado, maior o seu potencial de melhorias.

Critérios complementares à definição de criticidade em processos administrativos

Conforme mostrado no item anterior trabalho, a utilização das métricas %VA, %VAt (nos diagramas VA/NVA) e PCE (no VSM *Office*) fornece elementos importantes para a tomada de decisão: quanto menores os valores das métricas, maior o potencial de melhorias.

Os tempos de duração, os recursos envolvidos e seu tempo de dedicação, a frequência de ocorrência, o número e a complexidade de etapas, também devem ser considerados.

Para entender esta necessidade, pode-se exemplificá-la através de uma situação bastante simples: dois processos que apresentem os mesmos valores de %VAt e PCE podem possuir tempos de duração completamente distintos. A tabela 3 apresenta situações em que isto ocorre.

Tabela 3. Processos distintos com mesmos valores de %VAt e PCE.

Fonte: o autor.

Processo	Tempo VA	Tempo total (VA + NVA)	Tempo real do processo	% VAt	PCE
A	30 min	180 min	300 min	16,7%	10%
B	4 horas	240 horas	400 horas	16,7%	10%

Analisando-se a tabela, é evidente que o processo B deve ser priorizado, uma vez que os ganhos, neste caso, podem significar redução significativa de tempo (em horas de trabalho).

Além dos tempos de duração, o número de etapas, a frequência de ocorrência, o número de colaboradores envolvidos na sua execução e o tempo de dedicação dos colaboradores podem ser usados como critérios adicionais para avaliação de criticidade.

Método proposto: aplicação de Matriz de Pugh para auxílio à tomada de decisão para definição de criticidade em processos administrativos

Este trabalho propõe a utilização de uma Matriz de Pugh (3) para auxiliar na tomada de decisão sobre a criticidade de processos administrativos.

Segundo a técnica utilizada por Pugh, a seleção do conceito não se trata de simples escolha de conceito gerado. Ela proporciona a comparação de diferentes conceitos em relação a um conceito base, criando um conceito mais forte e eliminando os conceitos inferiores até um ótimo conceito ser alcançado (4-6).

A tabela seguinte apresenta uma proposta para estruturação de uma Matriz de Pugh para auxiliar na tarefa de definição de criticidade de processos.

Na tabela 4 estão inseridas outras categorias de avaliação, além das métricas PCE, %VA e %VAt, para priorizar processos críticos.

Indicador	Baseline	Process n
PCE	< 1%	
%VA	< 5%	
% Vat	< 5%	
Tempo total Tt	> 8h	
Número de Etapas Ne	Acima de 20	
Número Na de áreas envolvidas	Acima de 3	
Número N de colaboradores	Acima de 5	
Número Neq de colaboradores equivalente	Acima de 50% de N	
Frequência de ocorrência FO	diária	

Tabela 4. Fatores para priorização de processos críticos em *LEAN OFFICE.* Fonte: o autor.

O uso da Matriz de Pugh pode auxiliar na identificação de processos críticos, a serem considerados na priorização de projetos *LEAN OFFICE.*

O item seguinte deste trabalho apresenta um caso de aplicação do modelo proposto.

Estudo de Caso: Priorização de processos críticos em projetos LEAN OFFICE

Este estudo foi desenvolvido em uma empresa de médio porte, da área de alimentos. O projeto *LEAN OFFICE* foi realizado na área denominada Centro de Serviços Compartilhados (CSC). Esta área agrega colaboradores que atuam em processos de contabilidade, RH, finanças e fiscais.

No total, são cerca de 30 colaboradores, que realizam aproximadamente 300 processos diferentes. Desse modo, houve a necessidade de utilizar critérios adicionais para priorização de processos críticos.

As figuras seguintes (2 e 3) apresentam os valores de %VA e %VAt para uma parcela dos processos mapeados.

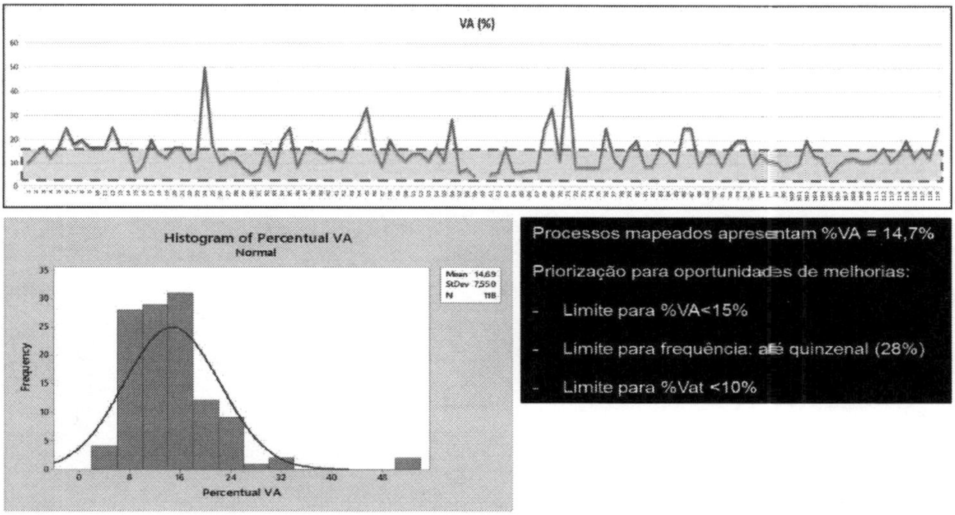

Figura 2. Valores de %VA, histograma e limites utilizados para priorização. Fonte: o autor.

A figura 2 apresenta a distribuição dos processos mapeados em relação à frequência de ocorrência.

Analisando-se os dados apresentados, percebe-se que 27% dos processos ocorrem diariamente.

O valor do indicador FO (frequência de ocorrência) é um dos critérios propostos neste trabalho para auxiliar na tarefa de priorização de processos críticos.

Os gráficos da figura 3 apresentam os valores de %VA e %VAt para processos com ocorrência diária.

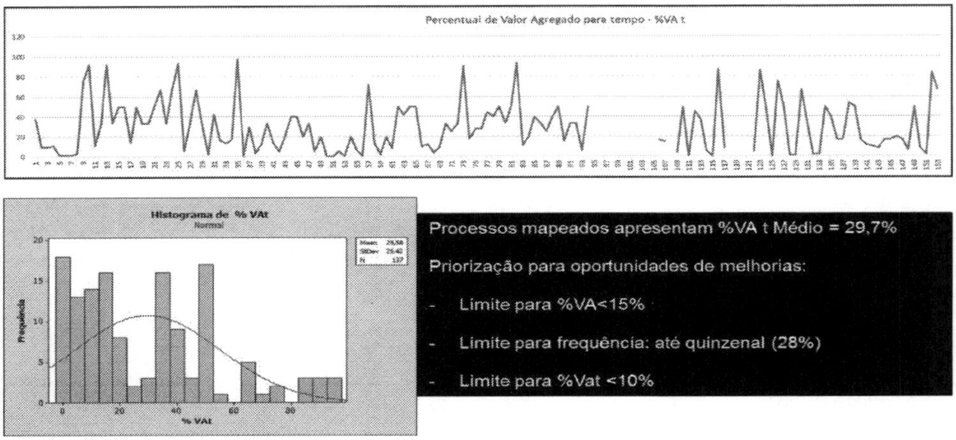

Figura 3. Valores de %VAt, histograma e limites adotados para priorização. Fonte: o autor.

Análise dos resultados e definição da criticidade em processos administrativos

Foram utilizados os indicadores: %VA, %VAt, Tt, Ne e FO.

Os indicadores PCE, Na, N e Neq não foram aferidos.

Para o estudo de caso, foram considerados os seguintes valores limite:

- %VA: abaixo de 15%;
- %VAt: abaixo de 10%;
- Ne: acima de 10 etapas;
- Tt: acima de 120 min.

Assim, a aplicação dos critérios definidos, possibilitou a identificação, priorização e tratamento de cerca de 30 processos.

As principais oportunidades identificadas nos processos priorizados estão descritas na figura 4.

Tipos de oportunidades detectadas (principais):

- ✓ *Quick wins* (correções de erros operacionais ou eliminação de tarefas repetidas);
- ✓ Atividades de interface entre áreas/departamentos que apresentam informações distintas (SIPOC);
- ✓ Falta de padronização (procedimentos distintos para as mesmas etapas);
- ✓ Identificação de oportunidades de melhorias sem histórico de ocorrência (Ex.: não conformidades) e sem possibilidade de priorização;
- ✓ Uso intensivo de registros em papel;
- ✓ Excesso de atividades de inspeção/verificação/comparação;
- ✓ Excesso de consultas manuais para registro de informações.

Figura 4. Principais oportunidades identificadas nos processos priorizados. Com base nas oportunidades identificadas, mapas A3 foram elaborados para o tratamento de cada ação de melhoria. Fonte: o autor.

Considerações Finais

A adaptação dos conceitos *LEAN* a projetos de melhoria para processos administrativos deve considerar as diferenças entre este cenário e os processos produtivos, para os quais os fundamentos *LEAN* foram originalmente desenvolvidos.

Este trabalho apresentou uma proposta de um modelo que adiciona aos critérios já existentes, um conjunto de indicadores que visa auxiliar na decisão de definição de processos críticos em uma organização.

Este conjunto de indicadores é particularmente interessante quando se tratam processos administrativos que possuem grande número, altas variações de tempo de ocorrência, frequência, número de colaboradores e tempos de dedicação.

A consideração destes fatores, em adição aos valores de PCE, %VA e %VAt, pode auxiliar a identificação de processos críticos em projetos *LEAN OFFICE*.

O estudo de caso apresentado, embora não tenha utilizado todos os indicadores propostos, mostrou resultados válidos para a empresa cujos processos foram mapeados.

Os resultados possibilitaram a identificação de cerca de 10% do total de processos mapeados (cerca de 30 processos), o que facilitou a aplicação de *LEAN OFFICE* na empresa e aumentou a velocidade de implantação das ações de melhoria.

REFERÊNCIAS

1. Hines P et al. Value stream management: strategy and excellence in the supply chain. Financial Times Prentice Hall, Harlow: 2000.
2. ACE - Allied Consultant Enterprise - Implement Consulting - Basu, Ron. How FIT SIGMA™ can help to improve and sustain business performances in Small and Medium Enterprises, 2011.
3. Pugh, Stuart – 1990, www.caroli.org/tecnica-matriz-de-pugh.
4. Baxter M. Projeto do Produto: Guia Prático para o Design de Novos Produtos. Editora: Edgard Blucher, 2000.
5. SixSigma, Pugh Matrix. Disponível em: http://www.isixsigma.com/dictionary /pugh_matrix-384htm.
6. Creveling CM, Design for SixSigma in Technology and Product Development. Prentice Hall PTR UPPER SADDLE RIVER, NEW JERSEY, 2002.

LEAN GREEN APLICADO NO REAPROVEITAMENTO DE CASCALHO DE PERFURAÇÃO DE POÇOS DE PETRÓLEO

Nathalia Campos Silva[1], Flávio_Silva Machado[1,]
Luiz Antônio de O. Chaves[1], Mateus Carvalho Amaral[1]
[1]Instituto de Ciências e Tecnologia – Universidade Federal Fluminense, Rio das Ostras, RJ
Contato: ncmapos@id.uff.br; flavio1964@hotmail.com; luizchaves@gmail.com; mateus_amaral@id.uff.br

RESUMO

O conceito *Lean Green* integra o pensamento enxuto com a sustentabilidade. Essas filosofias estão presentes no cotidiano de grandes empresas de forma separada e a fusão desses conceitos as tornam ainda mais competitivas. Tendo em vista o atual cenário da indústria de petróleo e gás brasileira e o método empregado para o descarte de sólidos de perfuração *offshore* é levantado o potencial de reaproveitamento dos cascalhos de perfuração em um novo processo produtivo. O cascalho de perfuração, hoje é lançado ao mar, esse material apresenta capacidade produtiva, podendo se transformar em tijolo ecológico (solo-cimento), quando encaminhado para terra, e aqui ganhando valor, ao ser incorporado na fabricação de tijolos ecológicos. A quantidade de cascalho gerado durante a perfuração de um único poço de petróleo é capaz de produzir cerca de 800 mil tijolos.

Palavras-Chaves: Cascalho de perfuração; Tijolo solo-cimento; *Lean Green*.

Introdução

A política de ampliação da matriz energética brasileira tem uma de suas principais atividades desenvolvidas a partir da exploração, extração e do processamento de hidrocarbonetos. Esses, encontram-se presentes em áreas geológicas que pode estar localizadas no continente (*onshore*) ou na costa (*offshore*) (1).

A Agência Nacional de Petróleo, Gás Natural e Biocombustíveis (ANP) descreve a cadeia produtiva do petróleo e gás em três seguimentos conforme a classe das operações efetuadas: *Upstream,* constitui a exploração e produção; *Midstream,* refino e o transporte de derivados; *Downstream,* a distribuição e a revenda.[2] As operações de extração e processamento de óleo e gás na fase inicial é um dos principais setores deste segmento no território brasileiro e ocorrem principalmente em águas profundas e ultraprofundas (1,3).

As atividades de exploração com acesso a uma jazida por meio de um poço de petróleo são realizadas por sondas de perfuração. As operações desenvolvidas na construção de um poço constituem um conjunto de processos com uso de recursos, equipamentos, dispositivos e diversos procedimentos específicos são empregados para completar o projeto para atingir o interior do reservatório de hidrocarbonetos ainda na fase exploratória ou de desenvolvimento da produção (4).

A injeção do fluido de perfuração no interior do poço é uma das fases de processo e constitui um insumo formado de uma mistura de diversos compostos químicos que atua como facilitador para promover a remoção dos fragmentos de rochas sedimentares, decorrentes da ação cortante da broca. O fluido e os cascalhos gerados são removidos do interior do poço pela região anular até a superfície por meio de bombas tipo pistão, onde são separados e tratados por meio de conjunto de processos físicos. A recuperação do fluido no sistema de tratamento é efetuada para reinjeção no poço enquanto o cascalho gerado na forma de resíduo é descartado (5).

Segundo a nota técnica do CGPEG/DILIC/IBAMA Nº 03/08[6], órgão de fiscalização e regulação ambiental federal das atividades de petróleo, o cascalho de rochas só pode ser descartado no ambiente se atender especificações em norma. A principal diretriz compreende que o teor de fluido aderido ao cascalho deve menor que 6,9% (em peso úmido de cascalho) de base orgânica (n-parafinas e fluidos à base de óleo mineral tratados), caso a mesma não seja atendida, o mesmo deve ser conduzido a terra e ser tratado, para ser descartado ou armazenado. As orientações técnicas também são expressas em relação ao descarte de resíduos sólidos no mar que deve ser lançado em lâminas d'água profundas acima de 1.000 metros.

O lançamento dos sólidos de perfuração de maneira inadequada pode ocasionar alterações no ecossistema como o aumento da granulometria em regiões próximas dos poços perfurados, gerando, assim, impacto ambiental no ecossistema marinho. A extração de material sólido inerte de um ecossistema estabilizado e o transporte para outro local requer ações específicas para não provocar perdas tanto ambientais quanto econômicas e sociais.

Nesta perspectiva surge a necessidade de avaliar o princípio da sustentabilidade nessa fase da produção da cadeia de petróleo. O conceito emergente de "*Lean*" utilizado na indústria de Arquitetura, Engenharia e Construção descreve a integração consistente da produção enxuta e da sustentabilidade para gerenciamento de recursos (7). A oportunidade de produção enxuta exige então um programa constante de aperfeiçoamento dos processos para aumentar a eficiência e reduzir os custos com desperdícios, sejam estes de tempo, em materiais, força de trabalho ou financeiros (8).

Para Araruna, Burlini (1) a conscientização sobre o uso indiscriminado de reservas dos recursos naturais torna o desenvolvimento sustentável um grande paradigma dos negócios do século XX, contudo, o processo de extração e produção de óleo e gás natural trata-se de uma atividade extremamente predatória e que apresentam potenciais riscos ao meio ambiente.

A fim de reduzir a magnitude de impacto ambiental na atividade de exploração de petróleo em relação ao procedimento padrão de descarte de resíduos sólidos, é proposto avaliar o potencial da incorporação do cascalho na fabricação de tijolos ecológicos com a integração de conceitos da produção enxuta e sustentabilidade (*Lean Green*) em um estudo de caso de perfuração de poços na região *offshore*.

Sustentabilidade Ambiental e Oportunidades de Geração de Valor

A crescente preocupação com o meio ambiente e com a finidade dos recursos naturais tem forçado a todos a buscar soluções que causem menos impacto ambiental possível. Porém ainda pode ser notado que o emprego de procedimentos técnicos ambientais é percebido por parte do empresariado como ações dispendiosas. No entanto, um novo olhar vem sendo lançado, pois um modelo de gestão sustentável, pode deixar a empresa mais competitiva.[9]

O conceito de desenvolvimento sustentável está apoiado em três bases: economia, sociedade e meio ambiente. A indústria petrolífera é continuamente desafiada a apresentar novas soluções referente à gestão sustentável, tendo assim que cuidar de seus resíduos sólidos (1). Diversas pesquisas desenvolvidas no âmbito da produção enxuta ou da sustentabilidade para indústria de manufatura ou setor de engenharia e construção indicam a aplicação dos princípios de *Lean* e ferramentas para atingir a sustentabilidade, ou mesmo desenvolver estudos entre *Lean* e Sustentabilidade, mas os aspectos ambientais são sempre usados como um elemento passivo (7).

A disponibilidade de informações e a análise da estrutura de um projeto modelo de perfuração com o mapeamento de processo e a caracterização de parâmetros de produção e dados ambientais apresentam forte componentes para geração de valor e podem indicar alternativas de melhoria e aperfeiçoamento. Estes constituem oportunidades para desenvolvimento de projetos efetivos na busca de ações consistentes para atingir a sustentabilidade ambiental.

Processos de Perfuração e os Impactos Ambientais Locacionais

O petróleo tem forte presença na sociedade de consumo conforme mostra a grande quantidade de produtos industrializados que contêm insumos ou são produzidos diretamente a partir dessa matéria-prima e seus derivados (5).

A pesquisa para encontrar reservatórios de petróleo nas bacias sedimentares é realizada para encontrar as condições ideais da formação geológica natural e a acumulação de hidrocarbonetos ao longo dos anos presentes normalmente em grandes profundidades. Diversos recursos, tecnologias e procedimentos são adotados pelas empresas para exploração e a extração (3).

As atividades de perfuração em ambiente *offshore* realizadas por sondas de perfuração seguem a estrutura de projeto do poço de petróleo dividida em fases, sendo cada uma delas separada por diâmetros e para cada diferente profundidade conforme as características presentes da formação geológica .[5] A cada fase, um volume de cascalho é gerado e o mesmo é conduzido à superfície da sonda por arraste devido a injeção contínua do fluido (lama) para a separação entre o fluido e o cascalho desenvolvida por uma série de equipamentos.

O processo é realizado pelo sistema de controle de sólidos (SCS) que contempla o conjunto de peneiras vibratórias, desareiador; dessiltador, *mud cLeaner*, centrífuga decantadora, desgaseificador e secador de cascalhos.[10] Souza, Lima[11] afirmam que um percentual de fluido permanece aderido ao cascalho, mesmo depois da separação, podendo assim contaminá-los com metais pesados, alta salinidade, óleos e graxas. Embora o processo apresente relativa eficiência, uma parte do fluido de perfuração continua aderido ao cascalho (4).

Para Melbouci e Sau (2008) citado por Caenn, Darley, Gray (12) o fluido de perfuração eficiente deve apresentar inúmeras características, sendo algumas delas a capacidade de carrear os cascalhos pelo anular até a boca do poço; resfriar e limpar a broca; evitar o desabamento das seções não revestidas para garantir estabilidade estrutural. Os fluidos com essas características podem ser classificados como fluido aquoso - base de água - e fluido não aquoso - base de óleo ou sintético.

Para Schaffel (2002) citado por Pereira (13) a presença de fluidos não aquosa, aderidos ao cascalho após sua separação, faz com que o mesmo se aglomere no assoalho marinho formando pilhas submarinas. Essa condição é um dos indicadores de impacto ambiental no processo de descarte, assim como a formação de pluma de sólidos finos dispersos e arrastados no mar.

Rejeitos sólidos provenientes de perfuração é um dos problemas enfrentado pela indústria do petróleo principalmente na atividade *offshore* em relação a quantidade de resíduo, concentração e composição de contaminantes presente no cascalho.[14] Silva[15] ressalta ainda o potencial de contaminação do cascalho quando em contato com o fluido não aquoso, pois a toxicidade é repassada ao cascalho, principalmente por conter compostos químicos de n-parafinas.

As cargas volumétricas produzidas de cascalho dependem das regiões de operação e que caracteriza um importante parâmetro quantitativo na análise de projeto de poço. Para Nocolli, Soares (2010) citado por Pereira (13), estimam que a geração de cascalho produzido por um poço de petróleo é em média de 500 a 800 m^3 de cascalho, enquanto a quantidade de resíduos sólidos gerados nas operações *offshore* para descarte por poço pode atingir o volume de 800 a 1200 m^3 conforme apresentado por Zhang *et al* (16).

Classificação de Resíduos Sólidos

O cascalho gerado, se classificado como não perigoso (Classe II) conforme a norma NBR 10004 (17), apresenta potencial de uso em novos processos industriais e significativas vantagens ambientais, mas demanda avaliações das condições para uso.

A classificação do cascalho é a primeira etapa para planejamento do seu uso seja para descarte ou aproveitamento. Somente a partir deste diagnóstico será definido como se o armazenamento, transporte, manipulação e disposição final do cascalho (1).

A NBR 10004 (17) classifica os resíduos sólidos da seguinte forma:

- Resíduo Classe I – Perigoso;
- Resíduo Classe II – Não Perigoso (Resíduo Classe IIA – Não Inerte e Resíduo Classe IIB – Inerte).

O uso de fluido não aquoso apresenta significativa toxicidade ambiental e potencial de contaminação do cascalho quando em contato com o substrato sólido e não adequadamente tratado, sendo classificado como Resíduo Classe I – perigoso (15).

Tijolo ecológico (solo-cimento) e Sustentabilidade

A ABNT define, na NBR 12253 (18), o solo-cimento como "Produto endurecido resultante da cura de uma mistura íntima compactada de solo, cimento e água, em proporções estabelecidas através de dosagem". Em quantidades adequadas a misturas precisa ser compactada e curada para que adquira resistência mecânica e durabilidade necessária para a sua utilização.

O processo de fabricação do tijolo ecológico apresenta assim menor número de fatores que irão impactar no meio ambiente quando comparado a outros materiais. O desmatamento e a emissão de gases tóxicos na atmosfera são problemas presentes na fabricação de tijolo cerâmica vermelha, pois a secagem desse tipo de material é realizada no interior de fornos a lenha, o que não ocorre como o tijolo ecológico (19). Nesse processo de fabricação do tijolo solo-cimento não é produzido nenhum efluente e desta forma esse produto é caracterizado de certa forma como "ecológico".

Os indicadores de sustentabilidade e os certificados de padronização são fontes de informação para monitoramento da sustentabilidade na fase operacional de processos industriais, contudo deve se ter cautela no gerenciamento de processo, pois é diferente para confirmar e atestar que o processo é dito sustentável ambientalmente e atende aos princípios de produção sem desperdícios e com valor agregado (7).

Os parâmetros que demonstram um guia como processos definidos como sustentáveis são pautados em indicadores ambientais, sociais e econômicos e a interação em *Lean* e *Green* deve contemplar as 3 linhas para avaliar o potencial do uso do cascalho para construção de tijolo ecológico.

Metodologia

A avaliação do potencial da utilização de cascalhos na manufatura de tijolos ecológicos foi desenvolvida por meio da pesquisa em literatura das operações de perfuração e por análise de estudo de caso. A pesquisa consiste na investigação e na coleta de dados quantitativos da atividade de perfuração no ambiente *offshore* em um estudo de caso modelo com avaliação dos sistemas e processos executados. Nessa etapa são delineados os mecanismos, sistemas e a disponibilidade da quantidade de cascalho que justifiquem o investimento de transporte e o mapeamento do processo apresentado no modelo BPMN.

A caracterização físico-química do cascalho por meio de dados secundários para classificação do tipo de resíduo é efetuada para a avaliar as condições de uso e consiste na etapa subsequente do método. A base de informação são os laudos técnicos ambientais de projeto de processo dos insumos usados e auferidos ao IBAMA, órgão ambiental executor da política e responsável para avaliar o empreendimento. Os laudos de análise químicas são devidamente avaliados por laboratórios credenciados e contratados pelas empresas operadoras petrolíferas.

A terceira etapa do método consiste na verificação da quantidade de cascalho produzido, através de dados estimados tendo como base a geometria e plano de projeto durante perfuração do poço. Essas informações demonstram a quantidade de resíduo para transporte até as bases de apoio para que possa seguir até seu destino final.

Na quarta etapa é avaliado o processo de produção para a fabricação de tijolos ecológicos em uma cooperativa, no município da região de influência direta do empreendimento do estudo de caso para estimar potencial uso de resíduos sólidos como parte matéria prima.

Estudo de caso das atividades de perfuração

Caracterização de processo e avaliação do sistema de controle de sólidos

A avaliação do potencial uso de cascalho foi conduzida por meio da análise de dados secundários de projeto obtido no Estudo de Avaliação Perfuração (EAP) para as operações na bacia de Campos, campo de Xerelete, situada a 149 km da costa na região de Macaé, estado do Rio de Janeiro, e posicionamento da sonda (Unidade Marítima) em lâmina d'água de 2438 km de profundidade.[14] A perfuração é executada em diferentes etapas que compreende a preparação de fluidos, injeção de fluido, instalação de revestimento (*casing*), injeção de cimento e tratamento de fluidos e cascalho. O sistema de controle de sólidos é responsável pela retirada do fluido e cascalho do interior do poço, realizar a sua separação e armazenar o cascalho para transporte e descarte, como demonstrado na Figura 1 com as principais etapas de processo de perfuração.

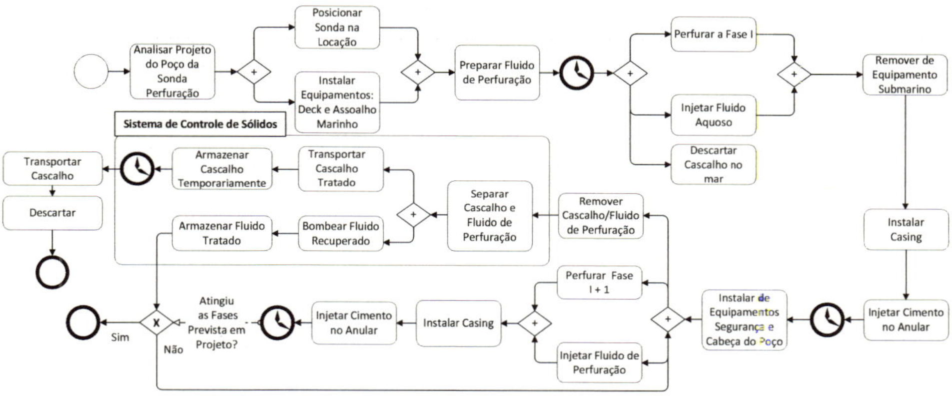

Figura 1. Fluxograma de processo com geração de cascalho no projeto de poço.

O volume total de cascalho gerado durante a perfuração de um único poço é estimado em 781,9 m^3, que são descartados no mar. O volume de fluido utilizado na perfuração para as 5 fases de poço é 6663 m^3 e o volume de fluido aderido ao cascalho no mar é de 1993 m^3.

Os resultados demonstram significativa carga de resíduo sólido para descarte no ecossistema e demonstra uma significativa vantagem caso o volume de material seja convertido em produto com uso na produção, assim como um volume elevado de fluido para tratamento.

Foram propostos 4 tipos de fluidos de base aquosa que apresentaram laudos de toxicidade aguda de CL_{50} de 707000 ppm, ou seja, 50% da população ambiental (organismos-teste) exposta sofre efeitos letais caso o fluido no ambiente marinho atinja a concentração de 70,7%. O diagnóstico referente ao laudo de análise química para um tipo fluido não aquoso utilizado apresentou resultados de maior efeito tóxico agudo com CL_{50} de 322200 ppm, ou efeitos letais na concentração de 32,2%. Os resultados demandam a avaliação ambiental do tratamento do cascalho com monitoramento da concentração de fluido aderido ao substrato sólido.

Logística das atividades de apoio

A empresas de petróleo realiza logística reversa dos demais resíduos sólidos gerados pelo navio-sonda, tais como: pilhas, madeiras, embalagens plásticas, entre outros. A Figura 2 representa a sequência descritiva da logística das atividades de apoio empregada ao que se refere o destino dos resíduos sólidos de perfuração.

Figura 2. Sequência Descritiva da Logística das Atividades de Apoio.

A logística reversa que também pode ser aplicada ao volume de cascalho produzido durante a perfuração do poço, tem um custo significativo, em razão das distâncias e do volume de material, sendo esse o motivo pelo qual ele pode não ser realizado.

A análise do projeto preconiza o potencial uso do material sólido como resíduo para fabricação de tijolos em uma "ecolaria". O transporte do material da base de apoio de recebimento dos resíduos é um local natural de estudo. A cidade mais próxima à "ecolaria" que tem bases de apoio à atividade *offshore* é a cidade de Macaé, o que diminui consideravelmente o custo do transporte do cascalho. A distância de cerca de 14 km, a um custo de transporte médio de R$ 200,00 para o volume de cascalho gerado por poço de 781,9 m^3 tem o valor estimado de R$ 26.000 e apresenta indicativos de vantagem comparativa ao descarte de material no ambiente. Na Figura 3 é apresentada a sequência descritiva proposto para a nova logística reversa com a diagrama de decisão para disposição ou centro de uso e reciclagem.

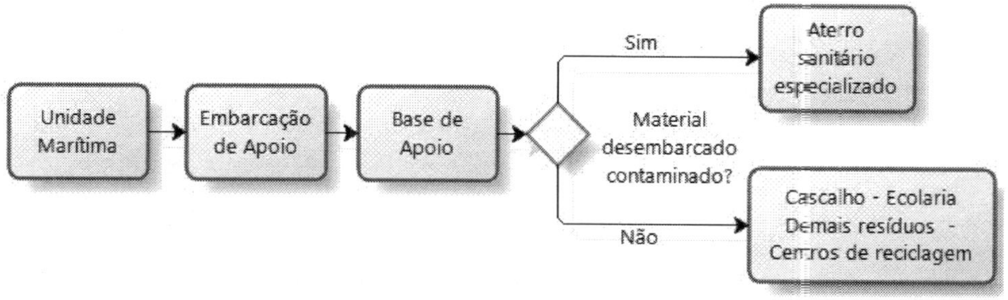

Figura 3. Sequência Descritiva da Logística Reversa Proposto.

Fabricação de tijolo ecológico com cascalho

A ABNT apresenta os procedimentos necessário para a fabricação do tijolo ecológico na NBR 10833 (2). A análise da linha de produção da fábrica de tijolos ecológicos e o mapeamento de processo produtivo foi realizado para identificar as oportunidades de integração de resíduos de cascalho ao processo de fabricação dos tijolos ecológicos como demonstrado na Figura 4.

Na norma NBR 10833 (20) é descrito o uso de aditivos na composição da mistura para processar e produzir o tijolo ecológico, o que possibilita a utilização do cascalho de perfuração de poço na fabricação do tijolo solo-cimento. A quantidade de resíduo sólido gerado de um poço no projeto permite estimar a produção 800.000 tijolos ecológicos nessa linha de produção.

A fase de processamento do cascalho que consiste na peneiração e trituração é uma fase relevante que precede a mistura com saibro. O tempo de cura dos tijolos pode levar aproximadamente 28 dias e tem a função de manter a umidade nos tijolos, para ocorrer reações de hidratação do cimento e garantir resistência mecânica. A incorporação do cascalho de poços de petróleo apresenta viabilidade técnica como ressaltado em Marques (21), pois as propriedades desejadas a um tijolo de acordo as normas técnicas são atendidas.

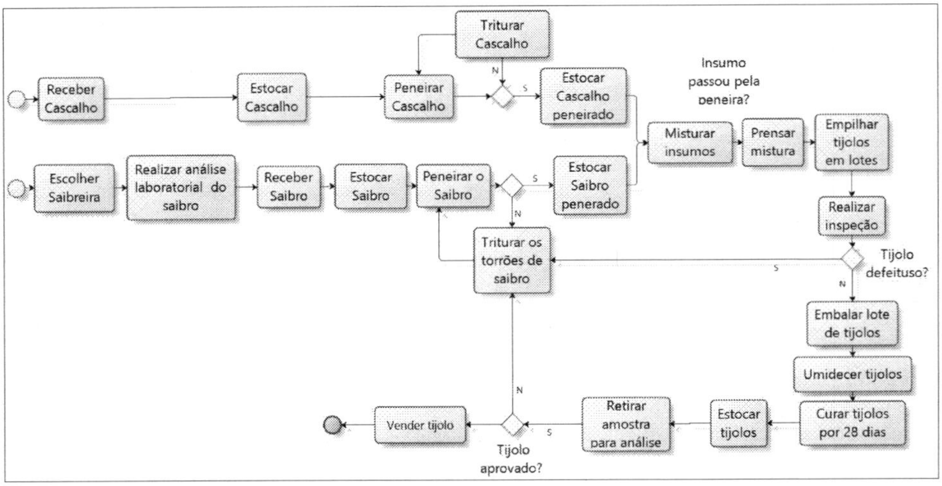

Figura 4. Sequência do Processo de Fabricação do Tijolo Ecológico.

Conclusão

A análise do potencial aproveitamento do cascalho de perfuração de poços petróleo na fabricação de tijolos ecológicos foi desenvolvida por meio de um estudo de caso com mapeamento de processos. O cascalho de perfuração quando caracterizado como Classe II pode ser utilizado na fabricação e não ser descartado no ambiente como procedimento padrão. A proporção de solo-cimento, com 14% de cimento para a produção de tijolos ecológico, deve ser mantida quando o solo (argila) é substituído por cascalho ou quando este é incorporado ao solo. O delineamento dos processos das atividades de perfuração e controle de sólidos desempenhados por uma empresa de petróleo resultaram na estimativa de volume de cascalho gerado e no potencial de uso. O volume de cascalho gerado em um único poço perfurado é capaz de produzir aproximadamente 800 mil tijolos e pode ser integrado ao sistema de produtivo para gerar valor conforme dados preliminares. As informações presentes neste estudo, descrevem a relevância da capacidade produtiva das operações de perfuração de um poço e indicam o potencial para pesquisas e obter práticas sustentáveis no conceito de *Lean Green*.

Referências

1. Araruna Jr JT, Burlini P. **Gerenciamento de resíduos na indústria de petróleo e gás:** os desafios da exploração marítima no Brasil. – 1. ed. Rio de Janeiro: Elsevier PUC-Rio; 2014.
2. Agencia Nacional de Petróleo, Gás Natural e Biocombustíveis. A cadeia do petróleo e gás no Brasil: aspectos regulatórios. Rio de Janeiro; 2008.
3. Thomas JE. Fundamentos de engenharia de petróleo. Rio de Janeiro: Interciência; 2001.
4. Alves FB, Gomes JS. O universo da indústria petrolífera: da pesquisa à refinação. 2. ed. Lisboa: Calouste; 2011.
5. Fialho PF. Cascalho de perfuração de poços de petróleo e gás. Estudo do potencial de aplicação em concreto. Vitória. Dissertação [Mestrado em Construção Civil] – Universidade Federal do Espírito Santo; 2012.
6. Coordenação Geral de Petróleo e Gás. Projeto de Controle de Poluição. Rio de Janeiro; Nota Técnica nº03/08; 2008.
7. Khodeir LM, Othman R. Examining the interaction between *Lean* and sustainability principles in the management process of AEC industry. ASEJ. 2016 [Acesso em: 06, janeiro, 2017] Disponível em http://dx.doi.org/10.1016/j.asej.2016.12.005
8. Vasconcelos DC, Neto JPB, Viana FLE. *Lean* e *Green*: a contribuição da produção enxuta e da gestão ambiental para a redução de desperdícios. Congresso: XXXVII Encontro da ANPAD; 2013.
9. Nobrega HF. **A questão ambiental na empresa.** 2010 [Acesso em: 23 nov. 2016]. Disponível emhttp://www.administradores.com.br/artigos/marketing/a-questao-ambiental-na-empresa/45182/
10. Moreira CB. **Um estudo sobre os aspectos ambientais relacionados à utilização de fluidos de perfuração em áreas offshore.** [Internet] [monografia]. Niterói: Engenharia de Petróleo, Universidade Federal Fluminense; 2011 [Acesso em: 13 jul. 2016]. Disponível em: http://www.repositorio.uff.br/jspui/bitstream/1/1403/1/Chaya Bergman Moreira.pdf

11. Souza PJB, Lima VL de. **Avaliação das técnicas de disposição de rejeitos da perfuração terrestre de poços de petróleo [Internet]** [Monografia-Especialização]. Salvador: Curso de Gerenciamento e Tecnologia Ambiental na Industria, Universidade Federal da Bahia; 2002 [Acesso em: 01 jul. 2016]. Disponível em: http://www.teclim.ufba.br/site/material_online/monografias/mono_souza_e_lima.pdf.
12. Caenn R, Darley HCH, Gray GR. **Fluidos de perfuração e completação.** 6. ed. Rio de Janeiro: Elsevier Brasil; 2014.
13. Pereira MS. **Caracterização de cascalho e lama de perfuração ao longo do processo de controle de sólidos em sonda de petróleo e gás.** [Dissertação]. Uberlândia: Curso de Engenharia Química, Universidade Federal de Uberlândia; 2010.
14. AECON. **EAP - Estudo ambiental de perfuração campo de Xerelete (Blocos BC-2 e BM-C-14) Bacia de Campos.** Rio de Janeiro: Aecon; 2012.
15. Silva DNN da. **Tratamento de cascalho de perfuração utilizando sistemas microemulsionados** [Dissertação]. Natal: Curso de Engenharia Química, Universidade Federal do Rio Grande do Norte; 2015.
16. Zhang A, Li M, LV P, Zhu X, Zhao L, Zhang X. Disposal and reuse of drilling solid waste from a massive gas field. Procedia Environmental Sciences, n. 31, p. 577 – 581; 2016.
17. Associação Brasileira de Normas Técnicas. NBR 10004: Resíduos Sólidos – Classificação. Rio de Janeiro, 2004. 71p.
18. Associação Brasileira de Normas Técnicas. **NBR 12253**: Solo-cimento - dosagem para emprego como camada de pavimentação. Rio de Janeiro, 1992. 4p.
19. Motta JCSS et al. Tijolo de solo-cimento: análise das características físicas e viabilidade econômica de técnicas construtivas sustentáveis. **E-xacta.** Belo Horizonte. maio 2014; (v. 7, n. 1):13-26;.

20. Associação Brasileira de Normas Técnicas. **NBR 10833**: Fabricação de tijolo e bloco de solo-cimento com utilização de prensa manual ou hidráulica. Rio de Janeiro, 2013. 3p.

21. Marques SKJ. **Um material de construção de baixo impacto ambiental: o tijolo de solo-cimento.** 2015. 139 f. [tese]. Natal:- Curso de Engenharia dos Materiais, Centro de Ciências Exatas e da Terra, Universidade Federal do Rio Grande do Norte; 2015.

AVALIAÇÃO DA APLICABILIDADE DO MAPEAMENTO DE FLUXO DE VALOR (MFV) NA CADEIA DE PETRÓLEO

Cícero Vasconcelos Ferreira Lobo[1]

[1]Mestrando do Programa de Pós-Graduação em Gestão e Estratégia (MPGE) da Universidade Federal Rural do Rio de Janeiro (UFRRJ).
Contato: cicerovflobo@gmail.com

RESUMO

A abordagem *lean* ultrapassou os limites da indústria automobilística e de manufatura, atingindo diversos setores da economia, inclusive o de serviços. Nesse contexto, este artigo tem como objetivo investigar a aplicabilidade do mapeamento de fluxo de valor (MFV) em processos da cadeia de óleo e gás através de uma revisão sistemática da literatura na base de dados Scopus, analisando dados de 2012 a 2017. Além disso, esse artigo investiga se existe uma estrutura (*framework*) específica sendo utilizada atualmente por organizações pertencentes a esta cadeia para executar a tarefa de mapeamento do fluxo de valor. Com os resultados expostos através de uma análise bibliométrica foi possível verificar a maturidade deste tema na indústria de petróleo e sugerir trabalhos futuros que possam incrementar a produção de conhecimento nesta área.

Palavras-chave: mapeamento de fluxo de valor (MFV); análise bibliométrica; óleo e gás.

Introdução

Em um ambiente altamente competitivo, as organizações buscam metas como aumento de eficiência e produtividade a todo tempo. Estes indicadores performados com bom desempenho e aliados com menores custos de produção e alto nível de qualidade do produto ofertado e/ou serviço prestado podem ser vitais para sobrevivência de empresas em diversos setores da economia.

Diversos modelos de produção foram experimentados pela sociedade nos últimos séculos para alcançar tais metas descritas anteriormente. Neste contexto a abordagem *lean* (ou enxuta), que teve como origem o Sistema Toyota de Produção, surgiu como um modelo produtivo caracterizado pela busca pelo mínimo desperdício em sua produção e que agregasse valor aos produtos ofertados na perspectiva do cliente.

A filosofia da mentalidade enxuta disseminada por Taiichi Ohno está baseada em cinco princípios básicos (1), sendo eles: (i) definição do que é valor, (ii) mapeamento do fluxo de valor, (iii) estabelecimento de fluxo contínuo, (iv) sistema puxado de produção e (v) busca constante por melhoria contínua.

Desta forma, as "organizações enxutas" devem definir valor sob a visão do cliente final, através da identificação do fluxo de valor para cada família de produtos (ou serviços), e estabelecimento do fluxo contínuo orientado pela lógica puxada, sem esquecer da busca contínua pela perfeição.

Quando a abordagem enxuta é aplicada nas empresas, as tarefas passam a ser divididas em três classificações, sendo elas: (a) as que realmente geram valor, pois estão relacionadas diretamente com o produto final; (b) as que não agregam valor, mas são indispensáveis na realização de todo o conjunto de tarefas; e (c) as que não agregam valor e precisam ser imediatamente cortadas (1,2,3).

A abordagem enxuta é sustentada por diversas ferramentas, como por exemplo o Kaizen, o 5S, a Troca Rápida de Ferramentas, a Manutenção Produtiva Total e o Mapeamento de Fluxo de Valor (MFV) (4,5). Cada uma dessas ferramentas possui sua relevância e pode ser aplicada de acordo com os objetivos que se espera obter. No entanto, o MFV possui um maior destaque por permitir que as organizações enxerguem seus fluxos de informação e material e classifiquem suas tarefas em um dos três estados citados anteriormente.

Assim, o MFV pode ser definido com uma ferramenta que diagrama o fluxo de material e informações. Ele focaliza nesses fluxos para identificar melhorias e auxiliar no planejamento das iniciativas *lean*, objetivando atingir um estado futuro desejado através da captura e análise sistemática de dados. Esse estado poderá resultar na redução de custos através da eliminação de desperdícios e a criação de fluxos suaves de informação, material e trabalho[6]. Para maiores informações a respeito da ferramenta MFV, a obra de Rother e Shook[7]. pode ser consultada, pois trata-se da principal referência utilizada por diversos autores que publicaram a respeito deste tema.

A indústria de óleo e gás (O&G) também sofreu os impactos desse novo modelo produtivo proposto pela abordagem enxuta e teve seus processos operacionais melhorados pela aplicação de ferramentas *lean*, principalmente em suas rotinas administrativas, suporte em decisões estratégias e cadeia de suprimentos (8,9,10).

Ao longo da cadeia de O&G, desde as pesquisas geológicas até a produção do petróleo propriamente dito, existem diversas organizações, processos e pessoas envolvidas. Todos estes agentes permitem que o haja exploração do óleo bruto nos campos petrolíferos existentes em todo o mundo até se transforarem nos produtos finais que utilizamos em nosso dia-a-dia.

As empresas pertencentes a esse setor estão se movimentando na implementação de estratégias que visam tornarem-se competitivas em um mercado marcado por uma demanda cíclica, além de ser altamente competitivo com diversos países produtores em todo o mundo.

Em seu estudo, Freitas, Quelhas e Anholon (11), apresentaram uma revisão sistemática da literatura com base em uma análise bibliométrica utilizando as bases Scopus e Scielo consultando mais de 300 artigos científicos que trataram da temática de *lean* e *lean six sigma* aplicados a indústria de petróleo e gás. Eles encontraram resultados desde o ano 2004, com um aumento da produção científica nesta área a partir de 2014. Em seus resultados, eles evidenciam que existem ao todo 37 técnicas/ferramentas do *lean six sigma* utilizadas no setor de óleo e gás atualmente em áreas/processos como refinarias, operações de bombeamento, tratamento de água, estimulação de poços, registro da produção, materiais e manufaturas de peças. Em comum todas elas buscavam a redução de desperdício, a padronização de trabalho, o aumento de produtividade e eficiência.

Branski e Ignácio (11) também investigaram a aplicação *lean* na cadeia de petróleo, porém focaram na exploração e produção do petróleo, isto é o bloco *upstream* da mesma. Eles entenderam que pelo fato do valor do petróleo ter sofrido uma grande queda nos últimos anos, as empresas da cadeia de exploração e produção de petróleo passaram a sofrer uma grande pressão para reduzir seus custos e melhorar sua eficiência. Em sua revisão sistemática da literatura baseada em artigos disponíveis nos Periódicos Capes, os autores buscaram por trabalhos que combinavam ferramentas *lean* na indústria do petróleo no período de 2005 a 2016 e encontraram que a ferramenta Mapeamento de Fluxo de Valor (MFV) é uma das mais aplicadas no gerenciamento de processos para perfuração de poços, além de exploração e recuperação dos mesmos. Outro ponto destacado em seus resultados foi a padronização de processos, também muito utilizada nas operações *upstream* da cadeia de petróleo.

Neste contexto de aplicação dos conceitos, métodos e ferramentas da produção enxuta adaptados para o setor de óleo e gás, essa pesquisa tem como objetivo fazer uma revisão sistemática da literatura através de um estudo bibliométrico para verificar a aplicabilidade da ferramenta Mapeamento de Fluxo de Valor (MFV) em processos da cadeia de óleo e gás (O&G). Além disso, esse estudo bibliométrico tem como objetivo secundário verificar a existência de uma estrutura *(framework)* específica utilizada pelas organizações pertencentes a esta cadeia para mapear seus processos de prestação de serviços, enxergar desperdícios e propor mapas futuros com fluxos de informação e material otimizados.

Metodologia

O método de pesquisa adotado para atingir os objetivos da pesquisa foi a Revisão Bibliográfica Sistemática (RBS) para identificar como se encontra a literatura à respeito do assunto em pesquisa, com posterior análise bibliométrica.

A RBS engloba processos de coleta, compreensão, análise, compilação e avaliação de artigos científicos (12). O objetivo principal da técnica é obter uma boa fundamentação teórica sobre o tema de pesquisa, bem como descobrir o estado da arte atual, permitindo assim a identificação do que já foi pesquisado anteriormente e as lacunas existentes que podem ser mais estudadas mais profundamente.

A bibliometria tem o objetivo de esclarecer os processos científicos com a quantificação para os documentos com uma visão estatística para analisar a literatura. Ela é uma técnica para medir e monitorar a produção científica e será usada neste trabalho (13).

A análise bibliométrica realizada nesta pesquisa foi baseada em artigos disponíveis na base de dados Scopus para obtenção de dados qualificados a respeito da utilização da ferramenta MFV aplicados em processos da indústria de óleo e gás. Esse tipo de análise foi utilizado para garantir a precisão e credibilidade relacionados a resultados e evitar distorções nos dados (14).

O software livre Gephi foi utilizado para fazer análise da rede de co-citação dos artigos encontrados na pesquisa.

Resultados e Discussões

Nesta seção apresenta-se o estudo bibliométrico realizado consultando publicações disponíveis na base de dados Scopus no mês de novembro de 2017. A busca utilizou a *string* com as seguintes palavras chave: "*value stream mapping*" "AND" "*oil and gas*" "OR" "petroleum". Estas palavras foram escolhidas por representarem os termos mais comumente utilizados pela academia para escrever sobre ambos temas. O período pesquisado foi de 2012 até o novembro de 2017.

O resultado preliminar apontou 35 publicações científicas. A Figura 1 a seguir destaca a evolução destas publicações por ano.

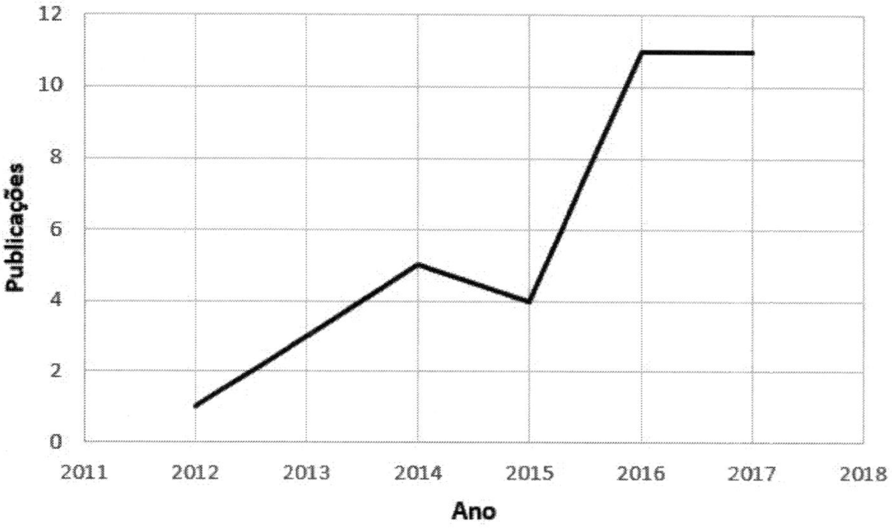

Figura 1. Resultado Preliminar – Base de Dados Scopus. Fonte: Próprio autor.

Como visto acima, os anos de 2016 e 2017 foram os que apresentaram o maior número de publicações. O gráfico apresenta uma tendência de crescimento no número de publicações a respeito dos temas desta pesquisa.

Em seguida, o resultado preliminar foi restringido apenas para artigos científicos do tipo "*article*" e "*conference paper*", resultando assim em 30 trabalhos, todos em língua inglesa.

Neste momento, verificou-se que a busca ainda apresentava trabalhos referentes a outras ferramentas do *lean manufacturing* – e não o Mapeamento de Fluxo de Valor, além de outros tipos de indústrias, não relacionadas à óleo e gás. Dessa forma, foi feita uma limitação pelas palavras chaves selecionando apenas aquelas sinônimas à "*VSM*", "*oil and gas*" e "*petroleum*".

Assim, de um total de 156 palavras chave que ainda estavam presentes na busca, 18 foram selecionadas, resultando em um total de 17 resultados, sendo 8 publicados como artigos em periódicos científicos e 9 como *conference papers*.

Após analisar os resumos, introdução e conclusão destes resultados, foi feita uma nova filtragem que resultou em 5 artigos que realmente tratavam da aplicação da ferramenta MFV em processos relacionados à indústria de óleo e gás e que serão explorados a seguir. Os outros 12 artigos apresentavam diversas ferramentas *lean*, e/ou aplicação em outros setores da indústria, mesmo após as limitações realizadas. A Tabela 1 apresenta o processo de filtragem dos resultados descritos anteriormente.

Tabela 1. Filtros de Pesquisa.

Mês da Pesquisa	Novembro/2017
Base de Dados	SCOPUS
Quantidade de Artigos Inicial	35
Filtro 1	Artigos e Anais de Congresso
Quantidade de Artigos	30
Filtro 2	Palavras chave sinônimas
Quantidade de Artigos	18
Filtro 3	Leitura de Resumo, Introdução e Conclusão
Artigos relacionados ao tema	5

Fonte: Próprio autor.

Com o uso do software Gephi foi possível gerar a rede de co-citação para verificação dos pares de autores mais citados após o filtro 3. Este resultado é mostrado na Figura 2 a seguir.

Figura 2. Rede de Co-citação. Fonte: Próprio autor.

Ao analisar a rede composta por 128 nós e 138 arestas apresentada na Figura 2 acima, nota-se que os grandes nós centrais são exatamente os cinco selecionados após o filtro 3. Os pequenos nós são os trabalhos citados como referências destes cinco artigos.

O tamanho dos grandes nós centrais representa quantas vezes estes foram citados por outros trabalhos. Dentre eles, o que obteve maior número de citações foi (A) (15), seguido de (B) (9), (C) (16), (D) (17) e por último (E) (18).

É possível verificar que existe uma conexão entre os artigos B, C e E através da obra de Rother e Shook (7) utilizada por muitos autores como referência para aplicação da ferramenta de Mapeamento de Fluxo de Valor, como foi visto na introdução deste capítulo.

Ao analisar especificamente cada uma das cinco obras encontradas após o filtro 3 aplicado nesta revisão sistemática de literatura, foi possível verificar a aplicabilidade da ferramenta *lean* MFV aos processos da cadeia de óleo e gás, objetivo principal deste artigo.

Além disso foi possível tratar do objetivo secundário deste trabalho, isto é, verificar a existência de uma estrutura *(framework)* específica que está sendo utilizada pelas organizações pertencentes a cadeia de óleo e gás para mapear seus processos de prestação de serviços, enxergar desperdícios e propor mapas futuros com fluxos de informação e material otimizados. As análises de cada artigo consultado para estudo bibliométrico são colocadas a seguir.

Nos artigos B e E (9,18), os autores trabalharam a utilização dos conceitos da abordagem *Lean Seis Sigma* para demonstrar a possibilidade de manter performance sustentável na indústria do petróleo através do seu estudo de caso.

Eles selecionaram o processo de especificação técnica para requisição de compras de válvulas para ilustrar que ferramentas *lean* podem suportar uma performance sustentável através de um Mapeamento e Análise de Fluxo de Valor eficientes. Esse processo e seus subprocessos pertencentes a uma empresa do tipo operadora de engenharia estava ocorrendo com baixa performance e eles desejam entender suas barreiras. Assim, eles utilizaram o Mapeamento de Fluxo de Valor (MFV) proposto por Rother e Shook (7) para visualizar seu estado atual, em seguida utilizaram a Análise de Fluxo de Valor para investigá-lo e finalmente puderam propor o mapa de estado futuro com possíveis melhorias que iriam permitir uma performance sustentável para produção de petróleo e processos que facilitassem sua manutenção.

As pesquisas (9,18) concluíram que a futura eliminação de desperdícios no processo estudado permitiria um retorno de investimento (em aspectos financeiros e econômicos), bem como no aumento de segurança e saúde para os operadores envolvidos na utilização dos equipamentos adquiridos de forma a garantir a performance sustentável. Assim, o estado futuro proposto pelos autores poderia aumentar em 91.4% a eficiência do ciclo do processo quando comparado com o estado atual, principalmente com a garantia da entrega dos projetos em dia. Além disso, a visualização da diferença de performances atual e futura por parte dos gerentes e líderes facilitaria a tomada de ações para garantir a performance sustentável e a melhoria contínua.

No terceiro artigo analisado (17), os pesquisadores implementaram o MFV em um projeto de avaliação de inspeção baseada no risco para identificar desperdícios e fornecer recomendações para futuras melhorias em uma empresa de engenharia de serviços da cadeia de óleo e gás. Após aplicarem o mapeamento do estado atual com base no proposto por Rother e Shook (7), os autores identificaram desperdícios em oito dimensões diferentes, como por exemplo retrabalhos, erros, atrasos, entre outros. Após análise da situação, eles propuseram uma modelagem do processo de inspeção baseada no risco em um estado futuro, bem como um plano de ação que utilizava ferramentas *lean* para atingir o mesmo e melhorá-lo continuamente. Os autores vislumbravam que o ciclo de eficiência do processo seja melhorado em até 14.5%, saltando de atual 38.6% passando para 53.1%.

No quarto artigo (15), os pesquisadores aplicaram a ferramenta MFV com base no proposto por Rother e Shook (7) em processos de manutenção do tipo "*turnaround*", que é composto por atividades de inspeção, limpeza, reparos, troca de partes na indústria de óleo e gás para garantir sua confiabilidadee suas plantas. Utilizando uma abordagem de estudo de caso, os autores mediram a melhoria da eficiência através da aplicação do MFV em uma planta de refinaria de gás natural (LNG). Após realizarem as três etapas básicas da ferramenta, isto é, mapeamento do estado atual, sua análise crítica e proposta de estado futuro, os autores entenderam que o processo sairia de uma taxa de 42% de valor agregado, passando para 55% através da redução de desperdícios e consequente aumento de eficiência.

Na última pesquisa consultada (16), os pesquisadores avaliaram a aplicação dos princípios de processos *lean* à gestão de reservatórios de petróleo. Eles concluíram que as ferramentas *lean*, incluindo o MFV podem e devem ser aplicados em diferentes processos que compõe a gestão de um reservatório de petróleo com objetivos de reduzir desperdícios e aumentar eficiência na exploração e produção do óleo. Neste caso, os autores não aplicaram nenhuma ferramenta em nenhum estudo de caso específico, trata-se de apenas um trabalho de verificação da aplicabilidade de ferramentas *lean* a processos da cadeia de óleo e gás.

Considerações Finais

Com a realização da revisão bibliográfica sistemática conduzida neste artigo, foi possível identificar o estado da arte atual da aplicação da ferramenta mapeamento de fluxo de valor em processos da cadeia de óleo e gás. Como visto, existe um número de trabalhos relevante a respeito de aplicação de ferramentas *lean* em geral na cadeia de óleo e gás, que possui grande relevância para a economia mundial. Na última década, em especial após a última grande crise que abalou este mercado em todo o globo, as empresas dos blocos *upstream, midstream* e *downstream* começaram a enxergar a importância da mentalidade enxuta. Estas organizações passaram a entender os ganhos que poderiam obter ao fazer uso de ferramentas *lean* em seus processos, atividades, tarefas e na forma com que fornecem seus produtos e serviços em geral.

No entanto, o número de publicações específicas da aplicação do mapeamento de fluxo de valor em processos da cadeia de óleo e gás quando consideramos o ano de 2012 até novembro de 2017 ainda é limitado. Isto pode ser explicado de diversas formas, como por exemplo o fato das empresas estarem usando ferramentas *lean* como 5S, *kaizen*, manutenção preventiva total, entre outras de forma isolada e não dentro da concepção da mentalidade enxuta de focar no todo para identificar o que realmente agrega valor aos olhos do cliente e eliminar o que traz desperdícios.

Uma segunda possibilidade para o baixo número de publicações é o fato de muitos projetos *lean* conduzidos nas organizações de diversas partes do mundo não se converterem em artigos científicos publicados em periódicos e anais de congressos. Porém, para um apontamento da real causa do baixo número de publicações será necessário um estudo mais aprofundado.

Este estudo permitiu identificar que a principal referência utilizada nos trabalhos empíricos consultados e que realizaram o Mapeamento de Fluxo de Valor (MFV) na cadeia de óleo e gás foi Rother e Shook (7), que em sua célebre obra "Aprendendo a enxergar" detalha todas as etapas que devem ser seguidas para que qualquer processo que propõe uma família de produtos ou serviços possa ter seus fluxos de informação e material mapeados. Desta forma, a tarefa de otimizá-los se torna mais fácil, através de um plano de ação que deve ser conduzido respeitando algumas condições, conforme visto na revisão de literatura deste trabalho.

Com base nas buscas, identifica-se uma lacuna teórica que pode ser preenchida com a proposta de uma estrutura (*framework*) de mapeamento de fluxo de valor (MFV) adaptado para realidade dos processos de serviços da cadeia de óleo e gás, similarmente ao que existe para outros setores da economia como o serviço de saúde e de tecnologia da informação por exemplo.

Portanto, o objetivo proposto inicialmente neste trabalho foi concluído ao verificar-se que apesar do baixo número de publicações nesta área disponíveis na base de dados Scopus, é possível constatar que existe aplicabilidade do MFV à processos da cadeia de óleo e gás, conforme os trabalhos empíricos analisados neste artigo. Além disso, verificou-se a inexistência de uma estrutura específica para mapeamento de processos desta cadeia definida previamente na literatura.

Se faz necessário contrapor que a pesquisa foi realizada consultando apenas uma base de dados, a Scopus. No entanto trata-se de uma base notadamente ampla e abrangente, fato que provê robustez aos dados encontrados. Logo, sugere-se trabalhos futuros para desenvolvimento de tal estrutura de mapeamento de processos voltada exclusivamente para cadeia de óleo e gás, com o objetivo de enxergar e eliminar desperdícios característicos desta cadeia. Além disso, sugere-se o aprofundamento das buscas por mais artigos que tratem tal temática.

Referências

1. Womack J, Jones D. A mentalidade enxuta nas empresas. 1.ed. Rio de Janeiro: Ed. Campus, 2004.
2. Liker J. O Modelo Toyota. 14 Princípios de Gestão do Maior Fabricante do Mundo. 1.ed. Porto Alegre: Bookman, 2005.
3. Greef AC, Freitas MCD, Romanel FB. Lean Office: Operação, Gerenciamento e Tecnologias. 1.ed. São Paulo: Atlas, 2012.
4. Ohno T. O sistema Toyota de produção, do ponto de vista da engenharia de produção. 1.ed. Porto Alegre: Bookman, 1997.
5. Werkema C. Lean Seis Sigma: Introdução às ferramentas do Lean Manufacturing. 1.ed. Belo Horizonte: Editora Werkema, 2010.
6. Tapping D, Shuker T. Value Stream Management for the Lean Office: 8 Steps to Planning, Mapping, and Sustaining Lean Improvements in Administrative Areas. 1.ed. New York: Productivity Press, 2003.
7. Rother M, Shook J. Aprendendo a Enxergar. 1.ed. São Paulo: Lean Institute Brasil, 2003.
8. Caridi M, Moretto A, Perego A, Tumino A. The benefits of supply chain visibility: a value assessment model. Int. Journal of Prod Economics. 2014; 151(1): 1–19.
9. Ratnayake RMC, Chaudry O. Performance Improvement of Oil and Gas Industry via Lean Concept: A Case Study from Valves Requisition. In: Anais do IEEE International Conference on Industrial Engineering and Engineering Management; 2016 jan; 2016: 1472-1479.
10. Reis A, Stender G, Maruyama U. Internal logistics management: Brazilian warehouse best practices based on lean methodology. Int. J. Logistics Systems and Management. 2017; 26(3):329-345.
11. Calado R. Lean Six Sigma na Indústria de Óleo e Gás, Aplicações e Boas Práticas. 1.ed. GlobalSouth Press, 2017.
12. Levy Y, Ellis TA. Systems Approach to Conduct an Effective Literature Review in Support of Information Systems Research. Informing Science. 2006; 9: 181–212.

13. Guedes VL. A bibliometria e a gestão da informação e do conhecimento científico e tecnológico: uma revisão da literatura. Ponto de Acesso. 2012; 6(2): 74–109.
14. Creswell JW. Investigação qualitativa e projeto de pesquisa: escolhendo entre cinco abordagens. 3.ed. Porto Alegre: Penso, 2014.
15. Wenchi S, Wang J, Wang X, Chong H. An application of value stream mapping for Turnaround maintenance in oil and gas industry: case study and lessions learned. In: Anais da 31ª Annual Association of Researchers in Construction Management Conference (ARCOM); 2015: 813-822.
16. Allan ME, Gold DK, Reese DW. Application of Toyota's Principles and Lean Processes to Reservoir Management: More tools to overload the toolbox or a step change in our business? In: Anais do AAPG Joint Technical Conference (SPE); 2013; Western Regional / Pacific Section; 2013: 207-224.
17. Rachman A, Ratnayake RMC. Implementation of Lean Knowledge Work in Oil and Gas Industry – A Case Study from a Risk-Based Inspection Project. In: Anais do IEEE IEEM; 2016.
18. Ratnayake RMC, Chaudry, O. Maintaining sustainable performance in operating petroleum assets via a lean-six-sigma approach: A case study from engineering support services. Int Jour of Lean Six Sigma. 2017; 8(1): 33-52.

UMA ABORDAGEM DMAIC PARA A REDUÇÃO DE DEFEITOS EM COMPONENTES PARA A INDÚSTRIA AUTOMÓVEL

Paulo Joaquim Antunes Vaz[1], Cristóvão Silva[2], Luís Miguel Domingues Ferreira[2]

[1]Departamento de Engenharia Mecânica e Gestão industrial do Instituto Politécnico de Viseu, Portugal.
[2]CEMMPRE, Departamento de Engenharia Mecânica da Universidade de Coimbra, Portugal.
Contato: paulovaz@ipv.pt, cristovao.silva@dem.uc.pt, luis.ferreira@dem.uc.pt.

RESUMO

Com este capítulo pretende-se ilustrar a aplicação passo a passo da metodologia DMAIC - Define, Measure, Analyze, Improve e Control – para a resolução de um problema de qualidade identificado numa empresa fornecedora de primeira linha da indústria automóvel. O projeto apresentado foi despoletado pela reclamação de um cliente relativamente a um problema de ruído excessivo num sistema de fecho automático de portas para automóveis. Descreve-se como é que a aplicação dessa metodologia permitiu identificar a causa raiz do problema e como contribuiu para a definição de ações de melhoria conducentes à sua eliminação. Com a implementação deste projeto foi possível reduzir a taxa de defeitos no componente analisado de 6% para 0,4%. Em termos financeiros, os resultados alcançados permitiram uma redução anual de custos em cerca de 225 000€. O projeto descrito neste capítulo permite explorar como é que a implementação de uma metodologia sistemática de melhoria contínua, suportada por técnicas estatísticas adequadas, permite analisar dados com rigor e propor soluções para a melhoria dos níveis de qualidade das organizações.
Palavras-Chave: Sistema de Fecho Automático; Excentricidade; 6-Sigma; DMAIC; Measurement System Analysis.

INTRODUÇÃO

O 6-Sigma é uma metodologia estruturada para a recolha e tratamento de dados, com recurso a ferramentas estatísticas, que requer um forte envolvimento da gestão de topo e uma hierarquia de colaboradores devidamente treinados. Em termos técnicos, 6-Sigma significa 3.4 defeitos por milhão de oportunidades (DPMO), onde sigma é o termo utilizado para representar a variação de um processo em torno da sua média. Assim o objetivo principal do 6-Sigma consiste na redução da variabilidade de produtos e/ou processos.

O 6-Sigma foi originalmente desenvolvido na Motorola, nos anos 80, tendo sido utilizado para a melhoria de processos de fabrico onde os defeitos podem ser claramente definidos e medidos. No entanto, a sua aplicação depressa se estendeu a outras áreas, encontrando-se na literatura aplicações a setores tão diversos como: a saúde (4,8), a hotelaria (2) ou a banca (7).

O 6-Sigma é hoje visto não apenas sob uma perspetiva estatística mas também sob uma perspetiva estratégica do negócio conforme fica demonstrado nas definições apresentadas na literatura : "*o 6-Sigma é uma estratégia de melhoria usada para aumentar a rentabilidade, eliminar defeitos, reduzir custos resultantes de uma fraca qualidade, melhorar a eficiência e a eficácia de todas as operações, satisfazendo ou mesmo excedendo as necessidades e espectativas dos clientes*" (1), ou "é um método organizado e sistemático para a melhoria de processos estratégicos e para o desenvolvimento de novos produtos e serviços, que assenta em técnicas estatística e no método científico para conseguir redução drásticas na taxa de defeitos" (5).

A metodologia DMAIC é um procedimento composto por uma sequência de passos que tem por objetivo a melhoria e estabilização de processos e produtos. Mais especificamente, DMAIC é um acrónimo que representa as 5 fases de um processo de melhoria: Define, Measure, Analyze, Improve e Control. O DMAIC surgiu originalmente como parte integrante dos programas de melhoria da qualidade, encontrando-se fortemente relacionado com o conceito de 6 Sigma. A metodologia DMAIC tem sido fortemente utilizada para estruturar projetos de melhoria nas mais diversas áreas, ver o exemplo (3,6).

Neste capítulo demonstra-se como esta metodologia foi aplicada para a melhoria de um processo de uma empresa do ramo automóvel que desenvolve e produz sistemas mecatrónicos e unidades elétricas. Um dos produtos fabricados por esta empresa, um sistema de fecho automático de portas de automóvel (SFA), apresentava uma taxa de defeitos de 6%, muito superior ao pretendido. Esse defeito prendia-se com o facto de algumas unidades apresentarem, quando em funcionamento, níveis de ruído inaceitáveis para o cliente. Uma análise preliminar permitiu compreender que o problema se devia ao facto dos motores elétricos do SFA integrarem um veio cuja excentricidade era superior ao limite de tolerância especificado, originado uma vibração indesejada e o consequente ruído.

Para identificar a causa raiz conducente à excentricidade excessiva dos veios dos motores e encontrar soluções para a sua eliminação foi dado início a um projeto DMAIC, cujas 5 fases se encontram descritas nas secções seguintes.

FASE DEFINE (DEFINIR)

Esta fase consiste em definir os objetivos e limites do projeto, tendo em conta os requisitos do cliente. Ela é suportada por um documento conhecido como "carta de projeto" que formaliza o seu arranque e facilita o alinhamento entre os membros da equipa. De seguida apresentam-se alguns dos campos da carta de projeto desenvolvida para a resolução do problema anteriormente descrito.

Identificação do projeto e equipa: O projeto foi desenvolvido na linha de montagem dos SFA, incidindo em particular sobre o posto de montagem do veio no motor elétrico. A equipa do projeto foi constituída por um *Champion*, por um *Black Belt*, o Diretor do Departamento de Qualidade e por dois *Green Belts*, que foram responsáveis pela recolha e tratamento dos dados.

Definição do problema: A empresa recebeu uma reclamação referente a um lote de 100 peças, devido a um ruído anormal detetado na fábrica do cliente. Testes realizados na empresa permitiram concluir que cerca de 6% dos SFA apresentam níveis de ruído não aceitáveis, o que constitui um defeito, levando à produção de sucata e afeta negativamente a imagem da empresa. Foi possível identificar que existe uma correlação entre o ruído anormal e o valor de excentricidade do veio. Assim, a excentricidade do veio foi considerada a variável a controlar no âmbito do projeto.

Objetivo do projeto: reduzir a taxa de defeitos dos SFA's, ruído excessivo, de 6% para 0,5%, através da contenção do problema associado à excentricidade excessiva do veio do motor elétrico.

Plano de comunicação: Reuniões semanais da equipa para atualizar o plano de ações definido e partilha de informação no que diz respeito a avanços e recuos do projeto.

FASE MEASURE (MEDIR)

Nesta fase pretende-se medir o desempenho atual do processo em causa. Antes de se iniciar esta fase é essencial validar o sistema de medição a utilizar de modo a aferir a sua variabilidade e garantir que esta não influencia os resultados obtidos.

No âmbito deste projeto foi alugado um equipamento para medir a excentricidade dos veios dos motores elétricos, após cravação, e subcontratado um operador para fazer uma inspeção a 100% dos motores elétricos antes da sua montagem no FSA. O objetivo deste investimento foi garantir que os produtos defeituosos não chegavam ao cliente. Esse mesmo equipamento foi utilizado para realizar todas as medições realizadas ao longo do projeto. Para validar este equipamento de medida conduziu-se um estudo *Gage R&R* (GRR). Para tal foram efetuadas 30 medições à excentricidade dos veios após cravação: 10 veios, medidos 3 vezes, por 3 operadores distintos. Os resultados destes testes foram inseridos no Minitab®, software de tratamento de dados muito utilizado em projetos DMAIC, tendo se obtido o output apresentado na Figura 1.

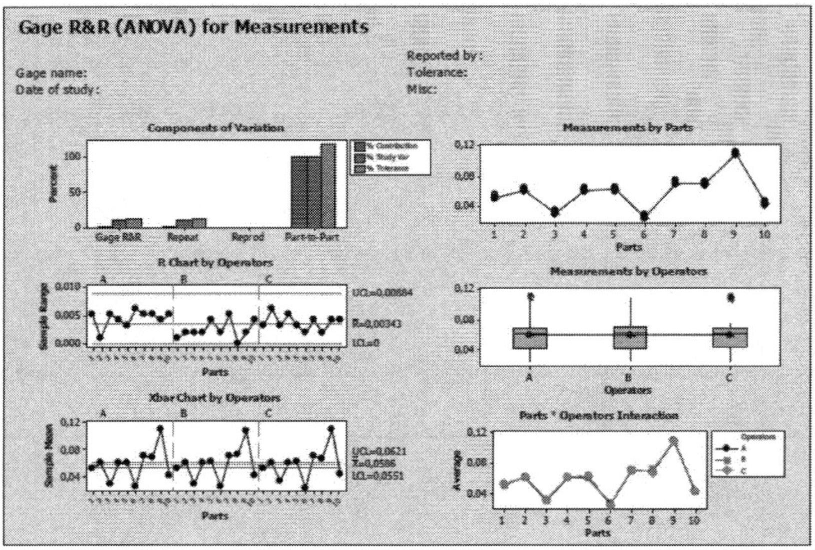

Figura 1. Estudo GRR efetuado ao sistema de medição utilizado.

A variação de um processo é composta por duas componentes: (1) a variação induzida pelo processo em si (*part-to-part variation*) e (2) a variação induzida pelo sistema de medição. A variação induzida pelo sistema de medição pode, por sua vez, ser dividida em duas partes: (1) a reprodutibilidade, que mede a variação existente quando dois operadores distintos medem a mesma peça com o mesmo equipamento de medida e (2) a repetibilidade, que mede o erro cometido pelo operador quando mede duas vezes a mesma peça com o mesmo equipamento.

O relatório produzido pelo Minitab® permite concluir que o erro associado ao processo de medição é de 8,48% face à variação global do processo, e deve-se essencialmente à componente repetibilidade. Um erro do processo de medição de 8,48% é considerado admissível em termos de indústria, pelo que o sistema de medição posto em prática neste projeto se pode considerar validado.

O passo seguinte consistiu em definir o desempenho atual do processo, tendo-se procurado determinar a capacidade do processo de cravação do veio no motor elétrico. Para isso, foi recolhida uma amostra de 50 motores elétricos, tendo-se medido a excentricidade dos respetivos veios. Os resultados das medições efetuadas a esta amostra foram analisados mais uma vez recorrendo ao Minitab®, tendo-se obtido o output apresentado na Figura 2.

A análise do relatório apresentado na Figura 2 permite concluir que o processo de cravação de veios possui os seguintes índices de capacidade: *Cp* = 0,81e *Cpk* = 0,53. Assim, verifica-se que o processo não é capaz: o valor de *Cp* mostra que a variabilidade do processo é demasiado elevada face às tolerâncias especificadas e o valor de *Cpk* mostra que o processo se encontra descentrado. Além disso, pode-se concluir que a excentricidade dos veios produzidos se encontra normalmente distribuída. Com os parâmetros dessa distribuição, foi calculada a probabilidade de obter veios com excentricidade superior ao limite de tolerância (0,120 mm), tendo-se obtido um valor de 6%.

Ainda na fase medir foi realizado um diagrama SIPOC (Supplier-Input--Process-Output-Control), ver Figura 3, de modo a garantir que toda a equipa compreendia convenientemente o processo em causa, e para permitir identificar as variáveis independentes (inputs) que poderiam influenciar a variável dependente (output) que se pretende controlar, a excentricidade do veio.

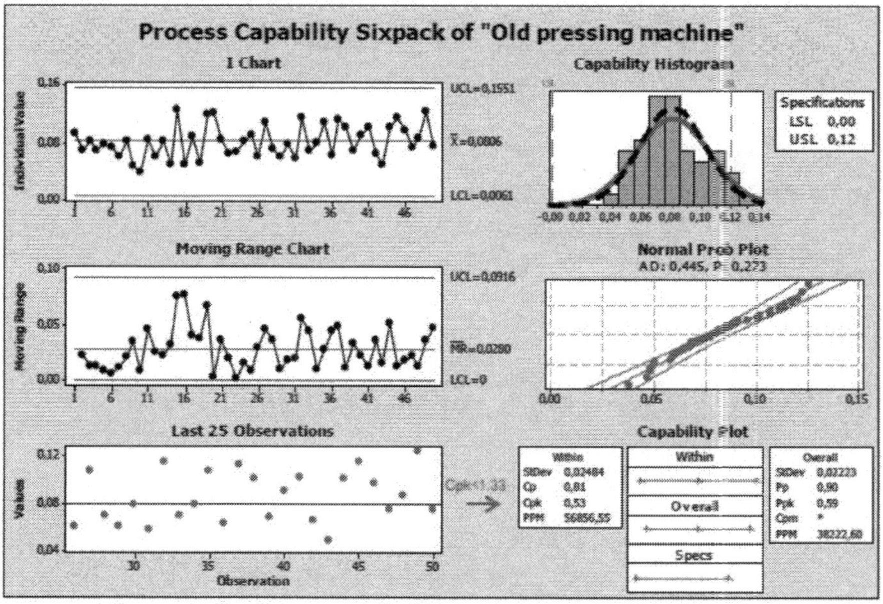

Figura 2. Capacidade do processo de cravação.

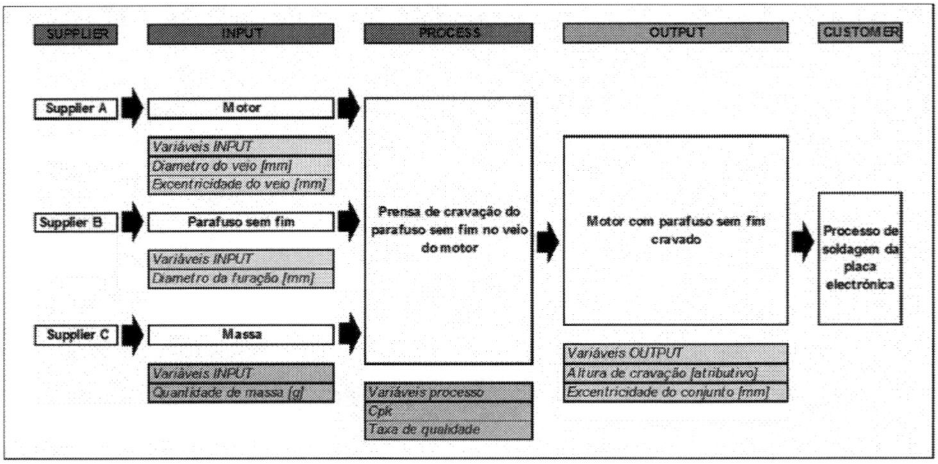

Figura 3. Diagrama *SIPOC* do Processo de Cravação do Parafuso Sem Fim no Veio do Motor.

FASE ANALYSE (ANALISAR)

Nesta fase pretende-se analisar cuidadosamente os dados obtidos na fase anterior procurando identificar as causas raiz do problema detetado, i.e., identificar as variáveis de entrada *X* que afetam a variável de saída *Y*, a excentricidade dos veios.

O primeiro passo desta fase consistiu na realização de uma sessão de *brainstorming* entre os elementos da equipa e operadores da linha de montagem dos SFA's, de modo a identificar as potenciais causas para o problema associado à excentricidade excessiva dos veios. Esta sessão originou um diagrama *Ishikawa,* com a listagem das potenciais causas para o problema a resolver.

De seguida foi elaborado um *P-Diagram*, ferramenta muito utilizada na análise e melhoria de processos, pois permite sintetizar a informação recolhida com a ajuda do diagrama de *Ishikawa*, com o SIPOC e ainda considerar alguma informação resultante de um processo de análise modal de causas e efeitos. O *P-diagram* elaborado no âmbito deste projeto encontra-se apresentado na Figura 4.

A equipa analisou o *P-Diagram* criado de modo a priorizar as causas para a excentricidade excessiva dos veios. Para tal, foi utilizada a metodologia dos 5 *Why's*, tendo a equipa definido duas causas mais prováveis para o problema: uma associada ao material "*os veios são fornecidos com excentricidade fora das especificações*" e outra com a máquina "*a prensa deforma os veios durante o processo de cravação*". Assim, a equipa decidiu analisar com mais detalhe estas duas causas.

P-DIAGRAM					
Problema: Excentricidade do veio de um motor encontra-se fora de especificação					
(Potential Causes of the failure mode 5M's					
Motores caem ao chão e não vão para a sucata, sendo os veios com isso deformados	A prensa deforma os veios dos motores durante o processo de cravação	(N/A)	Plano de trabalho não define claramente a sequência de trabalho	Veios fornecidos com a excentricidade fora de especificação	I S H I K A W A
Motores colocados incorretamente na prensa originando uma cravação defeituosa				Veios fornecidos com o diâmetro do veio fora de especificação	
				Veios fornecidos com o diâmetro interno fora de especificações	

Imput (X)	System - Critical process step	Output (y)-(Ideal function)	
Motor Diâmetro do veio Excentricidade do veio	**Prensa de cravação** Cpk Taxa de qualidade [%]	**Motor com veio cravado corretamente** Altura de cravação do parafuso sem fim [mm] Excentricidade do conjunto [mm]	S I P O C
Parafuso sem fim Diâmetro de furação (mm)			
Massa Quantidade de massa [g]			
	Deteção no P-FMEA Libertação da primeira peça (Atributivo)	**Modos de Falha no P-FMEA** Excentricidade do veio do motor está acima da especificação	P-FMEA

Figura 4. *P-Diagram* do projeto.

Causa I: os veios são fornecidos com excentricidade fora das especificações

Para despistar esta causa foi medida a excentricidade de uma amostra de cinquenta veios, antes de qualquer interação com o processo de cravação da empresa, i.e., nas condições em que são fornecidos pelo fabricante. Os resultados estatísticos associados a excentricidade desta amostra foram os seguintes: (1) média, m = 0,027 mm; (2) desvio padrão, s = 0,012 mm; (3) máximo = 0,056 mm e (4) mínimo = 0,007 mm.

A simples análise da estatística descritiva associada à amostra permite verificar que os veios provenientes do fornecedor cumprem as especificações no que diz respeito à sua excentricidade (Máximo = 0,120mm). Assim, esta causa foi eliminada, passando-se à análise da segunda causa selecionada pela equipa do projeto.

Causa II: "a prensa deforma os veios durante o processo de cravação"

Para determinar a influência do processo de cravação do veio, no valor da sua excentricidade final utilizaram-se os cinquenta veios cuja a excentricidade havia já sido medida durante o processo de despistagem da causa 1. De seguida, esses mesmos veios foram cravados em motores e a sua excentricidade foi novamente medida. Durante este processo teve-se o cuidado de eliminar a influência de outras variáveis na excentricidade dos veios dos motores após a cravação. Para tal houve o cuidado de garantir que a variabilidade dos furos dos motores onde iriam ser cravados os veios era desprezável e todos os parâmetros da prensa foram mantidos inalterados durante a cravação dos 50 veios.

Um resumo correspondente aos valores da excentricidade dos veios antes e depois do processo de cravação, encontram-se apresentados na Tabela 1. Analisando essa tabela verifica-se que a excentricidade dos veios é consideravelmente maior após o processo de cravação, podendo-se concluir que esta causa é responsável pelo problema em estudo. Para suportar esta conclusão foi realizado um teste *t* que provou, com um nível de confiança superior a 99%, que a média da excentricidade dos veios após o processo de cravação é superior à média antes desse processo.

Assim, ficou decidido que a fase melhorar iria incidir sobre a revisão do processo de cravação em vigor de modo a corrigir o problema detetado.

Tabela 1. Excentricidade dos veios dos motores antes e depois do processo de cravação.

Excentricidade em (mm)	
Antes do processo de cravação	Após o processo de cravação
μ= 0,027	μ= 0,081
σ= 0,012	σ= 0,022
MAX= 0,056	MAX= 0,126
MIN= 0,007	MIN= 0,038

FASE IMPROVE (MELHORAR)

O objetivo da fase melhorar consiste em encontrar e implementar soluções que eliminem as causas dos problemas identificadas na fase analisar, previnam a sua recorrência e reduzam a variabilidade do processo. Tendo em conta a causa raiz identificada, atribuída ao processo de cravação, pretendeu-se propor melhorias, com o objetivo de aumentar a estabilidade do processo. Além disso, definiu-se que seria desejável que o novo processo de cravação possuísse mecanismos de deteção da falha relacionada com a excentricidade excessiva.

Começou-se por fazer uma avaliação profunda à prensa atual, concluindo-se que esta era pneumática sem controlo de força e cujo mecanismo de avanço se encontrava ligeiramente desalinhado. Além disso, o suporte onde eram colocados os motores para cravação do veio tinham folgas que influenciavam a sua posição em relação à prensa. Concluiu-se que a reparação e afinamento do equipamento não seria viável face aos objetivos de qualidade pretendidos, tendo-se por isso decidido adquirir uma nova prensa com um sistema de avanço mais fiável e munida de um sistema de medição da excentricidade do veio após cravação. As especificações para esse novo equipamento foram desenvolvidas na empresa e este foi encomendado a um fabricante. A tabela 2 sumariza as diferenças existentes entre a anterior e a nova prensa para cravação de veios nos motores elétricos do FSA.

Tabela 2. Sumário das melhorias da prensa nova, face à prensa antiga.

	Prensa Antiga	Prensa Nova
Sistema de cravação	-1 Prensa pneumática sem controlo de força e velocidade.	-1 Sistema que utiliza um servomotor para a cravação do parafuso sem fim, com força e velocidade controladas.
	-2 Mecanismo de avanço da prensa com desalinhamentos durante o movimento de cravação.	-2 O servomotor da prensa autorreferencia-se, permitindo que o processo de cravação seja efetuado na direção correta.
	-3 Molde do motor onde o motor é colocado possui algum desgaste, o que acrescenta folgas e graus de liberdade ao motor quando ele é colocado, influenciando assim a sua posição relativamente à prensa durante a cravação.	-3 O motor é colocado numa cavidade com a forma da sua carcaça, sendo simultaneamente fixo por um segurador que inibe oscilações horizontais. As oscilações verticais também são inibidas, utilizando um calcador que pressiona verticalmente o motor.
Sistema de deteção	-4 Em termos de altura de cravação, o único sistema de deteção consiste em colocar manualmente duas galgas-(uma com a altura mínima e outra com a altura máxima – entre a carcaça do motor e a face inferior do parafuso sem fim, e verificar a conformidade da cravação a esse nível	-4 Após a estação de cravação do parafuso sem fim existe um sistema de medição que mede a 100% a sua altura de cravação.
	-5 Nenhum sistema de deteção para a excentricidade fora de especificação. Quando se implementou a medida de contenção de controlo a 100% da excentricidade dos motores, adquiriu-se um equipamento de medição para o efeito, subcontratando ainda um operador de uma empresa externa de escolhas e retrabalho	-5 Está incluído um sistema de medição que controla 100% a excentricidade dos veios dos motores depois da cravação

Ainda antes de rececionar o novo equipamento de cravação foram feitas 3 análises nas instalações do fabricante: (1) validação do processo de medição de excentricidade automático incorporado no equipamento, (2) estudo da capacidade do novo equipamento e (3) análise da excentricidade induzida pela nova prensa.

Para a validação do sistema de medição realizou-se um estudo GRR semelhante ao apresentado na fase medir, ignorando-se neste caso o fator reprodutibilidade, uma vez que este novo sistema de medição não depende de operadores humanos. Essa análise permitiu validar o novo sistema de medição, concluindo-se que a maioria da variabilidade se devia aos componentes e não ao sistema em si.

Num segundo passo, foi recolhida uma amostra de 50 veios, medindo a sua excentricidade antes e após o processo de cravação com a nova prensa. Os resultados destas medições encontram-se resumido na Tabela 3.

Tabela 4. Nova Prensa: Excentricidade dos Motores Antes e Depois da Cravação.

Excentricidade em (mm)	
Antes do processo de cravação	Após o processo de cravação
μ= 0,037	μ= 0,055
σ= 0,011	σ= 0,013
MAX= 0,064	MAX= 0,083
MIN= 0,011	MIN= 0,036

Verifica-se que a nova prensa também induz um aumento da excentricidade dos veios durante o processo de cravação. Essa conclusão foi suportada por um teste *t* que mostrou que os valores médios de excentricidade, antes e após o processo de cravação, são estatisticamente diferentes, com um nível de confiança superior a 95%. No entanto, o aumento de excentricidade promovido pela nova prensa é muito inferior ao verificado na prensa anterior, podendo não representar um problema para se atingirem os níveis de qualidade pretendidos.

Para verificar que a nova prensa permitia atingir os níveis de qualidade pretendidos foi realizada uma análise da sua capacidade, seguindo a metodologia utilizada para avaliar a capacidade do processo anterior, descrita no ponto medir. Os resultados dessa análise permitiram concluir que o novo equipamento possui os seguintes indicadores de capacidade: Cp = 1,68 e Cpk = 1,77. Assim, concluiu-se que o novo sistema de cravação é capaz; tem uma variabilidade suficientemente baixa para respeitar os limites de tolerância definida para a excentricidade dos veios e o processo encontra-se centrado. As 3 análises descritas levaram à aceitação do novo equipamento por parte da empresa.

Após a receção e instalação do novo equipamento foram analisados os dados referentes à excentricidade da totalidade dos veios cravados em motores ao longo de uma semana de trabalho. Os resultados dessa análise foram os seguintes: produção total = 36260 motores; motores rejeitados por excentricidade acima do limite de tolerância = 146; taxa de defeituosos = 0,4%. Verifica-se então que o desenvolvimento de um novo processo de cravação conduziu a uma redução muito significativa da taxa de defeitos, de 6% para 0,4%, tendo esta ficado dentro dos limites definidos como objetivo para o projeto, taxa de defeituosas de 0,5%.

FASE CONTROL (CONTROLAR)

Com esta fase, pretende-se controlar as melhorias implementadas, definindo ações que garantam que o processo é monitorizado continuamente de modo a assegurar que as variáveis chave se mantêm dentro dos limites desejados.

Neste caso particular o controlo do novo processo é garantido pelo simples facto de este incorporar um sistema de medição da excentricidade dos veios após a cravação que garante uma inspeção a 100% dos motores produzidos, no que concerne esta variável. Além disso, esse sistema de recolha automático dos valores de excentricidade permitiu implementar uma ferramenta associada ao controlo estatístico do processo, as cartas de controlo, que permitem monitorizar em tempo real a evolução dos valores de excentricidade dos veios, permitindo a deteção atempada de causas assinaláveis que possam conduzir a níveis de excentricidade indesejados. Finalmente, foi instituída uma reunião diária de análise de sucata de modo a: verificar se existe algum tipo de correlação entre o tipo de motor fabricado e o nível de sucata, permitindo identificar novos projetos de melhoria e identificar mais rapidamente aumentos bruscos de sucata, reduzindo assim o tempo de reação para a sua resolução.

CONCLUSÕES

Neste capítulo descreve-se a implementação passo a passo da metodologia DMAIC para a redução da taxa de defeitos associada a um produto fabricado por uma empresa do ramo automóvel. O defeito consistia num nível de ruído inaceitável em algumas unidades produzidas resultante de um nível de excentricidade superior ao limite de tolerância definido pela empresa. Concluiu-se que esse defeito era originado no processo de cravação de um veio num motor elétrico. A metodologia DMAIC permitiu identificar a causa raiz do problema e levou a propostas de melhoria que permitiram conter o problema identificado.

Em termos práticos este projeto teve vários impactos positivos na empresa. Permitiu uma redução na taxa de produtos rejeitados de 6% para 0,4%. Contribuiu para o aumento do nível de satisfação do cliente; isto deveu-se ao facto do novo equipamento de cravação possuir um sistema de inspeção a 100%, garantindo a retenção dos produtos defeituosos na empresa em vez da sua entrega ao cliente. Permitiu que se atingisse uma taxa de produção diária superior através da redução drástica do tempo perdido com a produção de peças defeituosas. Finalmente, permitiu a redução do custo de inspeção de produto acabado que era anteriormente feita por um operador. Estes impactos, no seu conjunto, permitiram uma poupança à empresa de cerca de 225 000€ anuais, com a alteração do processo de cravação que teve um custo de apenas 25 000€.

O projeto descrito neste capítulo permite ilustrar como é que a implementação de uma metodologia sistemática de melhoria contínua, suportada por técnicas estatísticas adequadas, permite alcançar melhorias de qualidade significativas, graças a uma análise rigorosa e científica dos dados disponíveis.

REFERÊNCIAS

1. Coronado RB, Antony J. Critical success factors for the successful implementation of six sigma projects in organisations. The TQM Magazine. 2002;14(2): 92–9.
2. Eckes G. The Six Sigma Revolution: How General Electric and Others Turned Process Into Profits. New York: Wiley, 2000.
3. Godinho Filho M, Boschi A, Rentes AF, Thurer M, Bertani TM. Improving Hospital Performance by Use of Lean Techniques: An Action Research Project in Brazil. Quality Engineering. 2015;27(2): 196–211.
4. Kwak YH, Anbari FT. Benefits, obstacles, and future of six sigma approach. Technovation. 2006;26(5): 708–15.
5. Linderman K, Schroeder RG, Zaheer S, Choo AS. Six Sigma: a goal-theoretic perspective. Journal of Operations Management. 2003;21(2): 193–203.
6. Mast J, Lokkerbol J. An analysis of the Six Sigma DMAIC method from the perspective of problem solving. International Journal of Production Economics. 2012;139(2): 604–14.
7. Parast MM. The effect of Six Sigma projects on innovation and firm performance. International Journal of Project Management. Janeiro de 2011;29(1):45–55.
8. Peltokorpi A, Kujala J. Time-based analysis of total cost of patient episodes: a case study of hip replacement. Int J Health Care Qual Assur Inc Leadersh Health Serv. 2006;19(2–3):136–45.

APLICAÇÃO DE TÉCNICAS LEAN E SMED PARA A OTIMIZAÇÃO DO SETUP EM UMA INDÚSTRIA FARMACÊUTICA

Fernanda Povoleri de Figueiredo[1], Sergio Luiz Braga França[2], Erick de Sousa Marouço[1]

[1]Universidade Federal Fluminense - UFF, Niterói, RJ; Departamento de Engenharia Civil

[2]Universidade Federal Fluminense - UFF ; Universidade Iguaçu –UNIG, Nova Iguaçu, RJ.

Contato: nandafig04@yahoo.com.br, sfranca@id.uff.br, emarouco@gmail.com

Resumo

Atualmente, empresas buscam aumentar a produtividade, surgindo a necessidade de eliminar os desperdícios, poupar recursos e assim entregar um produto de maior valor agregado aos seus clientes finais. Nesta busca, surgem ferramentas LEAN, bem como o SEMD (*Single Minute Enxhange of Die*) que visam reduzir o tempo de máquina parada durante o setup de modo a aumentar a capacidade produtiva e otimizar os recursos em sua gestão organizacional. Desta forma, esta pesquisa tem como objetivo demonstrar a aplicação destas técnicas no setor de produção de uma Indústria Farmacêutica, especificamente no processo de setup da área de granulação. O resultado alcançado representou uma redução de 40% no tempo de setup da área em estudo, eliminou desperdícios como movimentação e espera ao longo do processo, além de atingir ganhos qualitativos e indiretos quanto a melhoria do desempenho e no ambiente de trabalho da empresa.

Palavras-chave: Ferramentas LEAN; SMED; Padronização de atividades; Redução do setup; Indústria Farmacêutica.

TÉCNICAS LEAN: SMED E PADRONIZAÇÃO DE ATIVIDADES

O SMED é uma metodologia LEAN que propõe a redução de desperdícios através da redução dos tempos de setup, através da diferenciação entre setup interno (operações que precisam ser executadas enquanto a máquina esta parada) e setup externo (operações que podem ser executadas enquanto a máquina esta em funcionamento) (1,2). Segundo Shingo (3), existem 4 estágios necessários para se atingir o SMED:

1. Estágio Zero – Identificar as atividades e o tempo total de setup, sem diferenciar setup interno e externo;
2. Estágio 1 – Separação em setup interno e externo;
3. Estágio 2 – Conversão do setup interno em externo;
4. Estágio 3 – Melhoria contínua dos setups até atingir a meta estabelecida.

Já a padronização de atividades é a técnica LEAN capaz de gerar a estabilidade necessária para que seja possível continuar a melhoria dos processos e o bom atendimento aos clientes (4). A padronização busca:

1. Criar um processo repetitivo, permitindo que problemas possam ser facilmente identificados e ações endereçadas;
2. Facilitar a identificação de anomalias no sistema;
3. Manter a qualidade e o ritmo de produção;
4. Identificar a real capacidade instalada de um processo.

Esta técnica é a base para a melhoria continua e para capacitação dos funcionários, pois são usados métodos estáveis que possam ser repetidos em toda parte para manter a previsibilidade e a regularidade do tempo e do processo (5). Com a padronização é possível captar o aprendizado acumulado sobre um processo até certo ponto, tornando padrão as melhores práticas atuais e permitindo a participação individual e criativa para melhorar o padrão. Assim é possível melhorar o trabalho a cada oportunidade, transformando todo o conhecimento tácito do trabalho em explicito para, quando uma pessoa se afastar, seja possível transmitir a aprendizagem para a pessoa substituta e novos funcionários (6).

A EMPRESA E O PROCESSO PRODUTIVO

A pesquisa em questão foi realizada em uma empresa do ramo industrial farmacêutico e que está presente em 140 países. Além de forte atuação em medicamentos com prescrição médica e OTC (medicamentos sem prescrição médica), reverte boa parte do seu faturamento anual em pesquisa e desenvolvimento. No Brasil, possui aproximadamente 300 funcionários na área industrial e uma linha de mais de 15 famílias de produtos. Com a certificação das Boas Práticas de Fabricação (BPF), a área produtiva de medicamentos está dividida em área de fabricação de sólidos orais e embalagem de apresentações em comprimidos e frascos.

Durante a pesquisa foi avaliado o setor de Granulação do processo produtivo de sólidos orais. Em análise ocupacional fabril este setor apresentou um resultado de 138% e além disso é o setor inicial da cadeia produtiva apresentando um elevado "mix" de produção atendida pela área.

A área de Granulação apresenta operação em 2 turnos de trabalho, sendo 80 horas semanais com 4 funcionários: 2 operadores por turno. No processo de Granulação existem 3 equipamentos, o misturador de alta performance, o secador de leito fluidizado e misturador de "bins", portanto para operação dos três equipamentos em paralelo é necessária a presença de dois operadores. Além disso, os equipamentos em questão não possuem sistema automatizado de abastecimento, sendo todo o abastecimento de matérias primas necessárias para o processo, realizada de forma manual. O processo produtivo é constituído pela adição das matérias primas no misturador de alta performance, onde através da adição de uma solução granulada e mistura constante é formado o granulado úmido. Este granulado úmido é transferido para o secador de leito fluidizado onde é seco de forma homogenia, até atingir a umidade ideal para cada produto. Após secagem, ocorre a transferência e calibração das partículas do granulado, através de um moinho rotativo onde este granulado passará a apresentar todas as partículas do mesmo tamanho. Uma vez transferido para o tanque (Bin) são adicionadas as matérias primas finais, para finalmente realizar a mistura final no misturador de "bins". Finalizado este processo o granulado esta disponíveis para o setor de compressão onde ocorre a formação dos comprimidos.

O PROBLEMA – ATUAL PROCEDIMENTO DE SETUP

A legislação farmacêutica exige que para fabricação de medicamentos, os equipamentos precisam ser limpos e higienizados após o termino da produção de cada produto, possibilitando assim evitar a contaminação cruzada, ou seja, que nenhum insumo farmacêutico ativo de um produto esteja presente em um outro produto diferente (7). Assim para cumprir esta exigência, após a finalização do processo produtivo, os operadores iniciam o processo de limpeza dos equipamentos, tornando assim as atividades de setup extensas e complexas.

Após a conclusão das operações de granulação, as peças utilizadas nos equipamentos são desmontadas e retiradas pelos operadores e transportadas para sala de lavagem, uma área de trabalho onde é realizado o controle da qualidade da água e das soluções de limpeza preparadas, de acordo com recomendações da farmacopéia brasileira. Posteriormente, os auxiliares de produção realizam alavagem, sanitização e embalam em saco plástico estéril as peças, para evitar contaminação das mesmas, principalmente as que entram em contato com o produto. Ao termino desta atividade as peças são armazenadas em armários dedicados, situados ao lado da sala de lavagem. Enquanto ocorre a limpeza das peças, os operadores realizam a limpeza das partes fixas dos equipamentos, além da sala, piso, paredes e teto, da área de granulação. Somente após concluída a etapa de limpeza da área e das peças, será iniciado, a montagem do equipamento, incluído as peças anteriormente lavadas, bem como das peças dedicadas por produto, por exemplo, filtros, gaiolas, peneiras e mangueiras, também previamente limpas e esterelizadas.

A partir dos dados de produtividade do setor de granulação, do período de Julho de 2016 a Junho de 2017, foi realizado levantamento dos tempos de setup, ou seja, desmontagem, limpeza total e montagem, onde somando todos os tempos deste processo foi encontrado um resultado médio igual a 620 minutos por setup. Conforme nomenclatura interna da empresa, estes tempos são classificados como paradas funcionais do processo produtivo, ou seja, paradas que precisam acontecer para que o fluxo se mantenha. Os tempos de paradas funcionais podem ser evidenciadas nas Figuras 1 e 2.

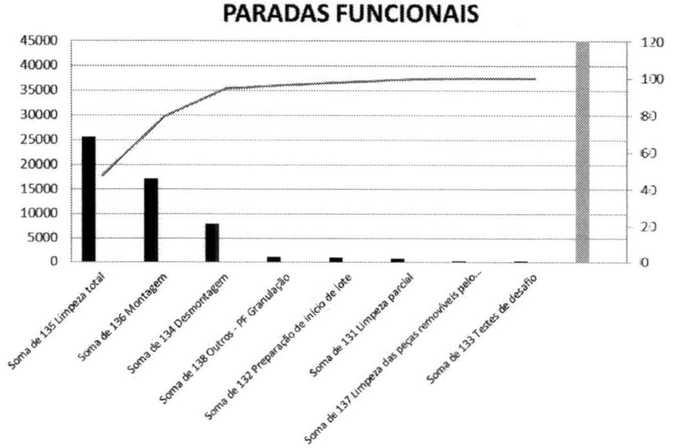

Figura 1. Diagrama de Pareto das Paradas Funcionais na Granulação. Fonte: Autor.

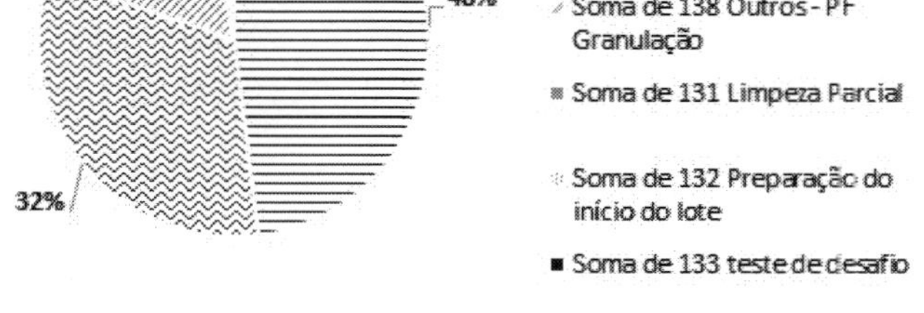

Figura 2. Gráfico de Pizza das Paradas Funcionais na Granulação. Fonte: Autor.

Após a avaliação da Figura 1 é possível verificar que os tempos de setup são de maior recorrência na análise das paradas funcionais do processo e na Figura 2 evidenciamos que este tempo representa 97% destas paradas, portanto representam um período elevado de área parada. Assim se torna necessário, e importante, a redução dos tempos de setup para a empresa. Além disso, conforme citado anteriormente a demanda de produção nesta área é alta, com uma ocupação fabril acima de 100%, ou seja, se torna constante a necessidade de realização de horas extras para o cumprimento da programação mensal.

Avaliando o Índice de Eficiência Global do Equipamento (OEE - Overall Equipment Effectiveness), foi observado que as paradas funcionais representam em média 27% do tempo global, sendo estas as paradas de maior relevância, conforme mostra a Tabela 1. Isso indica que o tempo de setup é muito alto em relação ao tempo trabalhado (tempo de máquina em funcionamento e produção). Assim, conforme verificado, também na Tabela 1, existe um impacto direto no valor final de desempenho do setor, o OEE, que se encontra abaixo da meta ideal estabelecida pela empresa (70%).

Tabela 1. Análise OEE da Granulação. Fonte: Autor.

KPI T4 - GRANULAÇÃO												
	JUL	AGO	SET	OUT	NOV	DEZ	JAN	FEV	MAR	ABR	MAI	JUN
TT (Tempo trabalhado)	10.678,00	11.825,00	6.553,00	9,354,00	7.283,00	13.234,00	10.667,00	11.853,00	11.750,00	17.074,00	4.357,00	2.505,00
OT (Tempo Planejado de Trabalho)	15.552,00	19.457,00	9.806,00	17.789,00	11.121,00	21.661,00	16.800,00	18,197,00	19.237,00	24.147,00	8.974,00	36.620,00
Parada Organizacional / OT	4,0%	0,4%	5,7%	2,4%	3,5%	3,9%	3,7%	1,7%	2,2%	2,1%	4,2%	1,4%
Parada Funcional / OT	26,4%	32,0%	26,1%	26,9%	26,8%	28,3%	28,6%	24,8%	20,1%	20,1%	30,0%	35,2%
Parada Técnica / OT	1,1%	6,2%	1,5%	4,9%	4,2%	6,8%	4,2%	8,3%	15,7%	7,1%	16,6%	3,3%
TNE / OT	-0,1%	-0,2%	0,0%	0,0%	0,0%	0,1%	0,1%	0,1%	0,1%	0,2%	0,1%	0,0%
OEE	68,7%	60,8%	66,8%	52,6%	65,5%	61,1%	63,5%	65,1%	61,1%	70,7%	48,6%	69,2%
OEE acumulado	68,7%	64,3%	64,8%	61,4%	62,0%	61,8%	62,0%	62,5%	62,3%	63,6%	62,7%	62,9%
Meta	70%	70%	70%	70%	70%	70%	70%	70%	70%	70%	70%	70%

Após medir e identificar os problemas, foi evidenciada a necessidade de melhorias, sendo assim iniciada a fase de análise, através, inicialmente, de reuniões e entrevistas com os envolvidos no processo, operadores e auxiliares de produção, a fim de estabelecer e engajar toda a equipe quanto a necessidade de mudança.

A partir disto, foi realizado o mapeamento do processo de setup para identificação dos desperdícios e das etapas que agregam valor a atividade (AV), conforme exemplificado na Figura 3. O mapeamento do processo foi realizado algumas vezes de modo a garantir a variabilidade dos produtos e operadores diferentes.

Mapeamento do Processo

Processo Proposto **Setup da Granulação**

Funcionários envolvidos **Operador 1** **Operador 2** **Auxiliar de Produção**

Etapa	Descrição	Hora Início	Hora Término	Tempo Total	AV	NAV	Observações	Considerações
21	Esperou o shake e deu umas batidas no Ghibli	13:10:00	13:11:00	0:01:00	x			
22	O OPERADOR 2 VOLTOU DO ALMOÇO	13:11:00						
23	Levou a mangueira de transferência para a área de lavagem	13:12:00	13:13:00	0:01:00	x			
24	Raspa o cesto de Ghibli	13:13:00	13:25:00	0:12:00	x			
25	Anota as etiquetas de limpeza do Tanque, mangueira e das peças removíveis	13:13:00	13:15:00	0:02:00	x			
26	Cola as etiquetas no tanque e o levou para a sala de limpeza	13:15:00	13:17:00	0:02:00	x			Precisa levar agora? Não poderia levar depois tudo junto?
27	Procura espátula branca para limpeza das peças removíveis do vórtex	13:18:00	13:20:00	0:02:00		x		Lugar fixo para a espátula
28	OP2 ajuda o OP1 no momento da raspagem das paredes do Ghibli para não perder granulado	13:20:00	13:23:00	0:03:00	x		Tempo que o operador 2 perde ajudar no	
29	Limpa o corpo do moinho	13:23:00	13:27:00	0:04:00		x	Somente foi limpo porque foi feito um ajuste teria que ser mandando para a engenharia	
30	Término do processo de calibração	13:25:00	13:27:00	0:02:00		x	Término do processo de calibração e pressa para começar a troca da peneira	
31	Troca da peneira do moinho CCMF para passar os excipientes	13:27:00	13:28:00	0:01:00	x			
32	Leva a peça para a engenharia	13:27:00	13:31:00	0:04:00		x		Isso não é comum, mas se fosse o pessoal da engenharia poderia buscar em algum
41	Retirada das mangueiras do cesto do Ghibli	13:49:00	13:51:00	0:02:00	x			
42	Espera o mecânico retirar o amostrador	13:51:00	13:52:00	0:01:00		x		
64	Léo da limpeza entra na sala para levar o carrinho com a bomba desmontada	14:53:00				x		
65	Arrasta o carrinho (sem divisórias) para o Ghibli e coloca a barrica na mesma levando-a e os ralos para a sala de lavagem	14:55:00	14:59:00	0:04:00		x	O movimento com o carrinho é grande até a parte de tras do Ghibli	
66	Volta para a sala e leva a caixa para a sala de lavagem	14:59:00	15:01:00	0:02:00		x		
67	OP1 e OP2: Começam a passar o ar comprimido e isolar as peças	15:02:00	15:05:00	0:03:00	x			

Figura 3. Exemplo do Mapeamento do processo de setup. Fonte: Autor.

A MELHORIA – SMED E PADRONIZAÇÃO

A partir das análises realizadas foi possível identificar dois pontos, como possíveis causas do alto tempo de setup. Um seria o fato das máquinas apresentarem grande quantidade de peças diferentes e específicas (filtros, gaiolas e peneiras) para cada produto a ser fabricado. O segundo motivo, seria de todas as etapas seqüenciais do setup serem realizadas por apenasum operador, por vez, não sendo possível o trabalho combinado entre os dois operadores que atuam na mesma área.

Considerando se os mapeamentos do processo realizado, foi notada grande quantidade de atividades que não agregam valor ao processo ou que foram classificadas como desperdícios, principalmente em movimentação, transporte e espera, conforme sinalizadas, como NAV, na Figura 3. Outro fato que foi evidenciado como um dos maiores desperdícios em espera, trata se de retardar o íniciodas primeiras etapas de setup, como a desmontagem, somente após finalização total do processo produtivo, sendo que já existem equipamentos que não serão mais utilizados até o final do processo.

Considerando estas análises foi verificado que a carga de trabalho dos auxiliares de produção apresentava tempo ocioso,e portanto,foi realizada a proposta para utilização deste recurso para otimização do processo de setup. Desta forma, a tarefa de montagem de peças (filtros, gaiolas e peneiras) para o próximo produto, identificada anteriormente como um problema, passou a ser realizada pelo auxiliar de produção antes do início das atividades do setup, pois verificando o plano de produção já será possível saber qual o próximo produto que será produzido. Portanto, baseando se nas teorias do SMED (8) foi possível tornar esta atividade de setup interno (realizada com a máquina parada), em uma atividade externa ao setup. Assim, foi possível atingir uma redução de 94 minutos no tempo total de setup.

Baseando se ainda no SMED (8), foi possível determinar que a primeira etapa do setup, a desmontagem do misturador de alta performance, se inicie imediatamente após o termino de sua utilização, ou seja, a partir do momento que o granulado é transferido para o secador de leito fluidizado. Esta desmontagem e as etapas de desmontagem seguintes, ou seja, dos demais equipamentos, passa a ser realizada por um dos operadores do processo enquanto o segundo operador da continuidade a todo o processo produtivo. Desta forma, mais uma atividade que anteriormente era realizada com a máquina parada, se torna uma atividade de setup externo. Assim, foi possível atingir uma redução de 119 minutos no tempo total de setup.

Ainda considerando os desperdícios mapeados em movimentação e transporte, foi notado que os operadores necessitam se locomover da sala de processo para a sala de lavagem diversas vezes transportando as peças sujas e limpas de cada equipamento da área de lavagem. Além disso, perde-se um tempo considerável na busca das peças limpas e ferramentas que ficam armazenadas aleatoriamente em armários dedicados na sala ao lado a sala de lavagem. Assim, baseando-se nas técnicas do estágio 1 do SMED, foi criado um "checklist" para disponibilizar os componentes necessários para a operação de setup, ou seja, o auxiliar de produção ficará responsável por organizar um kit de preparação do setup, conforme "checklist" elaborado. Os kits de preparação deverão ser exclusivos para cada equipamento da área de granulação e identificado as ferramentas contidas neste kit a serem utilizadas nos processos de desmontagem dos equipamentos. Após inicio do setup e desmontagem, os operadores colocam nas caixas identificadas as peças sujas, sendo então o auxiliar de produção responsável por realizar a limpeza e secagem das mesmas na área de lavagem e em seguida encaminhar as caixas novamente para a área de granulação, tendo sido adicionado as caixas, todas as peças especificas e necessárias para o próximo produto, conforme "checklist". Desta forma, os operadores passam a ter na área de granulação todas as peças e ferramentas necessárias para o setup de forma organizada não sendo mais necessário haver deslocamento e espera na procura, sendo possível atingir uma redução 40 minutos no tempo total de setup.

A partir das melhorias projetadas anteriormente, pensou-se em um método para padronizar e tornar a melhoria um processo repetitivo. Foi então elaborado um fluxo do processo de setup descrito a partir de uma nova seqüência de operações, buscando se executar sempre da mesma maneira e com um menor índice de erros. Este fluxo, foi elaborado considerando o trabalho combinado para os dois operadores da área de granulação, ou seja, tarefas diferentes passaram a ser realizadas em paralelo, sendo possível otimizar os processos, eliminando os desperdícios e tornando a atividade mais rápida. Além disso, foi elaborado o fluxo do setup externo realizado pelo auxiliar de produção de modo a garantir a reprodutibilidade desta atividade. Na Figura 4 é possível verificar parte do fluxo padronizado proposto.

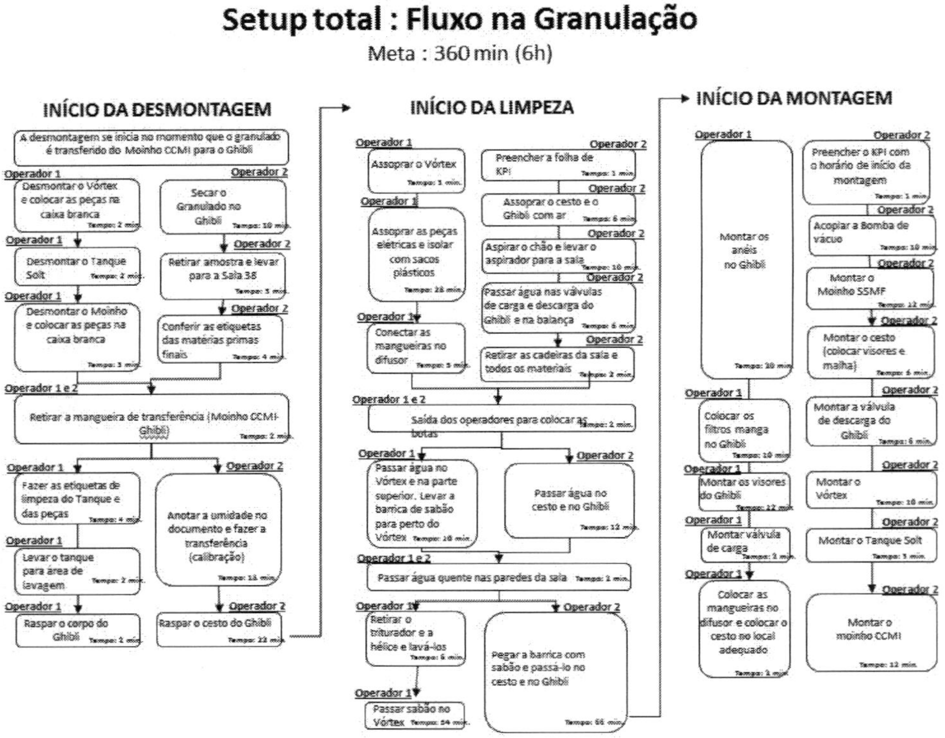

Figura 4. Fluxo padronizado do processo de setup. Fonte: Autor.

Após o desenvolvimento de todo o processo,foram apresentadas para toda a equipe os novos fluxogramas de trabalho, sendo os operadores e auxiliares de produção envolvidos no processo, treinados no novo fluxo proposto. Além disso, passaram a ser realizadas auditorias semanais de confirmação do processo, de modo a garantir e avaliar se as ações implementadas estão sendo seguidas, possibilitando assim, após o desenvolvimento deste novo processo manter a busca por novas oportunidades de melhoria.

ANÁLISE CRÍTICA DOS RESULTADOS

Antes da implementação das melhorias descritas anteriormente, o tempo de setup médio na granulação era de 620 minutos. Com todas as alterações sendo realizadas, foi possível reduzir este tempo de setup para 360 minutos, obtendo se assim um ganho de 42% com a redução de 260 minutos no processo de setup dos equipamentos.

A otimização dos tempos possibilitará um aumento de produtividade, o que representa uma redução dos custos de produção e também um melhor atendimento da demanda sem a necessidade de execução de horas extras. Possibilitando sobretudo, o ganho de eficiência na produção dos fármacos da linha de produção da empresa.

Quanto a produtividade, após as melhorias realizadas, o Índice de Eficiência Global do Equipamento (OEE) apresentou alterações significativas. Antes da implementação as paradas funcionais representavam em média 27% do tempo global, resultando em um OEE abaixo do índice ideal estabelecido, 70%. Após a conclusão do projeto, em Julho de 2017, foi evidenciado uma redução nas paradas funcionais, apresentando uma média de 19% do tempo global, conforme Tabela 2. Além disso, a partir desta redução, foi observado que o resultado do indicador OEE passou a atingir a meta estabelecida, ou seja, sendo possível atingir com segurança o índice estabelecido.

Tabela 2. Análise OEE da Granulação após melhorias. Fonte: Autor.

KPI T4 - GRANULAÇÃO												
	JUL	AGO	SET	OUT	NOV	DEZ	JAN	FEV	MAR	ABR	MAI	JUN
TT (Tempo trabalhado)	12.366,00	12.925,00	2.852,00									
OT (Tempo Planejado de Trabalho)	19.288,00	17.614,00	3.682,00									
Parada Organizacional / OT	5,2%	0,0	0,0									
Parada Funcional / OT	22,6%	19,1%	19,0%									
Parada Técnica / OT	6,5%	1,0%	3,3%									
TNE / OT	0,0%	0,2%	0,1%									
OEE	64,1%	73,4%	77,5%									
OEE acumulado	64,1%	68,5%	69,3%									
Meta	70%	70%	70%	70%	70%	70%	70%	70%	70%	70%	70%	70%

Outros ganhos com o projeto são resultados, principalmente da padronização do processo. Com o trabalho padrão ficou claro as atividades e o papel de cada operador durante o processo do setup, resultando em uma redução dos erros cometidos durante a atividade que acabavam comprometendo a qualidade do produto. Assim, houve uma redução no número de desvios da qualidade e também no tempo de interrupção não programada da produção, em virtude de ajustes na montagem dos equipamentos, por exemplo, reduzindo consideravelmente o desperdício de espera.

Outro desperdício que foi possível reduzir, foi a movimentação dos operadores entre as salas, sendo este um resultado extremamente importante para o cumprimento das Boas Práticas de Fabricação de Medicamentos (BPF), que preconiza a redução dos riscos de contaminação cruzada. Desta forma, através do trabalho padrão estabelecido, os operadores contaminados pelos ativos e excipientes específicos da área de granulação não necessitam mais circular por outras áreas e salas, reduzindo, portanto as chances de contaminação.

CONCLUSÃO

Considerando se a aplicação da técnica SMED, foram mapeadas todas as atividades de setup interno e externo, sendo então estabelecido ações de melhoria no transporte, movimentação e criação de "checklist" que otimizaram e eliminaram desperdícios do setup interno, conforme preconizado na aplicação do estágio 1 da teoria. Já a preparação antecipada de materiais e o início da desmontagem que passou a acontecer ainda durante o processo foi resultado da aplicação do estágio 2 da ferramenta. Porém, para o estágio 3, não foi possível aplicação em função da verba estabelecida para o projeto, impossibilitando o investimento em melhorias técnicas nos equipamentos. Entretanto, algumas propostas foram estabelecidas pela equipe de operadores e mecânicos, sendo uma oportunidade futura de estabelecer resultados ainda melhores quanto à redução do tempo de setup da granulação.

Portanto com a aplicação das técnicas estudadas e apresentadas nesta pesquisa, foi evidenciada uma excelente aplicabilidade na Indústria Farmacêutica, pois com os benefícios obtidos a empresa em questão se torna mais competitiva e pronta para atender as exigências do mercado com maior eficiência na gestão dos recursos da produção.

Por fim, é possível concluir que o trabalho realizado contribuiu profundamente para o desenvolvimento da equipe de gestão da produção quanto aos conhecimentos da filosofia LEAN, pois através do projeto foi possível colocar em prática as técnicas e ferramentas estudadas, evidenciando os resultados obtidos e principalmente avaliando os impactos gerados na organização. Através desta evidencia se estabeleceu na equipe o *LEAN Mindset* que tem como principal objetivo a busca pela melhoria continua contribuindo para o aumento da competitividade da organização.

REFERÊNCIAS

1. Ulutas B. An Aplication of SMED Methodology. [S.l.]: International Journal of Mechanical, Aerospace, Industrial, Mechatronic and Manufacturing Engineering; 2011; 5(7): 1194-1197.
2. Rangel DA, Freitas ML; Assis II OR, Regô TP. Aumento da eficiência produtiva através da redução do tempo de setup: aplicando a troca rápida de ferramentas em uma empresa do setor de bebidas. Itajubá: P&D em Engenharia de Produção; 2012; 10(1): 36-49.
3. Shingo S. Sistema de Troca Rápida de Ferramenta: uma revolução nos sistemas produtivos. Porto Alegre: Bookman; 2000.
4. Ballé M. STP ou Toyota Way?. [S.l.]: Lean Enterprise Institute; 2015.
5. Nenni ME, Giustiniano L, Pirolo L. Improvement of Manufacturing Operations through a Lean Management Approach: A Case Study in the Pharmaceutical Industry. [S.l.]: Int J Eng Bus Manag; 2014; 6(24): 1847-9790.
6. Liker JK, Franz JK. O Modelo Toyota de Melhoria Contínua. Porto Alegre: Bookman; 2013.
7. Cas F, Silva MG, Luz DF, Pacheco DAJ. Implicações da Redução de Setup na Produtividade da Indústria Farmacêutica. São Cristóvão, SE: Rev Geintec; 2015; 5(1): 1764-1779.
8. Singh BJ, Khanduja D. SMED: for quick changeovers in foundry SMEs. [S.l.]: International Journal of Productivity and Performance Management; 2010; 59(1): 98-116.

DIAGRAMA DE ISHIKAWA IMPULSIONANDO MUDANÇAS EM HOSPITAL DIA

Antonio Sundfeld Iaderozza[1], Cíntia Soares Tozzi[1], Fábio Ricardo Consorti Paixão[1], Marcos Roberto Guimarães[1], Maria Rosa Ceccato Colombrini[1], Marta Diafrais Borges Rodrigues[1], Priscila Moreira Silva[1], Rosana Fins Ramos[1], Sandra Mara Queiroz Costa[1]
[1]Hospital Dia, Universidade Estadual de Campinas.

Contato: sundfeld@hc.unicamp.br; cstozzi@hc.unicamp.br; fpaixao@hc.unicamp.br; marcusmundi@hc.unicamp.br; colombrini@hc.unicamp.br; martadiafrais@hc.unicamp.br; pri_moreira2005@hc.unicamp.br; rosanafins@hc.unicamp.br; sandracosta@hc.unicamp.br

RESUMO

Introdução: a comunicação entre as pessoas e serviços é um fator que pode comprometer a qualidade de atenção à saúde. Um desafio constante é encontrar caminhos que favoreçam resultados livres de danos aos pacientes, profissionais e instituição. Objetivos: Expor a utilização do Diagrama de Ishikawa como ferramenta de melhoria do processo de comunicação da equipe de enfermagem, em um Hospital Dia de um Hospital Universitário, em Campinas/SP. Metodologia: após identificar o problema de comunicação na passagem de plantão, a leitura de textos sobre o Diagrama de Ishikawa e os 6 M, nossa equipe de enfermagem com 5 Enfermeiros, 3 Técnicos de Enfermagem, 1 Técnico Administrativo sugeriu ações de melhoria nos processos, com avaliação sobre a efetividade ou não das mesmas. Resultados: Na primeira avaliação, das 29 ações sugeridas 16 delas foram avaliadas como alcançadas, 12 não alcançadas. Na segunda avaliação: 18 ações alcançadas, 10 não alcançadas. Nas duas avaliações, uma ação foi considerada fora da governabilidade da equipe. Conclusões: utilizando-se de uma ferramenta potente de análise de causa e efeito, a equipe reconhece que o problema de comunicação não está sanado, por ser multifatorial e intrínseco a processos de trabalho complexos, justificando ações permanentes de melhorias.

Palavras chaves: Comunicação; Equipe de Enfermagem; Gestão da Qualidade; Gestão em Saúde

Introdução

A modalidade de assistência "Hospital Dia" (HD) tem por objetivo a desospitalização dos pacientes atendidos que necessitam da continuidade do tratamento medicamentoso e outros cuidados (como curativos, orientação sobre cuidados com sondas no domicílio, entre outros) em uma unidade que tenha suporte das condições hospitalares e que garanta a investigação diagnóstica mantendo o vínculo desse paciente com a família e com a sociedade (1).

A implementação dessa modalidade de assistência em um hospital de referência, de ensino e de alta complexidade, busca ampliar a visão de atenção à saúde mantendo o compromisso do Hospital de trabalhar dentro dos princípios do Sistema Único de Saúde (SUS) de integralidade, equidade e universalidade com atendimento humanizado e de qualidade.

O Departamento de Enfermagem, do Hospital ao qual pertencemos, utiliza o planejamento estratégico no início de cada gestão como direcionador das suas atividades e das unidades vinculadas a ele, como é o caso do HD. A partir desse planejamento estratégico e das linhas estruturantes, a Equipe de Enfermagem do HD elaborou o planejamento da unidade, utilizando a matriz F.O.F.A. (forças, oportunidades, fraquezas, ameaças) (2). O método F.O.F.A. tem a função de analisar as oportunidades internas e externas e identificar as qualidades positivas e as que devem ser melhoradas nas equipes e organizações onde são aplicadas. Estas quatro áreas servem como indicadores para melhorias ou tendências do mercado e da instituição. Cabe aos profissionais elaborarem e gerenciarem as capacidades da organização de modo que os fatores críticos sejam previstos com antecedência.

Os resultados desse processo são utilizados para o planejamento estratégico, tornando-o expressão da reflexão e participação da equipe. Para Drucker, "planejamento estratégico é o processo contínuo e com o maior conhecimento possível do futuro contido, tomar decisões atuais que envolvam riscos, organizar sistematicamente as atividades necessárias a execução destas decisões e, através de uma retroalimentação organizada e sistemática, medir o resultado destas decisões em confronto com as expectativas alimentadas" (2).

O planejamento deve maximizar os resultados e minimizar as deficiências utilizando princípios da maior eficiência, eficácia e efetividade, já que estes são os principais critérios de avaliação da gestão. É fundamental reconhecer que «sistemas de qualidade são ferramentas de gestão e os líderes que gerenciam as ferramentas constituem as chaves para a eficiência do sistema e que a melhoria requer mudança e, no atendimento à saúde isso se traduz no fato de que as pessoas precisam mudar» (3).

O planejamento estratégico e o plano de ação devem explicitar como as metas serão alcançadas através de ações específicas. Entre outras ferramentas pode-se utilizar a planilha *5W2H*[4] para evoluir as ações traçadas. Essa ferramenta direciona a melhoria de processo com planejamento adequado, observando-se: o que (*what*), porque (*why*), quem (*who*), quando (*when*), onde (*where*), como (*how*) e quanto custa (*how much*).

Tais ações devem ser valoradas aplicando-se o ciclo PDSA (3), que permite desenvolver um fluxo perfeito de valor de estado futuro em que as equipes projetam pequenos testes de mudança (planejar), implementam a mudança em uma pequena escala (fazer), comparam o resultado com aquele da corrente de valor de estado atual (estudar), incorporam as revisões necessárias para corrigir o processo (agir) e decidem se o processo corrigido pode ou não se sustentar. O PDSA pode ser usado em todas as fases do projeto, visando quatro diferentes objetivos:

1. Obter conhecimento sobre algo;
2. Desenvolver uma mudança;
3. Testar uma mudança;
4. Implementar mudanças.

Essas foram as bases para chegarmos na utilização do Diagrama de Ishikawa (DI)[5] ou Espinha de Peixe ou de Causa e Efeito, que tem como finalidade explorar e indicar todas as possíveis causas de uma condição ou um problema específico e sua relação com o efeitos gerados.

O DI faz parte das sete ferramentas da qualidade (fluxograma, folhas de verificação, diagrama de Pareto, histograma, diagrama de dispersão, controle estatístico de processo), que foram estruturadas a partir da década de 50[5], que tem por finalidade: definir, mensurar, analisar e propor soluções para problemas encontrados que interferem no desempenho de processos de trabalho.

O DI fornece uma conexão visual entre o problema observado e todos os fatores que contribuem para ele[4]. Sua metodologia tem como vantagens:

- Pode ser aplicado em qualquer tipo de trabalho;
- Lista todas as causas de um determinado problema identificado;
- Representa graficamente o problema e suas causas;
- Melhora a compreensão do problema e de seus fatores determinantes;
- Identifica áreas que necessitam de atenção para a resolução dos problemas, proporcionando um aperfeiçoamento contínuo;
- Envolve todos os colaboradores;
- Não necessita de pessoas especializadas.

Nessa ferramenta os problemas são classificados em seis tipos de causas, denominadas 6M's: método, matéria prima, mão de obra, máquinas, medição e meio ambiente[5].

Nosso desafio constante tem sido encontrar caminhos que melhorem a comunicação e favoreçam "verdadeiros encontros" entre os profissionais para reduzir distâncias, garantir confiança e comprometimento, gerar processos e resultados livres de danos aos pacientes.

Objetivo geral

Qualificar a comunicação entre os membros da equipe de enfermagem.

Objetivos específicos

1. Expor a utilização do Diagrama de Ishikawa como ferramenta de melhoria de processos.
2. Atuar para que a segurança do paciente seja um valor permanente no serviço de saúde.

Metodologia

Local da experiência: Hospital Dia (HD) de um Hospital Universitário na cidade de Campinas/SP.

Participantes: cinco enfermeiros, sendo um responsável de área e quatro assistenciais, três técnicos de enfermagem e um técnico administrativo (todos autores desse capítulo).

Metodologia é uma palavra derivada de "método", do Latim "methodus" cujo significado é "caminho ou a via para a realização de algo". Método é o processo para se atingir um determinado fim ou para se chegar ao conhecimento[6].

Nosso trabalho foi direcionado por uma metodologia baseada em:

□ F.O.F.A.[2]

Entre março e julho de 2015, o Enfermeiro Supervisor e os Enfermeiros Assistenciais conduziram uma reunião para cada equipe (da manhã e da tarde) para realizar o levantamento da F.O.F.A. do próprio plantão. Após essa etapa realizou-se uma reunião entre representantes dos plantões manhã e tarde, coordenada pelo Supervisor, para compilar todos os dados do HD e compor uma única matriz F.O.F.A. (Figura 1) como base do planejamento estratégico.

Campinas, 24 de julho de 2015.

DESCRIÇÃO SWOT: FORÇAS, FRAQUEZAS, OPORTUNIDADES, AMEAÇAS	
FORÇAS - INTERNO	**FRAQUEZAS - INTERNO**
1. Conhecimento científico 2. Conhecimento do Hospital Dia 3. Existência de protocolos e processos descritos e em constante atualização 4. Organização do trabalho (sítios funcionais) 5. 30 horas semanais (folgas de finais de semana e feriados) + horário intermediário 6. Oferta de alimentos para os pacientes 7. Agendamento de retorno feito no serviço 8. Vínculo com os pacientes 9. Estrutura do ambiente de trabalho 10. Relacionamento com os serviços de apoio 11. Ter estacionamento próprio	1. Não conseguirmos resolver ou minimizar nossas fraquezas 2. Comunicação interna (na equipe de enfermagem e na equipe multiprofissional) 3. Falta da balança para cadeirante 4. Definição e disponibilização do horário de funcionamento do SS com registro na porta 5. Ego de docentes e médicos contratados 6. Falta de entrosamento entre a equipe médica e a real proposta para o HD 7. Poluição sonora 8. Recepção pequena 9. Número insuficiente de sala para atendimento 10. Posto de medicação em local inadequado
OPORTUNIDADES - EXTERNO	**AMEAÇAS - EXTERNO**
1. Possibilidade de desenvolver melhorias para que a comunidade se beneficie 2. Mão de obra qualificada 3. Horário diferenciado de atendimento 4. Atendimento cortez e humanizado 5. Elogios dos pacientes, do trabalho e do atendimento	1. Situação financeira do HC 2. Ausência do serviço de segurança 3. Controle inadequado do fluxo de carros no estacionamento 4. Carros estacionados na calçada 5. Baixa qualidade no arquivo de prontuários

Figura 1. Matriz com os componentes de "forças", "oportunidades", "fraquezas", "ameaças" (F.O.F.A.). Campinas, 2018.

- Planejamento estratégico e Plano de ação (5W2H)[2,4]:

Com os resultados obtidos na F.O.F.A., em setembro de 2015 estruturamos o planejamento estratégico com os 5W2H, seguindo as orientações do Departamento de Enfermagem do referido Hospital (Figura 2).

PLANO DE AÇÃO - 5W2H

Unidade: Hospital Dia **Data:** 14/09/2015, revisado em Fevereiro/2016

AÇÃO: Planejar as atividades de enfermagem para o ano de 2015-2018, baseado nos resultados do último SWOT

O QUE (WHAT)	PARA QUE (WHY)	QUEM (WHO)	COMO (HOW)	QUANDO (WHEN)	ONDE (WHERE)	META	LINHA ESTRUTURANTE	QUANTO CUSTA (HOW MUCH)	SITUAÇÃO	
									R	E/M
Comunicação interna da equipe de enfermagem	Manter, desenvolver e ampliar a relação entre os profissionais através de uma comunicação eficiente e eficaz. Para desenvolver a mesma linguagem nas ações das enfermeiras. Aprimorar processos. Registrar as atividades. Manter o ambiente de trabalho harmonioso. Capacitar a equipe pela excelência do atendimento.	1. Enfª 2. Enfermeiras 3.Enfª e RH 4. Enfª 5. 6. Todos 7. Enfermeiras e SEEC.	1. Reunião mensal de equipe; 2. Reunião bimestral das enfermeiras. 3. Participação do DENF no projeto de "Ressignificação do Trabalho"/ampliar para o RH. 4. Processo de enfermagem - revisão da pré consulta (adesão). 4.1. 23022 - será incluído na planilha de produção a partir de Outubro_15. 4.2. 23295 - (estoma) - fará a produção - utilizará os mesmos impressos do Processo HD; 5. Desenvolver o registro de entrada das OS´s em planilha própria (Secretaria). 6. Desenvolver o respeito entre os profissionais de enfermagem e demais membros. 7. Realizar treinamentos técnicos (PCR e medicação) + científicos. Aguardar atualização do protocolo nacional de PCR e os ajustes na SEEC - Fev_16.	1. Mensal: após a reunião do DENF. 2. Meses pares: (D, F, A, Jn, A, O) 3. Reunião dia 18/09/15, às 9:30 horas no RH; 4. Auditoria: Maio e revisão da pré consulta - março/abril 5. Diariamente 6. Diariamente - estimular comportamento. 7. A partir de janeiro - problematização. Demais - com a SEEC.	HD	At. 1-100% At. 2-100% At. 3 - 30% At. 4 2016 - 80% Até 2018 - 100% At. 5 - 100% At. 6 - 70% At. 7 Até 2018 - 100%	At 1,2,3-LE 3 At 4 - LE 1 At. 5 - LE 2 At. 6 - LE 3 At. 7 - LE 4	Essencialmente o custo do tempo dos profissionais envolvidos.	At. 3 - no HD At.4.1 At.4.2 At. 5	At. 1 At. 2 At 3 - no DENF At. 4 At. 6 At. 7
Manter conhecimento científico	Garantir qualidade de atendimento	1. Enfª Rosa 2.Equipe do HD. 3. Equipe HD+SEEC+ Enfª (Quali).	1. Método problematizador. PCR - aguardar SEEC. 2. Rever Manual do HD - começará pelo da Enfermagem. 3. Rever processos.	1. Mensal - com agenda. 2. Out - Nov/15: Enfª disponibilizou o Manual 3. A partir de fev/16.	HD	At. 1 - 8 meses/ano - 100% dos profissionais At. 2 - 100% At. 3 - 4 processos / ano	At. 1 - LE 4 At. 2,3-LE 1/5	Essencialmente o custo do tempo dos profissionais envolvidos.		At. 1 At.2,3

Figura 2. Planejamento das atividades do HD, baseado nos resultados da F.O.F.A. utilizando a planilha de 5W2H. Campinas, 2018.

Os 5W2H é uma ferramenta muito utilizada desde os primeiros anos de funcionamento do HD (de 2008-2010 - período de implantação de serviço) para estabelecermos uma rotina de melhorias ao longo do tempo. Os planos de ações determinaram os fluxos para todos os processos, incluindo suas interligações (Figura 2). Estes planos devem ser concisos e objetivos, motivando os profissionais na sua aplicação e disseminação.

□ PDSA[7]

A equipe de enfermagem do HD, periodicamente gera um ciclo de PDSA (Figura 2) nos seus quatro objetivos, com seus respectivos exemplos:

1. Obter conhecimento sobre algo - surgimento de novas técnicas ou procedimentos (ex. biópsias, terapia antimicrobiana parenteral ambulatorial, entre outras);

2. Desenvolver uma mudança – incorporação do ambulatório geral de moléstias infecciosas para o HD;
3. Testar uma mudança - introdução do carrinho de medicação, direcionando para os conceitos de medicação segura;
4. Implementar mudanças - revisão dos sítios funcionais no HD.

De 2015 a 2017, a equipe apresenta para o Departamento de Enfermagem os resultados obtidos ao longo do ano, num processo contínuo de planejar, fazer, avaliar e agir (PDSA).

□ Diagrama de Ishikawa (9)

A equipe de enfermagem identificou que havia um problema de comunicação entre os seus membros, que se manifestou de forma prática em passagens de plantão com conteúdos parciais.

Em janeiro de 2017, a Supervisão de Enfermagem disponibilizou textos com os conceitos do Diagrama de Ishikawa e dos 6 M´s para leitura dos profissionais da equipe. Após duas semanas, foram marcados quatro encontros em duplas: Enfermeiro / Técnico de Enfermagem ou Administrativo. Em fevereiro de 2017, fizemos a compilação dos dados das duplas entre dois Enfermeiros assistenciais e a Enfermeira Supervisora. Foram obtidos os resultados para os 6 M's e a partir dos mesmos foram sugeridas ações de melhoria em diferentes áreas e processos. Foram feitas duas avaliações pelos profissionais envolvidos sobre o alcance ou não do objetivo proposto para cada uma das ações.

Após a segunda avaliação a equipe participante do processo, respondeu a dois questionamentos:

1. Escreva qual foi a principal mudança que ocorreu em sua prática diária e quais foram os benefícios gerados.
2. Considerando que nossa experiência teve êxito, escreva o principal motivo para você indicar o método *Lean Health Care* para outros profissionais da saúde.

Resultados e discussões

A metodologia exposta acima tem sido utilizada há vários anos no HD, com avaliação permanente de seus resultados, reforçando a importância da adoção de um método que organize os processos de trabalhos (Figura 1).

No planejamento estratégico e no plano de ação (Figura 2), a comunicação foi apontada como uma das fragilidades de nossa equipe, sendo que a literatura e outras experiências reiteram que esse é um dos grandes desafios do momento em todas as áreas de trabalho[4].

A Figura 3 mostra as 31 ações sugeridas para os 6 M's (uma mesma sugestão foi dada em dois "M" diferentes - Material e Máquinas).

Na primeira avaliação, 17 (54,8%) ações foram alcançadas, 14 (45,2%) não alcançadas. Na segunda avaliação, os resultados foram: 22 (71%) ações alcançadas, 9 (29%) não alcançadas, dentre elas avaliou-se que uma ação está fora da governabilidade da equipe.

Ações para correção do processo de trabalho discutidas na elaboração do Diagrama de Ishikawa em janeiro/fevereiro de 2017							
Qual "M"	Ação	1ª avaliação 30 dias		2ª avaliação 60 dias		Objetivo alcançado ?	
1. Mão de obra		Sim	Não	Sim	Não	Sim	Não
Indivíduo	Esforço individual para atenção e responsabilidade nas atividades	X		X		X	
	Comunicação verbal e escrita - forma de fazer	X		X		X	
Processo	Treinamento em serviço - Tad. Para Tenf.	X		X		X	
	Problematização		X	X		X	
	Estudo de Caso - Comunicação		X	X		X	
	Comunicação verbal e escrita - forma de fazer		X		X		X
	Trabalho com RH		X		X		X
	e-mails importantes - Imprimir para ciência com data	X		X		X	
2. Material		Sim	Não	Sim	Não	Sim	Não
Prescrição Médica	Prescrição Informatizada (Fora da governabilidade)		X		X		X
3. Método		Sim	Não	Sim	Não	Sim	Não
Prescrição Médica	Enfº HD - Colocar horário nas prescrições		X		X		X
	Definir horário pré e pós - pesquisar		X		X		X
	Enfº HD - Corrigir junto aos médicos	X		X		X	
	Puxar horários com chaves	X		X		X	
	Permanecer no posto de enfermagem	X		X		X	
Passagem de plantão	Passar na sala 9		X	X		X	
	Passar nos leitos e poltronas		X	X		X	
	Interrupção da passagem de plantão 11:50-12:50 - Almoço da Recepcionista 12:50-13:15 - Téc. Adm. no posto Cominar novos horários de almoço entre os envolvidos.	X		X		X	
Cuidado integral	Na mudança de Sítio Funcional - Passar plantão às 8:30, 11:30, 12, 13 horas	X		X		X	
	Implantar check list - Excelência do Cuidado	X		X		X	
Sítios Funcionais	Explicitar o que é: Enfº HD X Enfº Amb. TEnf HD X TEnf Amb.	X		X		X	
Enfº definir prioridade	Início do plantão	X		X		X	
Enfº avaliar plantão	"Amarrar" as ações realizadas	X		X		X	
Máquinas		Sim	Não	Sim	Não	Sim	Não
Prescrição Médica	Prescrição Informatizada (Fora da governabilidade)		X		X		X
Medidas		Sim	Não	Sim	Não	Sim	Não
Excelência no cuidado	Implantar cuidado integral = Desafio		X		X		X
	Pesquisar como medir a excelência do cuidado		X		X		X
Número de medicações	Contar registrar as medicações por prescrição	X		X		X	
Meio Ambiente		Sim	Não	Sim	Não	Sim	Não
Local inadequado	Sala 9 como local de passagem de plantão		X	X		X	
Local de prescrições	Permanecer no posto de enfermagem	X		X		X	
Indivíduo	Esforço individual para concentrar-se na atividade	X			X		X
Local barulhento	Esforço individual para falar e rir mais baixo		X		X		X
Interrupção na passagem de plantão	Apoio dos profissionais administrativos para evitar interrupções	X		X		X	
Falta de localizar o paciente	Passar o plantão ao lado do paciente (leito ou poltrona		X	X		X	
		17	14	22	9	22	9

Figura 3. Resultados da análise do DI, compondo as ações de melhoria com os 6 M´s e duas avaliações. Campinas, 2018.

Figura 3 mostra que a equipe propôs ações que estavam em sua governabilidade de resolução, não geraram custos financeiros para o Hospital e permearam aspectos relativos aos próprios colaboradores ou de seus processos de trabalho. Como exemplo podemos citar: "esforço individual para atenção e responsabilidade nas atividades" ou "a mudança de local da passagem de plantão do posto de enfermagem para a Sala 9 do serviço". No tocante à comunicação, os participantes do processo avaliam que esforçaram-se por torná-la mais clara e objetiva, porém reconhecem que é necessário manter uma atenção e avaliação permanente. A ação que está fora da governabilidade da equipe é a "prescrição médica informatizada", pois isso requer investimento financeiro do Hospital por se tratar da aquisição de um sistema de tecnologia da informação. Há compreensão da equipe de que temos desafios a superar, que são: alcançar a implantação do cuidado integral e da excelência no cuidado.

Tabela 1. Resultados obtidos com a avaliação dos participantes sobre as mudanças, os benefícios e a indicação do Método *Lean* para um serviço de saúde. Campinas, 2018.

1. Mudanças	Benefícios	2. Indicação do *Lean*
Maior participação da equipe na passagem de plantão	Maior integração da equipe (2 respondentes)	Favorece que os colaboradores estejam motivados e fidelizados
Mudança da passagem de plantão para um local melhor (4 respondentes)	Passagem de plantão mais clara, objetiva e rápida (3 respondentes)	Amplia a compreensão e promoção de um novo olhar para as práticas atuais do sistema de saúde com revisão do trabalho assistencial e administrativo (3 respondentes)

Melhor organização do trabalho do técnico de enfermagem	Organização dos cuidados aos pacientes nos leitos e poltronas	Melhoria da qualidade de assistência ao paciente, rumo à excelência nos serviços de saúde (2 respondentes)
Revisão do processo de trabalho com *check list* (3 respondentes)	Melhor comprometimento dos técnicos de enfermagem	Promove comunicação assertiva entre os colaboradores que repercute na segurança do paciente (3 respondentes)
Proposta de implantação do cuidado integral (4 respondentes)	Melhora na comunicação (4 respondentes)	Incentiva a organização do trabalho para a implantação do modelo do cuidado integral
Melhor organização do trabalho em equipe (2 respondentes)	Auxílio à memória das tarefas diárias	
Melhoria no preparo das medicações do TDO (Tratamento Diretamente Observado) com etiqueta digital, preparo dos *kits* de toxina botulínica e de biópsia renal no período da tarde	Promoção da excelência no cuidado	
	Melhora do trabalho em equipe	
	Maior segurança ao paciente (3 respondentes)	

A Tabela 1 mostra que os profissionais reconhecem que esse trabalho permitiu uma conscientização da equipe sobre as mudanças nas rotinas que geraram benefícios:

- tangíveis: "mudar o local da passagem de plantão", "preparo das medicações do TDO, *kits* de toxina botulínica e de biópsia renal", "revisão do processo de trabalho - *check list*";
- intangíveis: "maior participação e integração da equipe", "melhora na comunicação entre os membros da equipe", "melhora na segurança do paciente", entre outros.

Os resultados sobre a viabilidade de se indicar o Método *Lean* para outras unidades reforçam que a equipe precisa: ter compreensão sobre seu papel como agente de transformação da realidade; estar motivada; conhecer o método, tanto em tese como na prática, promovendo melhoria contínua na comunicação, na qualidade de assistência e na segurança do paciente.

Conclusão

Essa experiência mostra que a Equipe de Enfermagem se deparou com um problema de comunicação e teve a lucidez de propor melhoria de processo, utilizando-se de uma ferramenta potente de análise de causa e efeito, viabilizando uma discussão ampla sobre o problema, com sugestões de ações de melhoria sendo protagonista de mudanças de seus processos de trabalho. O aprimoramento do conhecimento científico da equipe faz com que os profissionais atuem nos processos de trabalho de maneira consciente e com maior segurança sobre a atividade que está sendo executada, para promover excelência do cuidado, favorecer melhores resultados clínicos e melhora a segurança do paciente (10,11).

A mesma equipe reconhece que o problema de comunicação não está sanado, pois o mesmo é multifatorial, abrangente, intrínseco a todos os processos de trabalho, porém, agir de forma pró ativa permite resultados contínuos, que podem ser incorporados à rotina de trabalho e à cultura do serviço, com destaque para a cultura de segurança que tem o esforço para mitigar danos aos pacientes, à instituição e aos profissionais, a cultura de respeito ao serviço público buscando atuar com medidas eficientes e eficazes que qualifiquem o trabalho atendendo princípios fundamentais do Sistema Único de Saúde.

O trabalho de melhoria contínua não se finaliza com a análise de resultados, ao contrário, o plano de ação com 5W2H, o PDSA e o DI demonstram com clareza que ao atingirmos um determinado resultado esperado, precisaremos trabalhar para o mantermos e desenvolvermos outras ações de melhorias, num processo permanente.

Referências

1. Ministério da Saúde. PORTARIA Nº 44, DE 10 DE JANEIRO DE 2001 [Internet]. [citado 31 de janeiro de 2018]. Disponível em: http://bvsms.saude.gov.br/bvs/saudelegis/gm/2001/prt0044_10_01_2001.html
2. Chiavenato I, Sapiro A. Planejamento estratégico: fundamentos e aplicações. Rio de Janeiro: Elsevier : Campus; 2010.
3. Joint Commission. O pensamento lean na saúde: menos desperdício e filas e mais qualidade e segurança para o paciente. Porto Alegre: Bookman; 2013. 106 p.
4. GEPRO – Grupo de Estudos de Gestão por Processos – PRDU – UNICAMP – Novembro, 2003. Disponível em: http://www.prdu.unicamp.br/gestao_por_processos/GEPRO_Metodo.pdf
5. Magalhães JM de. 7_ferramentas_qualidade.pdf [Internet]. [citado 31 de janeiro de 2018]. Disponível em: http://www.aprendersempre.org.br/arqs/9%20-%207_ferramentas_qualidade.pdf
6. Significado de Metodologia [Internet]. Significados. [citado 5 de fevereiro de 2018]. Disponível em: http://www.significados.com.br/metodologia/

7. Toussaint J, Gerard RA. Uma transformação na saúde: como reduzir custos e oferecer um atendimento inovador. Porto Alegre: Bookman; 2012. 162 p.
8. Galdino SV, Reis ÉMB dos, Santos CB, Soares FP, Lima FS, Caldas JG, et al. Ferramentas de qualidade na gestão dos serviços de saúde: revisão integrativa de literatura. Rev Eletronica Gest Saúde [Internet]. 27 de junho de 2016 [citado 5 de fevereiro de 2018];0(supl.):1023–57. Disponível em: http://periodicos.unb.br/index.php/rgs/article/view/22005
9. Arcanjo CFD, Amaral TM. Mapeamento de fluxo de pacientes e simulação de eventos discretos no sistema público de saúde: um caso prático em uma unidade de pronto atendimento em Juazeiro-BA. [Internet]. [citado 5 de fevereiro de 2018]. Disponível em: http://www.abepro.org.br/biblioteca/TN_STO_211_253_26540.pdf
10. Committee of Experts on Management of Safety and Quality in Health Care. Glossary of terms related to patient and medication safety [Internet]. [citado 5 de fevereiro de 2018]. Disponível em: http://www.bvs.org.ar/pdf/seguridadpaciente.pdf
11. WHO. Summary_of_the_evidence_on_patient_safety.pdf [Internet]. [citado 5 de fevereiro de 2018]. Disponível em: http://www.who.int/patientsafety/information_centre/20080523_Summary_of_the_evidence_on_patient_safety.pdf

LEAN HEALTHCARE: MELHORIA DO LEAD TIME DO PACIENTE ONCOLÓGICO

Lívia Silveira de Almeida
Santa Casa de Misericórdia de Passos – SCMP - Passos-MG
lsilveiraalmeida@gmail.com

Thiago Antonio Souza
Departamento de Produção e Sistemas – Escola de Engenharia da Universidade do Minho – Guimarães – Braga – Portugal
thiagosouza@mokeruinstitute.com

Resumo: O Pensamento Enxuto é uma filosofia de trabalho que coloca em prática alguns princípios básicos, os quais permitem eliminar desperdícios, melhorar os processos sempre com foco em maximizar o valor para o cliente final. A utilização de técnicas e ferramentas da produção enxuta, antes exclusivas das manufaturas, vem crescendo rapidamente em empresas de serviços como, por exemplo, no setor da saúde. É uma inserção no contexto da fisolofia *Lean Healthcare* (modelo baseado nos princípios do *Lean Thinking*) que vem sendo adotada por vários hospitais e postos de saúde pelo Brasil com sucesso. *Lean Healthcare* é uma gestão enxuta na saúde cujo foco é o cliente. O projeto a seguir aborda uma aplicação dos princípios de *Lean Healthcare* operacionalizado pelo método DMAIC (Definir, Medir, Analisar, Melhorar e Controlar) com análise das oportunidades de melhorias e a utilização de princípios enxutos nos processos existentes através do mapeamento do processo no ambulatório da Unidade Oncológica da Santa Casa de Misericórdia de Passos com foco em eliminar desperdícios desse processo, agregar valor ao cliente e reduzir o *Lead Time* do paciente classificado como "caso novo".

Palavras-chave: *Lean Healthcare*; Melhoria de processos; Mapa de Fluxo de Valor; Eliminação de desperdícios, *Lead Time*.

A constante mudança demográfica e socioeconômica pela qual passa a sociedade brasileira impacta na saúde da população, gera modificações nos padrões de saúde e doenças e, consequentemente, uma maior demanda no sistema nacional de saúde.

As restrições financeiras impostas aos hospitais, tanto públicos quanto privados, pelo governo e pelos convênios de saúde influenciam as tomadas de decisões num sistema hospitalar.

Neste contexto, uma boa administração dos recursos disponíveis e a adoção de novas estratégias para aumentar a eficiência logística são alternativas a fim de melhorar as expectativas dos clientes (pacientes), além da melhor utilização de recursos (financeiros ou não).

O "pensamento enxuto" (*Lean Thinking*) é uma filosofia da qualidade cuja base é a eliminação de desperdícios, onde desperdício é definido como qualquer atividade humana que absorve recurso mas não cria valor (1). É baseado nesse conceito que a produção enxuta pode ser aplicada a qualquer tipo de atividade que busca criar valor, ou seja, a qualquer tipo de empresa ou organização.

Inicialmente utilizada na indústria automotiva, por volta de 1950 na *Toyota Motor Company*, no Japão, a filosofia *Lean* se espalhou para a indústria manufatureira como um todo e posteriormente para outras áreas dessas empresas, tais como os setores administrativos e o de desenvolvimento de produtos.

Após o sucesso alcançado e os resultados obtidos, o *Lean Thinking* foi amplamente difundido para as empresas de serviço. No livro "*Lean Thinking*", Womack e Jones (2), propõem como poderiam ser aplicados aos serviços os princípios subjacentes a esta abordagem, especificamente nos serviços de saúde. Os hospitais enfatizam a eficiência e as taxas de utilização elevada de recursos caros, em vez de eficácia organizacional. As organizações podem melhorar concentrando-se no fluxo de valor dos serviços.

Essa aplicação da filosofia *Lean* na área de saúde fez surgir um novo conceito: o *Lean Healthcare.*

O conhecimento das tarefas em um processo permite organizar o ambiente de trabalho e padronizar as atividades. No âmbito da assistência hospitalar, a padronização dos processos aumenta a disponibilidade do profissional para dar maior assistência ao paciente.

Nossa Instituição

Diante do contexto, a Santa Casa de Misericórdia de Passos (SCMP), situada no estado de Minas Gerais, adotou princípios da fisolofia *Lean Healthcare* a fim de obter melhorias em seus processos e eliminar desperdícios.

Neste capítulo iremos descrever um pouco da experiência que tivemos em nosso primeiro projeto *Lean* na Unidade Oncológica (Hospital Regional do Câncer) da Santa Casa de Misericórdia de Passos.

Fundamentada na valorização da entrega aos seus pacientes de um cuidado seguro, nossa Instituição, que presta a maior parte de seus atendimentos ao Sistema Único de Saúde, propõe o início de alguns projetos baseados na filosofia *Lean*, sendo um deles voltado para o ambulatório de oncologia, com foco na redução do *Lead Time* do paciente classificado como "caso novo", que é o paciente que chega no hospital para sua primeira consulta oncológica.

A missão da organização é cuidar da saúde de nossa comunidade regional com respeito aos valores éticos, morais e espirituais e seus pilares estratégicos são constituídos de Sustentabilidade, Qualidade e Humanização.

Valor e Estrutura do Projeto

O pensamento enxuto é uma filosofia de trabalho que coloca em prática alguns princípios básicos, os quais permitem eliminar os desperdícios e melhorar os processos, sempre com foco em maximizar o valor para o cliente final. O valor é definido como a capacidade de entregar exatamente o produto (personalizado) ou serviço que um cliente quer com o mínimo de tempo entre o momento em que o cliente solicita o produto/serviço e a entrega real, a um preço adequado.

De acordo com Womack e Jones (3) os princípios *Lean* contêm cinco partes: identificar valor, mapear fluxo de valor, criar fluxo contínuo, estabelecer a produção puxada e buscar a perfeição.

Apenas 5% das atividades executadas nas empresas agregam valor ao cliente, 60% não agregam valor e 35% não agregam valor, mas são necessárias para o funcionamento do processo, ou seja, 95% das atividades executadas por uma empresa não agregam valor ao cliente e devem ser consideradas desperdícios, pelas quais o cliente não deseja pagar por sua execução (4).

O *Lean* busca melhorar o processo atual, minimizando a proporção entre as atividades que não agregam valor e as que agregam.

Conhecer o fluxo de valor permite enxergar as atividades que agregam valor e alinhá-las na melhor sequência e eliminar as atividades que não agregam valor.

O valor dever ser especificado sob a ótica do cliente. Em nosso projeto, definimos o valor no cuidado com agilidade e resolutividade.

O projeto foi baseado no método DMAIC (Definir, Medir, Analisar, Melhorar e Controlar) a fim de estruturar sua implantação, desenvolvimento e conclusão e foi utilizado o mapeamento de fluxo de valor com o intuito de chegar às causas raiz dos problemas relacionados aos tempos de espera e atendimento dos pacientes além de buscar melhorias, eliminação de desperdícios e maior agregação de valor ao paciente.

As etapas do método DMAIC são apresentadas na tabela1:

DEFINIR (D)	1- Relação com estratégia empresarial 2- Declaração das oportunidades do projeto 3- Definição do Escopo e Meta 4- Definição da Equipe e Treinamento 5- Cronograma do Projeto 6- Pré-medições 7- Validação com Coordenação
MEDIR (M)	8- Mapeamento do Processo Atual 9- Medições nos postos de trabalho 10- Planilhas para otimizar medidas 11- Brainstorming com equipe 12- Carta Controle 13- Pesquisa de Satisfação do Cliente 14- Diagrama Spaghetti
ANALISAR (A)	15- Análise da Evolução do projeto 16- Checagem dos dados coletados
MELHORAR (I)	17- Sinalização do local de atendimento "caso novo" na recepção 18- Atendimento contínuo no agendamento de exames 19- Organização agenda Sysart de 10 em 10 min 20- Redefinição do horário de início de atendimento dos colaboradores 21- Reuniões semanais 22- Criação do email "caso novo" para secretarias 23- Mudança no Fluxo de Atendimento e área física 24- Agendamento de exames via telefone: disponibilização colaboradora 25- Convocação da psicologia na 1ª consulta quando necessário 26- Brainstorming com equipe 27- Revisão da escala médica no atendimento caso novo 28- Mapa futuro
CONTROLAR (C)	29- Cálculo de ganhos 30- Alimentação da carta controle para os próximos 12 meses

TABELA 1: Quadro com as etapas do projeto conduzido pelo método DMAIC

Por que mapear o processo?

A identificação de desperdícios é feita por meio de práticas e ferramentas comuns à produção enxuta, sendo o Mapeamento do Fluxo de Valor (MFV) bastante apropriado para isto (5) e um dos pilares para a implementação das melhorias *Lean*. É uma ferramenta considerada simples pela facilidade de utilização e que ajuda a enxergar e entender o fluxo de materiais e informação conforme o produto segue o fluxo de valor.

Como resultado, tem-se uma imagem realista do processo, fornecendo bases para a eliminação das perdas e desenvolvimento de um processo mais eficiente.

Um fator importante para a criação de um MFV é a coleta de informações no ambiente de operações, a partir da perspectiva dos envolvidos rotineiramente nos processos, de forma a capturar o processo "como ele é" e não "como achamos que é" (6).

Segundo o autor, inúmeros desperdícios estão condicionados a estrutura departamentalizada da maioria dos hospitais, sem o foco no fluxo do paciente como um todo. Para contornar esse problema, a filosofia enxuta prega a integração entre diferentes áreas funcionais para incrementar o desempenho operacional dos hospitais. Faz-se necessária uma conexão entre as diferentes etapas.

Após definirmos a equipe, composta por colaboradores envolvidos no fluxo de atendimento do paciente classificado como "caso novo" e também por outros que não atuavam neste fluxo, fomos conhecer o local onde o cuidado é de fato prestado. Iniciamos nossa caminhada pelo Gemba, que é o local onde as coisas acontecem, o lugar em que ocorre o trabalho que cria valor (7).

Caminhando pelos corredores do hospital, percebemos a importância de visualizar a real entrega do cuidado. O conhecimento apenas de números, indicadores e planilhas não retratavam por inteiro os problemas, desperdícios, falhas na comunicação, retrabalho, entre outros defeitos.

De acordo com o Serviço de Atendimento ao Cliente (SAC) de nossa Instituição, a maior parte das reclamações registradas pelos pacientes, referentes à Unidade de Oncologia, foram relacionadas aos tempos de espera nos atendimentos.

Fizemos então um seguimento de todo o processo de atendimento dos pacientes de primeira consulta no ambulatório de oncologia, levantando os tempos de cada uma das etapas pelas quais os pacientes passavam.

Com o conhecimento do fluxo e dos tempos medidos percebemos uma quantidade notória de desperdícios e de valor não agregado entre as etapas. Identificou-se realmente um grande período de espera para o paciente que se apresentava no Serviço para sua primeira consulta oncológica.

A partir disso, elaboramos também um documento A3 a fim de listar os principais obstáculos, definir o cenário atual e estabelecer ações para tornar o processo melhor.

Nosso escopo abrangeu desde a chegada do paciente na recepção, onde é feita sua identificação, até a sua saída.

Com as primeiras medições de tempo do processo, a equipe elaborou o Mapa de Fluxo de Valor Atual (Figura 1), o que permitiu visualizar melhor o processo, compreender suas etapas e identificar oportunidades de melhorias.

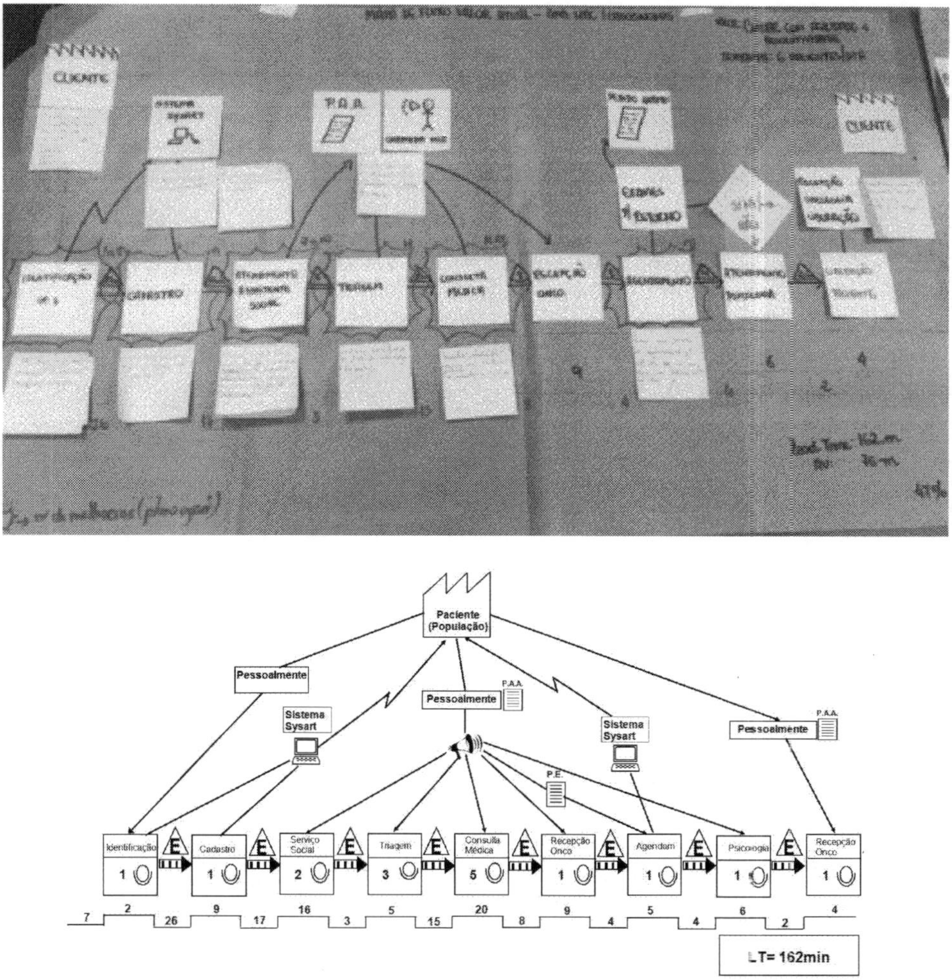

FIGURA 1: Mapa de Fluxo de Valor do estado atual (2017) do fluxo do paciente "caso novo"

Ao final desse mapa, obtivemos um valor de *Lead Time* (tempo total do processo) de 162 minutos, dos quais 76 minutos realmente agregavam valor ao paciente. A equipe definiu uma meta de 114 minutos de *lead time*.

Utilizamos também o diagrama *Spaghetti* que é uma ferramenta que visa entender os caminhos percorridos em um processo.

A figura 2 mostra o diagrama *Spaghetti* (diagrama do caminho percorrido pelo paciente) do Estado Atual, onde nos pavimentos térreos e superior (ambulatório) acontecia o atendimento ao paciente que percorria uma distância de 195 metros.

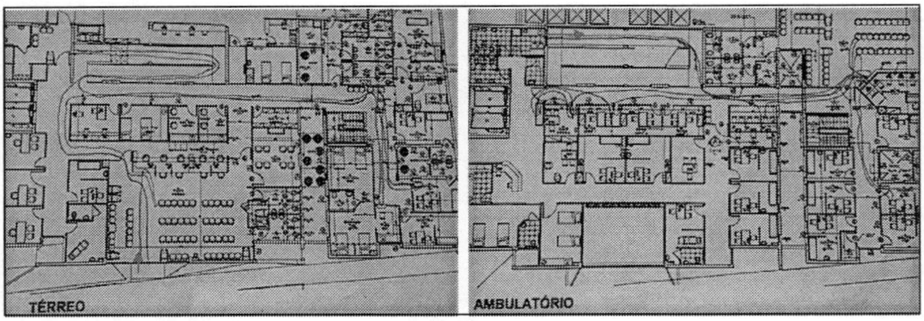

FIGURA 2: Diagrama Spaghetti do Estado Atual

As principais oportunidades de melhorias encontradas foram:

- Alto tempo de espera do paciente
- Desperdício de movimento (2 andares para atendimento)
- Fluxo não padronizado e descontínuo
- Falta de priorização
- Agendamento falho
- Atividades de rotina mal distribuídas entre a equipe operacional

A partir de então, tínhamos ações a realizar para melhoria do fluxo de pacientes e organização do processo como um todo.

A fim de compreender a variação do nosso processo alimentamos um gráfico de controle conforme será visto adiante. Controlar um processo significa conseguir manter estável o desempenho do processo.

Eliminação dos desperdícios e Estado Futuro

Várias melhorias e mudanças foram implantadas, a maior parte listada na etapa medir da tabela 1.

Na etapa melhorar foram feitos ainda alguns ajustes para tornar o processo melhor.

As mudanças de layout, no fluxo e o alinhamento das atividades no processo de atendimento resultaram em redução de movimento, do número de colaboradores envolvidos (disponibilizando recursos humanos para outras atividades) e em eliminação de etapas.

Foi elaborado e alimentado o Mapa de Fluxo de Valor do Estado Futuro (Figura 3) resultante das ações e mudanças.

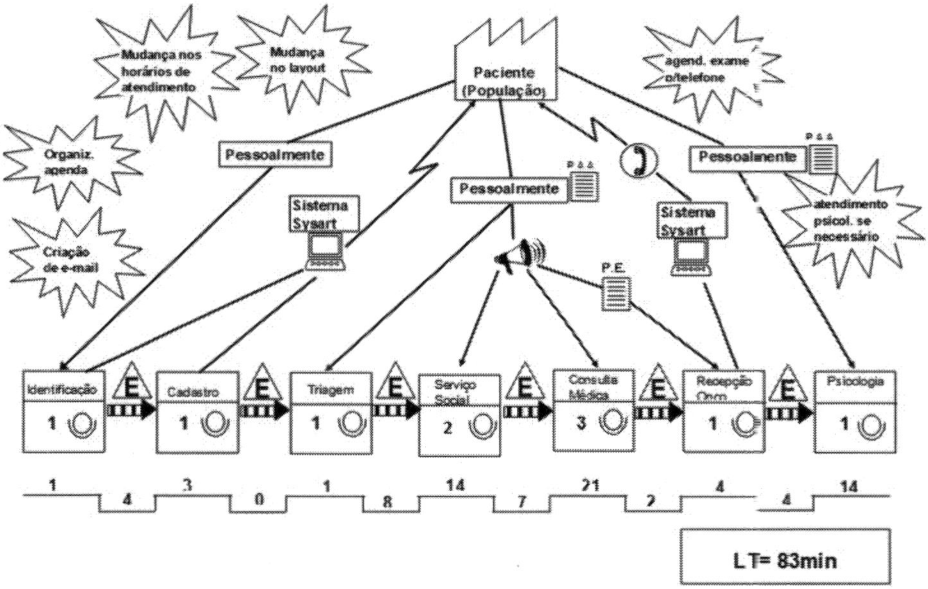

FIGURA 3: Mapa de Fluxo de Valor do Estado Futuro (implantado em 2017)

No Mapa do Estado Futuro obteve-se uma redução do *Lead Time* médio de 162 minutos para 83 minutos e este representou 70% de valor agregado.

A figura 4 mostra o Diagrama Spaghetti do Estado Futuro, que permitiu identificar trajetos mais eficientes, com o fluxo ocorrendo somente em 1 andar e de maneira contínua, a fim de eliminar desperdícios de movimento. Após a implantação de todo atendimento no andar térreo a distância percorrida representou 71 metros , o que significou uma redução de 64%.

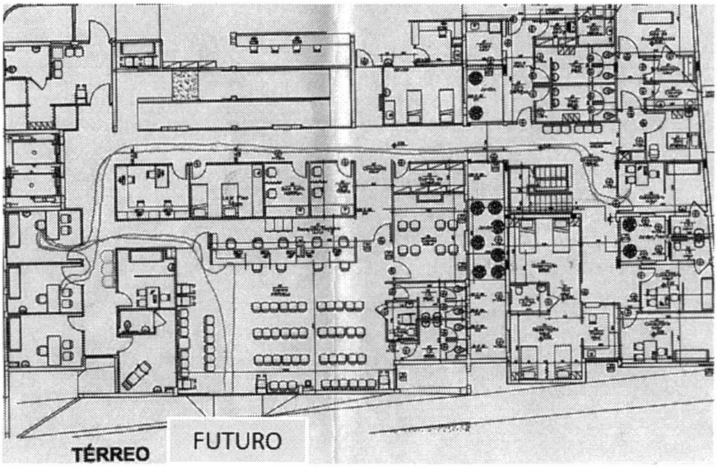

FIGURA 4: Diagrama Spaghetti do Estado Futuro

O gráfico controle a seguir mostra os valores de Lead Time referentes a meta, média no mês e o limite superior de controle (LSC) e a linha vertical pontilhada representa a mudança do layout (os valores coletados compreendem o período de abril a dezembro de 2017).

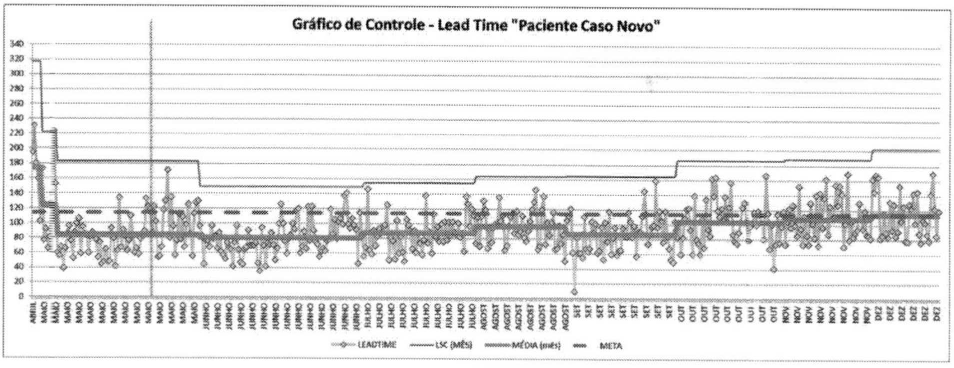

Gráfico 1: Carta de Controle – Lead Time

Análise

Com a análise da evolução do projeto, dos valores encontrado e visando o alcance da meta, certificamos a necessidade das melhorias.

Atividades que realmente eram indícios de desperdício de tempo e movimento, quando eliminadas do processo ou modificadas refletiram positivamente no tempo de espera do paciente. Esses desperdícios encontrados representaram um tempo de valor não agregado ao paciente.

A mudança de layout e alinhamento das atividades gerou um fluxo contínuo, redução do desperdício de movimento, redução do número de etapas do processo e do número de colaboradores envolvidos.

Tornar os processos mais visíveis cria condições para seu controle, facilita a padronização e viabiliza melhorias permanentes.

Conclusões

O desenvolvimento desse projeto possibilitou identificar a aplicabilidade de conceitos *Lean* da área da saúde e de ferramentas como o mapa de fluxo de valor, diagrama Spaghetti, o gráfico de controle, além de alcançar processos mais enxutos e de maior qualidade.

A introdução do *Lean* na rotina hospitalar proporciona uma maneira diferente de enxergar os problemas, é uma mudança cultural que aliada a ferramentas e gestão enxuta, promove mudanças positivas nos processos.

O uso de ferramentas relativamente simples aliado à gestão enxuta com apoio da alta liderança, pode causar uma grande transformação na Instituição.

O mapeamento do processo no ambulatório de oncologia possibilitou encontrar oportunidades de melhorias, eliminação dos desperdícios e uma melhora no tempo de atendimento dos pacientes, com consequente redução do *Lead Time* em sua primeira consulta, gerando uma entrega de atendimento em tempo ágil, seguro e efetivo, além de um atendimento mais prioritário na primeira consulta do paciente oncológico.

O projeto permitiu a equipe o conhecimento e aplicação da filosofia *Lean*, a percepção da importância de ir ao Gemba, além de possibilitar a disseminação desta filosofia por toda a instituição e replicação em projetos futuros.

Referências

1. Womack, J. P.; Jones, D. T.; Roos, D. A máquina que mudou o mundo. Rio de Janeiro: Editora Campus; 1992.
2. Womack, J. P.; Jones, D. T. Lean thinking: Banish waste and create wealth in your corporation. New York: Simon & Schuster; 1996.
3. Womack, J. P.; Jones, D. T. A mentalidade enxuta nas empresas – elimine o desperdício e crie riquezas. Rio de Janeiro: Campus; 1998.
4. Hines, P; Taylor, D. Manufatura Enxuta. São Paulo, Brasil: Imam; 2006.
5. Rother, M.; Shook, J. Aprendendo a enxergar. São Paulo, Brasil: Lean Institute; 2003.
6. Graban, M. Lean Hospitals: Improving Quality, Patient Safety, and Employee Engagement. 2ª Ed. Taylor & Francis, Inc; 2011.
7. Shook, J. et al. Léxico Lean, V 2.0. São Paulo: Lean Institute Brasil; 2007.

APLICAÇÃO DO PROGRAMA 5S EM EMPRESA DO SEGMENTO DE HIGIÊNICOS

Lucas Teixeira Costa, Sergio Luiz Braga França
Departamento em Engenharia Civil
Universidade Federal Fluminense
costalt5@gmail.com; sfranca@id.uff.br

RESUMO

Em face da competitividade, as empresas buscam eficiência e melhoria contínua nos seus processos produtivos, desdobrando na necessidade da adoção de uma cultura organizacional que proporcione o crescimento de maneira organizada. Este estudo apresenta a aplicação da manufatura enxuta em uma empresa do segmento de higiênicosdurante o momento de expansão em função do ganho de *Market share* deixado pelo colapso de um *player*. O objetivo geral é analisar a contribuição da engenharia da qualidade na utilização de ferramentas de *lean manufacturing*, por ser uma relevante área que prioriza oplanejamento e o controle dos sistemas de gestão da qualidade com foco no gerenciamento de processos. Dentro deste contexto, apontam-se as ferramentas de qualidade utilizadas na empresa através da manufatura enxuta, o programa 5S e a adoção do six sigmas que proporcionaram um ambiente organizado e seguro para a nova fase da empresa.

Palavras-chave: Gestão da Qualidade, Lean Manufacturing, *Six Sigma*, Programa 5S.

INTRODUÇÃO

Considerações Iniciais

A busca pelo crescimento financeiro e a definição de posicionamento frente aos outros players do segmento estimulam transformações nas condições estruturais e econômicas de uma empresa. Segundo Gilpin (1), as mudanças nas relações comerciais entre os países e empresas sofreram grandes alterações em função dos fatos ocorridos no sistema internacional, por exemplo, a revolução industrial, durante o século XVIII e XIX, o fim da Guerra Fria, o desenvolvimento do capitalismo, o crescimento do fluxo de informação e da internet e, principalmente, pelo avanço da tecnologia.

Dentre os fatos mencionados, é importante ressaltar os impactos positivos deixados pela revolução industrial no que diz respeito aos aspectos técnicos da engenharia de produção adotando os conceitos de produção em escala e buscando a excelência vinculada ao uso da tecnologia. Desta maneira, muitas empresas verificam a necessidade da produção de bens com maiores padrões de qualidade e viável à grande parte das pessoas.

A partir das décadas de 30, nos Estados Unidos, e na década de 40, no Japão, surgiram os primeiros conceitos da gestão da qualidade vinculada à produção. Tais conceitos ganharam status durante a década de 50, quando começou as primeiras preocupações diretamente relacionadas à gestão da qualidade.

Com o passar dos anos, a gestão total da qualidade tornou-se um dos pilares responsáveis pelo processo na produção. Não somente no que diz respeito aos aspectos na produção, mas proporcionando uma visão holística do processo, abordando outros aspectos que envolvem o negócio de uma empresa, como por exemplo, a qualidade nos processos.

O presente estudo apresenta como escopo a aplicação da manufatura enxuta para o crescimento planejado de uma empresa, com base nos princípios e conceitos do Sistema Toyota de Produção (STP). Sistema este que foi criado no Japão, durante a década de 1950, em especial na Toyota.

Segundo Womack et al. (2), o Sistema Toyota de Produção surgiu segundo a perspectiva dos engenheiros Eiiji Toyoda e Taiichi Ohno de que os conceitos da produção em massa não estariam de acordo com as necessidades apresentadas pela população japonesa. Portanto, foram responsáveis pela adoção de uma nova abordagem para lidar com os aspectos da engenharia de produção. Esta nova abordagem teve como objetivo procurar eliminar os desperdícios, produzindo em lotes menores, na redução dos estoques e *set ups* de máquinas, baseando-se no sistema de qualidade total.O estudo de caso foi realizado em uma empresa do ramo de higiênicos, a partir da implementação da manufatura enxuta nas unidades do Rio de Janeiro (Tribobó – São Gonçalo, e Arrozal - Piraí) e em Goiás (localizada no Distrito Agro Industrial de Anápolis).

Situação Problema

No cenário político-econômico brasileiro dos últimos três anos, houve um significativo ganho de mercado por parte da empresa objeto do estudo em função dos seguintes pontos:

- colapso da divisão de outro player, que representavam 14%do mercado brasileiro, abrindo uma parte do mercado para a absorção dos demais players;
- migração dos clientes premium para produtos mais baratos em virtude da crise econômica brasileira, pois os clientes passaram a buscar produtos que suprissem a necessidade e que fossem mais accessíveis.

A empresa apresentou um crescimento de 30% a.a., proporcionando a instalação de novas máquinas no pátio industrial, tanto para o segmento de fraldas e absorventes quanto para a divisão de papel, alavancou a capacidade produtiva da empresa de 8 milhões de tiras de fraldas/mês para 40 milhões de tiras/mês e proporcionou EBITDA (earnings before interest, taxes, depreciation and amortization) recorde.

Entretanto, com o crescimento e expansão da empresa há alguns pontos críticos, como por exemplo: a identificação de aspectos que se opõem à mudança (resistência à mudança), o planejamento/comprometimento de todos envolvidos na empresa e o cumprimento dos cronogramas e a organização do pátio fabril (em especial no setor industrial do segmento de fraldas e absorventes – foco deste trabalho).

Desta forma, diante dos pontos críticos identificados, o presente estudo busca elencar os elementos da filosofia *lean* no processo de organização e construção da nova cultura organizacional da empresa em um momento de crescimento e expansão, em especial nos pátios fabris (localizados nos Estados do Rio de Janeiro – Tribobó e Piraí – e no estado de Goiás – Anápolis).

Com base no contexto apresentado, a motivação da pesquisa está relacionada à seguinte questão: como a implementação dos elementos da filosofia *lean* podem auxiliar na melhoria da cultura organizacional nos pátios fabris da empresa durante o processo de crescimento e expansão?

Objetivos da Pesquisa

O objetivo principal da pesquisa é avaliar o processo de implementação da filosofia *lean, com base no* Programa 5S, nos pátios fabris visando à melhoria da cultura organizacional da empresa do ramo de higiênicos durante o período de crescimento.

Esta pesquisa tem como objetivos específicos identificar quais as práticas relacionadas ao Programa 5S que podem ser aplicadas de maneira mais adequada à empresapara propor melhorias na estrutura organizacional com base nas práticas do Programa 5S adotadas durante o processo produtivo.

REVISÃO DA LITERATURA

De acordo com ABEPRO (Associação Brasileira de Engenharia de Produção) dentre as mais diversas áreas da engenharia se destaca a engenharia da qualidade. Tomando por base a relação (cada vez mais estreita) entre a ciência da qualidade e a cultura organizacional de uma empresa que visa à qualidade total dos seus processos, o planejamento da qualidade se torna um dos principais pilares para um crescimento organizado e produção de qualidade.

É importante ressaltar que a necessidade de um processo de cunho qualitativo é um reflexo do crescimento produtivo e, principalmente, do avanço tecnológico, o qual proporciona ambientes cada vez mais enxutos e organizados, que visam a otimização e clareza do processo.

Em consequência desta necessidade de ambientes cada vez mais organizados e enxutos que proporcionem a garantia de qualidade no ambiente produto, é importante ressaltar outras metodologias que possuem relação direta com o Programa 5 S, como exemplo o ciclo PDCA.

Programa 5S

Levando em consideração a necessidade de uma organização estrutural na empresa para suportar o seu crescimentoem termos de volume e produtividade, programas que auxiliam na implementação de uma cultura de qualidade (e gestão total da qualidade) são de sua importância para a mudança cultural.

Neste sentido, de acordo com Campos (3) o programa 5S pode ser considerado o início para a implementação do programa da qualidade total por intermédio dos cinco sensos (em japonês);

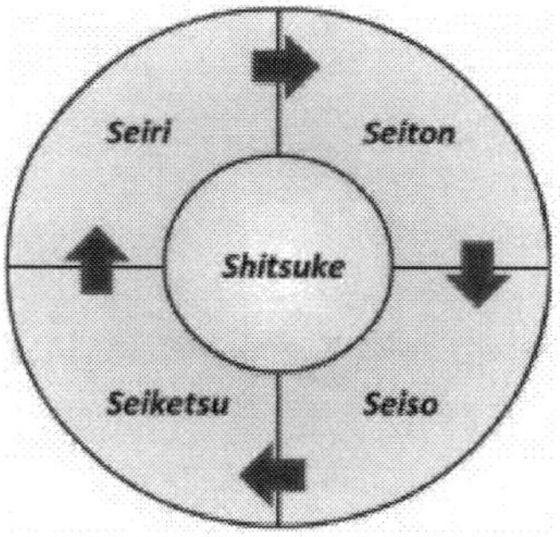

Figura 1 – Programa 5S
Fonte: Campos (3)

a. SEIRI (seleção / utilização) – O objetivo é realizar a separação entre tudo que se faz necessário e sem necessidade para a realização das tarefas. Neste sentido, significa utilizar os recursos disponíveis (de ferramentas, equipamentos, dados e matérias primas) sempre com bom senso. Logo, é possível observar uma melhoria no ganho do espaço físico para a prática do trabalho, facilidade na limpeza e manutenção dos equipamentos, controle eficaz do estoque, preparação dos ambientes para a prática e manutenção do programa 5S, redução de custos.
b. SEITON (ordenação) - Auxilia líderes e colaboradores em como organizar suas células de trabalhado de forma organizada e clara. Com todas as ferramentas necessárias para o trabalho de maneira clara e acessível (de

maneira disponível de forma imediata). Neste sentido, nesta etapa é possível identificar: facilidade na identificação e localização dos objetos de trabalho, redução dos pontos que possam trazer insegurança, economia do tempo.

c. SEISO (limpeza) – conscientizar a equipe de trabalho sobre a boa prática em manter o ambiente de trabalho sempre limpo com o objetivo de evitar ambientes sujos e de difícil identificação. É importante ressaltar o senso da limpeza na manutenção dos ambientes limpos desde pisos, armários, gavetas, etc. Com isto, a aplicação deste senso gera: melhor conservação dos objetos e ambiente de trabalho, redução de possibilidades de acidentes, ambiente saudável.
d. SEIKETSU (padronização) – Neste senso, é importante a criação de padrões em todas as áreas. Desta forma, os colaboradores de diversas filiais de uma empresa poderão trabalhar da mesma maneira onde quer que estejam. Sendo assim, esta etapa é responsável pela manutenção dos três sensos anteriores. Desta forma, é possível identificar: equilíbrio físico e mental dos colaboradores, melhoria nas áreas comuns, melhoria nas condições de segurança.
e. SHITSUKE (disciplina) – Por fim, a disciplina. A conscientização de todos os colaboradores integrantes de uma empresa em disseminar a metodologia 5S, além de buscar a manutenção do programa por intermédio da melhoria contínua. Este senso é responsável por melhoria nas condições do trabalho diário, melhoria nas relações interpessoais, valorização do ser humano, cumprimento dos procedimentos administrativos e operacionais.

Ciclo PDCA

Segundo Silva (4), é relevante mencionar sobre a metodologia de melhoria contínua caracterizada pelo ciclo PDCA (plan-do-check-act) como uma ferramenta das empresas para alcançar a excelência no sistema de gestão através de padrão nos treinamentos, planos de revisão da manutenção das máquinas, o alinhamento das responsabilidades dos colaboradores de diferentes áreas e um plano detalhado e a manutenção dos equipamentos.

De acordo com Campos (3), é possível entender o ciclo PDCA da seguinte forma: *Plan* (planejamento) é a primeira etapa do ciclo na qual se deve elaborar o planejamento de acordo com as premissas da empresa (missão, visão e valor) e estabelecer metas e objetivos. A segunda etapa, *do* (execução; é a fase que implementa os objetivos traçados, como exemplo, treinamento e realização das metas. A terceira etapa, consiste no *check* (checagem): é a etapa na qual é identificada as possíveis falhas do projeto e balanço das metas Por fim, a última etapa *act* (ação) consiste na aplicação de ações corretivas com o objetivo de sempre aprimorar o projeto. Desta forma, o PDCA pode ser entendido como um ciclo para aperfeiçoamento e organização.

ESTUDO DE CASO

O estudo de caso foi realizado em uma empresa do ramo de higiênicos, a partir da implementação da manufatura enxuta nas unidades do Rio de Janeiro (Tribobó – São Gonçalo, e Arrozal - Piraí) e em Goiás (localizada no Distrito Agro Industrial de Anápolis).

O PROBLEMA

Com o aumento do volume no processo produtivo proporcionado pelo ganho do *Market share* devido à lacuna deixada pelo colapso de um concorrente direto, houve a necessidade de expansão e modernização dos pátios industriais. Nesta linha de raciocínio, a empresa investiu na ampliação do pátio fabril de Anápolis, modernizou a estrutura da fábrica de Tribobó e construiu o pátio fabril de Piraí.

No armazém foi possível identificar que a demanda e oferta dos produtos se tornou um desafio para a empresa em virtude dos aspectos econômicos (câmbios, sazonalidade, crises globais e a produção e o fornecimento).

Como resultado, foi identificado um cenário de falta do espaço físico para armazenar os materiais e o aumento na desorganização e controle do estoque físico x estoque sistêmico. Além da necessidade em melhorar o fluxo do controle de capital de giro (da compra das matérias primas e das vendas dos produtos acabados), uma vez que o estoque parado representa capital estagnado e sem investimento.

Em relação ao escritório da empresa, as estações de trabalho localizadas na *holding* (local que consolida as equipes de *back office*) possuía espaço físico para acomodar 100 funcionários. Em virtude do aumento do quadro de funcionários para 230 foram identificados além da falta de estações de trabalho (havendo a necessidade de improvisar novas estações de trabalho dentro das salas de reuniões), a falha no sistema utilizado em virtude da baixa potência do CPD – Centro de processamento de dados (que ocasionou bloqueios constantes nos sistemas devido ao número de usuários que acessavam ao mesmo tempo).

O último aspecto identificado em relação ao impacto do crescimento foi a desorganização do pátio fabril devido ao aumento da produção. Pois, não havia uma separação clara entre os materiais que são utilizados na produção (de acordo com o plano de produção) e os materiais que deveriam ficar acondicionados no estoque (somente para respeitar a política de estoque). Como resultado, além de não possuir uma contagem eficiente do estoque, alguns materiais foram utilizados sem respeitar o FIFO (*First in, first out*), o que ocasionou o vencimento das matérias primas em estoque.

PROPOSTA DE METODOLOGIA PARA A IMPLEMENTAÇÃO DA FILOSOFIA LEAN COM BASE NO PROGRAMA 5S

Conforme objetivo desta pesquisa foram identificadasdiversas acões para a implementação da cultura organizacional proposta pelo Programa 5 S. Dentre elas, é possível destacar:

TREINAMENTO

Treinamento e lideranças de equipes com objetivo de implementar a nova cultura organizacional nos processos produtivos.A primeira fase do treinamento se caracterizou pela nomeação do gerente da qualidade que ficou responsável pela manutenção e implementação da cultura 5 S na empresa.

Foram criadas estações de treinamento em dois pontos: em frente às linhas de produção, para facilitar a exemplificação do processo produtivo aos novos colaboradores e a manutenção do *know how* dos funcionários, e nas salas de reuniões para realizar encontros semanais que proporcionam o acompanhamento / mapeamento do farol de produção para que os gerentes industriais juntos aos seus colaboradores possam analisar os problemas em potencial e agir na manutenção preventiva com o objetivo de reduzir possíveis paradas de máquinas e impactos na produção.

FOCO NA ELIMINAÇÃO DOS DESPERDÍCIOS

A empresa buscou a eliminação dos desperdícios por intermédio de auditorias internas gerenciadas pela equipe da SGQ. Sendo assim, pode criar rastreabilidade nas ações e pontos surgidos em decorrência das auditorias.

PADRONIZAÇÃO DAS ÁREAS

A padronização das áreas baseadas na organização e limpeza (de acordo com o Programa 5S) objetivando a eliminação dos desperdícios em especial nas áreas piloto em um ambiente seguro.

A prática e manutenção do Programa 5S permite ao funcionário / colaborador que possua uma compreensão melhor de toda a estrutura e objetivo da empresa. Tornando-os, portanto, parte da estrutura e principais responsáveis pelo alcance dos objetivos / resultados, valorizando as pessoas, eliminando os desperdícios e buscando sempre a melhoria do processo.

A imagem a seguir é um exemplo da padronização das áreas e das informações acessíveis a operadores. Nela é possível identificar os quadros com os conceitos do programa 5S, os desperdícios na indústria e os indicadores de produção.

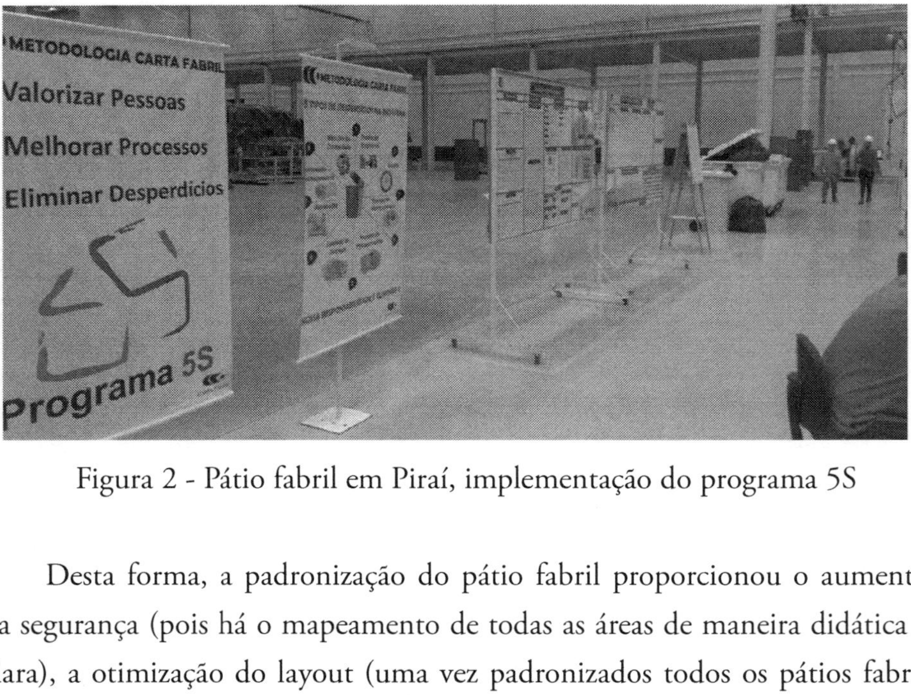

Figura 2 - Pátio fabril em Piraí, implementação do programa 5S

Desta forma, a padronização do pátio fabril proporcionou o aumento da segurança (pois há o mapeamento de todas as áreas de maneira didática e clara), a otimização do layout (uma vez padronizados todos os pátios fabris o colaborador que for deslocado para outras unidades identificará o processo com mais rapidez e assertividade), melhoria da autoestima dos colaboradores (ambientes organizados ocasionam maior segurança e certeza na realização das tarefas dos colaboradores).

Para conseguir alcançar os resultados esperados na implementação das ferramentas de lean manufacturing e qualidade, todos os colaboradores da empresa devem ser / estar envolvidos no processo de melhoria continua. Desta forma, os mesmos devem ser orientados e treinados para que possam particiar de todo o processo. A melhoria continua necessita ser praticada diariamente e, por este motivo, é necessário que se torne um hábito dentro da empresa, tendo em vista que estes hábitos devem ser praticados.

CONCLUSÃO

Com base nos resultados da pequisa é possível concluir que a empresa logrou êxito nos objetivos apresentados uma vez que seus pátios fabris apresentam-se organizados, o que proporcionou aa busca pela melhoria nos índices e, como consequência, atingiu maior produtividade (passando de uma produção de 16 milhôes de fraldas, em Janeiro de 2016, para 40 milhões de tiras de fraldas em Janeiro de 2017).

Além de aumentar a produtividade da empresa, houve redução no número de protocolos junto ao SAC – Serviço de atendimento ao cliente e a redução no nível de absenteísmo (em especial nos pátios fabris) da empresa, apresentando queda no número de funcionários afastados por acidente de trabalho.

REFERÊNCIAS

1. Gilpin R. Global, political economy: understanding the international economic order. EUA: Princeton & Oxford; 1997.
2. Womack JP, Jones DT, Roos. A máquina que mudou o mundo. 14a ed. Rio de Janeiro: Campus, 1992.
3. Campos VF. Gerenciamento da rotina do trabalho do dia-a-dia. 8a ed. Nova Lima/MG: INDG, 2004.
4. Silva AS, Medeiros CF, Vieira RK. Cleaner Production and PDCA cycle: Pratical application for reducing the Cans Loss Index in a beverage company. Journal of Cleaner Production. 2017 May; 150: 324-338.

APLICAÇÃO DO LEAN SEIS SIGMA NO CONTROLE DE MATERIAIS DESTINADOS A PROJETOS DE ENGENHARIA

Jean Cesar de Faria Silva – De Faria Silva, JC[1]
jeancesarfaria@hotmail.com
Antônio Lopes Nogueira da Silva – Silva, ALN[1]
antonio.silva@lo.unisal.br
Sergio Tenorio dos Santos Neto – Santos Neto, ST[2]
sergio.santos@fatecguaratingueta.edu.br

[1] Centro Universitário Salesiano de São Paulo, Unidade Lorena-SP
[2] Centro Estadual de Educação Tecnológica Paula Souza, Faculdade de Tecnologia de Guaratinguetá

Resumo

O artigo apresenta uma aplicação da filosofia Lean Seis Sigma (LSS) na melhoria de um processo de controle de materiais destinados a projetos de engenharia de uma empresa química de grande porte, abordando tanto o controle de materiais para projetos em andamento quanto para materiais remanescentes de projetos já finalizados, também chamados de sobras. A metodologia que serviu de base para a condução do projeto foi a DMAIC, onde foram aplicadas algumas das ferramentas ligadas a filosofia LSS. Ao final do projeto, mais de 3000 itens passaram a ser gerenciados pelo novo processo de controle dos materiais.

Palavras-chave: *Lean* Seis Sigma, Logística, Controle de Materiais de Projetos, Controle de Sobras de Projetos.

Introdução

A logística é uma área operacional diversa e dinâmica que deve ser flexível e capaz de mudar de acordo com o ambiente onde está inserida. Sua função é gerenciar e distribuir materiais, seja para atendimento das necessidades do fabricante ou do cliente final (1). Buscar uma logística superior não é uma tarefa fácil. Para que isso seja possível, um cuidadoso planejamento apoiado por treinamentos de funcionários, dedicação operacional e comprometimento com a melhoria contínua se fazem necessários (2).

Dentre as filosofias usadas pelas empresas na busca pela melhoria está o *Lean* Seis Sigma (LSS), que é resultante da fusão de duas filosofias distintas, o *Lean Manufacturing* (LM) e o Seis Sigma (SS). Nela as poderosas ferramentas que ajudam a eliminar desperdícios, organizar e simplificar processos de trabalho do LM são unidas as ferramentas estatísticas e a abordagem de resolução de problemas DMAIC do SS. Seu foco é a melhoria da qualidade, a redução da variabilidade e a eliminação de desperdícios de uma organização (3).

O presente trabalho foi realizado no setor de logística de uma empresa química de grande porte e tem como objetivo melhorar o controle sobre os materiais destinados a projetos de engenharia dessa organização por meio da aplicação do LSS. Para se alcançar o objetivo geral, foram identificadas ferramentas ligadas ao LSS, sendo estas fundamentais para o atingimento dos resultados.

O principal problema enfrentado pela Logística tem sido o de aumentar a qualidade para os seus clientes e ao mesmo tempo reduzir os custos de seus processos. Neste sentido, todos os recursos disponíveis devem ser empregados na busca pela excelência operacional do setor e pelo sucesso da organização como um todo (4). De acordo com Werkema (5), a estrutura do LSS dele a filosofia adequada para a solução de todos os tipos de problemas relacionados à melhoria de processos e produtos de uma organização.

Referencial teórico

A logística é uma das áreas operacionais mais desafiadoras e estimulantes da gestão da cadeia de suprimentos (*supply chain*) (2). Uma definição moderna e adequada que pode ser aplicada para a maioria das indústrias diz que a logística é o processo de planejamento, implementação e controle de procedimentos para o eficiente e efetivo transporte e armazenamento de bens, incluindo serviços, do ponto de origem ao ponto de consumo visando atender aos requisitos do cliente (6).

As principais subáreas da logística para a maioria das organizações são: Estoques; Embalagem e Unitização; Inventário; Transporte e Informação/Controle (1).

Lean manufacturing (LM)

As origens do pensamento enxuto, também conhecido como *lean,* estão ligadas ao Sistema Toyota de Produção (STP). O produtor *lean* é focado na perfeição: busca sempre diminuir custos e alcançar zero defeitos e zero inventário em seu sistema de produção (7).

Em 1996 o conceito inicial do *lean* foi mais amplamente definido em cinco princípios-chave: Valor: Defina valor da perspectiva do cliente; Fluxo de Valor: Identifique o fluxo de valor para cada produto/família de produto e elimine desperdícios; Fluxo contínuo: Crie um fluxo sem interrupções; Produção Puxada: Forneça o que o cliente deseja somente quando ele solicitar; Perfeição: Remova continuamente os desperdícios a medida em que eles são descobertos (8).

O aspecto fundamental do pensamento enxuto é a identificação e eliminação de desperdícios. No contexto dos sistemas de manufatura existem oito tipos de desperdício, que são: Excesso de Produção: Produzir acima ou antes da necessidade do cliente; Espera: Período de inatividade em um processo devido a uma atividade anterior atrasada; Transporte: Movimento desnecessário de materiais; Excesso de Processamento: Realização de operações desnecessárias;

Inventário: Estoque desnecessário para o atendimento das ordens dos clientes atuais; Movimentação: Realização de atividades extras devido a defeitos, etc.; Defeitos: Produtos/serviços fora da especificação ou expectativa do cliente; Intelectual: inutilização das ideias e criatividade das pessoas para a melhoria de processos e práticas de trabalho (9).

A completa eliminação desses desperdícios pode melhorar significativamente a eficiência das operações (10). Para auxiliar no processo de transformação *lean*, algumas técnicas e ferramentas podem ser aplicadas, como por exemplo o 5S, PDCA, *Poka-Yoke*, etc.

Seis sigma (SS)

O SS, nascido em 1987 na Motorola e amplamente utilizado após a divulgação dos resultados de sua aplicação na General Electric (GE), é uma filosofia gerencial e altamente quantitativa, cujo principal objetivo é aumentar a lucratividade das empresas e a satisfação de clientes e consumidores (5).

A implementação de projetos SS deve ser realizada por especialistas devidamente treinados, os quais assumem os vários papéis ligados a esta filosofia, como os de *Champions, Master Black Belts, Black Belts* e *Green Belts* (11)

Um projeto SS deve ser conduzido de forma estruturada, seguindo uma sequência dividida em cinco fases. Quando o objetivo de um projeto é o de melhorar um produto, processo ou serviço já existente, o modelo a ser seguido é o DMAIC, acrônimo em inglês de *Define, Measure, Analyze, Improve* e *Control* (12).

Em cada etapa dessa metodologia, o uso de determinadas ferramentas é recomendado, de modo a reduzir a complexidade da tarefa, orientar a busca de soluções para os problemas e facilitar o alcance das metas estabelecidas (13). Dentre as ferramentas utilizadas no SS estão a Carta de Controle, o *FMEA*, o *DOE* e o *Brainstorming*.

Lean seis sigma

O LSS, como o próprio nome sugere, é resultante da integração entre o SS e o LM (5). Trata-se de uma filosofia que permite aumentar a performance dos processos, a satisfação dos clientes e os lucros de uma organização (14).

A integração do *Lean* com o Seis Sigma pode variar dependendo do local ou empresa onde está sendo aplicado. 6 formas lógicas de união das filosofias são: SS como parte do *Lean; Lean* como parte do SS; *Lean* e SS usados separadamente para atacar diferentes problemas; *Lean* e SS aplicados em paralelo para atacar o mesmo problema; *Lean* e SS aplicados um após o outro para atacar o mesmo problema; Lean e SS aplicados simultaneamente (abordagem integrada e recomendada) (15).

As organizações devem adotar um método de melhoria holístico, onde ambas filosofias reforçam uma a outra, de modo a auxiliar a empresa a atingir zero defeitos, a aumentar as entregas e a diminuir os seus custos (15).

O LSS funciona por causa de 8 características chave, que são: Melhoria dos Lucros; Liderança ativa da alta administração; Uso de uma abordagem disciplinada (DMAIC); Rápida conclusão do projeto (de 3 a 6 meses); Definição clara de sucesso; Infraestrutura (MBB, BB, GB); Foco nos clientes e nos processos e abordagem estatística (14).

Os 5 fatores críticos para o sucesso da filosofia são: Gerenciamento de Projetos e Infraestrutura Organizacional; Comprometimento e Liderança dos Gestores; Conhecimento sobre o LSS; Treinamento e Educação e Conexão do LSS com a estratégia da organização (16).

Materiais e métodos

Esta pesquisa foi classificada como aplicada, de abordagem combinada, com objetivo exploratório e com procedimento estudo de caso (17). O método da pesquisa foi dividido em uma parte teórica e outra prática, por meio das quais as seguintes atividades foram executadas: Pesquisa Bibliográfica; Definição do

Caso; Execução do Projeto de Melhoria; Análise dos Resultados e Geração do Relatório de Pesquisa.

Na pesquisa bibliográfica realizada, buscou-se na literatura nos meios de pesquisa Scielo e Google Acadêmico por artigos acadêmicos e livros relacionado ao LSS. As palavras-chave utilizadas foram: *lean, seis* sigma, *lean* seis sigma e logística.

Em seguida, partiu-se para a busca de um caso dentro de um contexto real contemporâneo. Foi definido que o caso a ser estudado seria a melhoria do processo de gerenciamento de materiais destinados a projetos de uma indústria química de grande porte, a qual não será aqui identificada. A empresa armazenava materiais de projetos em andamento e materiais remanescentes de projetos já finalizados (sobras) na estrutura provisória indicada na Figura 1, a qual apresentava vários problemas relacionados ao armazenamento e controle dos materiais, tais como: estrutura e segurança inadequados; falta de um sistema de gerenciamento de materiais e falta de visibilidade do saldo de materiais disponível no estoque. O principal problema causado por essa condição era a compra de materiais já disponíveis dentro da empresa, os quais não eram considerados em novos projetos pela engenharia devido à falta de visibilidade.

Figura 1 – Armazenamento de materiais sob uma estrutura provisória antes da melhoria

Fonte: Próprio Autor (2018)

Diante desse cenário, ficou definido que esse processo de controle dos materiais seria melhorado por meio de um projeto LSS. Por esse motivo, as gerências das áreas envolvidas (*Sponsors*) definiram os responsáveis pelos papéis de *Master Black Belt* (MBB), *Black Belt* (BB) e *Green Belt* (GB) do projeto e coube ao GB definir os membros de sua equipe e as ferramentas a serem aplicadas durante a execução do projeto. As pessoas foram escolhidas de forma a garantir que ao menos um representante de cada área afetada estivesse envolvido no projeto, o que garantiu o perfil multidisciplinar da equipe, fator fundamental para o sucesso de projetos LSS.

Com o caso e equipe já definidos, partiu-se para o desenvolvimento do projeto. Seguindo o solicitado pela metodologia, o mesmo foi dividido nas 5 etapas mostradas na Figura 2.

Figura 2 - Método DMAIC e as ferramentas aplicadas em cada uma das etapas

Fonte: Próprio Autor (2018)

Etapa definir

Etapa onde o problema começou a ser entendido pelo GB e demais membros da equipe. Foram estabelecidos as periodicidades de reuniões e o fluxo de comunicação que seria utilizado. Foi elaborado um *Project Charter* para nortear o projeto e formalizar a sua abertura perante a gerência. Com o intuito de obter uma visão macro sobre o processo anterior a melhoria foi elaborado o SIPOC ilustrado na Figura 3.

Figura 3 – SIPOC

S	I	P	O	C
Engenharia	Projeto detalhado	Levantamento de materiais	Lista de Materiais	Engenharia
Engenharia	Lista de Materiais	Geração de Demanda	Reserva + Requisição de Compra	Almoxarifado ou Compras
Engenharia	Requisição de Compra	Geração de Pedido de Compra	Pedido de Compra	Fornecedor
Fornecedor	Material adquirido	Recebimento de Materiais	Material contado e inspecionado	Almoxarifado ou Depósito de Projetos
Almoxarifado	Material contado e inspecionado	Armazenamento de Materiais	Material armazenado e pronto para uso	Montadora
Montadora	Necessidade de Retirada	Retirada de materiais para projetos	Materiais retirados do estoque	Montadora ou Depósito de Projetos
Almoxarifado	Materiais retirados do estoque	Armazenamento Depósito de Projetos	Materiais estocados para projetos	Montadora
Montadora	Sobras do projeto	Armazenamento de Sobras	Sobras armazenadas	Engenharia
Montadora	Necessidade de Retirada	Retirada de Itens de Sobra	Materiais retirados das sobras	Montadora

Fonte: Próprio Autor (2018)

O processo também foi desenhado no formado de um *Swinlane Diagram*, buscando entender cada uma das etapas e responsabilidade dos setores nele envolvidos. A voz do cliente, no caso a engenharia, foi levantada por meio de um *Brainstorming*, permitindo conhecer os requisitos críticos para o cliente (*CCR*). Dentre os requisitos encontrados, podem ser destacados as necessidades de local, sistema e procedimento para o correto armazenamento, gestão e manuseio dos materiais. Por fim, foram conhecidas as variáveis de saída chave do processo (*KPOV*), dentre as quais se destacam: volume de materiais disponível em estoque de sobras e projetos em andamento; volume de não conformidades para itens novos recebidos e volume de entradas e saídas de materiais para projeto.

Etapa medir

Etapa guiada por um plano de coleta de dados, o qual foi elaborado por meio de um *Brainstorming* feito pela equipe do projeto. Nele ficaram determinados os papéis e responsabilidades dos integrantes do projeto sobre as ações necessárias. Dentre os dados levantados, destacam-se o volume de sobras disponíveis, o volume de não conformidades dos 12 meses anteriores ao projeto, a quantidade e valores dos materiais de sobra utilizados em outros projetos e a quantidade de projetos em andamento. Para realizar o levantamento foram realizados inventários nos depósitos, o sistema ERP da empresa e algumas planilhas de controle dos setores envolvidos.

Etapa analisar

Nesta etapa buscou-se analisar todas as variáveis "X" que impactavam nas variáveis "Y", as quais já haviam sido identificadas no *KPOV*. Para isso foram utilizadas as seguintes ferramentas: *Brainstorming*, Matriz de Causa e Efeito e Diagrama de Pareto. Ao final desta etapa, as ações necessárias para o estabelecimento de um novo fluxo de controle de materiais de projeto foram levantadas, tais como: necessidade de criação de estrutura adequada para o armazenamento dos materiais; disponibilização de um almoxarife e acesso ao programa ERP para controle do estoque. Nesta etapa, o novo processo foi desenhado em formato de fluxograma.

Etapa melhorar

A etapa de melhoria foi guiada por um plano de implementação. Por meio dele foi possível determinar o que deveria ser executado, quem seria o responsável, qual o prazo para cumprimento da atividade, como realizar a atividade e por que a atividade deveria ser realizada. Ele também foi uma importante ferramenta para o monitoramento das ações executadas pelos integrantes da equipe do projeto, permitindo que a etapa fosse finalizada dentro do prazo acordado.

Ao final desta etapa, todas as ações necessárias foram cumpridas, permitindo o estabelecimento do novo fluxo de gerenciamento de materiais de projeto.

Etapa controlar

Nesta etapa foram elaborados os indicadores (*KPIs*) do novo processo, os quais serão usados para controlar o processo, ou seja, garantir a manutenção dos ganhos obtidos pelo projeto após a sua conclusão. Os indicadores estabelecidos foram: valor em estoque, quantidade de itens estocados, giro do estoque, acuracidade do estoque e índice de disponibilidade física do estoque.

Resultados e comentários

Os resultados podem ser segmentados em 4 principais fatores: Infraestrutura, sistema, materiais e processo.

Infraestrutura: Disponibilizado área adequada de 500m² para o armazenamento de materiais de projeto onde foram instaladas estruturas porta palete, prateleiras e um sistema de segurança patrimonial para diminuir o risco de furtos e extravios dos materiais. Parte da infraestrutura do novo galpão pode ser visualizada na Figura 4;

Figura 4 – Nova Infraestrutura para armazenamento de materiais

Fonte: Próprio Autor (2018)

Sistema: O sistema ERP da empresa foi adaptado, permitindo o gerenciamento e visualização de materiais de projetos em andamento e sobras na mesma base dos materiais do estoque valorado da empresa;

Materiais: No novo galpão, foram armazenados mais de 3000 itens de diferentes segmentos.

Processo: O novo processo garante o correto recebimento, inspeção, armazenamento e entrega dos materiais para atendimento das demandas de projetos, garantindo maior controle, rastreabilidade, segurança e visibilidade aos materiais.

Os resultados do projeto permitem afirmar que a logística atuou de maneira efetiva na melhoria do processo de controle de materiais de projetos em andamento e sobras de projetos, buscando atender a demanda do seu cliente, no caso a engenharia. Para isso ela aceitou assumir a responsabilidade sobre esses materiais, que antes não faziam parte de seu escopo, implementando um controle eficiente e efetivo, do ponto de origem (fornecedor) até o cliente final (engenharia), garantindo a mesma qualidade e níveis de serviço de seus demais processos. Essa característica de adaptação na busca pelo atendimento ao cliente vai de encontro ao que dizem Rushton, Croucher e Baker (1), que afirmam que a logística deve ser flexível e capaz de mudar de acordo com o ambiente onde está inserida.

Além disso, com a adoção do novo processo, a logística garante que os 8 certos citados por Mangan e Lalwani (6) intrínsecos ao seu escopo sejam alcançados no fluxo de materiais de projetos: os materiais certos, na quantidade certa, chegam ao lugar e na hora certos, com o preço certo e para o cliente certo.

Conclusões

Por meio da aplicação do LSS o processo de controle de materiais de projeto foi reestruturado. Com o término do projeto, os objetivos propostos foram alcançados: as ferramentas ligadas ao LSS foram estudas, aplicadas e o resultado do processo de aplicação foi analisado.

Os principais problemas enfrentados durante o projeto foram a aceitação do novo processo pelos funcionários e a cobrança da gerência por resultados de maneira antecipada. Os problemas foram tratados e devidamente solucionados.

Acredita-se que a descrição detalhada das etapas deste projeto venha a contribuir com a compreensão da aplicação do LSS, principalmente quando relacionada a melhoria de processos logísticos de uma organização. Deixa-se como sugestão de trabalho futuro o estudo da reestruturação de um programa ERP para controle de materiais de projeto. A sugestão visa diminuir os desperdícios intrínsecos ao processo de controle de materiais das organizações.

Referências Bibliográficas

1. Rushton A, Croucher P, Baker P. *The handbook of logistics and distribution management: Understanding the Supply Chain.* 6.ed. Londres: Kogan Page Publishers; 2017.
2. Bowersox DJ, Closs DJ, Cooper MB, Bowersox JC. Gestão Logística da Cadeia de Suprimentos. 4.ed. Porto Alegre: AMGH; 2014.
3. Furterer SL. *Lean Six Sigma in Service: Applications and Case Studies.* Flórida: CRC Press; 2009.
4. Junior GS. Lean Seis Sigma na Logística – Uma aplicação na gestão de estoque de uma empresa de autopeças [dissertação]. Taubaté: Universidade de Taubaté; 2011.
5. Werkema C. Criando a Cultura *Lean* Seis Sigma. 3.ed. Rio de Janeiro: Elsevier; 2012.
6. Mangan J, Lalwani C. *Global logistics and supply chain management.* 3.ed. Chichester: John Wiley & Sons; 2016.
7. Womack JP, Jones DT, Roos D. *The Machine that Changed the World.* Nova York: Rawson Associates; 1990.
8. Womack JP, Jones DT. *Lean Thinking.* Nova York: Simon & Schuster; 1996.
9. Hicks BJ. *Lean information management: Understanding and eliminating waste. International journal of information management.* 2007; 27(4): 233-249.

10. Ohno T. *Toyota Production System: Beyond Large Scale Production*. Nova York: Productivity Press; 1988.
11. Kalra J, Kopargaonkar A. *Quality improvement in clinical laboratories: a six sigma concept. Pathol Lab Med Open J*. 2016; 1(1): 11-20.
12. Pyzdek T. *The Six Sigma Handbook: A Complete Guide for Green Belts, Black Belts, and Managers At All Levels. Rev. and expanded ed.* Nova York: McGraw-Hill; 2003.
13. Linderman K, Schroeder RG, Choo AS. *Six Sigma: The role of goals in improvement teams. Journal of Operations Management*. 2006; 24(6): 779-790.
14. Snee RD. *Lean six sigma – getting better all the time. International Journal of Lean Six Sigma*. 2010; 1(1): 9-29.
15. Salah S, Rahim A, Carretero JA. *The integration of Six Sigma and lean management. International Journal of Lean Six Sigma*. 2010; 1(3): 249-274.
16. Bakar FA. *Critical success factors of Lean Six Sigma deployment: a current review*. International Journal of Lean Six Sigma. 2015; 6(4): 339-348.
17. Miguel PAC, Fleury A, Mello CHP, Nakano DN, Lima EP, Turrioni JB, et al. Metodologia de Pesquisa Científica em Engenharia de Produção e Gestão de Operações. 2.ed. Rio de Janeiro: Elsevier; 2012.

LEAN APLICADO NA MANUTENÇÃO CORRETIVA DO PROCESSO DE DESCARGA EM UMA INDÚSTRIA DE MINERAÇÃO

[1]Renato Luis Garrido Monaro – Mestre em Engenharia de Produção – Católica de Vitória Centro Universitário - prof.renatomonaro@gmail.com
Leandro Vieira Martinelli – Mestre em Administração – Católica de Vitória Centro Universitário - leandro@intermedicina.com.br
Fabricio da Costa Pinto – Estudante de Engenharia de Produção – Católica de Vitória Centro Universitário - fabriciocp32@gmail.com
Marcelo Sarmento Rita – Estudante de Engenharia de Produção – Católica de Vitória Centro Universitário - marcelosrita@hotmail.com
Izabela Barbosa Almeida – Estudante de Engenharia de Produção – Centro Universitário FAESA - izabela_barbosa10@hotmail.com
Rodrigo Perfeito – Engenheiro Mecânico – Indústria de Mineração de Minério de Ferro - rodrigo-perfeito@hotmail.com

RESUMO

Este estudo de caso foi realizado no setor de manutenção corretiva na área portuária de grande empresa de mineração de minério de ferro localizada no estado do Espírito Santo. O objetivo deste estudo é evidenciar, através de uma pesquisa quantitativa, a redução do tempo de manutenção corretiva, aumentando a disponibilidade dos viradores de vagões para o sistema. Após seis meses de aplicação das práticas Lean, que se iniciou em 2017, os resultados mostram uma redução de 301,94 horas no tempo total de manutenção corretiva do sistema de viradores, o que representa uma melhoria de 32,5% no tempo total das corretivas.

Palavras-chave: Manutenção corretiva; Disponibilidade; Lean; Melhoria Contínua

CARACTERIZAÇÃO DO SEGMENTO DE PESQUISA E MÉTODOS ADOTADOS

A área de descarga de minério de ferro localizada em um grande complexo portuário do estado do Espírito Santo é um dos elos de uma robusta cadeia produtiva composta de Mina, Ferrovia e Porto de uma grande indústria de mineração de minério de ferro (Mfe).

Este sistema de descarga de Mfe conta com uma capacidade projetada de 306,6 milhões de toneladas por ano, e opera com uma capacidade efetiva de 125,5 milhões de toneladas. Em maio de 2017 foi constatado um *gap* de 11 milhões de toneladas com relação ao programado do período, nesta análise percebeu-se uma grande oportunidade para atuar na redução do tempo médio de reparo (MTTR – *mean time to repair*) das manutenções corretivas do sistema de descarga de Mfe. Com o objetivo de identificar, expor e resolver os problemas, no segundo semestre de 2017 foi criado um grupo de trabalho composto por empregados de diferentes áreas operacionais que foram capacitados na filosofia, conceito e métodos do *Lean Manufacturing*. O modelo de atuação escolhido foi o da imersão, baseado no modelo utilizado pelo *Lean Institute Brasil*, no qual um grupo de trabalho é direcionado para uma determinada área, interagindo na rotina do dia a dia, suportando a solução dos problemas e aplicando as ferramentas *Lean*.

A área escolhida para atuação do grupo de trabalho da imersão foi a do GPA (Grupo de Pronto Atendimento).

Esta área é responsável pela execução das manutenções corretivas e manutenções de oportunidade no referido complexo portuário e conta com colaboradores especializados em manutenção mecânica e elétrica, distribuídos em quatro turnos com intuito de atender aos chamados 24 horas por dia. O principal objetivo da equipe é entregar os equipamentos com qualidade e no menor tempo de operação. A equipe do GPA é acionada pelo Centro de Controle de Manutenção (CCM) que é responsável por alocar a mão de obra de acordo com as demandas recebidas do Centro de Controle Operacional (CCO) o qual é responsável pela continuidade operacional.

Inicialmente, o grupo de trabalho precisou entender o sistema atual para fazer um diagnóstico detalhado de seus pontos falhos, aplicando quatro regras da produção enxuta definidas pela alta gerência da organização. Tais regras vêm dos conceitos clássicos Lean que podem ser observados em autores como (1-4).

- ☐ Regra Enxuta 1: Estruturar toda atividade;
- ☐ Regra Enxuta 2: Conectar de forma clara cada cliente-fornecedor;
- ☐ Regra Enxuta 3: Especificar e simplificar cada caminho do fluxo;
- ☐ Regra Enxuta 4: Aprimorando através da experimentação.

Para colocar as regras enxutas em prática, é necessário garantir que a atuação vá além dos sintomas com a finalidade de descobrir a causa raiz e guiar soluções eficazes e sustentáveis. Para isso, é preciso enxergar o processo composto por: Atividades, Conexões e Fluxos (5).

Para aprender a pensar enxuto, é necessário mais do que colocar em prática as regras aprendidas, é necessário colocar em prática os princípios (1, 4). Regras fornecem diretrizes, mas os princípios modelam o comportamento.

Os princípios da produção enxuta guiam a tomada de decisão diária, sendo eles também definidos pela organização com base nos autores (1-2, 4):

- ☐ Princípio enxuto 1: Observar diretamente trabalhos como as atividades, conexões e fluxos;
- ☐ Princípio enxuto 2: Sistemática para eliminação de Desperdício;
- ☐ Princípio enxuto 3: Sistemática para solução de Problemas;
- ☐ Princípio enxuto 4: Estabelecer alta concordância sobre o que e como;
- ☐ Princípio enxuto 5: Criar uma organização de aprendizagem (com ação e reflexão).

Como método de gerenciamento diário, o FMDS *(Floor Management Development System)* - Sistema de Gerenciamento e Desenvolvimento do Chão de Fábrica, onde a base são as Pessoas para suportar os pilares de Meio Ambiente, Saúde e Segurança, Sustentabilidade, Qualidade, Produtividade e Custo, se conecta a estratégia do negócio com os indicadores do chão de fábrica, a fim de desenvolver as pessoas para análise e solução de problemas (6).

RESULTADOS DAS PRÁTICAS LEAN ADOTADAS

No pilar de Produtividade o principal indicador do GPA é o tempo médio de reparo (MTTR). Este indicador é a relação do total de horas corretivas pela frequência de falhas dos equipamentos (7).

Para entender quais os equipamentos e modos de falha que mais impactavam no processo da Descarga, foram utilizados dados do sistema corporativo e traduzidos de forma gráfica. Ao analisar o MTTR, concluiu-se que seria necessário analisar separadamente as parcelas referentes ao tempo de reparo e frequência de falhas. Portanto para a priorização foi feito a relação do tempo de reparo pela frequência e foram demonstrados dentro de quadrantes divididos em "Urgente tratar", "Importante tratar", "Tratar" e "Oportunidades", a fim de identificar os equipamentos com o tempo médio de atendimento alto e com elevada frequência (ver Figura 1).

De acordo com gráfico pode-se perceber que os equipamentos que apresentaram maior tempo de resposta e frequência de falhas foram os Viradores de Vagões (VV01, VV03, VV04 e VV05).

Com o foco nos Viradores, o grupo de trabalho analisou os dados do sistema de apontamento de paradas e constatou que o mesmo não registra os problemas ocorridos durante o tempo em que está executando a manutenção, mede apenas o tempo total de intervenção.

Figura 1 – Gráfico de bolhas (MTTR *versus* frequência)

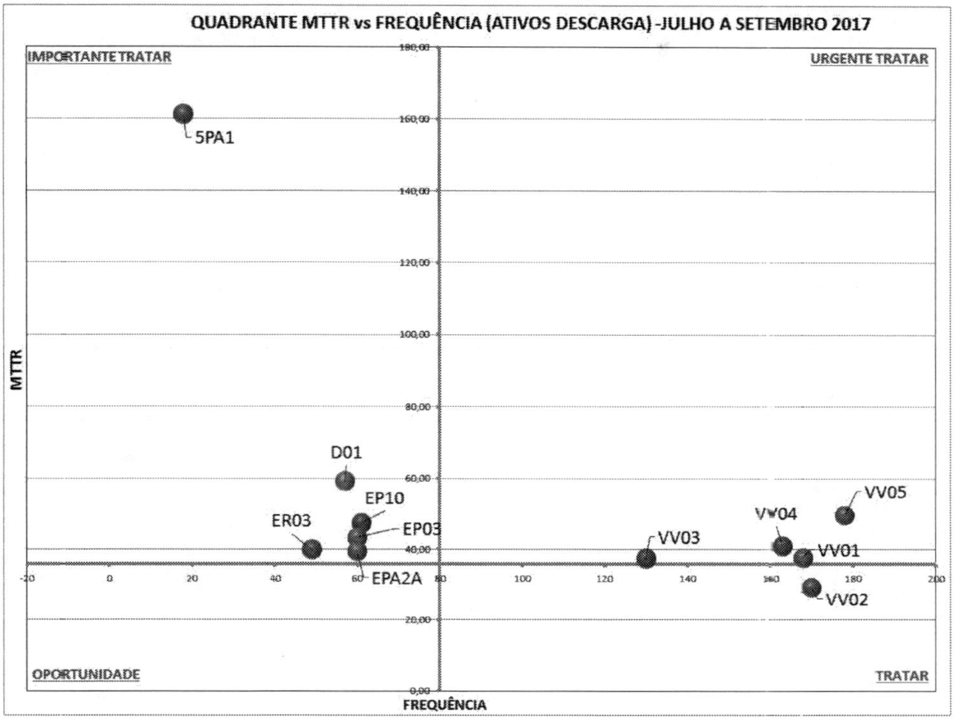

Fonte: Elaborado pelos autores

De forma a consolidar a apresentação dos resultados, criou-se o mosaico de fotos apresentado na Figura 2. O detalhamento dos resultados se dará na sequência deste capítulo.

Figura 2 – Mosaico de fotos.

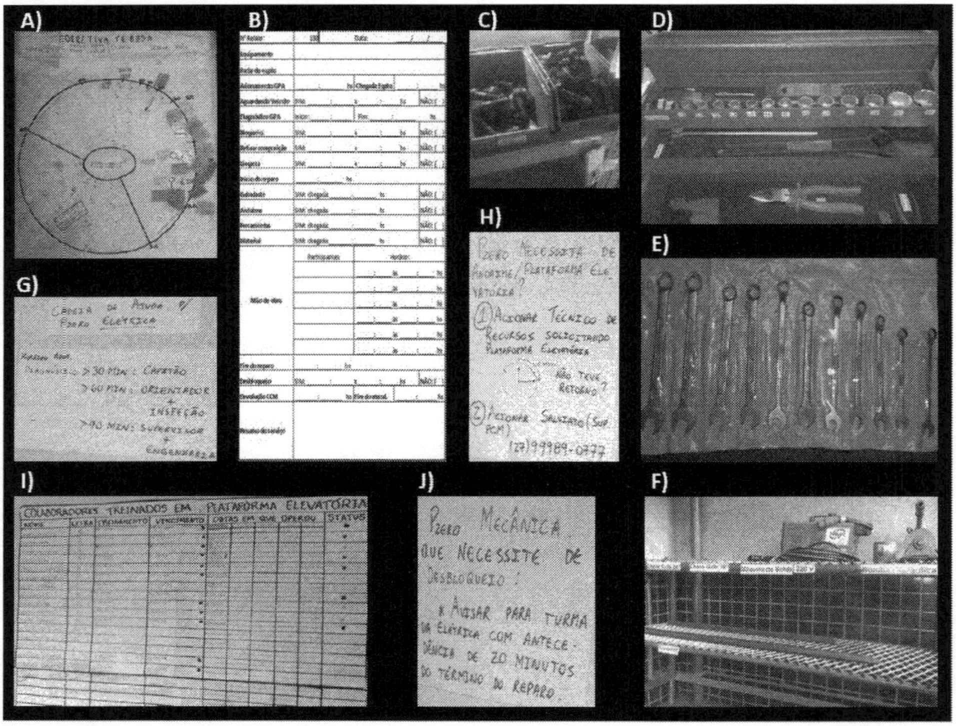

Fonte: Elaborado pelos autores

Desta forma trabalhou-se a exposição de problemas com a equipe do GPA através de cronoanálise (ver Figura 2A) e um formulário onde os desvios que ocorreram durante os atendimentos e o tempo de impacto de cada desvio são registrados, conforme preceitos observados em (8). Este formulário (ver Figura 2B) facilita conhecer os desvios e identificar oportunidades de melhorias no processo e na rotina do GPA, como forma de praticar o *genchi genbutsu* e reforçar a necessidade de enxergar as parcelas que compõe o tempo de reparo.

Os problemas sinalizados pelos colaboradores são expostos por meio da gestão visual de forma acumulada, de modo que permite identificar rapidamente o que mais impacta na rotina da equipe e assim, é possível trabalhar em cima dos maiores problemas relatados.

A partir dos relatos realizaram-se rodadas de *Brainstorming* e cinco Porquês com a equipe GPA para analisar a causa raiz dos problemas e para desenvolver iniciativas que atacassem as oportunidades, dando prioridade para as manutenções corretivas acima de uma hora (4).

Foi idealizada uma reunião diária com as equipes do GPA, CCM, Engenharia, Programação e Materiais, onde é discutido sobre os atendimentos corretivos que aconteceram no dia anterior, buscando entender e tirar o aprendizado de cada atendimento afim de que não aconteça novamente no futuro. Nesta análise procura-se responder as duas questões básicas de solução de problemas: por que ocorreu e por que passou. Estas equipes assumem sua parcela de responsabilidade dos desvios relatados e trabalham na solução de problemas.

Alguns dos desvios de maior impacto relatados pela equipe foram "Aguardando Material" e "Aguardando Ferramenta". Analisando o desvio "Aguardando Material", verificou-se a existência de um Supermercado reposto com *Kanban* (ver Figura 2C), com os principais materiais mecânicos utilizados nas manutenções corretivas dos Viradores de Vagões, que não vinha sendo utilizado. Dentre as principais causas da inutilização destacaram-se o deslocamento até o Supermercado e a distância do posto GPA em que ficava a chave de acesso, identificando assim os desperdícios de movimentação e transporte, alguns dos desperdícios que compõem o *MUDA* (ver Figura 3 e 4).

Figura 3 - Fluxo de atendimento do GPA nos Viradores de Vagões com a necessidade de utilização do Supermercado e/ou Ferramentaria.

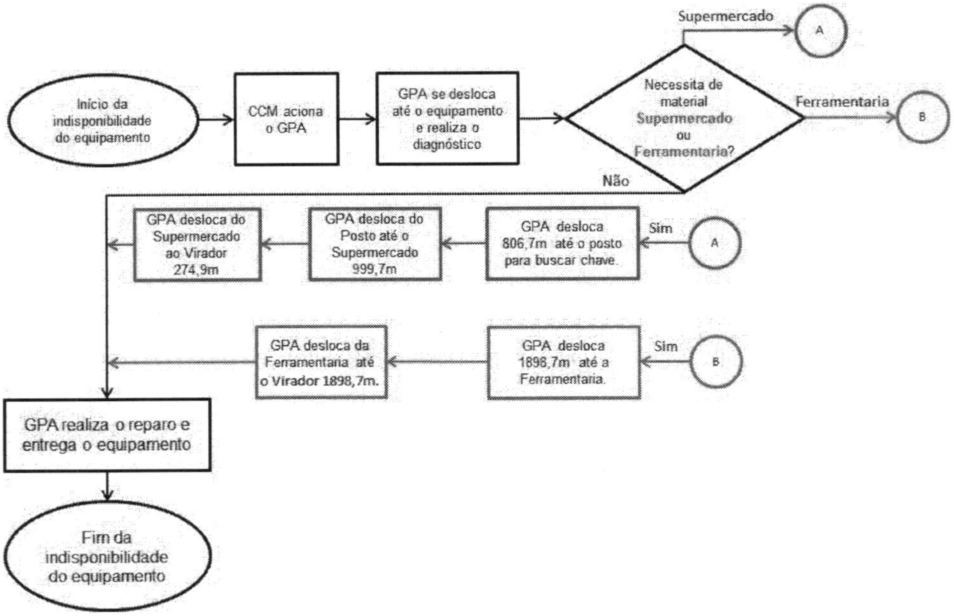

Fonte: Elaborado pelos autores

Figura 4 - Rota de acesso aos principais pontos (GPA; Ferramentaria; Supermercado de materiais; "Malão de Ferramentas" e Viradores de Vagões).

Fonte: Elaborado pelos autores

Em relação ao desvio "Aguardando Ferramenta" foi observado que existiam os desperdícios de movimentação e transporte, pois se fazia necessário o deslocamento do equipamento até o posto GPA e/ou Ferramentaria (ver Figura 3 e 4) e o desperdício da espera no atendimento da Ferramentaria.

A Ferramentaria está localizada cerca de 1092,27 metros do posto do GPA. Funciona 24h por dia e atende todas as equipes de manutenção (Corretiva e Preventiva) e Operação, fornecendo EPI's (Equipamento de proteção individual) e ferramentas.

Em relação ao Supermercado de materiais, foi proposto a alteração do local para uma posição mais próxima dos Viradores de Vagões (ver Figura 4). Diante desta proposta surgiram alguns paradigmas, pois para a reposição de material para o Supermercado, que é feita via caminhão, seria necessário desengatar a composição de vagões nos Viradores que estivessem operando. Não há outra forma de chegada até o Supermercado sem transpassar as linhas de operações dos Viradores de Vagões. Para evitar o impacto na Operação, os níveis máximo e mínimo para os materiais do Supermercado foram revisados com o objetivo de diminuir a frequência de reposição e consequentemente a necessidade de desengate na composição para acessar o local do Supermercado.

Para alteração do local era necessária uma nova estrutura para acondicionar os itens do Supermercado. Foram disponibilizados dois containers sem custo, que estavam sem utilização em outra área e com apoio da própria equipe do GPA realizou-se o transporte até os Viradores de Vagões, como também as instalações física e elétrica. Foram aplicados os princípios do método 5S funcional no Supermercado. Os materiais foram ordenados de forma mais inteligente, deixando o acesso mais fácil e, com a gestão visual é possível identificar a condição normal e anormal em três segundos. Foram aplicadas melhorias na pavimentação de acesso, climatização, ponto de rede, sinalização e estabelecido fluxos para reposição de material e utilização.

Com os dados históricos foi realizada uma análise do potencial de redução de perdas com a mudança do posicionamento do Supermercado, que caso estivesse nesta nova posição, diminuiria o tempo de deslocamento e consequentemente o tempo de reparo. Com a alteração do local, a equipe GPA reduziu o deslocamento em 494,62 metros, aumentando a capacidade potencial do sistema de descarga de Mfe em 91 mil toneladas no ano.

Para tratar o desvio "Aguardando Ferramenta", foi proposto a implantação de um local entre os Viradores de Vagões, com as principais ferramentas utilizadas nas manutenções corretivas, chamado de "Malão de Ferramentas" (ver Figura 4). Para a definição das ferramentas, foi feito um levantamento junto à equipe, para disponibilizar as ferramentas que eram utilizadas com maior frequência durante as corretivas nos Viradores de Vagões. Após definição, as ferramentas foram disponibilizadas no "Malão" e assim como Supermercado, foram aplicados os princípios do método 5S funcional (ver Figuras 2 D, E e F). A chave de acesso ao "Malão" ficou no posto GPA junto a chave do Supermercado, sendo necessário o deslocamento para buscar a chave. Com isso, o desperdício de movimentação não foi resolvido quando era necessário utilizar alguma ferramenta do "Malão". Foi feito um novo *Brainstorming* e idealizado a utilização de um cadeado segredo, assim eliminando o desperdício.

Ao analisar as regras do Pensamento Enxuto foi observado que as conexões e fluxos entre GPA e Ferramentaria não estavam bem estabelecidos.

Para o desperdício de espera no atendimento na Ferramentaria, foi utilizada a ferramenta A3 Solução de Problemas. Após análise da causa raiz foi constado que a maior parcela da espera da equipe GPA estava na fila, pelo fato de não existir uma prioridade de atendimento. Foi definido que a equipe GPA teria prioridade no atendimento, reduzindo o tempo de espera. Também foi estabelecido um fluxo de atendimento que permite solicitar ferramentas via rádio quando houver necessidade de ferramentas especificas que não estão no "Malão de ferramentas" e no posto do GPA. O ferramenteiro faz a separação das ferramentas solicitadas e o caminhão *munck* prestador de serviço e com motorista terceirizado para a equipe GPA é utilizado para logística de entrega. Assim o atendimento foi agilizado, evitando a movimentação da equipe do GPA até a Ferramentaria e potencializando a utilização do caminhão, visto que o caminhão muitas vezes ficava ocioso na frente de serviço. Junto com esta ação está sendo realizada uma experimentação do conceito da Ferramentaria *Delivery*.

Durante os estudos percebeu-se a necessidade de estabelecer um fluxo parecido com o da Ferramentaria para o Pátio de Preparação de materiais, que é um posto responsável por fornecer materiais para manutenção programada, além de dar apoio a manutenção corretiva quando houver necessidade. Com o novo fluxo estabelecido, a equipe do GPA aplicou um *Kaizen*, baseando-se nos estudos de (9), e confeccionou uma estrutura em forma de gaiola para ficar disponível no pátio de preparação a fim de receber e organizar os materiais, desta forma, o caminhão pode apenas içar a gaiola e deposita-la no local de atendimento, reduzindo o *MURI* (sobrecarga/esforço excessivo) durante a movimentação do material, além de reduzir o desperdício da espera (*MUDA*).

Mais uma ação realizada após observação no *Gemba* (9), foi em relação ao *kit* Oxicorte. A equipe atuava em campo com apenas um *kit* e existiam os seguintes desperdícios: *MURI* (sobrecarga) com o deslocamento durante a corretiva para troca do cilindro, quando o gás acabava e desperdício de Acetileno e Oxigênio quando se trocava o cilindro antes do gás terminar. Desta forma, foram realizadas medições para entender os dois desperdícios. Em 15 dias foi constatado, de acordo com o estudo de tempos e métodos, que o colaborador GPA levava em média 24 minutos para troca do *kit* dentro de um atendimento e houve uma perda 220 quilogramas de acetileno. Após análise, foi gerada a ação de agregar um segundo *kit* para trabalhar o conceito de *two box*, buscando solucionar os desperdícios citados.

A partir da rotina de solução de problemas e dos relatos da equipe GPA, foram estabelecidos Cadeia de Ajuda para determinadas situações. Foi observada a dificuldade da equipe especializada em elétrica para diagnosticar a falha, com isso estabeleceu-se uma Cadeia de Ajuda para diagnóstico das corretivas dessa especialidade (ver Figura 2G), sendo:

- Falha ainda não encontrada e já se passaram 30 minutos, acionar o Capitão da equipe;

- Falha ainda não encontrada e já se passaram 60 minutos, acionar o Orientador e Inspetor;
- Falha ainda não encontrada e já se passaram 90 minutos, acionar o Supervisor e Engenharia.

Outra Cadeia de Ajuda estabelecida foi em relação a recursos (ver Figura 2H), visto que a equipe tinha dificuldades no momento em que necessitava de Andaime e/ou Plataforma Elevatória. Se a equipe necessitar de algum desses recursos:

- Acionar técnico de recurso solicitando Andaime/Plataforma;
- Passando 15 minutos e não obteve retorno, a equipe deve acionar o Supervisor do PCM (Planejamento e Controle da Manutenção).

Praticando o *genchi genbutsu* (ir até aonde as coisas acontecem), foi observada a dificuldade da equipe em ter a informação de quem era capacitado para operar Plataforma Elevatória, com isso no momento do atendimento acontecia divergência de informações, aumentando o tempo de indisponibilidade do equipamento. Com isso foi criado uma Gestão Visual dos colaboradores GPA treinados em Plataforma Elevatória (ver Figura 2I), com o objetivo de garantir que todos tenham acesso a informação de forma mais fácil e que cada supervisor consiga monitorar sua equipe. Assim foi estabelecido uma Cadeia de Ajuda que compõem empregados de outras supervisões treinados em Plataforma Elevatória.

Ao observar os desvios relatados, notou-se que o desvio "Aguardando Desbloqueio" vinha impactando na rotina da equipe. Com isso, foi determinado uma orientação para a equipe especializada em mecânica (ver Figura 2J): se o atendimento corretivo necessitasse de desbloqueio, deve-se acionar a equipe elétrica com 20 minutos antes do término do reparo. Com essa orientação é possível mitigar esse desvio.

Outro desperdício trabalhado foi o "talento não utilizado", com foco nas pessoas foram coletadas algumas ideias e colocadas em prática, dando poder ao time. Exemplo disso foram realizações de *Kaizens* e "Ver e agir", que maximizaram a participação turma do GPA e integração a cultura *Lean* (2).

Não muito diferente de outras áreas em que são inseridas novas práticas, no GPA também houve resistência à mudança. O grupo de trabalho também realizou atividades para mudança de cultura, realizando treinamentos das ferramentas *Lean,* conscientizando o propósito de cada mudança e a conexão da teoria com a prática. Um passo importante foi o desenvolvimento da liderança nos conceitos de estabilidade e assim os líderes se tornaram instrutores de algumas das ferramentas do *Lean.*

Foi idealizado em conjunto com a liderança o desenvolvimento de turmas de TWI (*Training Within Industry*) – Treinamento dentro da Indústria com o propósito de ensinar novas atividades aos empregados, acompanhar o progresso do aprendiz e identificar e tratar deficiências do aprendiz. O TWI é uma metodologia que visa aperfeiçoar técnicas de treinamento operacional, garantindo o aprendizado de forma sustentável e contribuindo para os resultados da área de forma segura e eficaz. As turmas de TWI também criam Instruções de Trabalho das atividades críticas da manutenção corretiva, além de revisar e melhorar Instruções que já existiam (10).

CONCLUSÕES

Em virtude dos fatos mencionados e estudos realizados, a empresa adotou como prática a filosofia *Lean Manufacturing* (1-4) que tem atuado na eliminação dos desperdícios.

Para este trabalho foram utilizadas ferramentas como *Kanban, Kaizen,* 5S, A3 Solução de Problemas, FMDS, TWI, conceitos dos três termos normalmente utilizados em conjunto no Sistema Toyota de Produção (conhecido como "os três Ms"), *MURI* (sobrecarga), *MURA* (flutuação) e *MUDA* (desperdícios), que descreve coletivamente práticas que geram desperdícios a serem eliminados, *Two Box*, Gestão Visual, Cronoanálise, Cadeia de Ajuda, *Gemba*, Gerenciamento da Rotina, Liderança para Resultados, dentre outros.

Durante o período de estudos e práticas realizadas ficou constatado que ao adotar os princípios *Lean,* a empresa passa a ter uma visão dinâmica e sistêmica de toda cadeia de valor, tornando possível separar as atividades que agregam das que não agregam valor, buscando exaustivamente eliminar os desperdícios através da participação das pessoas, expondo os problemas e rastreando sua causa raiz. Vimos que os ganhos nos Viradores de Vagões com a aplicação de ferramentas *Lean* foram extremamente significativos, foram reduzidos 95,9% de movimentação e 80% de espera, o que leva a redução no tempo do MTTR e aumento na disponibilidade das máquinas em 32,5%, além do ganho da participação e integração da equipe do GPA ao *Lean* durante a implantação e execução.

Comparados o primeiro e segundo semestres de 2017 (antes e depois da aplicação do *Lean*) é notório que antes não havia atividade estruturada para o apontamento do MTTR, as conexões com a área de recursos e materiais não estavam estabelecidas e o fluxo de informação (material e pessoas) não era contínuo. Após seis meses houve uma redução de 301,94 horas no tempo total de manutenção corretiva do sistema de Viradores de Vagões, o que representa uma melhoria de 32,5% no tempo total das corretivas.

O número de facilitadores alcançado após capacitação em ferramentas *Lean* foi de 56 colaboradores, isso reforça a importância de continuar os estudos e adoção de práticas com base na mentalidade *Kaizen* (9). Somente quando a cultura da organização tiver adotado os princípios da produção enxuta, os comportamentos da cultura irão mudar, quando o comportamento mudar, ações diferentes serão tomadas e resultados serão melhorados, pois a existência ou não de princípios irá determinar os resultados e o desempenho de uma organização.

Referências

1. OHNO, Taiichi. O Sistema Toyota de Produção. Porto Alegre: Bookman, 1999.
2. Womack JP, Jones DT. A mentalidade enxuta nas empresas: elimine o desperdício e crie riqueza. 5 ed. Rio de Janeiro: Campus, 2004.
3. Womack JP, Jones DT, Roos D. A máquina que mudou o mundo. 11. ed. Rio de Janeiro: Elsevier, 2004.
4. Werkema MCC. Lean Seis Sigma – Introdução às Ferramentas do Lean Manufacturing. 1. ed. Belo Horizonte: Werkema, 2006.
5. Saurin TA, Ferreira CF. Avaliação qualitativa da implantação de práticas da produção enxuta: estudo de caso em uma fábrica de máquinas agrícolas. Gestão e produção. São Carlos, SP. Vol. 15, n. 3 (set.-dez. 2008), p. 449-462
6. Suh Y. A global knowledge transfer network: the case of Toyota's global production support system. International Journal of Productivity and Quality Management. Volume 15, Issue 2 . pp. 237–251: doi:10.1504/IJPQM.2015.067765
7. Nakajima, S. Introdução ao TPM: Total Productive Maintenance. São Paulo: Internacional Sistemas Educativos, 1989.
8. Liker, J. The Toyota Way: 14 management principles from the world's greatest manufacturer. McGraw-Hill, 2004.
9. Imai, M. Gemba kaizen: a common sense, low cost approach to management. New York: McGraw-Hill, 1997.
10. Campos AKS, Silva GF, Fardin EL, Franciscato RS, Correr I. Padronização do processo de inspeção visual para redução do índice de PPM de cliente por meio da implementação da metodologia TWI em uma empresa de autopeças. Revista Gestão Industrial. 2017. v. 13, n. 2. doi: 10.3895/gi.v13n2.4969

USO DE PRÁTICAS LEAN EM AGROINDÚSTRIAS PROCESSADORAS DE TILÁPIA DO INTERIOR DO ESTADO DE SÃO PAULO

[1]Gustavo Antiqueira Goes – Mestre em Agronegócios e Desenvolvimento - UNESP – Univ Estadual Paulista, FCE/ Tupã - gustavogoes26@gmail.com
Eduardo Guilherme Satolo – Professor Assistente Doutor – UNESP – Univ Estadual Paulista, FCE/ Tupã, Pós Doutorando da Universidade Federal Fluminense – UFF – eduardo@tupa.unesp.br
Timóteo Ramos Queiroz – Professor Assistente Doutor – UNESP – Univ Estadual Paulista, FCE/ Tupã – timoteo@tupa.unesp.br
Renato Luis Garrido Monaro – Mestre em Engenharia de Produção – Católica de Vitória Centro Universitário - prof.renatomonaro@gmail.com

RESUMO

O segmento de piscicultura e aquicultura possui um importante papel na contribuição do desenvolvimento econômico do Brasil. Destaca-se, sobretudo, o estado de São Paulo que realiza 70% do beneficiamento das tilápias produzidas em seus frigoríficos. Neste processo ocorre o beneficiamento dos peixes que são repassados aos supermercados na forma de filés. Neste capítulo serão apresentados os resultados de estudos de caso múltiplos conduzidos em agroindústrias processadoras de filé de peixes para o levantamento quanto a aplicação de práticas Lean em seu ambiente organizacional. Os dados coletados indicaram que as agroindústrias processadoras de filé de tilápias estão aplicando as práticas do *Lean*, tendo como foco o processo produtivo, buscando gerar maior volume de produção, com um fluxo contínuo, a fim de evitar a perda da matéria-prima que apresenta um nível de pericibilidade elevado.

Palavras-chave: *Lean production*, psicultura, práticas *Lean*, melhoria contínua.

O SEGMENTO DE PISCICULTURA E O SISTEMA *LEAN PRODUCTION*

O setor mundial de alimentos tem se expandido sem enfrentar resistência, e os hábitos alimentares da população vêm se tornando massificados e globalizados. Dentro do setor de alimentos, o segmento de piscicultura tem crescido substancialmente, a uma taxa média anual de 3,2% nas últimas cinco décadas, ultrapassando, dessa maneira, o crescimento da população mundial que é de 1,6%, evidenciando o aumento do consumo deste tipo de carne (1).

O consumo per capita mundial de pescados, em 1960, era de 9,9 kg por habitante ano e, na década de 2000, aumentou para 17 kg por habitante ano. Em 2010 atingiu 18 kg e, em 2013, a previsão era de 20 kg (1-2).

Perante a produção mundial de pescados, o Brasil, no ano de 2013, encontra-se na 19ª posição no *ranking* dos maiores produtores, sendo a atividade responsável por gerar um Produto Interno Bruto (PIB) de R$ 5 bilhões, mobilizando mais de 800 mil profissionais e sendo responsável por gerar em média de 3,5 milhões de empregos diretos e indiretos (3).

O Brasil apresenta um enorme potencial para a aquicultura, devido às suas condições naturais favoráveis, ao clima tropical estável e à matriz energética. Isso se refere à sua zona costeira que abrange mais de oito mil quilômetros e à sua dimensão territorial, e que tem disponível, aproximadamente, 13% de toda água doce renovável do planeta. Ressalta-se ainda a extensa quantidade de áreas alagadas, originadas a partir da construção de usinas hidrelétricas, que, segundo determinação do governo federal, podem ser utilizadas para fins de aquicultura (2).

Existe uma ampla gama de assuntos a estudar e explorar dentro do agronegócio brasileiro com foco no segmento de piscicultura. Dentre estes, o aumento de eficiência do processamento de pescado dentro das agroindústrias beneficiadoras, o qual apresenta uma escassez de literatura (3).

Esta temática torna-se importante uma vez que os ambientes industriais são competitivos e acirrados, necessitando de melhoria contínua em seus processos produtivos, de forma a diminuir custos e ganhar vantagem econômica como estratégia para a venda de seus produtos ou acesso a mercados internacionais. É, dentro deste cenário, que as empresas concorrem entre si na busca da excelência e da alta produtividade, para assim estarem aptas a contornar as constantes mudanças de mercado (4).

Para melhorar a competitividade as organizações fazem uso de práticas (também denominadas como técnicas ou ferramentas) como o objetivo de tornar a organização eficiente e eficaz em termos de qualidade, confiabilidade, flexibilidade, inovação e custos. Tais práticas são escolhidas por meio do estudo dos recursos disponíveis que satisfaçam e cumpram os objetivos da organização (5).

Estas práticas, estão comumente associadas ao que se denominam academicamente como estratégias administrativas, abordagens, sistemas e/ou filosofias, tendo-se como exemplo de amplo sucesso o Sistema Toyota de Produção (STP) ou *Lean Production*

A filosofia *Lean* está associada a minimização e ou eliminação constante dos desperdícios (em japonês - muda) que afetam o sistema de produção. Para isso, as organizações baseiam-se em cinco princípios (6): a definição de (i) valor, a partir da visão do cliente e de suas necessidades, determina-se a (ii) cadeia de valor, que são as atividades necessárias para ofertar o produto ao cliente com o menor nível de desperdício. Busca-se então à fabricação do produto utilizando-se de um (iii) fluxo contínuo; que é disparado apenas quando o cliente efetua o pedido. Ou seja, usando lógica de (iv) produção puxada. A partir destes quatro princípios e da utilização de melhorias continuas (*kaizen*) ou melhorias radicais (*kaikaku*) é alcançado o quinto princípio fundamental que é a (v) perfeição do sistema.

Para se minimizar ou eliminar os desperdícios o sistema *Lean Production* emprega de um amplo conjunto de práticas (7). Ao realizar uma análise de estudos individuais, nota-se um foco na aplicação de práticas do sistema *Lean Production* em diferentes organizações, no entanto, embora o agronegócio apresente respectiva importância para a economia mundial, este segmento tem sido pouco explorado por pesquisadores quando interligado com o tema *Lean Production* (6, 8).

Isso demonstra que, embora extensa, a literatura sobre abordagens de gestão não vislumbra estudos que tratem sobre a possibilidade de ganhos inerentes às suas implantações no segmento de pescados, em particular na agroindústria processadora de tilápia.

Diante deste contexto, o objetivo geral deste capítulo é avaliar como as agroindústrias processadoras de filé de tilápia do estado de São Paulo, estão direcionando as melhorias de seus processos produtivos por meio das práticas *Lean Production*.

MÉTODO DE PESQUISA

Para atender ao objetivo da pesquisa foi empregado como metodologia o estudo de caso (9). Como o estudo realiza o aprofundamento de uma teoria já consolidada, porém pouco explorada no objeto de estudo (agronegócio processadora de filé de tilápia), esta pesquisa possui uma abordagem descritiva, pois busca fornecer subsídios para o refinamento da teoria (10).

Quando se busca o refinamento da teoria, (11) o emprego de múltiplos casos auxilia tanto no aumento da validade externa, como ajuda a proteger contra o viés próprio do pesquisador. Para contribuir na confiabilidade dos dados coletados, a interação entre as diversas fontes de evidência torna-se um papel importante para sustentar as proposições (12), sendo empregada nesta pesquisa a entrevista, a observação in loco, e a análise documental.

As etapas para condução dos múltiplos estudos de caso seguiram o roteiro proposto por (9). A primeira etapa condiz ao desenvolvimento da teoria, apresentados na seção Introdução deste capítulo. Baseado nesta teoria foi elaborado o roteiro de entrevista para coleta dos dados (etapa 2). A escolha dos casos (etapa 3) a serem investigados, se baseou na identificação de organizações agroindustriais processadoras de filé de tilápia do estado de São Paulo, a fim de atender a um perfil inicial de exploração com descrição de como as práticas Lean são aplicadas neste ambiente agroindustrial.

Para tanto, de acordo com (13), o estado de São Paulo possui alta importância quando observado as organizações que fazem a filetagem da tilápia, já que 70% de toda a produção brasileira é processada neste estado. Dessa maneira, compreendendo o valor que o estado de São Paulo possui para com este produto, se deu a escolha da área para desenvolvimento desta pesquisa. Contudo, para escolha das unidades a serem investigadas foi utilizado o critério de julgamento para selecionar a partir da população. Tais critérios foram voltados com relação ao tamanho das organizações, localidade (estado de São Paulo) e que aceitassem participar da pesquisa, uma vez que a convicção do pesquisador está voltada para encontrar fontes de informações confiantes e íntegras com base nas informações dadas pela AB Tilápia e pesquisadores da área. O Quadro 1 caracteriza as Unidades de Pesquisa participantes.

Quadro 1 - Caracterização das Unidades de Pesquisa participantes dos estudos de caso

Característica	Unidade de Pesquisa		
	A	B	C
Porte da empresa	até 19 empregados	de 100 a 499 empregados	de 100 a 499 empregados
Faixa de faturamento	microempresa (menor ou igual a R$ 2,4 mi)	pequena empresa (maior que R$ 2,4 mi e igual ou menor que R$ 16 mi)	média empresa (maior que R$ 16 mi e igual ou menor que R$ 90 mi)
Produção diária	entre 1 a 5 ton./dia	acima de 10 ton./dia	acima de 10 ton./dia
Tempo de atuação no mercado	acima de 10 anos	entre 5 e 10 anos	acima de 10 anos
Estrutura de governança	gestão familiar	gestão familiar	gestão profissional
Atende outros estados	Não	sim – MT, MS, GO, MG e PR	sim – SP, ES, MG, RJ, AL, BA, CE, MA, PA, PE, PI, SE, PR e RS
Exporta para outros países	Não	Não	sim – ITA, FRA, ALE e EUA

Fonte: Elaborado pelos autores.

Após a condução de cada estudo de caso, os mesmos foram transcritos por meio de um relatório individual do caso (etapa 4) de forma a identificar a peculiaridade de cada unidade de pesquisa. Por fim, foi elaborado um estudo comparativo dos casos (etapa 5), descrito na seção de resultados desta pesquisa, que compara e confronta a literatura, e propõe modificações ou complementações da teoria. Salienta-se que o presente estudo está concentrado apenas no processo produtivo, sendo pelas etapas (Quadro 2) que ocorrem desde o recebimento da tilápia inteira, até seu respectivo armazenamento para ser enviado ao destino (clientes).

Quadro 2. Etapas do processo de filetagem da tilápia

ETAPAS	DESCRIÇÃO
Recebimento	Recebimento da tilápia por meio de caminhões tanque com água clorada, ou produção no local levado por meio de esteiras ou tanques;
Separação	Inspeção e qualificação da tilápia por tamanho ou peso;
Abatimento	Abatimento das tilápias podendo ocorrer antes do recebimento e separação, ou pode ser realizado pela própria organização recebendo o produto ainda vivo;
Descamação	Este processo é responsável pela retirada das escamas;
Descabeçamento e esviceração	Retirada da cabeça, das vísceras e da pele
Filetagem	Processo de extração do filé da tilápia;
Extração da pele/couro	Remoção da pele que permanece no filé ao ser retirado da tilápia
Limpeza final (*toilet)*	Retirada de possíveis restos de pele que sobram no filé;
Embalagem	Separação e embalagem.

Fonte: Elaborado pelos autores a partir de (14).

RESULTADOS DA PESQUISA

Nesta seção destaca-se a caracterização das Unidades de Pesquisa, do processo produtivo e sobre o emprego das práticas *Lean*.

Caracterização das Unidades de Pesquisa

Um primeiro aspecto comparado é a caracterização de cada unidade de pesquisa analisada. Quanto ao resultado foi verificado que todas as agroindústrias se divergem e suas características são apresentadas no Quadro 1.

Nota-se que, com relação ao porte e ao faturamento das agroindústrias, as três organizações têm quantidades e faixas diferentes sendo que a Unidade de Pesquisa A é considerada uma microempresa quanto ao seu faturamento com até 19 funcionários, a Unidade de Pesquisa B uma empresa de pequeno porte possuindo entre 100 e 499 funcionários e a Unidade de Pesquisa C como média empresa com um quadro de funcionários entre 100 e 499 pessoas.

Ao verificar o tempo de atuação no mercado nota-se que a Unidades de Pesquisa A e C possuem mais de dez 10 anos de trabalho e desenvolvimento no setor que tange a comercialização do filé de tilápia fresco e congelado. Já a Unidade de Pesquisa B se encontra com o menor tempo de atuação no mercado estando comercializando seus produtos entre 5 e 10 anos.

Quanto à estrutura de governança, as Unidades de Pesquisa A e B possuem sua administração com gestão familiar com atuação dos proprietários e na Unidade de Pesquisa C a gestão da organização é realizada por um profissional contratado. A análise dos casos individuais, permitiu observar que as Unidades B e C têm organogramas com quadros hierárquicos bem definidos e claros que mostram os responsáveis de cada setor ou processo. A Unidade de Pesquisa A não apresenta um organograma de seu quadro de colaboradores e para o controle de seus processos produtivos, do frigorífico à agroindústria, há um colaborador responsável.

Com vista na abrangência de mercados (regiões, estados e países) é notado que a Unidade de Pesquisa A tem seu foco no mercado regional. Algumas de suas ações comerciais estão ligadas com o município onde está inserida sua planta industrial e seu atendimento prioriza a comercialização para empresas num raio de até 150 quilômetros do seu beneficiamento. A Unidade de Pesquisa B, além do atendimento para o estado de São Paulo, comercializa seus produtos para outros estados sendo sua área de abrangência concentrada o mercado nacional. Para tanto, existem processos em andamento para o desenvolvimento de vendas para outros países. Já a Unidade de Pesquisa C comercializa seus produtos para estados brasileiros e exporta para outros países.

Caracterização do processo produtivo

A análise comparativa do processo produtivo para o beneficiamento da tilápia embasou-se nas etapas apontadas pelo estudo de (14), a qual são de divididas em 9 processos (Quadro 3). Juntamente são apresentadas as etapas identificadas para as três Unidades de Pesquisa em análise.

Nota-se pelo Quadro 3, que desde a descrição das etapas do processo produtivo realizada por (14) houve aumento quanto ao número de etapas produtivas indicadas pelas Unidades de Pesquisa, demonstrando que o setor continua a evoluir, realizando estudos estabelecer seus processos. Isto traz a necessidade de emprego de práticas *Lean* adequadas, que cientificamente baseiam as decisões das organizações.

Quadro 3. Caracterização das etapas dos processos das Unidades de Pesquisa em função dos estudos de (14)

Etapas	Unidade de Pesquisa			
	(14)	A	B	C
1	Recebimento	Recebimento/ Sensibilização	Recebimento	Recebimento
2	Separação	Depuração	Depuração/ Sensibilização	Sensibilização
3	Abatimento	Sangria/Abatimento	Sangria/ Abatimento	Sangria/ Abatimento
4	Descamação	Descamação	Descamação	Descamação

Etapas	Unidade de Pesquisa			
	(14)	A	B	C
5	Descabe-çamento e evisceração	Descabe-çamento e evisceração	Filetagem	Descabe-çamento e evisceração
6	Filetagem	Filetagem	Separação do restante que sobra da tilápia	Envio para a fábrica de farinha
7	Extração da pele/couro	Extração da pele/couro	Extração da pele/couro	Tilápia cortada em postas
8	Limpeza final (*toilet)*	Limpeza final (*toilet)*	Limpeza final (*toilet*)	Filetagem
9	Embalagem	Classificação por peso	Classificação por peso	Extração da pele/couro
10		Embalagem	Embalagem	Limpeza final (*toilet)*
11		Armazena-mento	Armazena-mento	Classificação por peso
12		Envio para o cliente	Envio para o cliente	Embalagem
13				Processo de congelamento instantâneo
14				Armazena-mento
15				Envio para o cliente

Fonte: Elaborado pelos autores.

Práticas *Lean* empregadas pelas agroindústrias processadoras de filé de tilápia participantes da pesquisa

A partir do questionário de pesquisa, foi possível identificar as práticas *Lean* utilizadas pelas Unidades de Pesquisa, as quais são destacadas no Quadro 4.

Quadro 4. Emprego práticas do sistema *Lean Production* nas agroindústrias processadoras de filé de tilápia participantes da pesquisa

Práticas do sistema *Lean Production*	Unidade de Pesquisa			% Emprego
	A	B	C	
5S	X			33
Autonomação/*Jidoka*	X	X	X	100
Controle Estatístico da Qualidade		X	X	67
Defeitos/Controle de Qualidade	X	X	X	100
Dimensionamento do lote		X	X	67
Empowerment			X	33
Heijunka		X		33
Integração de fornecedores		X	X	67
Just in time	X	X	X	100
Kaizen	X	X	X	100
Kanban	X		X	67
Lead Time	X	X	X	100
Manutenção Produtiva Total (*TPM*)	X	X	X	100
Mapeamento do fluxo de valor	X			33
Poka Yoke	X		X	67
Produção celular (em fluxo contínuo)				0
Sistema puxado de produção		X	X	67
SMED - Troca rápida de ferramentas	X	X		67
Takt-time		X	X	67
Trabalho padronizado	X	X	X	100

Fonte: Elaborado pelos autores.

Para a elaboração do Quadro 4 buscou-se, nos diversos autores que tratam das ferramentas aplicadas na filosofia *Lean*, a identificação das principais. Observa-se pelas respostas obtidas com o questionário para as Unidades de Pesquisa que o uso de tais ferramentas se mostra bastante diferenciado, o que corrobora com o senso comum de que as práticas *Lean* devem ser aplicadas de acordo com a necessidade de cada organização, não existindo uma sequência estática de uso que se aplique de forma genérica. Assim, a Figura 1 destaca os resultados sobre o emprego de práticas *Lean* para as agroindústrias processadoras de filé de tilápia participantes da pesquisa.

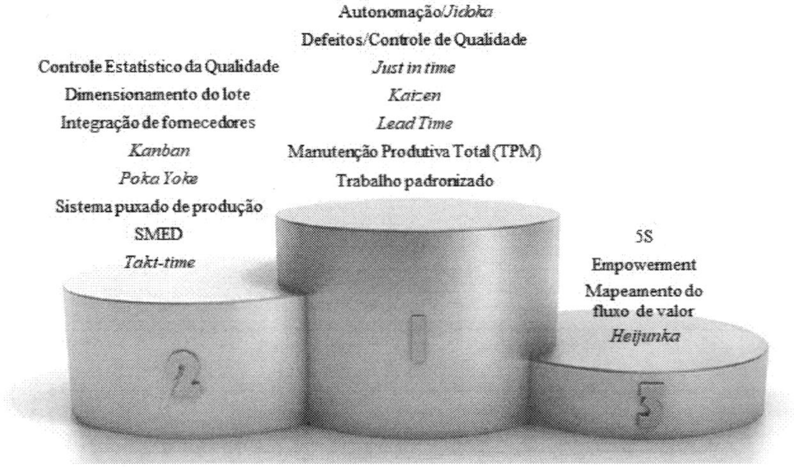

Fonte: Elaborado pelos autores

A partir da Figura 1 nota-se o destaque para o emprego de sete práticas *Lean* indicadas pelas três Unidades de Pesquisa, as quais são: *just in time*, manutenção produtiva total, *lead time*, trabalho padronizado, *kaizen*, defeitos/ controle de qualidade, autonomação/*jidoka*. O uso destas práticas pelas empresas pesquisadas é explicado pelo produto beneficiado pelas Unidades de Pesquisa, que apresenta uma alta perecibilidade, o que sugere que esta seja entregue no tempo certo para produção e em tempo hábil para os clientes, necessitando de uma produção *just in time*, que siga um processo padrão de operação. Ainda sobre a fragilidade que a matéria-prima apresenta o ideal é se possuir um *lead time* de processo eficiente, de maneira organizada, buscando melhorias e adotando equipamentos que reduzam esse tempo para que a qualidade do peixe fresco seja aumentada, sendo a autonomação empregada com sucesso nestas organizações. Além deste ponto, há necessidade de se evitar a parada dos maquinários (esteira, por exemplo) e de sistemas de refrigeração, cabendo uma constate manutenção dos equipamentos.

Outras oito práticas foram indicadas com um uso por duas unidades de pesquisa: SMED, *takt-time*, *poka yoke*, *kanban*, controle estatístico da qualidade, dimensionamento do lote e o sistema puxado de produção. Estas práticas caracterizam em sua maioria como ferramentas de controle da produção, e servem para estabelecer e direcionar o ritmo de trabalho (*takt-time, kanban*, dimensionamento do lote, sistema puxado de produção, *poka yoke*) e manter dentro de um padrão estável de qualidade (controle estatístico da qualidade)

Quanto a técnicas de autonomia aos colaboradores (*empowerment*), nivelamento da produção (*Heijunka*) e mapeamento do fluxo de valor, são empregadas por apenas uma Unidade de Pesquisa. Isto demonstra que o uso destas é viável neste ambiente de produção e carece de estudo e amadurecimento para implantação nas demais Unidades de Pesquisa. E por fim, a produção celular não demonstrou ser empregada pela não aderência ao tipo natureza do sistema de produção para as agroindústrias processadoras do filé de tilápia (em linha).

CONCLUSÕES

O processo de beneficiamento da tilápia é singular e diferente de outros procedimentos para o desenvolvimento de produtos inanimados. Por se tratar de um produto de origem animal muitas atribuições são solicitadas de órgãos fiscais e podem ser evitadas. Isso faz com que estes tipos de agroindústrias adotem procedimentos que garantam a qualidade de seus processos e respectivamente as de seus produtos. Sobretudo, estas organizações também buscam a competitividade em seus setores de atuação fazendo com que necessitem melhorar seus processos de maneira a reduzir custos e consigam adentrar a novos mercados.

Embora existam muitos estudos com enfoque na tilápia, aponta-se este trabalho como uma pesquisa pioneira quando dirigido em enxergar os processos de melhorias por meio do emprego de práticas do *Lean Production.*

Os dados coletados por meio do estudo de caso do tipo múltiplo permitiram visualizar a aplicação de *Lean* pela agroindústria processadora de filé de tilápia, tendo como foco o processo produtivo, buscando gerar maior volume de produção, com um fluxo contínuo, a fim de evitar a perda da matéria-prima que apresenta um nível de pericibilidade elevado.

Tal aspecto é um indicativo de que as práticas *Lean* não necessitam ser empregadas em sua totalidade para que sejam obtidos os benefícios da filosofia da produção enxuta. Estas devem ser escolhidas e empregadas no ambiente agroindustrial conforme a necessidade organizacional de cada empresa. Tal característica vem ao encontro de estudos como de (15) que destacam que a seleção da técnica ou ferramenta depende do processo de fabricação em específico de cada organização e que nem todas estas podem ou servem para serem aplicadas em seus ambientes organizacionais.

Referências

1. Food and Agriculture Organization (FAO). The state of world fisheries and aquaculture: opportunities and challenges. 2014 (acesso em 09 de fev 2015). Disponível em: http://www.fao.org/3/a-i3720e.pdf
2. Rocha CMC, Resende EK, Routledge AB, Lundsted LM. Avanços na pesquisa e no desenvolvimento da aquicultura brasileira. Pesquisa Agropecuária Brasileira, 2013; v. 48, n. 8, p. iv-vi.
3. Firetti R, Astolphi JLL, Garcia SM, Sales DS. Gestão, genética e licenciamento ambiental ainda são os grandes problemas da aquicultura brasileira. In: ANUALPEC 2014 – Anuário da pecuária brasileira. 20 ed. São Paulo: Informa economics FNP; 2014.
4. Borges RC, Oliveira EH, Oliveira AS. Estudo da implantação do pilar controle da qualidade da metodologia world class manufacturing (wcm) em uma empresa do setor automotivo no sul de minas gerais. In: SIMPÓSIO DE ADMINISTRAÇÃO DA PRODUÇÃO, LOGÍSTICA E OPERAÇÕES INTERNACIONAIS, 2013, São Paulo. Anais... São Paulo: FGV.

5. Brown S, Squire B, Blackmon K. The contribution of manufacturing strategy involvement and alignment to world-class manufacturing performance. International Journal of Operations & Production Management, 2007; v. 27, n. 3, p. 282-302.
6. Calarge FA, Pereira FH, Satolo EG, Diaz LEC. Evaluation of lean production system by using SAE J4000 standard: case study in brazilian and spanish automotive component manufacturing organizations. African Journal of Business Management, 2012; v. 6, n.49, p.11839-11850.
7. Satolo EG, Hiraga LES, Goes GA, Lourenzani WL. Lean production in agribusiness organizations: multiple case studies in a developing country. International Journal of Lean Six Sigma, 2017; v. 8 Issue: 3, pp.335-358. doi: 10.1108/IJLSS-03-2016-0012
8. Bhamu J, Sangwan KS. Lean manufacturing: literature review and research issues. International Journal of Operations & Production Management, 2014; v. 34, n. 7, p. 876-940.
9. Yin RK. Case study research: design and methods. Sage Publications, London; 2013.
10. Forza C. Survey research in operations management: a process-based perspective. International journal of Operations and Production Management, 2002; v. 22, n. 2, p. 152-194.
11. Voss C, Tsikriktsis n, Frohlich m. Case research in operations management. International Journal of Operations and Production Management, 2002; v. 22, n. 2, p. 195-219.
12. Lewis MW. Iterative triangulation: a theory development process using existing case studies. Journal of Operations Management, 1998; v. 16, n. 4, p. 455-469.
13. Sussel FR. Criação de tilápias cresce vigorosamente no brasil. 2011 (acesso em 11 de fev 2015). Disponível em: ftp://ftp.sp.gov.br/ftppesca/Tilapia_2011.pdf

14. Pinheiro LMS, Martins RT, Pinheiro LAS, Pinheiro LEL. Rendimento industrial de filetagem da tilápia tailandesa (Oreochromis spp.). Arq. Bras. Med, 2006; v. 58, n. 2, p. 257-262.
15. Karim A, Arif-uz-Zaman K. A methodology for effective implementation of lean strategies and its performance evaluation in manufacturing organizations. Business Process Management Journal, 2013; v. 19, n. 1, p. 169-196.

MANUFATURA ENXUTA NO SETOR DE ÓLEO E GÁS: ESTUDO DE CASO DE SMED

Rodrigo Castro de Souza[1] (rodrigocs@id.uff.br), Iasmin Mattos de Oliveira[1] (iasminmattos@id.uff.br), Osvaldo Luiz Gonçalves Quelhas[1] (osvaldoquelhas@id.uff.br), Alberto Eduardo Besser Freitag[1] (abesser@uol.com.br)

Resumo

Este trabalho apresenta a aplicação de ferramentas da Manufatura Enxuta (do inglês *Lean Manufacturing*) na empresa *Baker Hughes, a GE Company*, do setor de óleo e gás, visando a otimização do tempo da troca de bobina de uma linha de produção. A abordagem do trabalho foi baseada em um refino da literatura acerca de Manufatura Enxuta, para subsidiar a escolha das ferramentas *Lean* utilizadas no decorrer do projeto: SMED, 5S, Trabalho Padronizado, *Kaizen* e *PokaYoke*. Com melhor balanceamento de operação, o tempo da troca de bobina atingiu a meta estipulada de 25% de redução, com oportunidades futuras de atingir 33%.

Palavras-chave: Lean Manufacturing, Troca rápida de ferramenta, Eliminação de desperdícios.

Introdução

A crise no setor de óleo e gás, iniciada em 2014, deixou instável a situação das empresas desta área. Este cenário foi causado por vários fatores ao redor do mundo, que impactaram diretamente a dinâmica da economia petrolífera mundial, cabendo citar como principais razões (1): o grande aumento dos estoques de gasolina dos Estados Unidos que surpreendeu várias nações, as tensões entre Irã e Arábia Saudita que dificultam as negociações da Organização dos Países Exportadores de Petróleo (OPEP), a desaceleração do crescimento econômico da China, o anúncio de teste de bomba de hidrogênio na Coreia do Norte, além da diminuição da demanda pela Europa e Ásia causada pela singular diminuição do crescimento da economia global.

A nova diretriz que foi imposta para as empresas de óleo e gás foi, então, a diminuição de seus lucros com a manutenção dos custos, fazendo com que a necessidade da redução de desperdícios se tornasse uma prioridade para sua permanência no mercado. Neste contexto, surge uma grande oportunidade para implementação de projetos de manufatura enxuta, uma metodologia de gestão da produção com diversas ferramentas que visam a otimização de recursos, através da diminuição do tempo entre o pedido do cliente e a sua entrega (do inglês *lead time)*, além da eliminação de desperdícios, aumentando assim a produção e a qualidade dos produtos. Os desperdícios incluem tempo de espera, materiais em excesso, equipamentos ociosos e inventários. Ao serem reduzidos, possibilitam aumentar o lucro da empresa (2).

Lean Manufacturing

O termo *Lean Manufacturing* (manufatura enxuta, em português) surgiu do Sistema Toyota de Produção. A empresa Toyota, no Japão, revolucionou seu sistema de produção baseando-se na satisfação do cliente, através da garantia da qualidade, e minimização de desperdícios e custos, já que o país, arrasado pela 2ª Guerra Mundial, precisava se reconstruir de maneira rápida e eficiente.

Durante a década de 1970, a crise do petróleo proporcionou uma grande chance para a Toyota ingressar no mercado norte americano. Ela apresentou a qualidade dos seus automóveis, e destacou especialmente o baixo consumo de combustível atrelado a um preço acessível, diferentemente dos tradicionais carros produzidos nos EUA. Esta inovação levou o governo norte-americano a investir em pesquisas na área automotiva, juntamente com universidades e outras montadoras, e criar o *International Motor Vehicle Program* (IMVP), que deu origem ao termo produção enxuta (do inglês *Lean Production*) e ajudou a disseminar o pensamento enxuto (do inglês *Lean Thinking*), explica Holweg (3).

Seu modelo de desenvolvimento foi tão bem-sucedido que foi aplicado por diversas empresas de setores diferentes e é, até hoje, motivo de destaque em suas implementações (4). A padronização das atividades e desenvolvimento de um controle de qualidade são fatores que diminuem o *lead time*, e garantem um aumento na produtividade (5). A metodologia *Lean* identifica sete desperdícios que podem ocorrer dentro de um sistema (2), a saber:

- Superprodução: tanto o excesso, quanto a velocidade de produção impactam no fluxo de informações e bens, resultados das operações, o que gera a necessidade do aumento de estoques desnecessariamente e um produto final ocioso.
- Defeitos: frequentes erros na produção e/ou problemas relacionados à qualidade do produto geram desperdícios, retrabalhos e baixo desempenho da entrega.
- Estoque: excessiva estocagem de produtos e matérias primas de forma desnecessária.
- Processamento: uso de ferramentas, procedimentos e sistemas de forma inapropriada, o que prejudica o desempenho das atividades.
- Transporte: a movimentação de pessoas, informações e bens de forma excessiva podem levar a perda de tempo e dinheiro.
- Espera: pessoas inativas, informações e produtos ociosos impactam diretamente no aumento do *lead time* e na fluidez necessária para um bom negócio.
- Espaço: má organização do ambiente de trabalho e ergonomia incorreta impactam na produtividade dos funcionários.

A estrutura *Lean* é baseada sobre dois pilares básicos do Sistema Toyota de Produção, *Jidoka* (qualidade embutida no processo) e *Just-in-Time* (o que, quando e quantidade necessária), além de diversas ferramentas. Com base na revisão da literatura, utilizaram-se neste estudo as ferramentas 5S, *Single Minute Exchange of Die* (SMED), Trabalho Padronizado, *Kaizen* e *PokaYoke*.

5S (Cinco "S")

Sempre sob a perspectiva de identificação e eliminação de desperdícios, o sistema 5S é uma metodologia para criar e manter o ambiente de trabalho organizado, limpo, eficiente e seguro a partir da padronização de procedimentos. Na verdade, 5S refere-se a cinco termos japoneses, *Seiri*, *Seiton*, *Seiketsu*, *Seiso* e *Shitsuke* (6), descritos a seguir.

- *Seiri* (Descarte) - A identificação do conceito de utilidade é primordial para se conseguir distinguir o que pode ser descartado, priorizando apenas o que é considerado necessário. O descarte possibilita melhor aproveitamento do espaço físico, permitindo que áreas ociosas possam ser eliminadas, que estoques e gastos a eles relacionados possam ser diminuídos, reduzindo, consequentemente, despesas com transporte e serviços de seguro. Ademais, corrobora para um melhor aproveitamento do tempo, também evita a compra de itens repetidos e é de suma importância para o controle da produção.
- *Seiton* (Arrumação) - O cuidado em identificar o lugar exato de objetos, ferramentas e equipamentos é, sem dúvida, uma importante tarefa a ser realizada, a fim de reduzir o tempo de procura dos mesmos, otimizando assim o tempo dos funcionários. A melhor forma de organização corresponde àquela em que se prioriza a escolha dos lugares de acordo com a frequência em que são usados. Para isso, deve-se identificar tanto o local quanto o aparato com etiquetas que possibilitem a rapidez da procura e o seu posterior retorno.
- *Seiso* (Limpeza) - Do mesmo modo, o consenso de se trabalhar em um ambiente limpo deve ser estimulado por pessoas de cargos elevados e passado a seus subordinados. Esta cultura de limpeza proporciona o bem-estar dos funcionários, contribui para atentar a fontes de poluição, além de impactar positivamente a confiança e imagem da empresa para com seus clientes. Ou seja, um ambiente limpo pode contribuir, de fato, para o aumento da produtividade da empresa, assim como, o convívio e a interação interna de seus trabalhadores.

- *Seiketsu* (Padronizar) - Após a aplicação das etapas anteriores, é preciso desenvolver uma rotina sistemática de atividades padrões para ajudar na manutenção e permanência da organização, limpeza e descarte de dispensáveis. A participação de todos é essencial no compartilhamento de experiências e *feedbacks* para auxiliar no desdobramento de procedimentos padrões que possam ser usufruídos por todos.
- *Shitsuke* (Disciplina) - O último "S" refere-se à conduta que os funcionários devem ter para que todas as melhorias sejam alcançadas. Manter todas as modificações implantadas pode não ser uma tarefa simples, e é preciso que líderes estimulem esta política de modo a adquirir o comprometimento dos funcionários. A conservação dos novos hábitos pode ser amparada através de formulários devidamente preenchidos.

SMED

Primeiramente, para a definição do SMED (do inglês *Single Minute Exchange of Die*) ou Troca Rápida de Ferramenta, é preciso definir o conceito de *setup* e dividi-lo entre interno e externo. *Setup* é o conjunto de configurações e operações que envolvem determinada ação. Shingo (7) explica a diferença como sendo:

- *Setup* Interno: conjunto de atividades que só podem ser realizadas com a máquina parada.
- *Setup* Externo: conjunto de atividades que podem ser realizadas com a máquina em funcionamento.

O *setup* depende do tipo de operação e do tipo de equipamento utilizado, e segue uma série de passos para sua execução, descritos a seguir (7):

- Preparação, ajuste pós-processo, verificação de materiais e ferramentas: garantir que todo o ferramental a ser utilizado está e voltará para seu devido lugar, em perfeito estado.
- Montagem de peças e ferramentas: montagem dos equipamentos a serem utilizados, assim como a remoção do que não for ser usado no momento, e preparação do próximo passo.
- Medições, calibrações e configurações: envolve todos os processos de preparação da operação, por exemplo, medições de temperatura e pressão, dimensionamento, calibração de aparelhos etc. a fim de se obter um processo corretamente executável.
- Testes e ajustes: ajustes são feitos depois de testar o equipamento com um corpo de prova. Quanto mais bem-feita a etapa anterior, mais fácil será o ajuste.

Com o propósito de aprimorar o *setup*, as fases conceituais envolvidas nesta melhoria são mostrados a seguir (Figura 1).

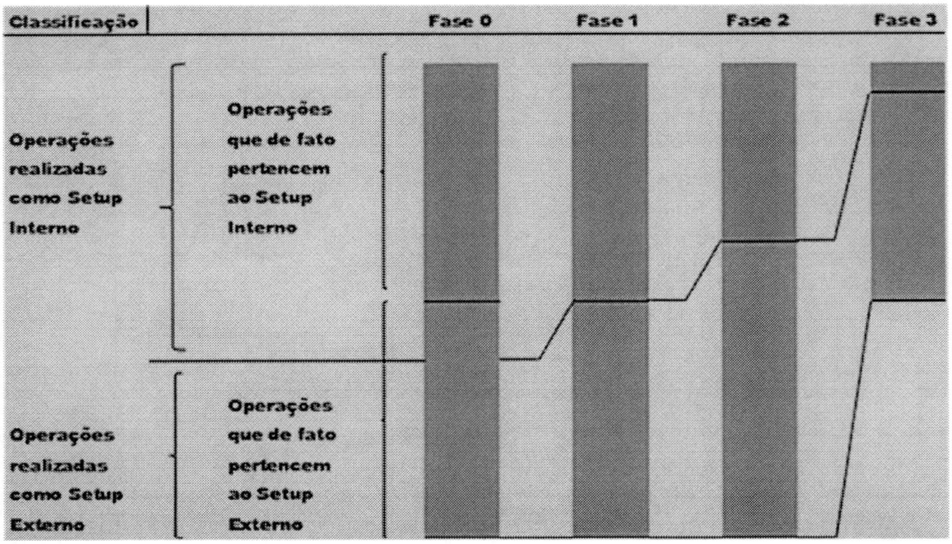

Figura 1. Fases conceituais para melhoria do Setup.
Fonte: Próprios autores baseado em (7).

A fase zero é chamada de fase preliminar e nela não há distinção das atividades que fazem parte do *setup* interno e do *setup* externo, consequentemente, máquinas podem ficar ociosas por longos períodos de tempo, com baixa produtividade. O objetivo desta fase é trazer à tona as condições de chão de fábrica com a maior riqueza de detalhes possível através de uma análise da produção, perguntas a funcionários e filmagem das operações de *setup* (8).

A primeira fase consiste em fazer a distinção entre os *setups*. Considerada uma das etapas mais importante do processo, permite já obter uma grande redução do tempo de *setup*. Para Shingo (7) é o caminho certo para a correta implementação do SMED.

A segunda fase é definida pela máxima conversão de *setup* interno em externo. De maneira a dar prosseguimento à implantação do SMED, as atividades devem ser reavaliadas para se ter certeza que estão sendo executadas no momento certo e, sobretudo, descobrir uma maneira de executar o máximo de operações com a máquina ou equipamento ligado, ou seja, *setup* externo (7). Vale ressaltar que velhos hábitos devem ser deixados de lado. Não só porque uma atividade sempre foi feita de uma maneira, que é única e mais eficiente.

A terceira e última fase é a sintetização das atividades fundamentais tanto do *setup* interno quanto do externo, de modo a agilizar o processo em si. Portanto, é preciso uma análise bastante cuidadosa destas etapas para serem corretamente otimizadas (7). Não há necessidade, na prática, da separação das fases dois e três. Elas foram separadas somente para melhor entendimento do mecanismo de aplicação.

Um exemplo de melhoria em otimização do tempo de *setup*, a partir da execução bem-sucedida dos estágios anteriormente citados, foi na Toyota Motor Company. O tempo de *setup* interno para fabricação de parafusos era de oito horas, e foi reduzido para 58 segundos, demonstrando assim a eficiência desta ferramenta enxuta (7). Outro exemplo é a troca rápida de pneus durante o *pitstop* nas corridas de Fórmula 1. Os engenheiros e mecânicos ficam a postos esperando o piloto encostar com o carro, e assim a troca é executada da forma mais rápida possível, pois qualquer segundo a mais faz a diferença no tempo do piloto. Além da diminuição do tempo de *setup*, o SMED possibilita a redução dos tamanhos dos lotes e, por conseguinte, da necessidade de estoques, contribuindo para a essência do sistema enxuto que é a eliminação de desperdícios. Dessa forma, o SMED é capaz de promover uma maior flexibilidade da produção, alterando procedimentos rapidamente, economizando assim tempo e dinheiro (6).

Trabalho padronizado

O desenvolvimento de atividades e procedimentos padrões já se consolidou como a forma mais indicada para obtenção de melhores resultados, desempenho e eficiência. O estabelecimento dos processos padronizados só é possível em atividades consideradas estáveis, para assim, dar-se início a um ciclo em busca da melhoria contínua.

Existem também outros requisitos para o sucesso da implementação, como: as tarefas devem ser realizadas sob repetição, os equipamentos e ferramentas devem ser confiáveis, apoiadas em outras ferramentas *Lean* como 5S, SMED e Manutenção Produtiva Total (do inglês *Total Productive Maintenace* - TPM). Em relação à produção, esta deve apresentar peças com mínimas imperfeições, ínfima deficiência na qualidade e estar dentro dos padrões das medidas aceitáveis de projeto (9).

Em nível organizacional, o emprego de tarefas padronizadas não pode ser administrado de forma individual. Dessa forma, a metodologia *Lean* garante o suporte contínuo das implementações, através de suas diversas ferramentas, não apenas complementando todo o processo, como também visando sempre atingir o melhor aproveitamento dos recursos da empresa (9). Uma sistematização dos métodos com a determinação da forma em que cada atividade é realizada ajuda na identificação de defeitos, desenvolvimento do controle de qualidade e, é claro, aumento da produtividade.

Kaizen

Kaizen, que em japonês significa "mudar para melhor", é uma das técnicas utilizadas na Manufatura Enxuta com a intenção de desenvolver um projeto de melhoria contínua com custos reduzidos para a empresa. É desejável uma equipe multidisciplinar que, além de envolver seus participantes no projeto, incentive a pró-atividade, integração e disciplina, em busca de um objetivo comum.

Para atingir tais melhorias, utiliza-se a ferramenta "Mecanismo de Pensamento Científico", um modelo para auxiliar o processo, a partir de perguntas e iniciativas para reconhecimento e análise de soluções, e cuja funcionalidade baseia-se em um fluxograma de cinco estágios principais: estágio preliminar, identificação do problema, abordagens básicas para melhoria, elaboração de planos para melhoria e tradução dos planos para a realidade (10).

PokaYoke

PokaYoke, que em japonês significa "evitar ou prevenir erros", cumpre um papel fundamental na metodologia *Lean* (4). Com a finalidade de suprimir a interferência humana que ocorre em diversas situações de forma equivocada, esta ferramenta possibilita uma inspeção qualificada, sinalização de irregularidades e prevenção de falhas durante todas as etapas do processo produtivo. Corretamente utilizada, torna-se essencial para garantir um controle de qualidade zero defeitos, pois além de evitar erros, permitir um *feedback* ágil e eficiente, também auxilia operadores no desenvolvimento da melhor forma de execução de suas ações.

PokaYoke desempenha um papel regulador, e também é caracterizado como um dispositivo com a função de sinalizar, alertar, bloquear possíveis erros a fim de evitar peças defeituosas e, consequentemente, minimizar desperdícios. Da mesma forma que impacta em um aumento considerável da produtividade e da qualidade dos produtos. Pode tanto identificar a causa das anormalidades, quanto executar uma correção, interrompendo, se necessário, o sistema produtivo como máquinas e equipamentos (4). Contudo, não se restringe apenas a uma área, podendo ser usado também nas ações referentes a transporte, inspeção e estocagem. Os métodos a seguir, envolvidos na execução deste sistema anti-falha, devem ser utilizados de acordo com a necessidade e objetivos pretendidos:

- Método do Controle: o sistema identifica um erro e, em seguida, paralisa a operação a fim de se aplicar o reparo, evitando assim, a sucessão de produtos defeituosos.
- Método de Advertência: o sistema identifica uma incoerência e logo a sinaliza por meio de sons ou luzes, mas não interrompe o processo ao qual se refere. A atenção dos operadores é então captada e medidas corretivas podem ser aplicadas.
- Método do Contato: a falha é detectada a partir do contato do dispositivo com o produto, é referente a aspectos relacionados à forma ou dimensão do produto, impedindo a ocorrência de erros específicos.
- Método dos Conjuntos: garante a quantidade exata prevista dos movimentos e etapas constituintes de um processamento, baseando-se na contagem automática e controle do número das ações executadas, impedindo que alguma delas seja ignorada.
- Método das Etapas: determina quais devem ser as etapas a serem realizadas para determinada operação, através da sincronia de movimentos, ajudando, assim, o responsável da ação a não fazer o que não lhe foi designado.

Estudo de caso

Diante da crise econômica em que o mundo está inserido e principalmente o setor de Óleo e Gás, o momento é oportuno para a constante busca pela redução de custos. Neste sentido, a *Baker Hughes, a GE Company* (BHGE), apresentou uma abertura para implementação do sistema enxuto em uma de suas linhas de produção. A decisão da alta administração foi voltada para a troca de bobina que ocorre na fabricação de uma das camadas de tubo flexível da BHGE. Esta atividade foi escolhida, pois representa 44% do *lead time* da linha de fabricação estudada, sendo considerada como principal *downtime* (tempo de inatividade) da linha.

O objetivo do projeto foi definido como sendo a redução do tempo de troca da bobina em 25%, esperando-se, consequentemente, a redução do *lead time* em até 11%. Em consonância com o conteúdo da Manufatura Enxuta, o SMED foi eleito como a ferramenta mais apropriada para se aplicar ao problema, uma vez que uma troca rápida de ferramenta era exatamente o foco da questão.

Na fase zero do SMED, realizada em março de 2017, foram coletados 534 registros de troca de bobina para se extrair o tempo médio das atividades e analisar a variação existente entre os tempos máximo e mínimo, a fim de avaliar como os funcionários executavam a mesma função. Observou-se que existia uma grande variação dos tempos em relação à média, com ocorrências de atividades que levaram até o dobro do tempo estipulado pela média. Esta oscilação foi detectada em todos os turnos e horários, não existindo nenhum tipo de padrão específico que pudesse ser extraído. Notou-se que em 64% das vezes (342 trocas), a atividade foi realizada entre a média calculada e o tempo proposto pela empresa (Figura 2). Entretanto, devido à inexistência de um padrão a ser seguido, ainda assim havia uma alta variação.

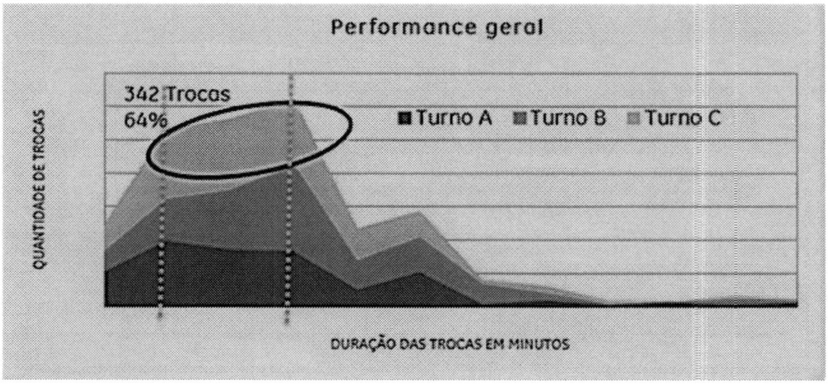

Figura 2. Quantidade de trocas realizadas x Duração das trocas em minutos.
Fonte: Próprios autores (2017).

Para melhor entendimento de como cada atividade é executada e identificar o motivo da ocorrência dos valores de tempos discrepantes, realizou-se uma análise de 14 vídeos utilizados na filmagem da operação, por meio de uma Folha de Estudos de Tempos (Figura 3), discriminando cada atividade com o maior grau de detalhamento possível e o tempo que foi utilizado em cada uma delas. A descrição das atividades e respectivos tempos foi omitida, por razões confidenciais.

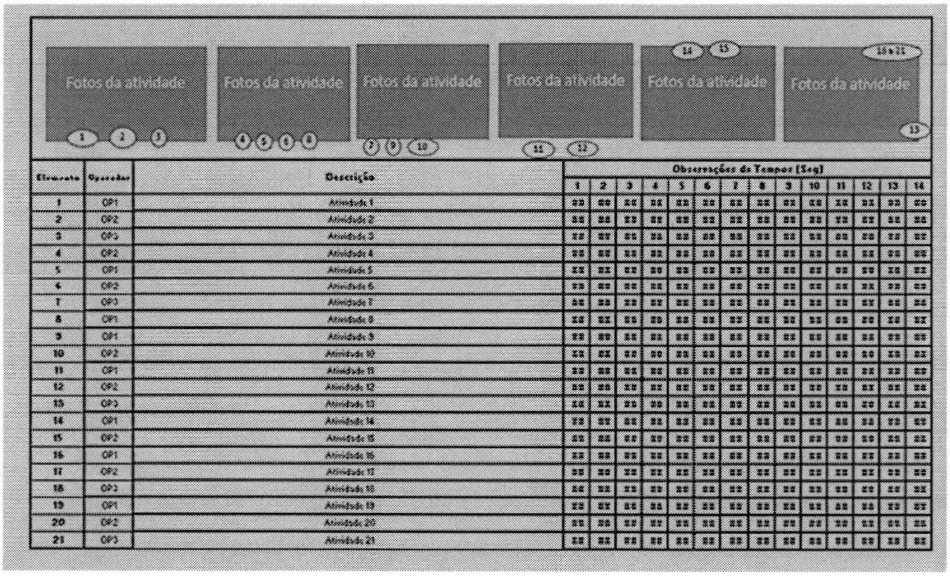

Figura 3. Folha de estudo de tempos. Fonte: Baseado em (11).

A Folha de Estudos de Tempos foi dividida em 21 elementos, designando para cada operador a descrição da respectiva atividade e o tempo levado em cada uma delas. A partir da análise dos vídeos elaborou-se também um relatório contendo informações relevantes sobre o que era feito para tornar determinada ação mais rápida e também o que prejudicava no desempenho de outras, registrando as ferramentas e insumos que levaram a tal diferença de tempo, direcionado de acordo com a Folha de Estudos de Tempos.

A primeira fase do SMED é caracterizada como sendo a etapa de classificação das atividades em dois grupos: *setup* interno e *setup* externo. Apesar de não ter sido detectado na análise das filmagens nenhum tipo de padrão durante a execução do procedimento por parte dos operadores, identificaram-se duas atividades do *setup* interno que poderiam ser realizadas como *setup* externo, ou seja, com a máquina em funcionamento. Os 21 elementos foram divididos da seguinte forma:

- *Set Up* Interno. Elementos: 1 a 6; 8 a 12; 14 a 21.
- *Set Up* Externo. Elementos: 7 e 13.

A segunda fase do SMED determina a máxima conversão de *setup* interno em externo, visando agilizar o processo em questão. As atividades 14 e 15 se enquadravam nesta situação e para convertê-las de *setup* interno para externo utilizou-se outra ferramenta *Lean*, o *Kaizen*, mais conhecido como melhoria contínua. A melhoria realizada nas duas atividades foi baseada no mecanismo de uma "parede secreta", ou seja, uma superfície vertical giratória que possibilita a inversão da posição do material. Antes a atividade era realizada do lado de dentro do *cage* (do português "gaiola", local onde fica o maquinário que, por questões de segurança, é protegido por grades) com a máquina parada. A partir da aplicação do *Kaizen*, a atividade passou a ser feita do lado de fora do *cage*, com a máquina em operação (*setup* externo).

Na terceira e última etapa do SMED, em que se prioriza a sintetização das atividades essenciais de ambos *setups*, o foco foi reduzir a variação de todos os elementos possíveis, balancear as atividades entre os operadores, melhorar a estação de trabalho com 5S, realizar *Kaizens* e um sistema *PokaYoke* para reduzir o tempo de cada elemento. Iniciado com a ferramenta base do *Lean*, o 5S, aplicou-se todos os cinco conceitos.

- Descarte: todas as ferramentas e quantidades foram analisadas de forma a filtrar o que era realmente necessário para a execução da operação. Verificou-se a necessidade de uma ferramenta de corte adicional e de uma máquina pneumática, padronizando a quantidade de máquinas realmente necessárias.

- Arrumação: ordenação do local de trabalho da melhor forma possível, com cada ferramenta em sua posição ideal de acordo com sua funcionalidade.
- Limpeza: o ambiente de trabalho foi limpo para auxiliar a gestão visual e espacial.
- Padronizar: houve distribuição de fotos do suporte de ferramentas com a quantidade exata e local em que as mesmas devem ficar e fotos do fluxograma com o sequenciamento das atividades pela estação de trabalho.
- Disciplina: conscientização junto aos operadores dos benefícios da técnica 5S tanto para o dia a dia do trabalho de cada um, quanto para a saúde organizacional da empresa, através de pequenas reuniões no ambiente da máquina (do inglês *Toolbox Talks*) para os funcionários de todos os três turnos.

Uma vez definidos os 21 elementos, foi possível perceber que quatro, se realizados de uma maneira diferente, já gerariam melhorias nos resultados, agilizando assim o procedimento. Utilizando-se *Kaizen*, foi possível mostrar que simples mudanças contribuem diretamente no desempenho e eficiência das atividades, e, principalmente, quando são desempenhadas com baixo investimento para a empresa. Continuando com as implementações, surgiu também a oportunidade da elaboração de um sistema *PokaYoke* para eliminação de erros por parte dos operadores durante a operação. A aplicação consistiu em modificar um sistema rosqueado para um novo dispositivo a base de molas e linguetas, similar a uma fechadura de portas. O projeto foi desenvolvido e aplicado com êxito. Devido ao seu sucesso, está sendo estudada a possibilidade de ampliação do método para ser replicado em todos os outros segmentos da fábrica onde há a atividade de troca de bobina.

Finalmente, após todas as modificações tanto espaciais, quanto comportamentais, foi possível padronizar as atividades da melhor forma possível, a fim de atingir os objetivos traçados na redução do tempo da troca de bobina. A partir da instalação de todas as melhorias, foi gerado um fluxograma do trabalho padrão com o passo a passo de cada atividade. Paralelamente, o treinamento dos operadores também foi feito para que desenvolvam cada etapa da maneira correta, de acordo com o fluxograma, garantindo assim a eficiência do processo e da metodologia enxuta.

Conclusão

Com a crise do petróleo iniciada em 2014, viu-se a possibilidade de utilizar ferramentas *Lean* em um segmento da *Baker Hughes, a GE Company*. O objetivo era reduzir em 25% o tempo da troca de bobina de uma linha de produção, levando a um ganho total de 11% no ciclo de produção.

Com melhor balanceamento de operação, tais resultados foram atingidos, mediante a escolha adequada de ferramentas *Lean* (SMED, 5S, Trabalho Padronizado, *Kaizen*, *PokaYoke*). Após a aplicação do sistema *PokaYoke*, estima-se atingir a marca dos 33% na diminuição do tempo total inicialmente registrado, passando o ganho total no ciclo de produção para 14,5%. A diminuição do *downtime* impacta diretamente no *lead time*, aumentando os lucros da empresa.

Referências

1. Alvarenga D, Trevizan K. Por que o preço do petróleo caiu tanto? Veja perguntas e respostas: Petróleo caiu pelo quarto dia, renovando a mínima em 12 anos. Queda não se reflete no preço da gasolina no Brasil. O Globo, São Paulo, 7 jan. 2016. Disponível em: <http://g1.globo.com/economia/mercados/noticia/2016/01/por-que-o-preco-do-petroleo-caiu-tanto-veja-perguntas-e-respostas.html> Acesso em: 22 de ago, 2016.
2. Tamizaharasi G, Kathiresan S. Lean Manufacturing in Carriage Building Press Shop. Journal of Applied Sciences, 2014.

3. Holweg M. The genealogy of lean production. Journal of Operations Management, vol 25, issue 2, Cambridge, Reino Unido, Março, 2007.
4. Consul JT. Aplicação de PokaYoke em processos de caldeiraria. Produção, vol. 25 no. 3, São Paulo, Julho/Setembro, 2015.
5. Naluusamiy S, Saravanan V. Lean Tools Execution in a SmallScale Manufacturing Industry for Productivity Improvement - A case Study. Indian Journal of Science and Technology, vol. 9, Setembro, 2016.
6. Pereira FF. Análise da implantação e um sistema de manufatura enxuta em uma empresa de autopeças [dissertação]. Mestrado em Gestão e Desenvolvimento Regional do Departamento de Economia, Contabilidade e Administração da Universidade de Taubaté, SP, Brasil, 2004.
7. Shingo S. A Revolution in Manufacturing: The SMED System. Productivity Press, Cambridge, 1985.
8. Moreira AC, Pais GCS. Single Minute Exchange of Die. A Case Study Implementation. Journal of Technology Management & Innovation, vol. 6, no.1, Santiago, 2011.
9. Berkenbrock T, Renó GWS, Martins AA, Sevegnani G, Fischer DA. Estudo do trabalho padrão em linhas de montagem de refrigeradores. In: XXIX Encontro Nacional de Engenharia de Produção. A Engenharia de Produção e o Desenvolvimento Sustentável: Integrando Tecnologia e Gestão. Salvador, BA, Brasil, outubro, 2009.
10. Vivían AL, Ortiz FAH, Paliari JC. Modelo para o desenvolvimento de projetos kaizen para a indústria da construção civil. Gest. Prod. vol. 23 no 2, São Carlos, Abril/Junho, 2016.
11. Zidel TG. A Lean Guide to Transforming Healthcare. ASQ Quality Press, EUA, 2006.

LEAN HEALTHCARE: UMA PROPOSTA DE MELHORIA NO ATENDIMENTO EM UMA UNIDADE DE ASSISTÊNCIA MÉDICA ESPECIALIZADA

Rubia Fernanda Toledo de Oliveira – email: rubia_rfto@hotmail.com
Departamento de Engenharia de Produção, Universidade Estadual Paulista "Júlio de Mesquita" Campus da Faculdade de Engenharia de Guaratinguetá – UNESP.

Ricardo Batista Penteado – email: ricardo.penteado@ufu.br
Departamento de Engenharia de Produção, Universidade Federal de Uberlândia UFU – Campus FACIP, Ituiutaba/M.G, Brasil.

Beatriz Schiavinato Lazzaretti – email: beatrizschiavinato@gmail.com
Departamento de Engenharia de Produção, Universidade São Paulo USP – Campus EEL, Lorena/ S.P, Brasil.

Bruno Chaves Franco – email: bc.franco@outlook.com
Departamento de Engenharia de Produção, Universidade Estadual Paulista "Júlio de Mesquita" Campus da Faculdade de Engenharia de Guaratinguetá – UNESP.

RESUMO

O setor de saúde no Brasil vive uma crise que se traduz por baixa qualidade, ineficiência e iniquidade. Um conjunto de fatores como, problemas ligados à demora no atendimento, insegurança do paciente, erro médico e aos crescentes custos do processo de atenção à saúde, tem constituído um obstáculo importante para que avanços maiores e mais consistentes sejam conseguidos. Uma forma de melhorar esta situação é o setor de saúde examinar seus processos operacionais e prestar cuidados de forma mais eficiente e eficaz. Nesse contexto a aplicação de conceitos, métodos e ferramentas Lean destaca-se como uma alternativa para a reestruturação dos processos de saúde, denominado por

Lean Healthcare. Neste sentido a presente dissertação tem como objetivo analisar a aplicação dos conceitos e ferramentas do Lean Healthcare na melhoria do atendimento em uma unidade de Assistência Médica Especializada (AME). Se tratando dos métodos abordados, foi utilizada a técnica de pesquisa-ação, obtendo resultados desejados não apenas na solução dos problemas imediatos, mais também no aprendizado. Como resultado, uma série de melhorias foram sugeridas com base nos mapeamentos, observações in loco e entrevistas, destacando uma potencial diminuição no tempo de permanencia do paciente dentro da unidade em até 18% em um dos processos, caso seja implantado. Possíveis dificuldades encontradas para uma implantação do Lean, assim como, seus benefícios e vantagens também foram apresentadas.

PALAVRAS-CHAVE: Saúde no Mundo. Saúde no Brasil. Lean Manufacturing. Lean Healthcare

INTRODUÇÃO

A insatisfação com relação à qualidade da assistência à saúde, segundo Graban (2009) e Buzzi e Plytiuk (2011), é decorrente do aumento das demandas, de recursos limitados, de usuários mais exigentes e conscientes de seus direitos, da reivindicação dos profissionais que desejam condições melhores de trabalho. Desafiando, segundo Lakshmi e Sivakumar (2013), gestores da saúde a organizarem seus processos de maneira mais eficaz e eficiente.

Segundo Neto e Terra (2013), um conjunto de fatores como, demora no atendimento, insegurança do paciente e erros médicos tem constituído um obstáculo importante para que avanços maiores sejam conseguidos.

Para Warner (2013), a melhor maneira de aperfeiçoar esta situação é o setor de saúde examinar seus processos e prestar cuidados de forma mais eficaz e eficiente e para isso a aplicação de conceitos e técnicas da manufatura enxuta vem se destacando como uma alternativa para a reestruturação desses processos, denominado por Lean Healthcare (Laureani; Brady; Antony, 2013).

Dentro do exposto, este trabalho visa analisar a aplicação dos conceitos e práticas do Lean Healthcare na melhoria do atendimento em uma unidade de Assistência Médica Especializada (AME).

MÉTODO DE PESQUISA

Este estudo é de natureza aplicada, com abordagem qualitativa e quantitativa, sendo classificada como exploratória, com base na pesquisa-ação, onde foi utilizada uma técnica de mapeamento de processo.

REFERENCIAL TEÓRICO

Lean Healthcare

Originário do Sistema Toyota de Produção, o Lean é considerado uma alternativa radical para o método tradicional de produção em massa, através de princípios para maximizar a eficiência operacional, qualidade, rapidez e custo (Radnor; Holweg; Waring, 2012).

Para Zhang e Chen (2016), o Lean visa gerenciar, reduzir desperdícios e aperfeiçoar os processos com custo mínimo e valor máximo, considerando as necessidades dos clientes. Essas técnicas aplicadas ao serviço de saúde são denominadas de Lean Healthcare (Virtue; Chaussalet; Kelly, 2013).

Segundo Kadarova e Demecko (2016) a implementação de métodos e ferramentas, como 5S, DMAIC e Mapa de Fluxo de Valor, podem apresentar uma contribuição significativa na qualidade oferecida ao paciente e ao hospital. Estudos como, Nagy et. al (2013), Laureani, A; Brady, M; Antony, J (2013) e Miller, R; Chalapati, N. (2014) adotaram o 5S em ambiente hospitalar, relatando melhorias significativas com relação ao tempo médio dos processos e aumento da satisfação dos pacientes.

Mapeamento de Processo

O mapeamento de processo é uma análise de fluxo que distingui como o trabalho é realizado de como ele deveria ser. Utilizando este método é possível visualizar todas as operações onde podem ser realizados os ajustes necessários para aperfeiçoar os fluxos, a fim de atender o cliente no menor tempo possível, de maneiras mais eficientes e com custos reduzidos. Esta tendência tem levado algumas organizações a redesenharem seus sistemas, resultando em técnicas como o Mapa de Fluxo de Valor (Nyemba, Mbohwa, 2017).

Mapa de Fluxo de Valor - MFV

O Mapeamento de Fluxo de Valor é conhecido por visualizar o desperdício de tempo num sistema de fabricação, com o objetivo final de reorientar as práticas de produção e estabelecer planos para melhoria futura (Brown, Amundson, Badurdeen, 2014)..

Segundo Abdulmalek e Rajgopal(2007), um fluxo de valor é uma junção de todas as ações (as que acrescentam, bem como, as que não acrescentam valor), que são obrigatórias em um produto ou serviço através dos principais fluxos.

Para Melton(2005), o MFV é uma ferramenta realizada conforme descrito abaixo:

- Primeira etapa: escolher um determinado produto/serviço como o alvo para melhoria.
- Segunda etapa: desenhar um mapa do estado atual, que é essencialmente uma captura instantânea de como as coisas estão sendo realizadas atualmente, com o intuito de identificar os focos de desperdícios, enxergando os gargalos e problemas existentes.
- Terceira etapa: criar um mapa do estado futuro, que é um retrato de como o sistema deve cuidar das ineficiências que foram encontradas na etapa anterior.

Diagrama Espaguete

Para Bhat, Gijo, Jnanesh, (2016) e Deguirmendjian (2016), o diagrama de espaguete é uma ferramenta que auxilia a estabelecer o layout ideal a partir de uma determinada atividade, baseando-se na visualização da movimentação ao longo de um processo. Esta ferramenta trata-se de mostrar se o percurso traçado realmente é necessário para a realização de tal processo em uma unidade..

RESULTADOS E DISCUSSÕES

Estado Atual

O fluxo do processo consiste de pacientes ambulatoriais com consultas nas especialidades de Cardiologia, Neurologia, Endocrinologia, Obstetrícia, Gastroenterologia, Pediatria e Clínica Médica, que tem início assim que os mesmos entram na unidade.

1. Balcão: entrega do protocolo de agendamento contendo as informações da consulta, assinatura na ficha de atendimento. E encaminhamento para a sala de enfermagem.
2. Sala de Enfermagem: verificação dos sinais vitais. Após verificação, o paciente é orientado a voltar ao balcão com seu prontuário, entrega-lo ao atendente e aguardar na sala de espera.
3. Consultório Médico: paciente entra no consultório onde permanece até o término da consulta. Após o paciente é orientado a passar na recepção para agendar os exames, caso seja solicitado, ou a consulta com outro especialista, se for o caso.
4. Recepção: é onde os pacientes entregam os pedidos de exame ou encaminhamento médico e informam seus dados para agendamento. A partir deste momento o paciente está liberado para ir para casa.

Figura 1 – Mapa do Estado Atual

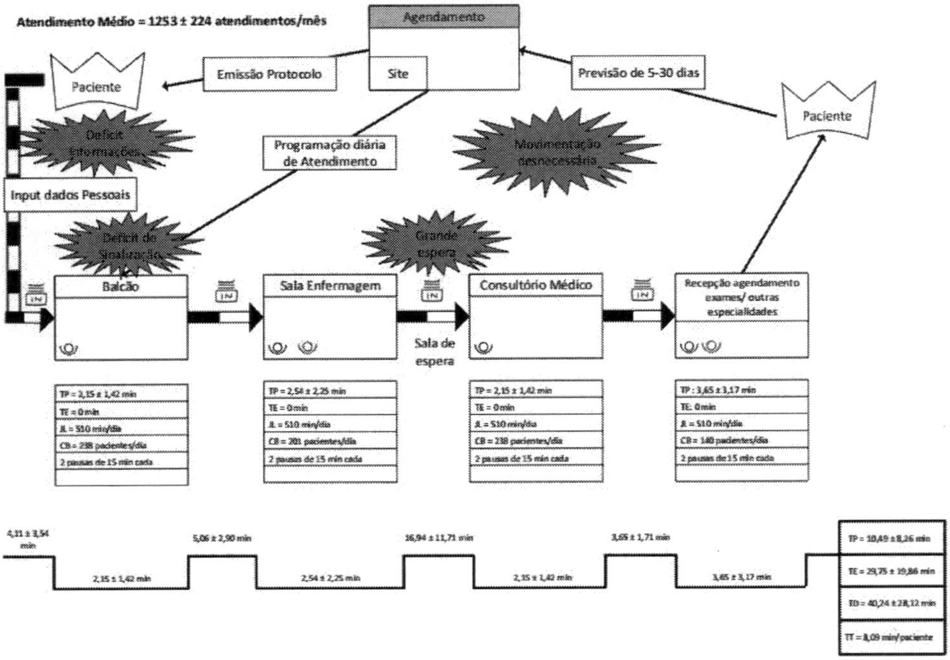

Fonte: Próprio Autor

Ao analisar a Figura 1 observou-se que o fluxo de pacientes é realizado de forma empurrada, ou seja, cada etapa produz de acordo com o que foi planejado, não se importando com o acumulo de pacientes nas etapas subsequentes, ocasionando assim, longas filas de espera e insatisfação dos pacientes. A partir da análise dos tempos é possivel verificar que o Tempo do Processo (TP), ou seja, tempo em que o paciente está sendo efetivamente atendido é de 10,49 min., com um desvio padrão de 8,26 min, já o Tempo de Espera (TE) é de 29,75 min., com desvio padrão de 19,86 min., totalizando um Tempo de Duração (TD) ou tempo total de atravessamento dentro da unidade é de 40,24 min., com um desvio padrão de 28,12 min, sendo que o Takt Time (TT) por paciente é de 8,09 min.

A partir dos resultados obtidos na Figura 1, foi possivel verificar a relação entre o takt time e os tempos do processo de cada elemento, evidenciados pelo

Gráfico 1 (a), bem como avaliar a capacidade bruta do processo, como mostra o Gráfico 1 (b).

Gráfico 1 – Relação entre Takt Time com Tempo de Processo.

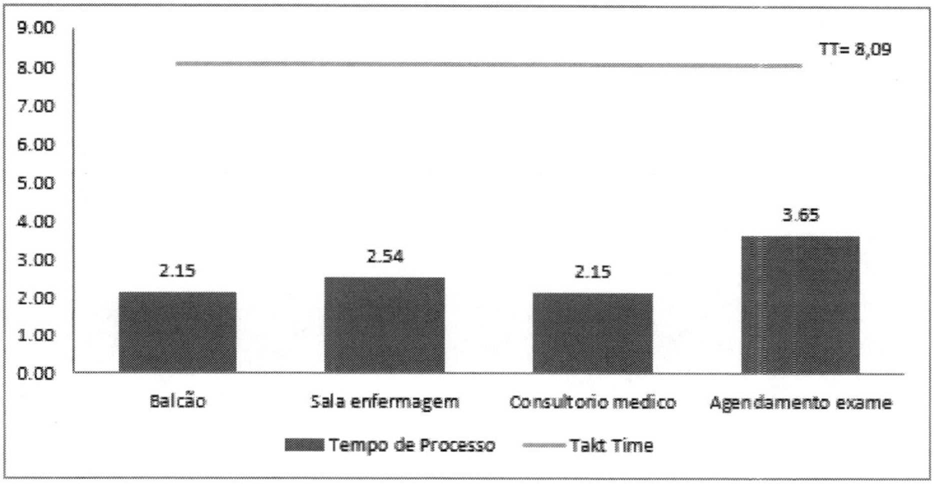

Fonte: Próprio Autor

Atualmente existe 1 colaborador atendendo no balcão, 2 Sala de Enfermagem, 1 Médico e 2 colaboradores no agendamento. Para uma análise do o Gráfico 1 (a) foi utilizado o cálculo do Takt Time, que corresponde ao ritmo de produção necessário para atender a demanda, esse cálculo segundo Rother e Shook [19], se dá através da divisão da Jornada Liquida (JL) pela Demanda (D), conforme mostra a Equação 1.

$$\text{Takt Time (TT)} = \frac{JL}{D} \text{ (s)} \qquad (1)$$

Após os cálculos pode-se observar que no Gráfico 1 (a) o Tempo do Processo de cada etapa ficou abaixo do Takt Time, evidenciando que atualmente a unidade possui tempo hábil para o pleno atendimento das necessidades do paciente, no referido processo.

Gráfico 2 – Atendimento Médio x Capacidade Bruta do Processo

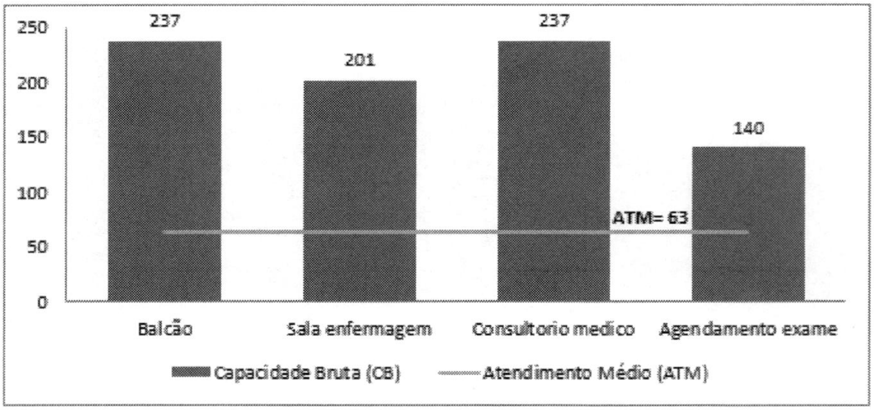

Fonte: Próprio Autor

No Gráfico 2, foi utilizado o cálculo de Capacidade Bruta, que consiste segundo Rother e Shook [19] o cálculo é realizado através da divisão da Jornada Liquida (JL) pelo Tempo de Ciclo (TC), conforme mostra a Equação 2.

$$\text{Capacidade Bruta (CB)} = \frac{JL}{TC} \tag{2}$$

Foi possível observar que a unidade possui uma Capacidade Bruta acima do Atendimento Médio Diário, demonstrando que a mesma não deve encontrar problemas com relação ao não atendimento. Indicando ainda, que um colaborador poderia exercer outras atividades para que não ocorra ociosidade já que a unidade não trabalha com emergências.

Estado Futuro: Propostas de Melhorias

Tendo em vista as análises e os cálculos já realizados, pode-se observar que a Unidade possui capacidade de atendimento e tempo hábil para o mesmo, não caracterizando assim um problema. Contudo algumas sugestões de melhorias são necessárias para aperfeiçoar o Fluxo dos Processos de Atendimento e o Layout da Unidade. Para o Mapa de Estado Futuro foram propostas algumas melhorias:

- ✓ Identificar os Balcões por cores e colocar placas de identificação contendo o nome do médico e a especialidade;
- ✓ Colocar placas identificando os consultórios, as salas de procedimentos, recepção, balcões de atendimento e balcão de informações;
- ✓ Colocar adesivos no chão mostrando o fluxo correto a ser seguido e com isso delimitar dos espaços para as filas,
- ✓ Identificar os espaços reservados para as cadeiras de rodas, sendo de fácil acesso e identificação para os pacientes;
- ✓ Mudar localização dos balcões de atendimento, visando uma estrutura mais limpa e mais próxima dos consultórios ao quais os mesmos correspondem, minimizando a movimentação excedente;
- ✓ Mudar localização de alguns Consultórios, Sala de Exame e Sala de Enfermagem evitando a movimentação desnecessária;
- ✓ Inserir um balcão de informações na entrada da unidade, contendo um funcionário treinado que direcionará o paciente;
- ✓ Estabelecer *check list* dos materiais e impressos a serem utilizados durante os períodos de atendimento, evitando o atraso e a movimentação desnecessária pela falta dos mesmos.
- ✓ Desenvolver um ANS (Acordo de Nível de Serviço) evitando os atrasos médicos que acabam por aumentar o tempo de espera do paciente;
- ✓ Combinar as etapas de balcão e sala de enfermagem, para diminuir o tempo de permanência do paciente na unidade;

Após as propostas de melhoria pode-se observar que houve mudança no processo e no layout da unidade, conforme mostra a Figura 2 e 3, aperfeiçoando assim, o tempo do paciente na unidade e a movimentação desnecessária dentro da mesma.

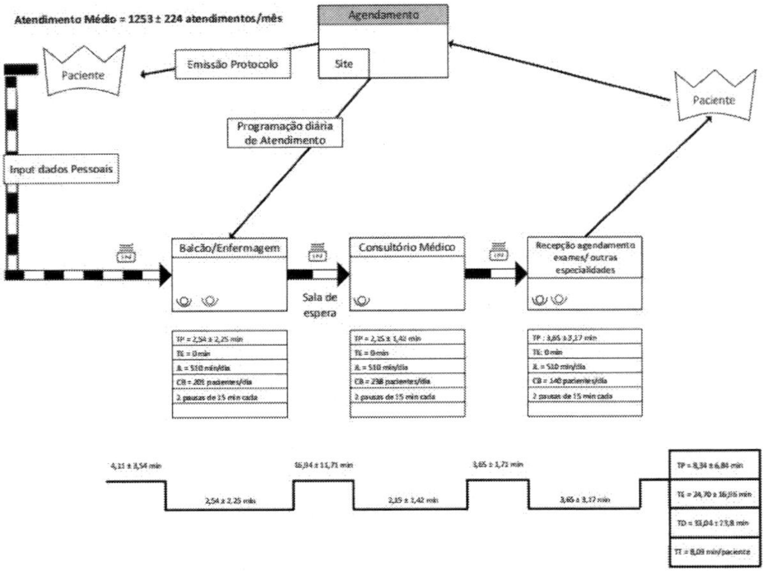

Figura 2 – Estado Futuro

Fonte: Próprio Autor

Figura 3 – Diagrama Espaguete da Situação Atual e Situação Futura do Processo

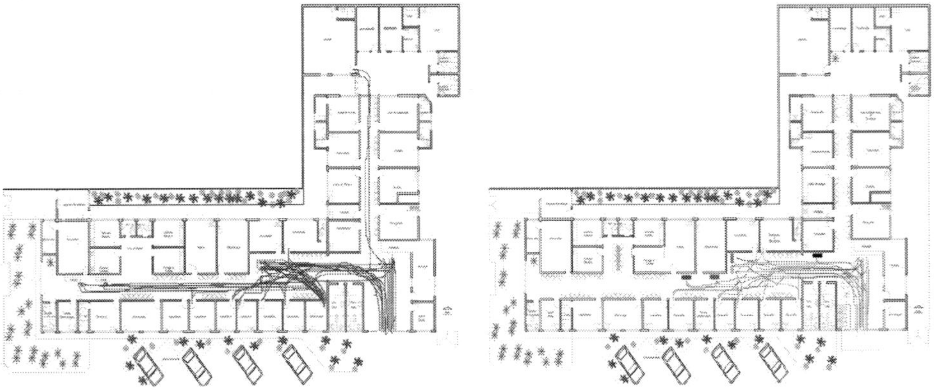

Fonte: Próprio Autor

CONCLUSÕES

O Mapa de Fluxo de Valor foi empregado e permitiu o entendimento da capacidade de atendimento de cada atividade no processo e identificação de gargalos. Com tais informações, foi possível sugerir melhorias e elaborar o mapa futuro da unidade, onde se pode observar uma melhora de 18% na redução do tempo de processo e uma melhora consideravel no fluxo de pessoas dentro da unidade. Notou-se com o Diagrama Espaguete, que o fluxo de pessoas apresentou-se mais limpo e organizado.

A implantação do *Lean* no setor de Saúde é de grande relevância, entretanto, não se constitui de um modelo ou uma fórmula de sucesso, é necessário entender o sistema e analisar uma forma satisfatória para cada realidade específica.

Com a implantação do *Lean* é possível observar benefícios de curto, médio e longo prazo, tais como: melhoria do ambiente de trabalho, comprometimento e envolvimento dos colaboradores, melhoria na produtividade do serviço, redução de tempo e de custos.

Um ponto de atenção na adoção do *Lean* é que podem ser demandados investimentos em sua fase inicial, haja vista que uma das melhorias preconizadas é o rearranjo físico, porém as vantagens adquiridas são ainda maiores que os gastos despendidos neste processo, pois com a implantação a prestação do serviço se torna mais eficaz e eficiente, o atendimento passa a ser mais rápido, mais pontual, com o foco direcionado para os pacientes, com maior flexibilidade e confiabilidade, pois desta forma a organização não só reduz seus custos mais também fortalece sua imagem e a dos serviços prestados.

Conclui-se que a filosofia *Lean* pode trazer muitos benefícios, porém para que os objetivos sejam alcançados é necessário que os serviços possuam um planejamento, acompanhamento, manutenção e a motivação de todos os membros envolvidos. A aplicação dos conceitos e ferramentas pode ajudar a fomentar esta cultura, pois resolve os problemas enfrentados pelos colaboradores, trazendo uma melhor qualidade no serviço prestado e um bem estar no ambiente de trabalho, podendo ser um catalisador para esta mudança cultural.

REFERENCIAS BIBLIOGRÁFICAS

1. Graban M. Hospitais Lean: melhorando a qualidade, a segurança dos pacientes e o envolvimento dos funcionários. Bookman 2009; 293 p.

2. Buzzi D, Plytiuk CF. Pensamento enxuto e sistemas de saúde: um estudo da aplicabilidade de conceitos e ferramentas lean em contexto hospitalar. Revista Qualidade Emergente 2011; v.2, n.2: 18-38.
3. Lakshmi C, Sivakumar, AI. Application of queueing theory in healthcare: A literature review. Operations Research for Health Care 2013; v 2, 25–39.
4. Neto GV, Terra V. A universidade e a formação de recursos humanos na gestão da saúde. Revista de Administração Pública 2013, Vol. 32.
5. Warner CJ. et al. Lean principles optimize on time vascular surgery operating room starts and decrease resident work hours. Journal Vascular Surgery 2013; v 58: 1417-1422.
6. Laureani A, Brady M, Antony J. Applications of Lean Six Sigma in an Irish hospital. Leadership in Health Services 2013; Vol. 26, 322-337.
7. Radnor ZJ, Holweg M, Waring J. Lean in healthcare: The unfilled promise? Social Science & Medicine 2012; v 74: 364-371.
8. Zhang L, Chen X. Role of lean tools in supporting knowledge creation and performance in lean construction. Procedia Engineering 2016; 1267-1274.
9. Virtue A, Chaussalet T, Kelly J. Healthcare planning and its potential role increasing operational efficiency in the health sector. Journal of Enterprise Information Management 2013; v 26: 8-20
10. Kadarova J, Demecko M. New approaches in Lean Management. Procedia Economics and Finance 2016; 11 – 16.
11. Nagy P, et. al. Utilizing the 5S Methodology for Radiology Workstation Design: Applying Lean Process Improvement Methods. American College of Radiology 2013.
12. Miller R, Chalapati N. Utilizing lean tools to improve value and reduce outpatient wait times in an Indian hospital. Leadership in Health Services 2015; v 28: 57-69.

13. Nyemba WR, Mbohwa C. Process mapping and optimization of the process flows of a furniture manufacturing company in Zimbabwe using machine distance matrices. Procedia Manufacturing 2017; 447 – 454.
14. Brown A, Amundson J, Badurdeen F. Sustainable value stream mapping (Sus-VSM) in different manufacturing system configurations: application case studies. Journal of Cleaner Production 2014; 85: 164 -179.
15. Abdulmalek FA, Rajgopal J. Analyzing the benefits of lean manufacturing and value stream mapping via simulation: A process sector case study. Int J Production Economics 2007; 107: 223–236.
16. Melton T. The benefits of lean manufacturing: what lean thinking has to offer the process industries. Chemical Engineering Research and Design 2005; 662–673.
17. Bhat S, Gijo EV, Jnanesh NA. Application of Lean Six Sigma methodology in the registration process of a hospital", Int Journal of Productivity and Performance Management 2016; 63: 613-643.
18. Deguirmendjian SC. Lean Healthcare: aplicação do diagrama de espaguete em uma unidade de emergência. São Carlos. Dissertação de Mestrado – UFSCar; 2016.
19. Rother M. Shook J. Aprendendo a Enxergar – Mapeando o Fluxo de Valor para Agregar Valor e Eliminar o Desperdício. Lean Institute Brasil 2012.

UTILIZAÇÃO DO LEAN SIX SIGMA PARA REDUÇÃO DO ÍNDICE DE DEFEITOS NA USINAGEM DE CONEXÕES EM UMA EMPRESA DE SERVIÇOS DE MANUTENÇÃO TUBULAR

Vinícius Luiz da Costa
Faculdade Cenecista de Rio das Ostras
vinicius.luizcosta@gmail.com
Fredjoger Barbosa Mendes
Universidade Federal Fluminense
fredjoger@gmail.com

RESUMO

A usinagem de conexões de precisão para a indústria petrolífera é uma atividade de alto valor agregado e que emprega equipamentos de alta tecnologia. Neste contexto os custos da não qualidade podem afetar a competitividade do negócio drenando recursos para a execução de retrabalhos. A aplicação dos conceitos *Lean Six Sigma* foi a solução encontrada para redução do índice de rejeições em operações de usinagem na fabricação e reparo de conexões de precisão empregadas em tubos petrolíferos. Os resultados positivos obtidos certamente servirão de case de sucesso para inspirar outros trabalhos nesta mesma direção.

Palavras chave: *Lean Six Sigma*; usinagem; gestão de processos.

INTRODUÇÃO

O mercado de óleo e gás apresenta-se cada vez mais competitivo. A crise do mercado petrolífero que ocorreu a partir de 2014 demandou das empresas a implantação de estratégias para aumentar a produtividade e a qualidade de seus produtos e serviços, além de reduzir os custos. O processo de usinagem de conexões de precisão em tubos petrolíferos está inserido nesse contexto.

Para subsidiar a obtenção de resultados sustentáveis através do aumento da produtividade e da redução dos custos, a adoção de uma metodologia que propiciasse a obtenção desses resultados se tornou vital. A metodologia *Lean Six Sigma* vem norteando diversas empresas, já que proporciona a junção de dois conceitos concebidos para esta finalidade: o *Lean Manufacturing* ou *Lean Production* trabalhando diretamente no fluxo produtivo e o *Six Sigma,* que atua na redução da variabilidade.

Lean Manufacturing ou Produção Enxuta foi a responsável pelo sucesso do Sistema Toyota de Produção, o qual é referência para o desenvolvimento da indústria automobilística no século XX [1]. O Six *Sigma* foi criado na década de 1980 por Bill Smith na Motorola. Destacou-se pelos resultados expressivos conseguidos por Jack Welch na General Electric (GE) nos anos 1990 [2].

As metodologias se complementam à medida que o *Lean* proporciona mudanças rápidas para o aumento da produtividade e o *Six Sigma* possibilita a melhoria da qualidade, fazendo uso de ferramentas estatísticas, baseando, principalmente, no ciclo DMAICS, que é constituído pelas seguintes etapas: Definir (Define), Medir (Measure), Analisar (Analyze), Melhorar (Improve), Controlar (Control), Padronização (Standard). O alinhamento e a afinidade entre os dois métodos fizeram surgir uma nova metodologia estruturada sobre a combinação da filosofia e das ferramentas de ambos: o *Lean Seis Sigma* [3].

A empresa onde o trabalho foi desenvolvido está inserida no mercado de serviços para a indústria de óleo e gás, sendo especialista na usinagem de conexões de precisão em tubos petrolíferos. O processo de usinagem de conexões de precisão em tubos petrolíferos é de alto valor agregado, então a geração de defeitos no processo de usinagem acarreta um aumento significativo nos custos do processo. Os custos de não qualidade estavam afetando a rentabilidade da empresa e ameaçando sua sustentabilidade no longo prazo. Neste cenário foi considerada a adoção do *Lean Six Sigma* que pode ser considerado uma estratégia gerencial de mudanças para acelerar o aprimoramento em processos, atuando na redução da variação do resultado entregue aos clientes e contribuindo de maneira positiva para o resultado da empresa, pois reduz os custos da não qualidade, como desperdícios, inspeções, retrabalhos, sucata, perda de clientes e desgaste da imagem como afirma Campos [4].

No ano de 2014 houve uma taxa de 1,7% na ocorrência de defeitos nos processos de usinagem de conexões por diversos motivos. Já em 2015 houve um aumento na ocorrência de defeitos pelos mesmos motivos, atingindo um resultado anualizado de 3,2%, o que corresponde a um aumento de um ano para outro de 53%. O crescimento na ocorrência de defeitos gerou o aumento dos custos de não qualidade e do tempo de entrega do processo.

No processo em estudo a fabricação das conexões tubulares possui um alto grau de complexidade e há influência de fatores externos como habilidade operacional, manutenção dos equipamentos, funcionamento dos periféricos, desempenho das ferramentas de usinagem e adequação de programas projetados e tudo isto combinado precisa alcançar conformidade em termos de segurança, qualidade e eficiência. O atendimento à diversidade desses parâmetros de processo que são primordiais para a obtenção da repetibilidade e reprodutibilidade na fabricação de conexões a cada usinagem demandou a adoção da metodologia *Lean Six Sigma* como a mais adequada para a obtenção de melhorias tangíveis.

REFERENCIAL TEÓRICO

Lean manufacturing

Conforme Werkema [5], *Lean Manufacturing* consiste em trazer maior velocidade aos processos da empresa e eliminar desperdícios, entendidos como tudo aquilo que não agrega valor ao cliente. O objetivo é produzir mais utilizando menos recursos, motivo pelo qual ficou conhecido como Produção Enxuta.

Six sigma

Segundo Werkema [6] a metodologia *Six Sigma* foi desenvolvida na década de 80 pela Motorola, com a finalidade de fazer frente aos seus concorrentes que fabricavam produtos de qualidade superior e de baixo custo. A empresa mudou a cultura organizacional desenvolvendo o padrão DPMO (Defeitos por Milhões de Oportunidades), proporcionando melhorias tangíveis em seu processo, o que garantiu por muito tempo sua competitividade num mercado muito disputado.

Lean Six Sigma

Lean Manufacturing ou *Lean Production* e o *Six Sigma* são possivelmente as abordagens mais populares usadas por empresas de diversos setores industriais [7,8]. A ideia de unir essas metodologias não é recente. De acordo com Straatmann [9] a visão do *Lean Production* e do *Six Sigma* trabalhando em um mesmo processo de melhoria teve seu início na década de 90, quando as empresas começaram a empregá-lo em paralelo e de modo desagregado. Segundo Bossert [10] e Smith [11], o emprego das metodologias dessa forma começou a ocasionar alguns problemas e dificuldades, visto que as duas metodologias possuem objetivos distintos (apesar de complementares) e formas diferenciadas de implantação. Porém, o esforço de empresas líderes em aumentar a competitividade fez com que a manufatura se sobressaísse em relação às demais áreas de organização, em função de uma melhoria expressiva de seu desempenho operacional e por seu pioneirismo na introdução de novas abordagens de gestão [12, 13].

Lean Six Sigma, em tese, pode oferecer melhores resultados que a condução de dois programas independentes por meio de organizações separadas [3, 14]. Para George [7], a união dessas metodologias é benéfica, já que, desse modo, as virtudes de uma metodologia podem compensar certas lacunas da outra. Essa visão é corroborada por Andersson *et al.* [15], que, tendo comparado as formas de intervenção da Lean Manufacturing e Six Sigma, constataram que ambas têm em comum propostas objetivas para a busca da excelência operacional, são complementares e compatíveis entre si, embora sejam distintas.

Em um estudo mais detalhado, Salah *et al.* [8] com base em Yang [16], fizeram uma revisão sobre o tema e elaboraram uma lista de dimensões comparativas entre o Lean Production e o Six Sigma. O quadro 1 apresenta algumas dessas similaridades, de acordo os autores citados:

Quadro 1: Similaridades entre as metodologias

1 – Similaridades entre o Seis Sigma e o *Lean Manufacturing*	Six Sigma	*Lean Manufacturing*	Observações
Origem	Motorola (década de 80)	Toyota (década de 70)	Ambos incorporam princípios do TQM (*Total Quality Management*)
Liderança	Abordagem de cima para baixo ("*top down*")	Abordagem de cima para baixo ("*top down*")	Ambos enfatizam comprometimento e suporte da liderança (YANG, 2004)
Princípios, métodos e ferramentas	Capabilidade e estabilidade dos processos, DMAIC, CTQs (*Critical to Quality)* (HAN; LEE, 2002); voz do cliente, eliminação de defeitos (YANG, 2004)	Busca de valor, quantidade e qualidade para os clientes quando ele necessita; 5 princípios (WOMACK, JONES, 1991)	Ambos têm traços do TQM, que pode ser visto como um pilar do *Lean* Seis Sigma (SHEEHY et al., 2002)
Características de estrutura	Gerenciamento de projetos com plano de melhoria	Gerenciamento de projetos com implantação de melhorias pelo MFV	Ambos guiados pela liderança com base em planejamento e execução (ANDERSON et al., 2006)
Participantes	*Green belts, black belts, masters black belts e champions*	Líder de *Kaizen*, Líder do Mapeamento do Fluxo de Valor (MFV), *Sensei*	-

Fonte: Salah *et al.* [8]; Pinheiro, Scheller, Cauchik [17].

METODOLOGIA

Na visão de Richardson [18] o conjunto de atividades sistêmicas e lógicas facilita a obtenção dos resultados propostos, que é definido como o método que delineia a trajetória e dá suporte às tomadas de decisões.

Para Gill [19], um estudo exaustivo e aprofundado de um objeto permite obter conhecimento amplo e detalhado, possibilitando o aproveitamento destes resultados para compreensão de fenômenos complexos. E o estudo de caso tem como meta a aplicação imediata de uma teoria em uma situação com a mesma característica.

Já para Yin[20], o estudo de caso é um modo de aplicação de um contexto de forma intencional, acreditando que elas são relacionadas com seu fenômeno estudado.

O método de estudo de caso aplicado a este artigo adotou uma sequência de fatos determinados em um caso bem sucedido de aplicação, abordando conceitos relevantes e realizando adaptações necessárias.

ESTUDO DE CASO

A empresa ao qual o estudo se refere é uma empresa de prestação de serviços para o mercado de óleo e gás que tem como uma de suas principais atividades a fabricação e reparo de conexões usinadas em tubulares. Esta empresa possui um vasto portfólio de conexões com características diferentes e que foram customizadas para atender o dinâmico e complexo processo de exploração e produção de óleo e gás. O processo de fabricação das conexões é complexo, regulado por várias normas internas e externas e não admite desvios em suas características. Neste contexto a variabilidade é indesejada e deve ser objeto de análise e de ações de mitigação e redução no contexto do controle de processos. Sendo assim a adoção do *Lean Six Sigma* foi de encontro com o objetivo de redução da variabilidade do processo que a organização demandava. Esta companhia possui um manual de gestão chamado XMS (X Management System) que contém todos os métodos de trabalho a serem empregados nos projetos *Lean Six Sig*ma, sendo que por ser um material corporativo possui uma interpretação das ferramentas adotadas específica para sua realidade. A seguir estão descritas as etapas desta experiência.

Definição do escopo do projeto (Fase Definir)

A partir de levantamentos estatísticos utilizando os dados históricos do processo e com diretrizes definidas pela alta gerência da empresa foi determinada metas para redução de defeitos, as quais serão descritas a seguir.

No levantamento realizado levou-se em consideração 1° quartil do conjunto de dados levantados, considerados os 25 menores e ou melhores dados. O termo "melhores" depende do tipo de indicador de desempenho a ser utilizado, pois conforme a característica do processo, o menor resultado é o melhor resultado, ou seja quanto menos defeitos em conexões usinadas melhor para o processo. O cálculo da meta está mostrado na figura 1 e seu valor é de 2%.

De janeiro a dezembro de 2015 a taxa de rejeição era de 3,2%, oscilando ao longo dos anos. A proposta era reduzir para 2,0%, ou seja, uma redução de 37,5%. Um dos diferenciais do trabalho apresentado foi à delimitação para a definição da meta, pois o processo de usinagem possui uma série de possibilidades de ocorrências de defeitos. No entanto, a equipe que conduzia o projeto atuou nos principais defeitos ocorridos dentro do período levantado, que eram os seguintes: perfil de selo, diâmetro de rosca, perfil de roscas e mancha preta. Estes defeitos representavam 37% do total de ocorrências no processo, demonstrando ser mais adequado atuar nestes desvios, veja o Pareto dos defeitos na figura 2.

Figura 1: Cálculo da meta

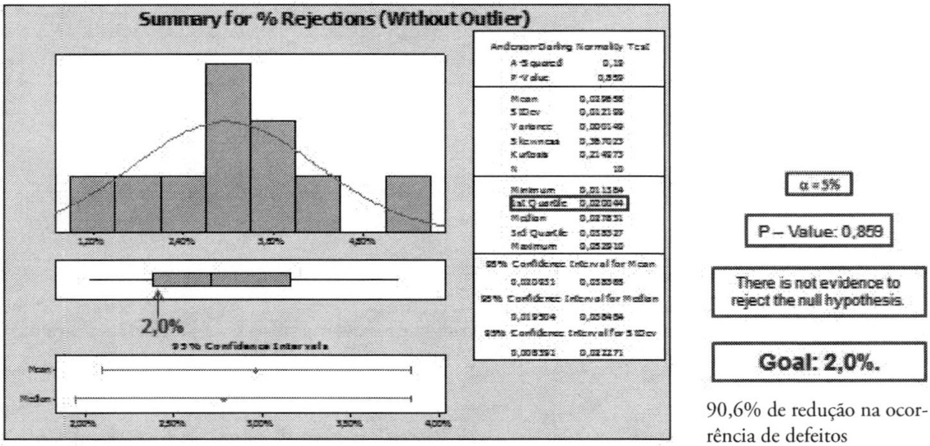

90,6% de redução na ocorrência de defeitos

Fonte: Os autores, 2016.

Figura 2: Pareto dos defeitos

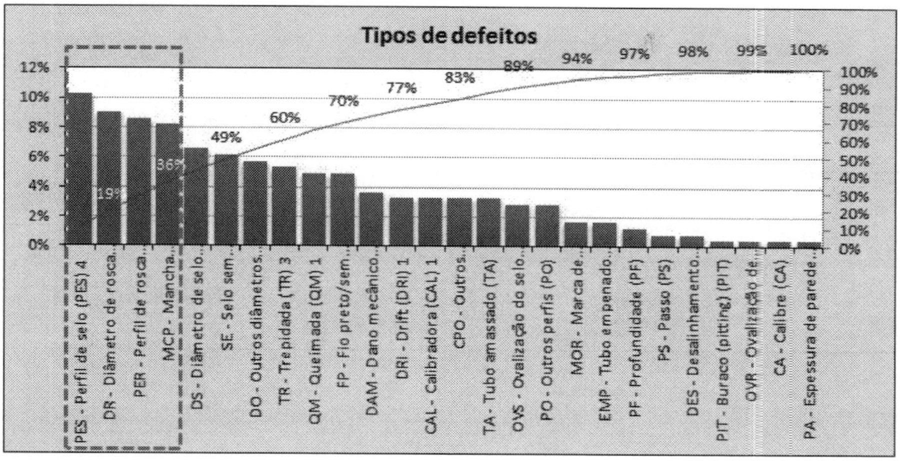

Fonte: Os autores, 2016.

SIPOC

O termo SIPOC tem origem nos termos em inglês: Suppliers (fornecedores), Inputs (insumos), Process (processo), Outputs (produtos obtidos na saída) e Customers (consumidores) [21, 22, 23, 24]. Essa expressão foi utilizada no projeto para delimitar as áreas de atuação, que é importante para determinar os processos e suas ramificações em que serão analisadas as possíveis causas da ocorrência dos defeitos.

Neste caso foi definido que a área de atuação iniciaria no processo de calibragem até a inspeção dimensional das conexões, entendendo que estas são fases do processo de maior complexidade e um número de parâmetros que necessitam de controle e que podem influenciar na geração de defeitos no processo de usinagem das conexões, veja a figura 3.

Figura 3: SIPOC

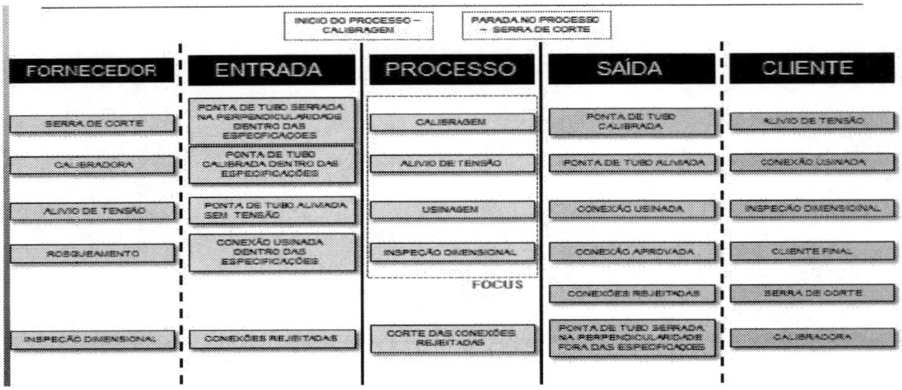

Fonte: Os autores, 2016.

VOC, CTQ e CTB

Para entendimento do foco do projeto é importante determinar o VOC, CTQ e CTB do projeto. A sigla VOC vem do inglês e significa *Voice of customer* - a voz do cliente, sendo importante identificar se o propósito do projeto atende a demanda do cliente final. Outros aspectos que também devem ser identificados são o CTQ, sigla que significa *Critical to Quality* ou crítico para qualidade. Durante a aplicação do Lean Six Sigma devem ser identificados os fatores críticos para qualidade do processo, para assim, determinar meios para medi-los e controlá-los. E o CTB, sigla que vem inglês e significa *Critical to business*, crítico para o negócio, são os vetores que impactam diretamente o negócio da empresa que estão delimitados pelo escopo do projeto. Para a redução da variabilidade da ocorrência de defeitos de usinagem foram determinados os seguintes:

a. VOC: Conexões usinadas dentro das especificações (key issue)
b. CTQ e CTB: Indicador de conexões usinadas liberadas e recusadas.

Plano de Comunicação

Para que o projeto possua marcos, foi criado um de plano de comunicação, onde foi definida a frequência em que ocorria a reunião para a discussão do projeto junto aos seus membros e com os patrocinadores da iniciativa. Neste caso, o gerente responsável pela unidade produtiva onde o projeto estava sendo realizado e a frequência de reunião com o *coach* do projeto que geralmente é um profissional com formação *Master Black Belt.*

Caracterização dos defeitos (Fase Medir)

Nesta fase foi necessário aferir o sistema de medição ou garantir que etapas no processo que atestam a qualidade das conexões usinadas não iriam interferir no resultado final. Inicia-se caracterizando os defeitos ocorridos no processo, para então, determinar se estes podem ser atestados visualmente ou precisam de equipamentos para sua identificação. Neste projeto caracterizaram-se dois defeitos atestados visualmente e dois outros defeitos que foram atestados através de equipamentos de medição.

Mapa de Fluxo de Valor

O Mapeamento do Fluxo de Valor é uma ferramenta que fornece uma visão global de todas as etapas do processo de um produto ou serviço, desde o fornecedor até o cliente final, em termos de fluxos físicos e de informação, analisando todas as atividades que agregam ou não valor para propor melhorias[25].

No mapa do fluxo de valor identificou-se quais são os "Y"s e os "X"s de cada fase do processo. Os "Y"s são as etapas de transformação do processo de manufatura, realizado para propiciar a usinagem de uma conexão. Os "X"s são possíveis problemas que podem ocorrer em cada fase do processo e que venham a contribuir para uma possível ocorrência de defeitos. No caso estudado, encontramos 21 "X"s que poderiam impactar diretamente na ocorrência de defeitos. Nesta fase a identificação dos "X"s é feita através de um *braimstorming* realizado com toda a equipe que esteve envolvida no projeto.

Matriz de esforço e impacto

Com identificação dos "X"s deve ser criada uma matriz de priorização, na qual serão direcionados os esforços para resolução dos problemas que possivelmente são os que impactam diretamente na possibilidade de ocorrência de defeitos.

Por meio desta matriz definem-se quais serão os itens a serem analisados com maior prioridade, ou seja, apenas os itens que possuem as relações de baixo esforço de execução e alto impacto nos resultados do processo, seguindo o método proposto por Carazas[26].

Sistema de Medição - Repetibilidade e Reprodutibilidade R&R

A repetibilidade e reprodutibilidade são um método de análise de sistemas de medição amplamente aplicado na indústria e ambos são mensurados em função da dispersão dos valores aferidos por um sistema de medição. A combinação dos dois fatores permite calcular a variabilidade de um sistema de medição e dá origem ao estudo do R&R. A repetibilidade caracteriza o erro aleatório de causas comuns dentro do sistema de medição. A reprodutibilidade se refere à variação da média entre sistemas de medições. A aplicação do método R&R é para determinar se a variabilidade do sistema de medição é relativamente menor que a variabilidade do processo monitorado[27, 28].

Para atestar o sistema de medição do processo de usinagem de conexões foi medido os quatro tipos de defeitos caracterizados, veja figura 2. Em seguida, buscou-se a concordância entre os inspetores que atestam o resultado do processo aprovando ou identificando defeitos e rejeitando as peças, e foi definido um inspetor *expert* para ser a referência para determinação dos resultados. Após as comparações tabelaram-se os resultados e utilizou-se o Minitab, *software* de análise de estatística para avaliar os dados, determinar aprovação ou rejeição do sistema de medição para os quatro defeitos alvo do projeto.

Um ponto a ser considerado é que na avaliação dos inspetores ou profissionais que atestem o resultado da qualidade de um processo, os mesmos devem encontrar peças boas e peças ruins. No caso, o alvo do projeto são as conexões aprovadas e conexões rejeitadas ou usinadas, conforme as especificações e/ou fora das especificações.

Com a realização dos *rounds* de medição conseguiu-se atestar que o sistema de medição era apto e que o resultado da qualidade atestado pelos inspetores não influenciava no resultado da usinagem, pois em um sistema não apto os inspetores responsáveis pelas inspeções dimensionais poderiam cometer erros ao medir e rejeitar uma conexão usinada dentro das especificações.

Realizou-se um total de oito rounds de medição, nos quais entre um e outro foram encontrados desvios, bem como foram tomadas diversas ações para possibilitar a aptidão do sistema de medição.

Teste de normalidade

Nesta fase também se realizou o teste de normalidade através da verificação da curva da normalidade, podendo determinar nível sigma do processo. Para o estudo de caso em questão, utilizaram-se os dados levantados referentes aos defeitos ocorridos. O propósito foi verificar o nível sigma antes da realização das ações de melhoria, para depois comparar os resultados no final do projeto.

Como os dados não seguiram uma normalidade visto que o P valor foi menor que 0,005; então utilizou-se o cálculo do DPMO (Defeitos por Milhões de Oportunidades).

Análise dos problemas (Fase de Análise)

Na fase de análise buscou-se determinar e comprovar a qualidade através de testes estatísticos, para averiguar se realmente os "X"s identificados são os responsáveis pela ocorrência de defeitos. Utilizou-se dados coletados nas fases de definição e na própria fase de análise para subsidiar a realização dos testes. Conforme a característica da amostra deve-se buscar um teste estatístico específico para amostras dos problemas em questão. Para tanto, aplicamos o método qui-quadradro com o intuito de relacionar e atestar que realmente os "X"s (possíveis problemas) influenciam os "Y"s (etapas do processo). Para determinação do melhor teste estatístico a ser utilizado utilizou-se, também, o método *Logigram*, que orienta qual o melhor teste a ser realizado, conforme as características dos dados.

Foram realizados os testes para verificar a correlação dos 14 "X"s com a ocorrência de defeitos e, posteriormente, utilizadas a ferramentas da qualidade para análise, como as árvores de falha e o diagrama de Ishikawa.

Durante a fase de análise se as ações de ganhos rápidos forem identificadas, elas devem ser realizadas. As causas raízes encontradas nas análises realizadas deverão ser alvo de um plano de ação a ser executado na fase de melhoria.

Implantação das melhorias (Fase de Melhoria)

Nesta fase foram realizadas as ações de melhoria identificadas para atuar sobre as causas raízes dos problemas encontrados na fase de análise. Desta forma utilizou-se o 5W2H para organizar a execução das ações e o teste piloto para verificar a eficácia das ações no curto prazo.

Teste piloto

A partir da implantação das ações deve ser realizado um teste piloto para verificar se a solução encontrada irá melhorar o desempenho nível sigma. Nesse momento surge a necessidade da manutenção dos ganhos por meio de métodos de controle que podem ser qualitativos ou quantitativos e escolhidos de acordo com a padronização do processo[29]. Para realizar teste piloto, o processo de produção foi acompanhado por 20 dias após a implantação das ações. Este procedimento foi executado de acordo com os protocolos previstos e nos 20 dias de teste obteve-se a redução de 78% nos defeitos.

Controle e Padronização (Fase de Controle e Padronização)

Nesta fase foi realizada uma nova verificação da capabilidade do processo, a fim de identificar o alcance das metas propostas para aumentar o nível sigma da operação. No caso estudado, houve uma grande melhoria. O nível sigma do processo que antes foi medida como 4,0; após as melhorias obteve-se 4,6, veja a figura 4.

Figura 4: Cálculo do nível Sigma

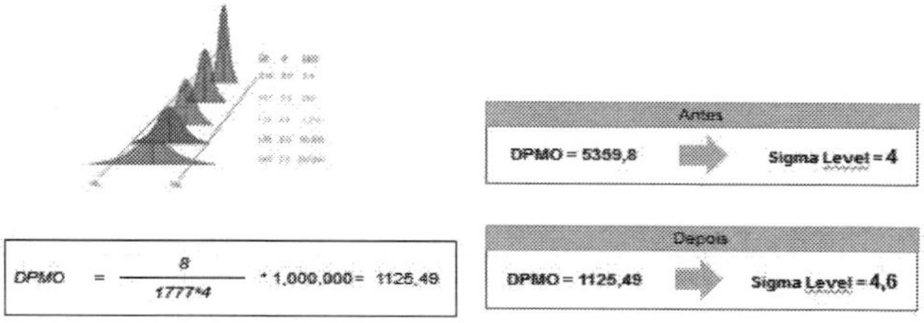

Fonte: Calculo do nível sigma - Os autores, 2016.

Nesta fase o processo deve ser monitorado através de indicadores, que neste caso é a redução da ocorrência de defeitos em conexões usinadas, medido através do número de peças produzidas sobre o número de ocorrência de defeitos. Por meio do trabalho realizado conseguimos um número expressivo na redução das ocorrências de defeitos, veja a figura 5.

Figura 5: Gráfico de Ocorrência de defeitos

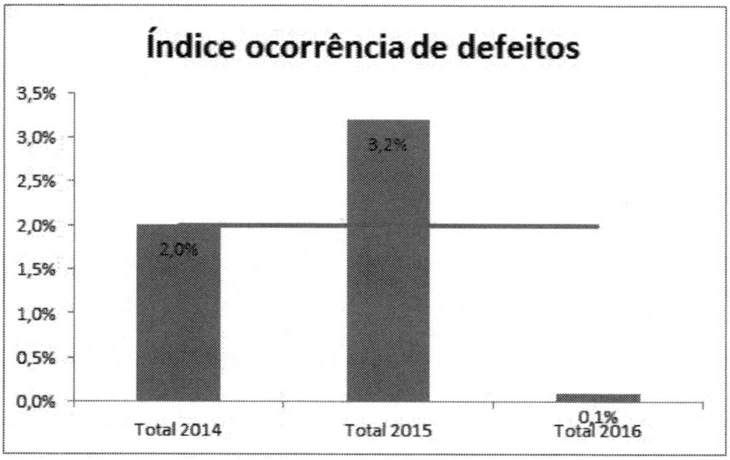

Fonte: Os autores, 2016.

Foi obtida uma redução de 90,6% na ocorrência de defeitos nas conexões usinadas, onde a meta inicial do projeto era de alcançar uma redução 37,5%.

CONCLUSÃO

A aplicação da metodologia *Lean Six Sigma* foi realmente eficaz na redução da variabilidade de ocorrência de defeitos no processo de conexões usinadas. A redução da variabilidade possibilitou uma série de benefícios para empresa, como redução de custos do processo, redução de custo de não qualidade e consequente aumento na rentabilidade do negócio. Essa metodologia sólida e robusta possibilitou a obtenção de resultados expressivos, reduzindo 90,6% das ocorrências de defeitos, fato que evidencia que o *Lean Six Sigma* foi uma escolha acertada e que sua implantação foi disciplinada e apropriada.

O uso de ferramentas estatísticas para estabelecer a correlação entre os defeitos e suas causas raízes é o grande fator de sucesso desta metodologia, já que conseguimos realmente determinar a influência ou não de fatores existentes no processo na ocorrência de defeitos. Portanto, os problemas puderam ser realmente mensurados, sem que houvesse incertezas relevantes na determinação das causas raízes, as quais são foram comprovadas por meio da estatística.

As ferramentas que compõe a metodologia *Lean Six Sigma* possuem uma grande potência na resolução de problemas, uma vez que apoiado na estrutura do DMAICS é possível criar uma lógica balanceada e encadeada na busca da resolução dos problemas, mesmo que inseridos em cenários complexos.

REFERÊNCIAS

1. Antunes J. Sistemas de Produção: Conceitos e práticas para o projeto e gestão da produção enxuta. Porto Alegre: Editora Bookman, 2008.
2. Shafer, SM, Moeller, SB. The effects of Six Sigma on corporate desempenho: An empirical investigation. Journal of Operations Management. 2012; 30(7-8): 521-532.

3. Arnheiter, ED, Maleyeff, J.The integration of lean management and Six Sigma.The TQM Magazine. 2005; 17: 5-18.
4. Campos, Vicente Falconi. TQC: Controle da qualidade total (no estilo japonês). Nova Lima – MG. Editora Falconi. 2014.
5. Werkema, M.C.C Lean Seis Sigma: Introdução às ferramentas do Lean Manufacturing. Belo Horizonte: Werkema Editora, 2006.
6. Werkema, M.C.C. Criando a cultura Lean Seis Sigma. 2 ed. Belo Horizonte: Werkema Editora, 2012.
7. George, M. L. Lean Six Sigma: Combining Six Sigma Quality with Lean Speed. McGraw-Hill, 2002.
8. Salah, S.; Rahim, A.; Carretero, J.A. The Integration of six sigma and lean management. International Journal of Lean Six Sigma, v.1, n.3, p. 249-274, 2010.
9. Straatmann, J. Estudo das práticas adotadas por empresas que utilizam a produção enxuta em paralelo ao seis sigma no processo de melhoria. São Carlos: USP/SC, 2006. Dissertação de Mestrado em Engenharia de Produção, da Escola de Engenharia da Universidade de São Paulo (São Carlos), 2006.
10. Bossert, J. Lean and six sigma: synergy made in heaven. Quality Progress, v.36, n.7, p. 31-32, 2003.
11. Smith, B. Lean and six sigma: a one-two punch. Quality Progress, v. 36 n. 4, p. 37-41, 2003.
12. Aboelmaged, M. G. Six sigma quality: a structured review and implications for future research. International Journal of Quality and Reliability Management, v. 27, n. 3, p. 268-317, 2010. http:// dx.doi.org/10.1108/02656711011023294
13. Shah, R.;Chandrasekaran , A.; Linderman, K. In pursuit of implementation patterns: the context of Lean and Six Sigma. International Journal of Production Research, v. 46, n. 23, p. 6679-6699, 2008. http://dx.doi.org/10.1080/00207540802230504

14. Miyake, D. I.; Ramos, A. W. Lean Six-Sigma - Brazilian Experience. In: Mrudula, E. (Org.). Lean Six Sigma: An Introduction. Hyderabad: IC-FAI University Press, 2007. p. 156-181.
15. Andersson, R., Eriksson, H., & Torstensson, H. (2006). Similarities and differences between TQM, six sigma and lean. *The TQM magazine*, *18*(3), 282-296.
16. Yang, C.C. An integrated model of tqm and ge-six sigma. International Journal of Six Sigma and Competitive Advantage, v.1, n.1, p. 97-111, 2004.
17. Pinheiro, T. H.; Scheller, A.C.; Cauchick Miguel, P. A. Integração do seis sigma com o lean production: uma análise por meio de múltiplos casos. Revista Produção Online, v. 13, p. 1297-1324, 2013. http://dx.doi.org/10.14488/1676-1901.v13i4.1291
18. Richardson RJ. Pesquisa Social: Métodos e Técnicas. São Paulo: Atlas, 1999.
19. Gil, Antonio Carlos. Métodos e técnicas de pesquisa social. São Paulo: Atlas, 1999
20. Yin RK. Case Study: planning and methods. Porto Alegre. Bookman Editora, 2001.
21. Rasis, D.; Gitlow, Howard S.; POOVICH, Edward. Paper organizars international: a fictitious Six Sigma Green Belt case study. I. Quality Engineering. v. 15, n. 1, p. 127-145, 2002.
22. Rasis, D.; Gitlow, Howard S.; POOVICH, Edward. Paper organizars international: a fictitious Six Sigma Green Belt case study. I. Quality Engineering. v. 15, n. 1, p. 127-145, 2003.
23. Werkema, M. C. C. Report Seis Sigma. São Paulo: Editora EPSE, 2002.
24. Pande, P. S., Neuman, R. P., Cavanagh, R.R Estratégia Seis Sigma: como a GE, a Motorola e outras grandes estão aguçando seu desempenho. Qualitymark Ed., Rio de Janeiro, 2001.

25. Rother, M.; Shook, J. Aprendendo a enxergar: Mapeando o fluxo de valor para agregar valor e eliminar desperdício. São Paulo: Lean Institute Brasil, 2003.
26. Carazas F. G. and Souza G. F. M. 2008. RCM Application for Availability Improvement IEEE Latin AmericaTransactions, Vol. 6, NO. 5.
27. Aiag, Mensurement Systems Analysis, 3ª Ed. Detroit: Chrysler Corporation, Ford Motor Company and General Motors Corporation, 2002
28. Burdick R. K.; Borror, C. M.; Montgomery, D. C. Design and analysis of gauge R&R studies, making decisions with confidence intervals in random and fixed ANOVA models, ASA-ASIAM Series on Statistics and Applied Probability: SIAM, Philadelphia, ASA, Alexandria, VA, 2005.
29. Eckes, G. A revolução do Seis Sigma: o método que levou a GE e outras empresas a transformar processos em lucro, 7ª edição. Rio de Janeiro. Elsevier, 2001.

A GRANDE VIRADA:A TRANSFORMAÇÃO DE UMA MANUTENÇÃO CORRETIVA INEFICIENTE EM UMA MANUTENÇÃO LEAN CLASSE MUNDIAL

Rubnylson de Souza Nunes
Universidade do Leste de Minas Gerais

Fredjoger Barbosa Mendes
Universidade Federal Fluminense

RESUMO

O objetivo deste capítulo é relatar como uma equipe de manutenção transformou uma realidade de quebras de equipamentos e manutenções corretivas em um novo cenário, onde técnicas de manutenção preditiva epreventiva combinadas com manutenção autônoma e planejamento de manutenção integrada obtiveramindicadores de desempenho de classe mundial. A aplicação de técnicas de diagnóstico de equipamentoscríticos, a inserção de rotinas de inspeção preditiva e a concepção de um mecanismo de manutençãoautônoma possibilitaram a melhoria do *breakdown* e a possibilidade de direcionar os recursos para ocumprimento de ações planejadas que garantiram a disponibilidade de equipamentos e o atendimento aocliente final, gerando valor e sustentabilidade para toda cadeia.

Palavras chave: Manutenção industrial; *lean manufacturing;* gestão de manutenção.

INTRODUÇÃO

A globalização e o incremento da competição entre as empresas levaram a um crescimento acelerado da tecnologia e da automação dos sistemas de manufatura. Nesse cenário de transformações os investimentos e as técnicas de manutenção devem ser usados para melhorar a qualidade, a produtividade e o leadtime na entrega dos produtos e serviços 1.

As diretrizes eficazes de manutenção e gestão de ativos também contribuem na disputa por um marketshare mais significativo, tornando as organizações cada vez mais eficientes e gerando valor a um custo cada vez mais baixo. Toda esta dinâmica é demandada pelos clientes que aumentam suas exigências por produtos de valor e que sejam produzidos em processos de alta confiabilidade 2.

Nesse cenário de competição, é imprescindível a mecanização e a automação dos fatores da manufatura em busca de economias de escala e conformidade nos processos. Portanto, a atividade de manutenção inteligente dos equipamentos torna-se um processo essencial para a competitividade e a sustentabilidade das organizações 3.

No processo de tornar as rotinas de manutenção eficazes, a incorporação de métodos do lean manufacturing garante melhoria contínua dentro da gestão de manutenção, provendo um caminho que pode ser seguido através da permanente e progressiva adoção de ferramentas que podem ser adaptadas e integradas para o kaizen de manutenção 4.

A adoção de técnicas avançadas de gestão, como as disponibilizadas pelo lean, possibilita a manutenção e maior probabilidade de sucesso do cumprimento de sua principal missão, que é a de aumentar cada vez mais a disponibilidade dos equipamentos com custos cada vez menores 5.

Como todas essas transformações acontecem rapidamente, espera-se uma evolução tecnológica acelerada e um aumento na complexidade técnica das soluções de manufatura adotadas. Isso requer mais inteligência na gestão e na operação dos sistemas de manutenção, com a adoção de técnicas de monitoramento de desempenho e antecipação de eventos. Para integrar essa cadeia é fundamental dispor de uma equipe de manutenção que seja bem formada e tenha consciência de sua responsabilidade em evoluir para garantir a disponibilidade operacional. A exigência de desempenho e a necessidade de dominar novas técnicas elevou o status da manutenção no contexto da gestão de operações na indústria, constituindo-se, hoje, como um dos setores estratégicos nas organizações de classe mundial 6.

Baran et al. 7 corrobora com Simei 6, afirmando que a manutenção é cada vez mais evidenciada como um dos setores mais importantes dentro das organizações, mas que há a necessidade de aplicar novas técnicas e soluções. A manutenção pode ser considerada como um elo entre a estratégia e a operação dos processos, garantindo através da disponibilidade dos equipamentos o alcance das metas, bem como proporcionar processos confiáveis que agreguem valor de forma diferenciada.

REVISÃO BIBLIOGRÁFICA

Definição manutenção

A Associação Brasileira de Normas Técnica (ABNT) através da NBR 5462 8 define manutenção comoa combinação de todas as medidas técnicas e administrativas associadas para manter um item ou restaurá-lo para um estado no qual ele possa executar sua função necessária.

Já Braidotti 9 apresenta uma definição simples, porém abrangente, sintetizando o termo manutenção como atividadesde apoio direto à operação da missão de produzir.

Funções da manutenção

Para Pinto [10] a manutenção apresenta três funções básicas para serem desempenhadas:

i. Manter: destaca-se com um dos papéis principais da manutenção, com a obrigação de manter os equipamentos em plenas condições de funcionamento;

ii. Prevenir: éuma das atividades de suma importância para manutenção, pois garante maior tranquilidade e controle de todos os processos de manutenção;

iii.Melhorar: foco em preparar e executar pequenas melhorias, visando grandes resultados na performance dos equipamentos.

Modelos de manutenção

Os modelos de manutenção envolvem desde a restauração emergencial até a melhoria de equipamentos. De acordo com Silveira 11 os modelos de manutenção são:

iv. Manutenção corretiva: A NBR 5462 8 define manutenção corretiva como aquela efetuada após a ocorrência de uma pane ou falha, de modo que se destina a recolocar um item em condições de executar uma função requerida. De acordo com Kardec e Nascif 3 este modelo de manutenção se divide em duas vertentes. A primeira manutenção corretiva não planejadatrabalha na correção de falhas aleatórias e, portanto, lida com itens em estado de falha. A segunda é a manutenção corretiva planejadacomo ação de correção do desempenho de um item, quando este é menor do que o esperado;

v. Manutenção preventiva: Viana 12 define como toda atividade realizada em um equipamento e ou item que esteja livre de falhas, ou seja, com condições de operação.

vi. Manutenção preditiva: de acordo com Ribeiro 13, é um monitoramento sistemáticopara controlar o funcionamento do equipamento, quepermite identificar indícios de avaria e antecipar a falha. Kardec e Nascif 3 defendem que a manutenção preditivase divide em dois métodos de ação a saber:

a) Manutenção preditiva por sentidos: permite predizer utilizando os quatros sentidos humanos (audição, visão, tato, olfato), comumente chamados de inspeção sensitiva;

b) Manutenção preditiva por instrumentos: permite predizer através de instrumentos e análise do comportamentode um equipamento;

vii. Engenharia de manutenção: é o suporte técnico da manutenção dedicado a consolidar a rotina, implantar melhorias, garantir procedimento, instrução de trabalho e a atualização dos planos de manutenção, ou seja, coordena toda atividade de manutenção dentro de uma organização. As dedicações da engenharia de manutenção são constituídas por atribuições como atuar em diversos seguimentos para dar todo o suporte a equipe de chão de fábrica e manter níveis aceitáveis de qualidade da manutenção [9].

Ferramentas de manutenção

As ferramentas são técnicas que permitem aplicar os seis modelos de manutenção tratados no capítulo anterior. Dentre as ferramentas mais utilizadas nos dias de hoje destacam-se a manutenção produtiva total [4].

A Manutenção Produtiva Total (TPM) tem como objetivo tornar a empresa mais eficaz por meio do aumento da qualificação de todos os envolvidos no processo produtivo e da mudança de métodos de trabalho na condução das diretrizes de manutenção. Nesse modelo, uma das mudanças é a capacitação dos operadores para realizar pequenas intervenções de manutenção e conservação, internalizando o sentimento de dono do equipamento [14].

MÉTODO DE PESQUISA

Na concepção de Richardson 15, o conjunto de atividades sistêmicas e lógicas facilita a obtenção dos resultados propostos, o qual é definido como um método que delineia o percurso, auxiliando nas tomadas de decisões.

Segundo Gill 16, um estudo exaustivo e aprofundado de um objeto permite obter conhecimento amplo e bem minuciado, possibilitando o aproveitamento destes resultados para compreensão de fenômenos complexos. E o estudo de caso tem como objetivo a aplicação imediata de uma teoria em uma situação com a mesma peculiaridade. Já para Yin 17, o estudo de caso é um modo de aplicação de um contexto de forma intencional, acreditando que elas são relacionadas com seu fenômeno estudado.

O método de estudo de caso aplicado para este trabalho adotou uma sequência de padrões determinadas no casode sucesso abordado, bem como conceitos relevantes, realizando adaptações necessárias.

A transformação da equipe de manutenção ocorreu em seis passos distribuídos ao longo do tempo. No próximo capítulo será abordado com mais detalhes cada momento do processo.

.

ESTUDO DE CASO

Contexto

Para o estudo de caso, uma empresa que atua na prestação de serviços para o setor petrolífero foi selecionada. A empresa adotao modelo centralizado, como forma de gerir a manutenção. Para Stoner [18], o modelo centralizado é definido em situações nas quais as unidades de produção e o departamento de manutenção estão subordinados a uma administração superior.

A condição que se encontrava a manutenção da organização não atendia à expectativa, ou seja, impactava diretamente o processo produtivo com altas taxas de *breakdown* por falhas de manutenção.

O time de manutenção atuava em grande escala na manutenção corretiva, sendo os outros modelos de manutenção empregados em menor escala, como o modelo de manutenção preventiva programada e o de melhoria, conforme o gráfico a seguir:

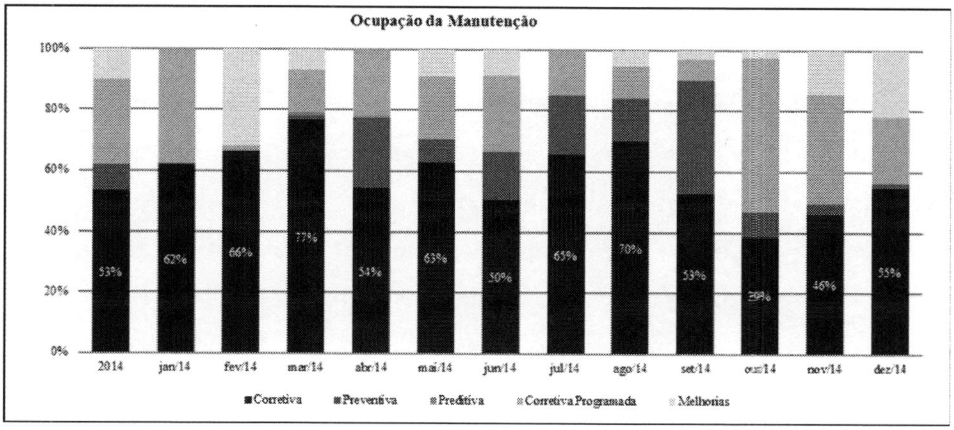

Figura 1 - Ocupação da equipe de manutenção.
Fonte - Elaborado pelos autores.

Está condição não garantia a disponibilidade necessária dos equipamentos, impactando a sustentabilidade da organização. O processo de transformação iniciou-se pela restruturação da equipe de manutenção e, posteriormente, por meio da inserção de técnicas e modelos de manutenção.

A seguir, cada passo do processo de transformação será devidamente detalhado.

Estrutura da unidade de manutenção

O primeiro item a ser reestruturado no processo de melhoria da manutenção foi a alteração do organograma da manutenção, a partir da definição clara de papéis e responsabilidades para todos os funcionários da manutenção.

A divisão do quadro funcional da manutenção em dois times de atuação foi um marco importante no processo de reestruturação. Antes haviam duas supervisões operacionais: uma com foco em mecânica e outra com foco em elétrica. Nos processos de reestruturação foram extintas as supervisões operacionais especializadas e criadas duas supervisões funcionais: uma com foco em execução de operações e outra com foco em planejamento e diagnóstico.

A partir de então, ambas as equipes passaram a ter gestores distintos, que desenvolviam atividades de manutenção diárias e no máximo uma semana de visão. Já a equipe de planejamento, trabalha com as inspeções diárias acompanhando a integridade dos equipamentos e, consequentemente, identificando as necessidades futuras de manutenção, preparando minuciosamente cada atividade para atuação da equipe de operações.

A divisão permitiu o gerenciamento da manutenção no dia a dia, que é uma forma simples de verificar como as coisas acontecem no chão de fábrica, tornando-se a base da administração de uma organização. Xenos 19 sustenta que as empresas eficazes fazem o gerenciamento diário, e com a contínua melhoria ocorre, também, o aumento do desempenho na organização

Definição dos equipamentos críticos

O método utilizado para classificação dos equipamentos é o ABC, definido por Cyrino[20] como um método de classificação de informações que separa os itens de maior importância ou impacto, que são normalmente em menor número. Esta é uma etapa muito importante para o processo de reestruturação, porque direciona a atuação e os modelos de manutenção a serem empregados. Através de uma matriz já existente dentro do grupo empresarial da qual a organização em estudo faz parte, foi realizado um estudo e definido a criticidade de cada equipamento dentro do processo produtivo. As classificações de criticidade determinavam as seguintes ordens:

a) Classe A: equipamento com criticidade alta, empregar modelos de manutenção preventiva, manutenção preditiva sensitiva, manutenção preditiva por instrumentos e ferramentas de manutenção;
b) Classe B: equipamento com criticidade média, manutenção preventiva e manutenção preditiva sensitiva;
c) Classe C: equipamento com criticidade baixa, empregar apenas o modelo de manutenção corretiva;

Após o estudo, concluiu-se que 23% dos equipamentos receberam a criticidade alta, 48% com criticidade média e 29% com criticidade baixa. Foi possível, ainda, direcionar a força de trabalho e *budget* da manutenção de acordo com a criticidade de cada equipamento.

Planos de manutenção

Com o direcionamento de criticidade concluído iniciou-se a reformulação dos planos de manutenção para todos os equipamentos das classes A e B. Kardec et al. [21] retratam o plano de manutenção como uns dos instrumentos base de trabalho para a equipe de planejamento de manutenção. Os planos de manutenção foram divididos em duas seções, descritas a seguir.

Planos de inspeção

A reestruturação dos planos de inspeção iniciou-se pelos equipamentos classe A, para depois os de classe B. O plano de manutenção deve focar nos aspectos do funcionamento dos equipamentos, com uma periodicidade padronizada, possibilitando detectar desvios de pequena proporção que possam ser identificados através do ser humano [22].

No primeiro momento realizou um levantamento de itens que teriam a necessidade de serem verificados no plano de inspeção. Em seguida, foi feito um balanceamento do plano de inspeção, otimizando o deslocamento e aumentando a afinidade do inspetor e da máquina, respeitando os seguintes requisitos:

a) O inspetor visitaria o mesmo equipamento mais de uma vez por semana;
b) A sua rota deve seguir em um único sentido, fechando um círculo, com início e fim na sala de manutenção;
c) As horas de inspeção diária não podem ultrapassar a três horas dia;

Respeitando as premissas, foram reestruturados e desenvolvidos planos de inspeção para todos os equipamentos classe A e B.

Planos de manutenção preventiva programada

A proposta fundamental de um plano de manutenção é mitigar ou eliminar a incidência de falhas, paradas não planejadas e a degradação das funções de um equipamento, bem como manter o processo de manutenção organizado, padronizado e com um fluxo contínuo de melhoria e monitoramento das atividades [23].

A restruturação do plano de manutenção teve como base as recomendações do fabricantes, dados históricos e experiência dos membros da manutenção envolvidos no processo. Com essas informações foi possível determinar tempo ótimo de manutenção preventiva programada de cada linha de produção da organização.

Padrões de manutenção

Esse é um dos melhores meios de aumentar o desempenho da equipe de execução e de trazer benefícios para a manutenção, como por exemplo: aumento da capacidade de treinar novos integrantes eleva a confiabilidade das ações corretivas e preventivas da manutenção; permite uma melhor compreensão das atividades mais complexas; e permite o acúmulo tecnológico dos equipamentos, evitando a perda dos mesmos ao longo do tempo [19].

Com base na criticidade dos equipamentos foram elencadas as atividades críticas de cada um deles e através de uma matriz de priorização foi determinada a sequência de elaboração dos padrões de manutenção.

Os procedimentos concebidos seguiram um layout visual de fácil compreensão por meio da adição de fotos e ou desenhos, facilitando o entendimento dos operadores de manutenção. É relevante destacar que os padrões foram elaborados pelos próprios operadores que executaram a atividade de manutenção.

Conservação autônoma

O objetivo das atividades de conservação autônoma realizadas pelo time operacional foi melhorar econtribuir com a disponibilidade dos equipamentos, além de a produtividade, a qualidade do produto, reduzir os custos e o *lead-time* combinado com o cliente. Outrossim, foi possível garantir a segurança dos empregados, a preservação do meio ambiente e aumentar a motivação dos operadores de produção [24].

A implantação da conservação autônoma abrangeu os equipamentos classes A e B. Para alcançar o sucesso de implantação da ferramenta foi determinado uma sequência de etapas, que serão descritas a seguir.

Limpeza e combate às fontes de sujeiras

Consiste em conscientizar os operadores a identificar pontos sujos e os que provocam sujeiras, perda de rendimento do equipamento e poluição do ambiente [13].

Esta atividade de limpeza e combate de sujeiras dos equipamentos foi liderada pelo time operacional, com participação integral do time de manutenção através dos Grupo de Melhoria Contínua Intensiva (GMCi), que em uma semana se reunia para realizar a atividade, aplicando o método de 5S.

Um fator determinante para esse processo foi a divisão da atividade por setor, ou seja, a atividade foi realizada em cada equipamento e em seus periféricos. Isso permitia total foco e conclusão plena da limpeza, por ser um espaço físico pequeno e de eliminação dos defeitos de manutenção.

Atividade de identificação e eliminação dos problemas relacionados aos equipamentos e seus arredores como: sujeiras, trincas, corrosão, fadiga, vazamentos e desgastes, utilizando os sentidos [13].

Durante o processo de limpeza foram identificados vários defeitos de manutenção, que eram mapeados e categorizados pela sua gravidade e impacto na capacidade requerida do equipamento.

Os problemas categorizados como críticos eram resolvidos pelo time da manutenção que estava participando do GMCi dentro da própria semana. Aos demais era proposto uma data futura para serem solucionados.

Elaboração do padrão e treinamento

Essa etapa foi fundamental para a sustentação do processo de conservação autônoma dos equipamentos, porque possibilitou instruir o operador a verificar as condições de trabalho do seu equipamento, e aguçar o sentimento de responsável pelo ambiente de trabalho [10].

A elaboração dos padrões foi desenvolvida em parceria com a manutenção e operação. No primeiro momento foi transferida para a equipe operacional apenas itens de verificação e inspeção que puderam ser identificados através do sentido humano.

Os treinamentos foram divididos em dois momentos: o primeiro foi a parte teórica, evidenciando ao time operacional a importância do projeto; a segunda parte foi prática, baseada na orientação de como proceder na execução do *checklist*.

Outro ponto fundamental do processo foi a chancela da gerência em garantir ao time operacional ao longo do seu turno de trabalho dez minutos para verificar os itens solicitados no *checklist*.

Identificação dos defeitos encontrados na conservação autônoma

Durante o processo de consolidação da implantação da ferramenta se viu a necessidade de formalizar e evidenciar os desvios de manutenção encontrados pelos operadores dos equipamentos. Para isso foi desenvolvido um cartão identificado com número de série eformatado em duas vias de fácil preenchimento, para o controle dos desvios de manutenção, conforme figura 2.

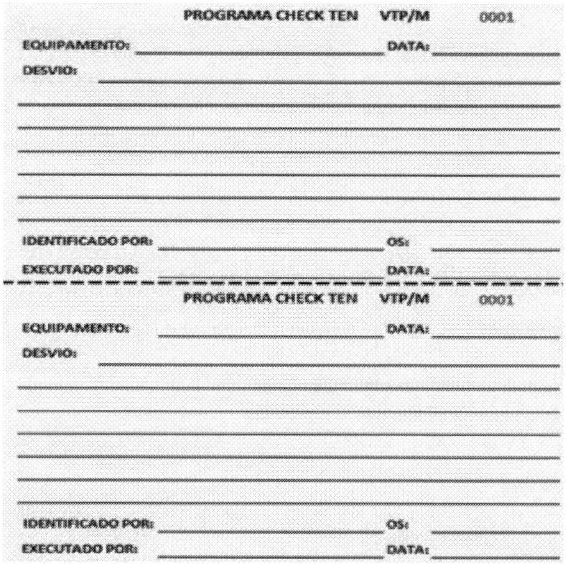
PROGRAMA CHECK TEN VTP/M 0001

EQUIPAMENTO: ____________ DATA: ____________

DESVIO: ____________

IDENTIFICADO POR: ____________ OS: ____________

EXECUTADO POR: ____________ DATA: ____________

PROGRAMA CHECK TEN VTP/M 0001

EQUIPAMENTO: ____________ DATA: ____________

DESVIO: ____________

IDENTIFICADO POR: ____________ OS: ____________

EXECUTADO POR: ____________ DATA: ____________

Figura 2 - Cartão identificação de desvio.

Fonte: Elaborada pelos autores.

Para identificar que o equipamento apresenta um desvio de manutenção, foi instalada uma caixa de acrílico em um local visível e de fácil acesso para receber uma das vias dos cartões preenchidas. A outra via do cartão ficou na sala da manutenção, em um quadro da gestão visual, com uma caixa acrílica para cada equipamento na sala.

Para priorização da execução das atividades descritas nos cartões de desvio foi adotado o método simplificado do RIME (*Ranking Index for Maintenance Expenditure*). O método simplificado do RIME é o produto da classificação do equipamento dentro do processo produtivo pela característica do desvio encontrado, gerando um valor que dentro da matriz vai direcionar o tratamento que pode ser de emergência, urgência e normal[26].

Manutenção preditiva por instrumentos

Com a visão de melhorar o processo de acompanhamento da integridade dos equipamentos surgiu a necessidade de buscar novas técnicas de identificação de problemas. Entre as técnicas de manutenção a preditiva por instrumentos permite um diagnóstico confiável da integridade dos equipamentos e encontra os desvios no início, permitindo uma atuação preventiva antes que a falha ocorra. Outra grande vantagem, é poder ser executada com o equipamento em produção, ou seja, não há necessidade de parar o equipamento para sua realização. O diagnóstico desse modelo de manutenção evita a possibilidade de introdução de outros defeitos, realizando manutenções desnecessárias no equipamento[26].

Dentre as técnicas de preditiva por instrumentos, a organização adotou quatro técnicas, que serão evidenciadas a seguir.

Termografia

Foi a primeira técnica de manutenção por instrumentos a ser adotada no processo de melhoria. A sua adoção veio para auxiliar no diagnóstico da integridade dos componentes elétricos e eletrônicos dos equipamentos. De acordo

[3], o acompanhamento de temperatura em equipamentos elétrico é um método preditivo que permite localizar e acompanhar defeitos incipientes. Esta técnica possibilitou identificar se os componentes estavam trabalhando em condições extremas, quanto ao excesso de temperatura.

Para melhor gerir a atividade, foi criado um plano de inspeção dos painéis elétricos, orientado pelo software de controle da manutenção.

Análise de vibração

Está técnica foi adotada para um melhor controle e diagnóstico dos equipamentos rotativos. A mesma tem a capacidade de identificar desvios no início da sua evolução, permitindo uma atuação assertiva na manutenção do equipamento.

No processo de implantação da técnica de análise de vibração realizou-se a assinatura mecânica de todos os equipamentos que seriam monitorados, ou seja, a vibração ideal de trabalho. Isso se faz necessário porque a partir deste ponto será avaliado se o equipamento está mantendo ou aumentando a vibração de seus componentes internos [27].

O equipamento adquirido para realizar essa atividade é de baixo custo, simples e de fácil manuseio. Seu parâmetro de avaliação está fundamentado na norma NBR 10082 que determina uma vibração global, ou seja, em função da potência do equipamento rotativo e do valor de vibração encontrado é possível mensurar se a condição de trabalho está boa, permissível, tolerável e/ou não permissível.

Para a gestão da atividade foi criado um plano de inspeção dos equipamentos classificados dentro do software de gestão da manutenção. Também se desenvolveu um modelo de relatório para o acompanhamento da evolução da vibração dos componentes ao longo do tempo, evidenciando a condição de trabalho.

Análise de ultrassom

A técnica de análise de ultrassom foi adotada com duas finalidades diretamente interligadas: a primeira era para a redução de custo com vazamentos de ar comprimidos, que não são perceptíveis ao sistema de audição do ser humano e vazamentos com uma frequência de ruído abaixo de 20 Hz; a segunda está focada no desgaste por tempo de uso dos compressores, haja vista que os mesmos trabalham em função da demanda de ar comprimido consumida. Logo, se os micros vazamentos estão permitindo a perda de ar no sistema, automaticamente o equipamento irá trabalhar para suprir aqueda de pressão.

A execução desta análise foi dívida em dois momentos: o primeiro foi a verificação dos vazamentos audíveis ao ser humano e o segundo a detecção dos vazamentos imperceptíveis por meio de um aparelho de ultrassom. Quando o desvio era encontrado, ele era identificado com uma etiqueta e com fotos, para posteriormente fazer parte da criação de um relatório técnico.

Adotou-se uma frequência anual para realizar a análise de ultrassom dos sistemas pneumáticos da organização. Para todo desvio encontrado foi emitida uma ordem de manutenção para ser solucionado.

Análise de óleo

Esta é a última técnica de manutenção adotada no processo de melhoria contínua da manutenção. Ela trás grandes benefícios por permitir monitorar a integridade do óleo hidráulico e ou lubrificante, evitando a troca prematura. Outro aspecto importante é que a ferrografia permite detectar o desgaste de componentes internos do equipamento e a análise físico-química é possível acompanhar as características básicas do óleo lubrificante e/ou hidráulico[3].

Foi desenvolvido um plano de manutenção distribuído ao longo do ano com periocidade definida para o monitoramento dos óleos, tomando como base a recomendação do fabricante, a importância e o ambiente de trabalho do equipamento.

Para este modelo de manutenção a organização não é capaz de realizar análise de óleo internamente. Diante desse cenário surgiu a necessidade de elaborar um contrato com um laboratório especializado no assunto. É emitido um relatório com os resultados e orientações em todas as análises que apresentam uma tendência e ou desvio na qualidade do óleo.

CONCLUSÃO

Este trabalho apresentou a transformação dos resultados da equipe de manutenção utilizando ferramentas e modelos de manutenção para melhorar a desempenho dos equipamentos e desempenho da manutenção.

Foram apresentadas definições pertinentes ao tema, assim como um estudo de caso. Os modelos de manutenção e ferramentas que foram implantadas são sustentadas com sucesso, promovendo a organização a níveis de excelência internacional. A manutenção mudou de patamar dentro da organização vista como um setor de importância que agrega valor, sendo essa uma visão diferente do passado, na qual possuía uma equipe de custos e sem resultados.

À medida que os setores de manutenção e produção trabalharem e contribuírem em prol das ações combinadas e aceitas por todos, o sucesso será garantido. Para chegar ao resultado alcançado foi necessário muito esforço e persistência, para que todos entendessem e aderissem o propósito final.

Os resultados alcançados com a transformação da manutenção trouxeram grandes benefícios e, consequentemente, o aumento da disponibilidade dos equipamentos da organização. A equipe de manutenção já não mais trabalha no estilo bombeiro, ou seja, "apagando fogo". Pelo contrário, na grande parte do tempo disponível trabalham preventivamente, conforme demonstrado no Gráfico 3.

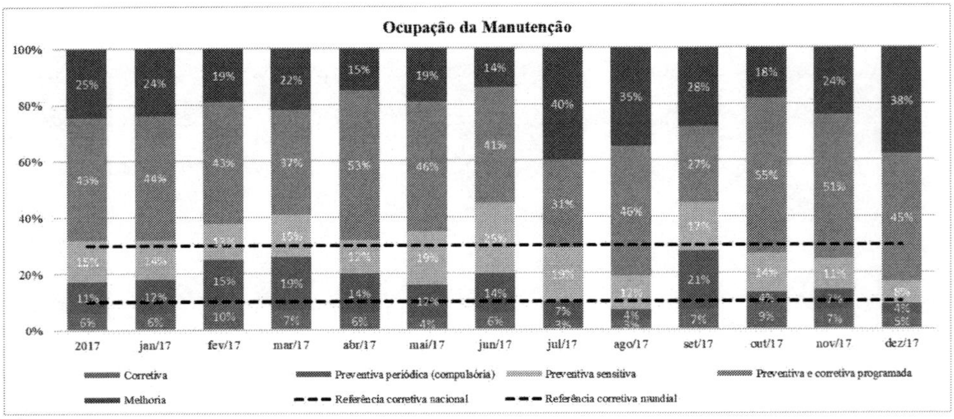

Gráfico 3 - Ocupação da equipe de manutenção
Fonte: Elaborado pelos autores.

O desafio continua em manter e prosseguir melhorando os resultados da equipe de manutenção, buscando novas técnicas e ferramentas e aproveitar a constante evolução de tecnologias, que muito tem a oferecer para os setores industriais e de serviços. Nasalem disso, há a procura permanente por melhores práticas de gestão de manutenção relacionada à segurança, ao meio ambiente, ao custo e ao ser humano, o qual é fundamental nesse processo.

REFERÊNCIAS

1. Costa MA. Gestão estratégica da manutenção: uma oportunidade para melhorar o resultado operacional. Juiz de Fora: Universidade Federal de Juiz de Fora; 2013.
2. Hansen RC. Eficiência global dos equipamentos: uma poderosa ferramenta de produção e manutenção para o aumento dos lucros. Tradução de Altair Flamarion klippel. Porto Alegre: Bookman; 2006.
3. Kardec A, Nascif J. Manutenção: Função Estratégica.4 ed. Rio de Janeiro: Qualitymark; 2012.
4. Xavier JAN, Dorigo LC. Manutenção Orientada para Resultados. Rio de Janeiro: Qualitymark; 2013.

5. Nascif J. Manutenção inteligente orientada para resultados [Apresentação no II workshop internacional de manutenção industrial; 2017 jun 06-07; Belo Horizonte, Brasil].
6. Simei LC. Manutenção centrada na Confiabilidade como ferramenta de planejamento de manutenção de equipamentos moveis pesados. [Apresentação no III Congresso Internacional de Ciência, Tecnologia e Desenvolvimento; 2013 out 15 – 19; Taubaté, Brasil].
7. Baran Filho JR, Piechnickia S, Piechnicki F. Transferência de Tecnologia no processo de implantação do pilar de manutenção planejada. Sodebras; 2014 jun; 9(102): 110-115.
8. Associação Brasileira de Normas Técnicas. NBR 5462: Confiabilidade e mantenabilidade. Rio de Janeiro: ABNT; 1994.
9. Braidotti JW. A falha não é uma opção: aprenda como entender, tratar e eliminar definitivamente a ocorrência de uma falha funcional. 2 ed. Rio de Janeiro: Ciência Moderna Ltda; 2016.
10. Pinto JP. Manutenção Lean. Lisboa: Lidel; 2013.
11. Silveira CB. Os oitos pilares da manutenção produtiva total. São Paulo: Citisystems; 2016.
12. Viana HRG. Manutenção Preventiva. Rio de Janeiro: Qualitymark; 2012.
13. Ribeiro H. A bíblia do TPM: como maximizar a produtividade da empresa. Santa Cruz do Rio Pardo: Viena; 2014.
14. Nakajima S. Introdução ao MPT: Manutenção Produtiva Total. São Paulo: IMC Internacional Sistemas Educativos; 1989.
15. Richardson RJ. Pesquisa Social: Métodos e Técnicas. São Paulo: Atlas; 1999.
16. Gil AC. Métodos e técnicas de pesquisa social. São Paulo: Atlas; 1999.
17. Yin RK. Case Study: planning and methods. Estudo de caso: planejamento e métodos; 2001.

19. Xenos HG. Gerenciando a manutenção produtiva: o caminho para eliminar falhas nos equipamentos e aumentar a produtividade. 2 ed. Nova Lima: Falconi; 2014.
20. Cyrino L. Manutenção detectiva. São Paulo: Manutenção em foco; 2017.
21. Kardec A, Esmeraldo J, Lafraia JR, Nascif J. Gestão de ativos. Rio de Janeiro: Qualitymark; 2014.
22. Viana HRG. PCM: planejamento e controle de manutenção. Rio de Janeiro: Qualitymark; 2002.
23. Barbosa RA, Costa FN, Ferreira LML, Nunes CECB, Alves IBS. Elaboração e implantação de um plano de manutenção com auxílio do 5s: metodologia aplicada em uma microempresa [XXIX Encontro nacional de engenharia de produção; 2009 out 06 - 09; Salvador, Brasil].
24. Takashi TOT.TPM e MPT: manutenção produtiva total. 5 ed. São Paulo: IMAM Editora e Comércio Ltda; 2015.
25. Stoner R. Manutenção centralizada ou descentralizada?São Paulo: Blogtek; 2015.
26. Barros WS. Classificação da criticidade de peças sobressalentes da manutenção: estudo de caso. Alegrete: Universidade Federal do Pampa; 2017.
27. Soleto JS, França LNF. Introdução às vibrações mecânicas. São Paulo: Blucher; 2006.

APLICAÇÃO DE UM MÉTODO PARA GERENCIAMENTO DE TREINAMENTO NECESSÁRIO AO DESENVOLVIMENTO DE UMA EQUIPE DE MÚLTIPLAS COMPETÊNCIAS: UM ESTUDO DE CASO

Warley Mariano Gomes
Faculdade Cenecista de Rio das Ostras

Fredjoger Barbosa Mendes
Universidade Federal Fluminense

Thiago Silva Poeys
Universidade Federal Fluminense

Resumo:

Em um cenário com constantes oscilações no mercado de exploração e produção de petróleo as empresas prestadoras de serviço se encontram em uma situação desafiadora, devido à severa redução na receita imposta pelo quadro econômico do setor petrolífero, exigindo a garantia da redução dos custos sem perder a flexibilidade e produtividade, e assim, se manter competitiva no mercado alvo. A aplicação de um método de gerenciamento de treinamento com um custo de implementação consideravelmente baixo pode proporcionar flexibilidade e produtividade através do desenvolvimento de equipes com múltiplas competências.

Palavras-chave: Multidisciplinar. Flexibilidade. Produtividade. Competência.

Introdução

O mercado mundial de exploração e produção de petróleo (E&P) esteve submetido a uma intensa flutuação do preço do barril entre os anos de 2014 a 2017, variando de US$ 114 a US$ 50 o barril. Nesse cenário, as empresas do setor petrolífero tiveram que priorizar projetos com foco na redução de custos, tornando esta uma questão de sustentabilidade. Como consequência houve uma forte redução nos investimentos que impactou diversas empresas prestadoras de serviços, ocorrendo diminuição significativa de mão de obra em vários segmentos das empresas, como relata Carneiro e Delgado (2017).

A empresa que será analisada, no presente estudo, dedica-se à usinagem de conexões tubulares empregadas na exploração e produção de petróleo e gás. Este conceito é definido por Mendes (2017) como o conjunto de práticas de desenvolvimento do campo petrolífero referente a uma demanda específica com estreita ligação com a geologia na maioria dos casos. O autor divide as atividades de E&P, relacionadas com a atividade de construção de poços produtores de óleo e gás, do seguinte modo: exploração, avaliação, desenvolvimento, produção e desativação.

Considerando o contexto imposto pelo mercado, as empresas do setor de E&P optaram em reduzir o quadro operacional, demandando mais capacidade, combinada à flexibilidade no atendimento das demandas remanescentes; tornando-se, em muitos casos, empresas de baixa produtividade. Esse quadro também foi vivenciado pela Toyota nos anos de 1950 e na procura por soluções de alta produtividade e baixo custo, os engenheiros Eiji Toyoda e Taiichi Ohno perceberam que o método de produção ocidental precisava ser adaptado para funcionar no Japão, e que o sistema de manufatura utilizado poderia ser melhorado. Desta forma, surgiu o TPS ou Sistema Toyota de Produção (Dennis, 2009).

De acordo com Silva (2007), o Sistema Toyota de Produção é sustentado por dois pilares: JIT ou *Just in time* e o *jidoka*. O pilar *jidoka* é focado na automação inteligente do processo e o pilar *Just in time* é caracterizado pelo conceito "somente peça a certa, na quantidade certa e no momento certo", destacando-se a produção puxada, que é cadenciada pela demanda do cliente ou tempo *takt* (ritmo da produção para atender à demanda) combinada com a dinâmica do *kanban*.

A filosofia adotada pelo TPS consiste no acompanhamento da oscilação da demanda do comprador, em que diversas configurações de táticas operacionais baseadas em sincronismo homem x máquina são criadas para atender os tempos Takt demandados pelos clientes. Nesse sentido, Marchwinski (2003) relata que a quantidade de esforço humano em um processo pode ser determinada através de uma relação da quantidade homem-hora por peças. A partir desta correlação, é possível determinar a quantidade de mão de obra necessária ao atendimento do mercado em cenários de oscilação da demanda, confirmando a filosofia adotada pelo TPS.

As diversas táticas operacionais baseadas no sincronismo homem x máquina são aplicáveis quando há disponibilidade de uma equipe de múltiplas competências. Desta forma, Benevides Filho (1999) afirma que, para se ter uma equipe que atenda as oscilações da demanda, é necessário que os integrantes sejam poli competentes, bem como os operadores não executem atividades somente em um posto de trabalho, mas que operem diversos processos, o que inclui a liberdade de inovar na forma de execução das tarefas de produção, executando ajustes nas máquinas e controlando de forma integrada a qualidade dos produtos.

Conceitos Relevantes

Para o desenvolvimento de uma equipe ao ponto de torná-la poli competente, uma mudança na percepção da gestão empresarial é necessária no que se refere às pessoas envolvidas no processo.. Segundo Coriat (2000), a racionalidade do modelo Toyota reside no pensar ao contrário do método adotado pela lógica do Taylorismo e Fordismo. No modelo japonês há uma "desespecialização" dos membros das equipes, os quais deixam de ser especialistas em uma tarefa e passam a ser trabalhadores flexíveis de múltiplas competências, permitindo a rotatividade entre postos de trabalho e a flexibilização de pessoas alocadas no processo em que a produção é necessária e o planejamento das linhas de manufatura para seguir o volume e a característica demandada pelo mercado.

Com o intuito de dar suporte à flexibilidade dos operadores, é necessário desenvolver um consistente sistema de padrões de trabalho. O entendimento sobre a padronização dos processos pela empresa é muito importante. Conforme Campos (2004), para estabelecer uma atividade contínua e organizada a elaboração de padrões deve ser uma atividade sistêmica da organização. A estabilidade gerada pela padronização somente tem resultados através da promoção da mudança dos cenários imprevisíveis em cenários previstos, através do domínio operacional das tarefas exigidas durante os cenários previstos, adquirido em treinamentos.

Segundo Liker *et al.* (2007), o método de treinamento exige grande esforço e tempo do treinador e do aluno, mas sem sua aplicação o desperdício de tempo e retrabalho gerado no processo aumentará, consequentemente, o custo da produção.

De acordo com PILKINGTON (1998), o custo da mão de obra é muito elevado no processo de fabricação. A aplicação do método de equipes de múltiplas competências atreladas a outras ferramentas que dão suporte ao JIT (*just in time*) pode reduzir o custo de produção, aumentando as vantagens competitivas de uma empresa.

A quantificação representativa dos recursos humanos nas empresas industriais pode-se observar pelo Indicador de Custos Industriais (ICI) do ano de 2017 apresentado pela Confederação Nacional da Indústria (CNI). Segundo este documento o custo médio com pessoal é da ordem de 23% dos custos totais de uma organização industrial. Com um valor tão representativo, conclui-se que é natural a busca pela racionalização deste recurso.

Nesse contexto, Santini (1999) ressalta que a adoção de equipes de múltiplas competências melhora a produtividade, possibilitando a racionalização de mão de obra no processo de atendimento com base na demanda e, consequentemente, cria condições para a redução de custo, dando flexibilidade ao sistema produtivo baseado no JIT. Ainda neste tema, Caxito (2008) argumenta que uma equipe multidisciplinar é constituída por operadores flexíveis e polivalentes que podem operar diversas máquinas, permitindo, assim, a adaptação da produção à variação da demanda.

A flexibilidade de um sistema de produção JIT tem por base a distribuição das tarefas entre operadores polivalentes ou multifuncionais. Destaca-se que a função destes operadores a médio prazo pode ser a de absorver as variações na demanda (Tubino, 1999).

Numa outra abordagem, Bardeja (2002) declara que a polivalência da mão de obra é uma característica que considera o princípio das múltiplas habilidades humanas e as especificidades de diversas operações e adequações nos processos de produção.

Em complemento a esta afirmação, Benevides Filho (1999) define operador multicapacitado ou polivalente como aquele que além de executar suas atividades produtivas (que agregam valor ao produto ou serviço) inova ao aperfeiçoar os métodos de execução das atividades de produção e faz os ajustes necessários aos equipamentos para que produzam, no tempo certo e com qualidade, tudo isto integrado às práticas necessárias de segurança e meio ambiente.

No contexto do Sistema Toyota de produção (STP), Ohno (1997), exemplifica a multifuncionalidade onde a capacidade de um operador manusear mais de um equipamento com mesma funcionalidade é considerado como um sistema de operação multi-unidades, mas se um operador for capaz de manusear equipamentos com funcionalidades diferentes este processo é denominado multiprocessos, reduzindo-se o número de operadores, devido a transição da monofuncionalidade para multifuncionalidade.

Scoarize e Tubino (2001) destacam que a polivalência possibilita um aumento na capacidade de adaptação técnica e cognitiva dos operários, quando realizada de forma consistente. Ainda nesta direção, Bálsamo e Zoqui (2001) definem a polivalência como sendo a multiplicação das competências através do aporte de instruções e da capacidade de interagir e executar um número cada vez maior de tarefas dentro do processo produtivo.

Método de pesquisa

Na concepção de Richardson (1999) o conjunto de atividades sistêmicas e lógicas facilita a obtenção dos resultados propostos, o qual é definido como método que delineia o percurso e auxilia nas tomadas de decisão.

Segundo Gil (1999), um estudo exaustivo e aprofundado de um objeto permite obter conhecimento amplo e bem minucioso, possibilitando o aproveitamento destes resultados para compreensão de fenômenos complexos. E o estudo de caso tem como objetivo a aplicação imediata de uma teoria em uma situação com a mesma peculiaridade.

Yin (2001) afiram que o estudo de caso é um modo de aplicação de um contexto de forma intencional, acreditando que elas são relacionadas com seu fenômeno estudado.

O método de estudo de caso aplicado neste artigo adotou uma sequência de padrões determinada em casos de sucesso, abordando conceitos relevantes e realizando adaptações necessárias.

Estudo de caso na aplicação do conceito de multicompetências

A empresa X estudada foi fundada no ano de 2008, com o objetivo de prestar serviços de reparos em tubulações de exploração e produção de petróleo. A partir do ano de 2015; a empresa, seguindo uma diretriz corporativa, iniciou sua jornada de implantação de um modelo de gerenciamento enxuto da própria organização, inspirado no STP. Em 2016, a direção da companhia já começava a perceber sinais mais severos da instabilidade do mercado e tinha uma previsão de que sua receita iria cair bastante nos próximos trimestres. Em face deste cenário adverso, a empresa precisava se preparar para uma racionalização da mão de obra, sem deixar de atender ao portfólio de demandas remanescentes que se apresentava altamente variável, em termos quantitativos e qualitativos. Esse quadro exigiu um time de operação altamente enxuto, flexível e, portanto, multicapacitado.

A empresa X reconhecia que mesmo que tivesse insumos, máquinas e pessoas para operar os postos de todas as linhas, os pedidos dos clientes só poderiam ser atendidos se os operadores dominassem o conteúdo necessário das atividades de todos os postos da empresa. Para conseguir criar uma força de trabalho flexível, mesmo com a redução de pessoal esperada, a empresa desenvolveu o método apresentado neste estudo de caso, resumido pelo modelo de gestão do conhecimento abaixo:

Figura 1: Pilares do Modelo de Polivalência Operacional

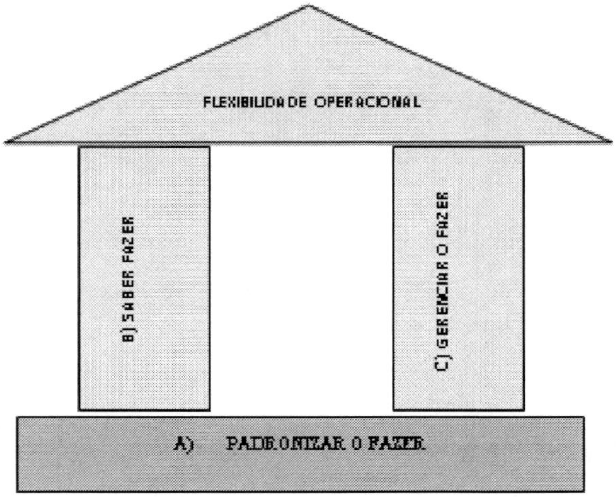

Fonte: Empresa X

O objetivo deste modelo de gestão do conhecimento operacional é garantir a flexibilidade operacional (topo da pirâmide), podendo operar com uma equipe enxuta em todas as possíveis combinações de cenários produtivos que os clientes demandarem. Ao obter sucesso na execução desta estratégia, a empresa almejava melhorar o atendimento aos seus clientes, bem como reduzir custos

Na construção do desdobramento do método de multicapacitação de operadores para a viabilização da polivalência funcional na empresa X, foram identificadas importantes contribuições de Fry et al. (1995). Os autores discorrem sobre flexibilidade e critérios de desempenho dos operadores submetidos ao regime de polivalência funcional.

Van Den Beukel e Molleman (1998) apresentam uma importante contribuição, ao relatarem as demandas, direcionamentos em termos de padronização e restrições da multicapacitação aplicada à polivalência no contexto dos processos industriais. Ainda nessa direção, Brusco e Johns (1998) tratam da variabilidade e das possíveis configurações de times polivalentes, disponibilizando as bases para as equações de dimensionamento de equipes.

O trabalho de MOLLEMAN e SLOMP (1999) também merece destaque pois trata da integração entre a multifuncionalidade, a eficiência e a necessidade de redundância em alguns postos de trabalho, em função de sua criticidade. Por fim, Fitzpatrick (2005) relata a distribuição de competências diversas para times variados no contexto do atendimento das demandas existentes.

Dessa maneira, o método que será evidenciado a seguir possui uma construção própria no XMS (x *management system*), como demonstra os sete passos adotados pela empresa para implementar o modelo, apesar de conter as características dos autores citados anteriormente.

A) Padronizar o fazer (alicerce do modelo)

1) Mapear todos os postos de trabalho das fábricas e suas densidades de mão de obra

O trabalho de transformar o produto, no processo, consiste em uma série de tarefas que podem ser agrupadas em atividades, sendo que estas podem ser organizadas em um posto de trabalho. Por exemplo, um operador alinha a lâmina perpendicularmente ao tubo (tarefa), enquanto está fazendo a troca (atividade) da máquina de serra (posto de trabalho).

A empresa X mapeou 36 postos de trabalho em suas quatro linhas produtivas (L1/L2/L3/L4), sendo que destes 32 precisavam de apenas um operador escalado (densidade de mão de obra) para realizar suas atividades, e os demais postos precisavam de dois operadores cada.

2) Padronizar as atividades de cada posto de trabalho

As atividades dos postos de trabalho são detalhadas em tarefas que são medidas e descritas em padrões de operação visuais, com tempos de ciclo baseados em um estudo do sincronismo homem e máquina, conforme mencionado por Shingo (1996).

3) Organizar os operadores em equipes bem definidas

Os operadores são divididos em equipes de tamanho semelhante para que possam se apropriar dos postos que irão operar quando forem escalados em alguma linha e turno, bem como do trabalho em equipe. Desta forma, a gestão consegue saber em cada equipe qual foi o nível de conhecimento que estes operadores têm de todos os postos da empresa, além de perceber a necessidades de treinamento. A empresa X dividiu seus 40 operadores em quatro equipes (I/II/III/IV), constituídas por nove operadores e os quatro operadores, que alternavam tirando férias.

B) Saber fazer (primeiro pilar)

4) Mensurar o nível de domínio atual dos operadores nos postos de trabalho

Em cada equipe de trabalho mede-se quantas pessoas dominam cada posto de trabalho da empresa, com o intuito de representar o nível atual de polivalência da equipe.

Após mensurar o treinamento de todos os 40 operadores que compunham as quatro equipes versus todos os 36 postos das quatro linhas de produção, os gestores da empresa X perceberam um total de 215 operadores treinados nos variados postos.

Apesar de ter esses novos dados; a empresa, ainda, estava atrasando pedidos pois aconteciam cenários onde faltavam pessoas que dominavam certos postos, o que somente era evidenciado no momento da produção. Os gestores perceberam que a causa era a alta variabilidade quantitativa de operadores que dominavam os postos. Alguns postos tinham somente 1 pessoa dominava as atividades, em detrimento de outros postos onde eram mais de 7 pessoas nesta condição.

Ao investir em treinamentos perde-se temporariamente capacidade produtiva para que um operador se dedique a ensinar o outro, todavia se não houver treinamento suficiente podem faltar operadores que tenham competência relativa a um posto crítico no momento em que a demanda surgir, os gestores da empresa X precisavam achar um equilíbrio para capacitar sua equipe apenas no que era necessário.

5) *Calcular a quantidade de treinamentos necessários para garantir flexibilidade total*

Para se garantir que a empresa X vai conseguir produzir qualquer combinação de pedidos que o mercado solicitar, ela deve mapear todos esses possíveis cenários, deixando claro o que outrora era considerado como acaso.

Vale ressaltar que, na época do estudo a empresa X tinha quatro Linhas de Produção e quatro equipes de trabalho, que operavam em três turnos (TM=Manhã; TC=Central; TN=Noite), gerando, então, "n" configurações de cenários para atender a demanda do mercado. Percebeu-se, empiricamente, que "n" é uma combinação linear das possíveis escalações de linhas (J) e turnos (K) com as quatro equipes (E) disponíveis:

$$n = C(J x K \ , E)$$

$$n = C(3X4, 4) = 495$$

No caso da empresa estudada, $n = C(3X4, 4) = 495$ possíveis cenários. Assim, no caso da empresa estudada, seriam 495 possíveis cenários:

Quadro 1: Possibilidade de montagem de Cenários

Linhas	L1			L2			L3			L4		
Turnos / Cenários	TM	TC	TN	TM	TC	TN	TM	TC	TN	TM	TC	TN
1	I	II	III	IV								
2	I	II	III		IV							
3	I	II	III			IV						
4	I	II	III				IV					
5	I	II	III					IV				
6	I	II	III						IV			
7	I	II	III							IV		
8	I	II	III								IV	
9	I	II	III									IV
10	I	II		III	IV							
...												
495									I	II	III	II

Fonte: Empresa X

Os gestores da empresa X criaram uma estratégia para se preparar para atender 100% dos 495 cenários possíveis, criando um plano de capacitação para cada uma das quatro equipes, a fim de que cada uma pudesse operar qualquer uma das quatro linhas. Desta forma, não importaria em qual turno e linhas as equipes operassem, sempre haveriam operadores disponíveis para cobrir os postos destas linhas.

A expressão "posto coberto" passou a ser utilizada quando os postos atingiam a quantidade mínima de operadores habilitados, de maneira que nunca deixasse de atender algum cenário por falta de mão de obra neste posto.

A equação, a seguir, é uma modelagem matemática para definir essa quantidade mínima (m) de operadores por posto:

$$m_{(i)} = \left(i\,x\,E + 1 \right)$$

Sendo " i " a densidade de mão de obra do posto, "E" a quantidade de equipes e 1 representa o operador acionado em caso de férias/afastamento. Por exemplo, nos postos que demandam um operador por posto, eram necessários $m_{(1)} = (1x4+1) = 5$. Ainda exemplificando, nos postos com densidade de dois operadores por posto, $m_{(2)} = 9$. Com isso, a empresa X conseguia, enfim, comparar seu nível de treinamento atual com a quantidade exata e necessária em cada posto, para obter 100% de flexibilidade, conforme o gráfico abaixo:

Figura 7: Indicador de Cobertura dos Postos da Linha 1 x Equipe IV

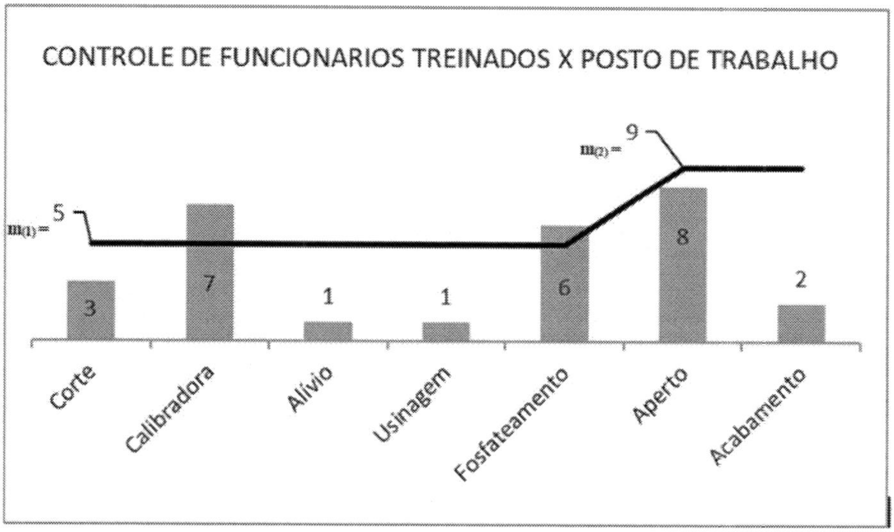

Fonte: Adaptado da empresa X, 2018

Somando a necessidade mínima de operadores treinados em cada posto, contabilizou-se que a quantidade ideal de pessoas treinadas nos postos certos em toda a empresa era de: $M_{(i)} = \sum_{1}^{2} P(i) x m(i)$

Sendo P(i) a quantidade de postos na empresa com densidade de mão de obra (i), logo no caso da empresa X: $M_{(i)} = 32 x m_{(1)} + 4 x m_{(2)} = 196$ operadores treinados nos postos adequados.

Ao criar seu indicador de cobertura dos postos, a empresa X percebeu que apesar de ter 215 operadores treinados nos postos, apenas 27 dos 36 postos estavam cobertos, representando uma Taxa de Flexibilidade Operacional (F) de 75%. Além disto, descobriu que dos 215 treinamentos, 65 estavam acima do valor mínimo (m) necessário, revelando, então, uma Taxa de Desperdício de Treinamento (D) de 30%.

Em decorrência da apresentação destes números, no fechamento do ano, a direção da empresa desafiou os gestores que para o aumento de competitividade do negócio a empresa X teria que contar com menos uma equipe inteira de operadores em 2017. A direção determinou também que, em seis meses, os gestores deveriam conseguir alcançar o máximo de flexibilidade operacional com a equipe mais enxuta e não aumentar desperdício com tempo de treinamento, trançando a meta de F = 100% e D ≤ 30%.

Devido a saída de uma equipe, o efetivo de operadores passou a ser composto por 30 operadores (três equipes de nove e mais três pessoas disponíveis para cobrir férias para operar todos os postos das quatro linhas em três turnos. Utilizando novamente a equação:

$$M'_{(i)} = 32 x m_{(1)} + 4 x m_{(2)} = 32(3x1+1) + 4(3x2+1) = 156$$

Observa-se que a quantidade ideal de pessoas treinadas por posto seria de 156. Todavia, com o conhecimento acumulado dos 30 operadores que permaneceram, atualmente 18 dos 36 postos estão cobertos (F = 50%), de um total de 140 operadores treinados, sendo 39 treinamentos acima do mínimo necessário, totalizando um desperdício de treinamento (D = 27%).

No segundo pilar do modelo, a empresa X aprendeu muito sobre suas operações e valorizou mais a gestão do conhecimento de sua mão de obra para garantir uma flexibilidade que atendesse os clientes em suas variadas demandas. No entanto, as etapas restantes do método foram fundamentais para atingir o patamar de desempenho esperado pela direção e garantir a sustentabilidade neste nível.

C) Gerenciar o fazer (segundo pilar)

6) Criar planos de treinamento intencionais periódicos por equipe

Para cada equipe de nove operadores foi definido quem seriam os operadores que deveriam aprender os postos necessários para atingir o valor *M'(i)* calculado. Desta forma, cada vez que acontecia um esquema táctico favorável os gestores aproveitavam para sanar as defasagens de treinamento.

7) Gerir visualmente em junto com os operadores as necessidades de treinamento

Para envolver a equipe no controle e não tornar a carga de treinamento um ponto negativo gerando desmotivação, foi realizada a adaptação do modelo proposto por Liker *et al.* (2007), em que a gestão, controle e atualização dos treinamentos são realizados pelos operadores na área, conforme descrito no modelo de gestão a seguir:

Figura 3: Esquema de planejamento de treinamento.

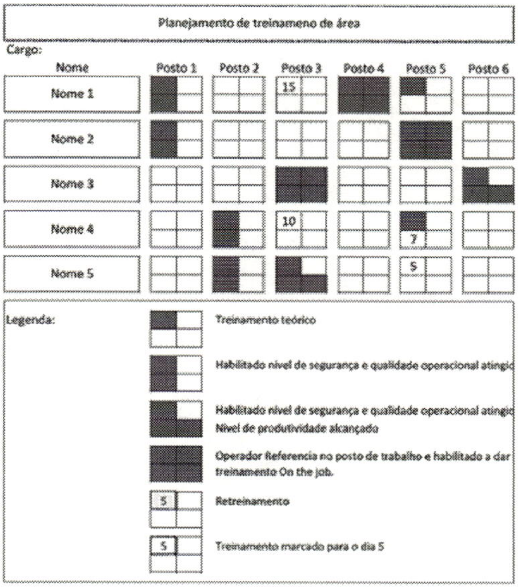

Fonte: Adaptado da empresa X, 2018

O treinamento de reciclagem dos colaboradores é determinado pelo tempo ou desvio apontado em processo de auditoria interna referente à segurança e qualidade.

Assim, pode-se obter um controle sobre o desempenho individual, possibilitando focar o esforço de treinamento para melhoria nas defasagens de conhecimento.

Para garantia e disponibilidade de colaboradores habilitados a operar o posto de trabalho conforme a demanda, um indicador de números de pessoas habilitadas por posto é acompanhado por fábrica, onde a meta de cada posto é $m_{(i)}$ (quantidade de operador ideal por posto mais um), garantindo uma gestão visual que auxilia tomadas de decisão antecipadas para dimensionamento da equipe de forma ágil.

CONCLUSÃO

O modelo treinamento para obtenção da polivalência operacional que foi implantado pode ser considerado eficaz. Este modelo possibilitou em menos de seis meses o alcance de 100% de flexibilidade dos operadores e, também, reduziu o desperdício com treinamentos desnecessários. A melhoria de desempenho obtida operando com uma equipe mais enxuta foi estratégica, por ter acontecido em um cenário de alta variabilidade da demanda do mercado. Isto contribuiu para a sustentabilidade da empresa pois reduziu o custo com mão de obra.

Algo a ser ressaltado refere-se a que os resultados somente puderam ser alcançados mediante a a implementação dos princípios de padronização do Sistema Toyota de Produção (Shingo, 1996), no qual o sincronismo e o sequenciamento das atividades são relevantes para garantir uniformidade do processo de manufatura; sendo, também, a base para desenvolver o processo de aumento de autonomia do nível operacional, conforme Blanchard (2001).

Outro aspecto importante foi a concepção de uma gestão de treinamento e desenvolvimento de forma eficaz, reduzindo desperdício de tempo e retrabalho nos processos produtivos.

REFERÊNCIAS

Balsamo LA. Estruturação de Setor Produtivo Através do desenvolvimento de Funcionários Polivalentes. Dissertação de Mestrado. Universidade Estadual de Campinas – UNICAMP, 2001.

Bardeja AA. Metodologia para nivelamento da produção com uso de operadores polivalentes em processo repetitivo. 2002. Dissertação (Mestrado em Engenharia de Produção) – Programa de Pós-Graduação em Engenharia de Produção, Universidade Federal de Santa Catarina, Florianópolis.

Benevides Filho, Sérgio. A polivalência como ferramenta para a produtividade. 1999. Dissertação (Mestrado em Engenharia de Produção) – Programa de Pós Graduação em Engenharia de Produção, Universidade Federal de Santa Catarina, Florianópolis.

Blanchard KH. As 3 Chaves do Empowerment. São Paulo: Record, 2001.

Brusco MJ, Johns TR. Staffing a multiskilled workforce with varying levels of productivity: An analysis of cross-training policies. Decision Sciences. 1998; 29(2): 499-515.

Caxito F. Produção: fundamentos e processos. Curitiba: IESDE BRASIL SA, 2008.

Campos VF. Padronização de empresas. Belo Horizonte: INDG, 2004.

Carneiro J, Delgado F. A crise de atratividade do setor de óleo e gás no Brasil. Boletim de Conjuntura [periódicos na internet]. 2017 [acesso em 15 jan 2018]; 6: 8-15. Disponível em: http://bibliotecadigital.fgv.br/ojs/index.php/bc/article/view/71051.

Coriat B. Pensar al revés: trabajo y organización en la empresa japonesa. Siglo xxi, 2000.

Dennis P. Produção lean simplificada. Porto Alegre. Bookman Editora, 2009.

Fitzpatrick EL; Askin RG. Forming effective worker teams with multi-functional skill requirements. Computers & Industrial Engineering. 2005; 48(3): 593-608.

Fry TD et al. Managing worker flexibility and attrition in dual resource constrained job shops. International Journal of Production Research. 1995; 33(8): 2163-2179.

Gil, Antonio Carlos. Métodos e técnicas de pesquisa social. São Paulo: Atlas, 1999

Liker JK, Meier D. O Modelo Toyota-Manual de Aplicação: Um Guia Prático para a Implementação dos 4Ps da Toyota. Porto Alegre Bookman Editora, 2007.

Marchwinski C, Shook J, editor. Lean lexicon: a graphical glossary for lean thinkers. Brookline. Mass Lean Enterprise Institute, 2003.

Mendes FB. Proposta de planejamento e desdobramento estratégico – HoshinKanri; aplicado ao setor de exploração e produção de petróleo e gás. In: Calado RD (Org.). Lean six sigma na indústria de óleo e gás. Aplicações boas e práticas. Global South Press. Rockville: MD; 2017. p. 237-267.

Molleman E, Slomp J. Functional flexibility and team performance. International Journal of Production Research. 1999; 37(8): 1837-1858.

Ohno T. O sistema Toyota de produção além da produção em larga escala. Porto Alegre. Bookman, 1997.

Pilkington A. Manufacturing Strategy Regained: Evidence for the Demise of Best- Practice. California Management Review. 1998; 41: 31-40.

Portal da Indústria. Pagamento de impostos eleva custos industriais no terceiro trimestre [acesso em 21 jan 2018]. Disponível em: http://www.portaldaindustria.com.br/estatisticas/indicador-de-custos-industriais/.

Régnier KVD. Alguns elementos sobre a racionalidade dos modelos Taylorista, Fordista e Toyotista. Boletim Técnico do Senac. 1997 [acesso em 15 jan 2018]; 23(2). Disponível em: http://www.legado.senac.br/BTS/232/boltec232d.htm.

Richardson RJ. Pesquisa Social: Métodos e Técnicas. São Paulo: Atlas, 1999.

Santini B. Fatores inibidores da multifuncionalidade na Indústria. Santa Maria: UFSM, 1999.

Scoarize R. & Tubino D. F. A necessidade da polivalência da mão-de-obra. In: ENCONTRO NACIONAL DE ENGENHARIA DE PRODUÇÃO, Anais... Piracicaba: Universidade Metodista de Piracicaba, 2001

Shingo S. O sistema Toyota de produção. Porto Alegre. Bookman Editora, 1996. Silva NF et al. Análise do sistema Toyota de produção em duas empresas de ramos industriais distintos. XXXI Encontro Nacional de Engenharia de Produção, Foz Iguaçu 2007.

Tubino DF. Sistemas de produção. A produtividade no chão de Fábrica. Porto Alegre. Bookman editora, 1999.

Van Den Beukel AL, Molleman E. Multifunctionality: Driving and constraining forces. Human Factors and Ergonomics in Manufacturing & Service Industries. 1998; 8(4): 303-321.

Wilkinson A. Empowerment: theory and practice. Personnel Review. 1998; 27: 40-56.

Yin RK. Case Study: planning and methods. Porto Alegre. Bookman Editora, 2001.

A FORMAÇÃO DE EQUIPES OPERACIONAIS AUTOGERENCIÁVEIS ATRAVÉS DA APLICAÇÃO DO MÉTODO DE EMPODERAMENTO

(OPERATOR EMPOWERMENT)

Edson Junio Viveiros
Faculdade Cenecista de Rio das Ostras/FACRO, Rio das Ostras, RJ, Brasil
edson.viveiros@gmail.com

Fredjoger Barbosa Mendes
Universidade Federal Fluminense/UFF, Rio das Ostras, RJ, Brasil
fredjoger@gmail.com

Thiago Silva Poeys
Universidade Federal Fluminense/UFF, Rio das Ostras, RJ, Brasil
thiagosilvapoeys@gmail.com

Resumo

A redução de níveis hierárquicos é uma das principais ações das empresas que passam por situações de crise. Esta medida precisa ser combinada com a obtenção de mais autonomia por parte dos times operacionais. Um método para conseguir esta autonomia é o *operationalempowerment*, que é um conjunto de ações de padronização de tarefas, alinhamento de reações em face de problemas e treinamento relativo ao comportamento em linhas de operação com pouca supervisão. A consolidação deste método de gestão de equipes operacionais possibilitou a manutenção de poucos níveis hierárquicos em uma fábrica de acessórios tubulares, dando uma contribuição importante para a sustentabilidade do negócio e a obtenção da competitividade da organização.

Palavras-chave: Equipes autogerenciáveis. Empoderamento de equipes, *Operator Empowerment*. Equipes autônomas, *Leanthinking*.

INTRODUÇÃO

A recente crise econômica que o Brasil atravessou de 2014 a 2018 reforçou a afirmação de Krugman (2016) de que os recursos para a produção são escassos, dentro do espectro de equilíbrio econômico necessário para assegurar a competitividade das organizações e, por consequência sua sustentabilidade. O autor cita especificamente os recursos humanos e os meios capazes de tornar este recurso apto a gerar valor, como por exemplo, o conhecimento e a habilidade de operar processos.

Mesmo organizações com um padrão organizacional reconhecidamente voltado para a excelência, como a Toyota, estão sujeitas às crises do mercado, e precisam estar preparadas para manter sua capacidade de recuperação, com times alinhados à sua cultura e alta capacidade de autossuficiência, como afirma Liker (2011).

Para quantificar a representatividade dos recursos humanos nas empresas industriais pode-se observar o Indicador de Custos Industriais (ICI) do ano de 2017 disponibilizado pela Confederação Nacional da Indústria (CNI), que apresenta o quanto os recursos humanos custam às organizações. Segundo este documento o custo médio com pessoal é da ordem de 23% dos custos totais de uma organização industrial. Com um valor tão representativo, conclui-se que é natural a busca pela racionalização deste recurso.

Diante da necessidade de melhor gerir os custos com o pessoal, desde os anos 90 tem-se promovido um processo de horizontalização das organizações ou redução do número de níveis hierárquicos, com objetivo de aumentar a eficiência dos custos com pessoal. Desse modo, houve um estímulo à prática do *empowerment*ouempoderamento das equipes operacionais, na busca pela autossuficiência e autosugestõesdemandadas após os processos de redução dos níveis hierárquicos(Denthon, 1995).

O conceito de *empowerment* dos times se refere a dar autonomia aos operadores para que tomem as decisões sobre o contexto e conteúdo de suas atividades nasquais estão inseridos, sem a intervenção de líderes formais (Carless, 2004).

Com a racionalização de vários níveis hierárquicos, osoperadores foram incentivados e aceitaram a responsabilidadede tomar decisões sobre o que faziam, e isso contribuiu para dilatar o entendimento de que as pessoas não só aceitam, como também buscam responsabilidades e desafios.À medida que a equipe é inserida num processo de treinamento e desenvolvimento dimensionado para esta situação, mais competente se torna e tende a ficar apta a obter maior relevância no processo decisório e, assim,progressivamente a equipe se sente valorizada em suas decisões, amplia sua participação e assume cada vez mais novos desafios (Tonet, 2009).

A empresa que será objeto deste estudo de caso é uma companhia dedicada à usinagem de acessórios tubulares empregados na exploração e produção de petróleo e gás. Esta atividade é definida por Mendes (2017) como o conjunto de práticasde desenvolvimento do campo petrolífero relacionadas com uma demanda específica com estreita ligação com a geologia na maioria dos casos. O mesmo autor ainda divide as atividades de E&P (exploração e produção de petróleo) em exploração, avaliação, desenvolvimento, produção e desativação; relacionadas com a atividade de construção de poços produtores de óleo e gás.

O setor de E&P é muito sensível ao preço do barril no mercado internacional, pois isto possui uma relação direta com o nível de investimentos planejados para este segmento econômico. Assim, no início de 2015 a imprensa especializadadestacava o declínio do valor do petróleo, sendo o barril negociado por menos de US$50, constituindo o menor valor em seis anos. No mercado internacional o preço do barril sofreu em 2015 umaredução de quase 60%, desde quando era vendido por US$115 em junho de 2014 (Garcia, 2015). Ao longo de 2016 e 2017 houve uma recuperação dos preços do barril de petróleo, sendo que em janeiro de 2018 chegou a valer US$70, um valor 40% menor do que o pico em 2014.

E nesse cenário, a busca pela competitividade no mercado de E&P deve estar em equilíbrio com a sustentabilidade econômica. A empresa objeto deste estudo racionalizou seus custos com pessoal através da redução de níveis hierárquicos, fato que só pôde ser bem sucedido atravésdoempoderamento das equipes operacionais,tendo como meta a progressiva autossuficiência e autogestão. É desseprocesso de encadeamentos organizacionais e estratégico que surge a aplicação do método conhecido no universo *LeanThinking* como *operatorempowerment*.

REVISÃO BIBLIOGRÁFICA

Segundo Neto (2000), a partir da década de 90, houve uma forte tendência das médias e grandes corporações promoverem alterações em suas estruturas organizacionais e adotarem o trabalho focado nas equipes, como forma de dar mais flexibilidade e produtividadeaos processos produtivos. O autor afirma que um estudo realizado em quatro grandes empresa a descentralização da autoridade voltou-se principalmente para aspectos operacionais, tais como: requisição de materiais, de manutenção, qualidade e planejamento de férias. Esseprocesso de racionalização da gestão estava baseado na autonomia operacional, visando à consolidação dahorizontalizaçãoe obtenção de maior agilidade no processo decisório.

Uma das formas de exercitar a autonomia é treinar os times na resolução de problemas por meio de grupos de trabalho. Isso representa um dos fundamentos da manufatura enxuta, que tem como um de seus maiores exemplos oconjunto de ferramentas do STP ou Sistema Toyota de Produção (Liker, 2004). O trabalho em pequenas equipes é adotado como solução para os desafios advindos de linhas de produção, em que constantes alterações de produtos fabricados, tempos exigidos e questões inerentes à qualidade podem ser gerenciadas por um quadro de profissionais multifuncionais e com autonomia suficiente para a tomada de decisões (Slacket al.,2002).

Referente ao processo de implantação do *empowerment*, Quinn e Spreitzer (1999) propõe que sejam observados aspectos referentes ao seu aperfeiçoamento, bem como a sua possível degradação, considerando se os resultados obtidos a partir da implantação das diversas fasessão positivos. Esse método de gestão é reforçado e difundido, tomando umadireção de crescimento e refinamento na organização. Porém, se os resultados são negativos o *empowermen-*

tpode ser eliminado ou implantado com uma nova abordagem. Para Ford e Fottler (1996) o ciclo de empoderamento (exemplificado na Figura 1)se inicia com uma mudança de perspectiva vinda de uma diretriz da gestão e leva a uma nova experiência de rotina, redefinindo o escopo do trabalho individual e em grupo, no qualas mudanças necessárias são efetivadas por um comportamento cotidiano, integrado à relação entre gestor e funcionário.

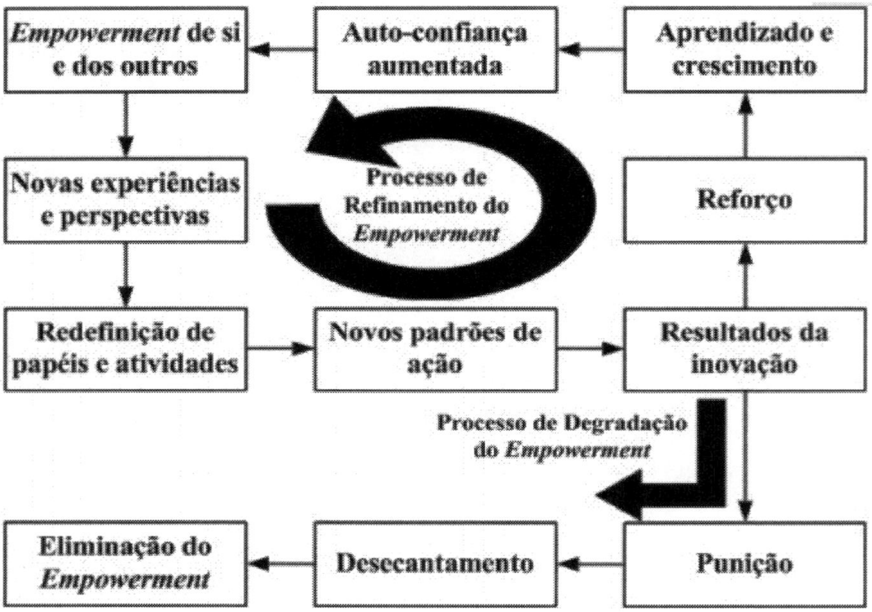

FIGURA1 - Ciclo do Empowerment
Fonte: Ford, Fottler, 1996.

Ainda segundo Ford e Fottler (1996), a mudança de paradigma pode gerarnovos resultados oriundos da percepção dos funcionários, podendo levar a dois tipos de comportamento. O incentivo ao risco e reforço das boas práticas leva a geração de difusão de conhecimentos, e quando recompensados geram uma melhoria no *empowerment* individual ecoletivo. Todavia, pode ocorrer um processo degradação da autonomia quando mudanças são reprimidas e a gestão não dá condições para os funcionários executarem suas propostas,levando a umenfraquecimento do empoderamentoprocurado.

Em outra contribuição sobre o tema, Herrenkolhlet al. (1999) apresentam quatro dimensões da implementação do *empowerment*. A primeira dimensão é a visão compartilhada. Como elementos desta dimensão têm-se: a clareza de metas, a consecução de metas e a orientação ao consumidor. A segunda dimensão é a estrutura organizacional e o gerenciamento que apoiam a implementação do *empowerment*. Como elementos desta dimensão têm-se: o nível de responsabilidade, o trabalho em equipe, a tomada de ações de risco e a valorização dos funcionários pelos clientes. A terceira dimensão da implementação do *empowerment* é a responsabilidade por conhecimento e aprendizagem. Os elementos desta dimensão são: a mudança em treinamento e desenvolvimento, a solução de problemas associada ao treinamento e desenvolvimento e a confiança mútua dos funcionários no processo de resolver problemas.A quarta dimensão é o reconhecimento institucional das realizações dos funcionários e a consequente demonstração de que eles são ouvidos. O conhecimento do sistema de recompensa relaciona-se à conscientização dos funcionários em relação à importância da organização,da entrega de valor ao consumidor e de que todos assumem responsabilidade (s) por suas ações (Herrenkolhl et al., 1999).

METODOLOGIA

Para a realização do trabalho foi utilizado o método da observação participante, que busca soluções práticas para os problemas reais sucedidos com a análise do projeto de pesquisa. O pesquisador participa de todas as fases da pesquisa. Desde a identificação da situação problema e no desenvolvimento das etapas de implementação da solução do mesmo, oferecendo diretivas junto à empresa em estudo (Pache, 2012).

A metodologia de pesquisa adotadaconsiste no contato direto com os atores sociais, em que o próprio investigador é, também, instrumento de pesquisa. Requer a necessidade de eliminar deformações subjetivas, para que possa haver a compreensão e interaçãoentre sujeitos em observação (Batista, 2009). Os observadores fazem parte do ambiente, tendo influência e sendo influenciado pelo mesmo.

Neste estudo os autores participaram ativamente da implantação do modelo de organização do trabalho de operadores cuja aplicação prática foi oriunda de diretrizes corporativas da organização. As diretrizes adotaram o modelo de "*OperatorEmpowerment*" (OE) corporativo. Todavia, os autores tiveram autonomia para conduzir a lógica da implantação do OE segundo as etapas do ciclo *empowerment* de Ford e Fottler (1996), bem como abrangeras quatro dimensões descritas por Herrenkolhlet al. (1999).

APLICAÇÃO DO MÉTODOOPERATOR EMPOWERMENT

Para a inserção do *operatorempowerment* na fábrica de acessórios tubulares foicriado o Grupo de Gerenciamento da Rotina (GGR). O GGR é uma equipe de cinco a sete operadores, sendo que um deles é designado como Capitão do grupo e incumbido de conduzir uma reunião diária de gerenciamentodos indicadores de controle de processo.Esta reunião dura em média cinco minutos no começo do turno, utilizando uma estrutura física estrategicamente localizada na célula de trabalho.

Este modelo de organização detrabalho permite uma interação melhorentre asequipes na troca de turno e a valorização do capital intelectual através do aproveitamento máximo dos conhecimentos e experiências, promovendo o bom desempenho dos processos através de ferramentas ágeis para tomadas de decisão, resolução de problemas e execução da melhoria contínua. Kanaane e Ortigoso (2010) compartilham da visão de Crawford (1994), quando afirmam que o capital intelectual é entendido como o conhecimento que pode ser convertido em lucro e como o conjunto de ativos que, apesar de não estarem refletidos nas demonstrações contábeis tradicionais, geram valor para a empresa e compreende criatividade, ideias, experiências, projetos e processos.

ESTUDO DE CASO

A diretoria da fábrica de acessórios tubulares estabeleceu em sua concepção uma estrutura hierárquica para a gestão de processos e pessoas compostapor um engenheiro de produção, um supervisor de produção e três lideres de produção. Os três líderes de equipe eram, então, necessários para conduzir os processos produtivos em um cenário de demanda que exigia que a fábrica operasse em três turnos.

A partir de 2015 com a redução da demanda ocorrida a partir da forte diminuição dos preços do petróleo, a direção da empresa foi forçada a reduzir dois turnos de produção e investiu na estratégia de implantar o modelode*empowerment* dos operadores. Com isso, o objetivo foireduzir a dependência operacional dos líderes de produção, capacitaros operadores para contribuir em inovação e nas resoluções de problemas de sua célula de trabalho (Pfeifer, Dunlop, 1990), sendo esta realizada de forma prática e ágilpelos próprios operadores, através da implantação do Grupo de Gestão de Rotina (GGR),sem a presença contínua da figura do líder de produção. Dessa forma, foi possível reduzir custos por meio da eliminação deste nível hierárquico e mantero número de operadores necessários para o atendimento da demanda fabril prevista, haja vistoque esta mão de obra agrega valor tangívelaos processos.

A partir dessamudança proposta o supervisor de produção daria suporte direto aos operadores empoderados, para garantir que a segurança, a qualidade e a produtividade fossemalcançadas diariamente, através do trabalho em equipe e do monitoramento da rotina pelo GER.

O método composto por sete etapas utilizado para a implementação do *empowerment* foi inspirado nas considerações de Ford e Fottler (1996) e Quinn e Spreitzer (1999) e nas quatro dimensões da implantação do *empowerment* citadas por Herrenkolhlet al. (1999):

FIGURA 2 – Sete etapas do Empowerment
Fonte: Adaptado da empresa estudada, 2018.

PRIMEIRA ETAPA: definição do conteúdo informativo e dos KPIs de acompanhamento diário

Para Herrenkolhl et al. (1999) a primeira dimensão do *empowerment* é o fornecimento da visão compartilhada. Esta etapa delimita oconteúdo informativo que será exposto nos quadros para auxiliar a equipe na visualização dos eventos diários.Foramselecionados para exposição os seguintes tópicos:

a) Capitão e Equipe: a foto do capitão e da equipe deve ficar exposta no quadro para gestão visual de quem está presente na fábrica. O capitão da equipe do GER é responsável por dirigir a reunião. É recomendado o operador seja escolhido pela equipe, junto ao supervisor e, ainda, que aconteça uma alternativa entre a equipe que fosse um operador escolhido pela equipe junto com o supervisor e pode alternar entre a equipe;

b) Indicadores de Desempenho: como ferramenta de controle são disponibilizados indicadores de preenchimento manual diário, em função dos resultados do dia anterior e para estimular o acompanhamento e o autocontrole da equipe nos próprios processos de manufatura, sendo estes relacionados a segurança, qualidade e produtividade;

c) Segurança:neste campo devem ser exibidos os relatos de desvios e incidentes, no intuito de divulgar de forma ágil os eventos relacionados à segurança operacional. Nesses casos o gestor é acionado de imediato para tomada de decisão e, assim, orientar a mitigação de riscos. Também podem ser expostas as regras de ouro de segurança da empresa;

d) Clientes:é importante deixar um campo de informação sobre os clientes, para estabelecer um compromisso comum na equipe em relação ao "foco no cliente" e disseminar quais são os clientes dos produtos que eles mesmos produzem. A política da empresa pode ser aplicada neste campo;

e) Produtos:expõe informações sobre a aplicabilidade dos produtos, transmitindo um senso de importância na garantia de sua fabricação, conforme os padrões e especificações para o sucesso dos projetos dos clientes e, consequentemente, da fábrica em que trabalham;

f) Eventos do dia:existem diversos eventos que ocorrem no ambiente fabril de forma randômica, em função da estratégia da organização. O desalinhamento de informação entre a operação e a gestão pode afetar nos resultados da empresa. Logo,este campo oferece a oportunidade de registrar eventos ou acontecimentos importantes do dia por parte do gestor, para que toda a equipe receba as informações necessárias para a realização do objetivo preestabelecido.

SEGUNDA ETAPA: definir equipe e capitão do GGR

Para a implantação do *empowerment* é importante ter uma estrutura de apoio, na qualsão definidas responsabilidades e o trabalho em equipe seja estimulado (Herrenkolhlet al. 1999). A definição da equipe deve levar em consideração que esse tipo de reunião exige uma interação eum diálogo ativo da equipe, que não pode ser composta por muitas pessoas. O ideal é que seja menos do que dez operadores dos processos controlados em cada GER, tendo em vista o máximo de aproveitamento de suas experiências. A escolha do capitão deve ser em função de uma pessoa com competência de trabalho em equipe e bons relacionamentos interpessoais.

TERCEIRA ETAPA: definição das ferramentas de gestão da rotina da equipe

O *empowerment* participativo representa uma área mais típica de grupos de trabalho autônomos, aos quais é dado algum envolvimento na tomada de decisão sobre as ferramentas de gestão referentes ao contexto do trabalho. Tais grupos são usualmente envolvidos na identificação de problemas, busca de alternativas e recomendação da melhor alternativa para tratativa de problemas. Eles também estãoenvolvidos no processo de tomada de decisão relacionado ao contexto do trabalho, na mesma extensão (Ford e Ftler, 1996). Os seguintes tópicos foram definidos como ferramentas da gestão da equipe:

a) Formação tática:estaferramenta exibe a formação tática da equipe de produção com a foto das pessoas já distribuídas nos processos. Essa formação é dinâmica e deve ser modificada de acordo com o fluxo produtivo necessário para atender à família de produto em processamento, de acordo com o balanceamento de linha;

b) Quadro de reatividade:aproposta desta ferramenta é fornecer aos operadores a oportunidade de registrar todos os desvios de processo do dia anterior que influenciaram negativamente em algum dos indicadores de desempenho. Essesregistros são feitos em um *flipchart* com data, descrição do problema, ação imediata, ação proposta e um campo para o "visto" do gestor, o qual é importante para que a equipe veja que o supervisor tomou ciência do problema ocorrido. A partir daí o gestor deve procurar o capitão da equipe para alinhar a ação corretiva e dar um retorno sobre a previsão da conclusão. É de extrema importância que o gestor motive o preenchimento do *flipchart* para o registro de todos os desvios. Com isso, o conhecimento do processo se tornará ricoe alimentará a base para a melhoria contínua da fábrica;

c) Quadro de Ideias de Melhorias: quando se tem uma equipe *empowerment* que avalia o processo de forma analítica e possui autocontrole, abre-se um caminho de oportunidade para a valorização do capital humano, através de um programa deideias de melhorias bem estruturado. Nessequadro aequipe pode registrar a qualquer momento ideias e ao final de cada mês as melhores ideias implementadas são premiadas com brindes e os operadores reconhecidos em público. Anualmente as melhores ideias são selecionadas para receberem prêmio financeiro, em função do resultado obtido por meioda melhoria realizada.

QUARTA ETAPA: elaboração e requisição da estrutura física

Após a definição de todo o conteúdo necessário para a prática do *empowermen-t*atravésdas reuniões de execução da rotina, o dimensionamento dos quadros em quantidade e tamanho torna-se possível. Conforme a foto abaixo (FIG. 3) foi disponibilizadoquatro quadros: um *flipchart*, umamesa de centro, canetas para preenchimento das ferramentas de gestão e um local físico posicionado de maneira segura e próximo ao processo monitorado pela equipe *empowerment*.

FIGURA 3 – Estrutura física do GGR
Fonte: A empresa estudada, 2018.

QUINTA ETAPA: Padronização do método de execução da reunião

Como parte do ciclo de implantação do *empowerment* por Ford e Fottler (1996) deve-se padronizar o método em que as tomadas de decisões devem ocorrer, determinando com exatidão o que deve ser feito, como deve ser feito e quando deve ser feito.

SEXTA ETAPA: treinar a equipe para a execução do GER

Após toda a estrutura estar disponibilizada na área, a equipe deve ser treinada no padrão elaborado. Nesta fase são de extrema importância explicar os objetivos da reunião e quais os benefícios que ela pode trazer para a rotina deles, como reduzir a frequência dos problemas e tornando o ambiente de trabalho mais organizado e em constante melhoria,promovero bem estar dos funcionários e garantira sustentabilidade da empresa. Segundo Herrenkolhl et al. (1999), a terceira dimensão da implementação do *empowerment* é a responsabilidade por conhecimentoe aprendizagem. Os elementos destadimensão são: a mudança em treinamento edesenvolvimento, a solução de problemasassociada ao treinamento e desenvolvimento e aconfiança mútua dos funcionários no processode resolver problemas. A mudança em treinamentoe desenvolvimento exige que a organizaçãoencoraje os empregados a procurarconhecimento que melhore o desempenho e queforneça oportunidades para a aprendizagem, assimcomo buscarem mudanças quebeneficiem os clientes. A solução de problemasestá associada ao gosto por novos desafios e àaquisição de novas habilidades necessárias paraexecutar seu trabalho. A confiança mútuaimplica que os funcionários sintam-se confortáveisao discordarem uns dos outros, que possam aprender com os erros, considerando que a falha não será indiscriminadamente "punida" (Rodrigues, Santos, 2001).

SÉTIMA ETAPA: realizar acompanhamento e *coaching*

Agora é o momento de realizar um acompanhamento nas primeiras semanas até que a equipe esteja realizando as reuniões conforme o especificado. É necessário que ocorra o reconhecimento institucionaldas realizações dos funcionários e aconsequente demonstração de que eles são ouvidos. O conhecimento do sistema de recompensarelaciona-se à consciência dos funcionários de que a entrega de valor ao cliente é recompensada ede que todos na organização assumem responsabilidades por suas ações (Herrenkolhlet al. 1999). Ao final de cada reunião é recomendado que o supervisor de produção realize um *coaching* com o capitão, em particular e de forma estratégica, citando os pontos de melhoria, contribuindo para o desenvolvimento do mesmo e, consequentemente, da equipe. Da mesma forma, o *operational empowerment* começa a se enraizar na equipe e, então, a construção deum time de excelência contribuirádiariamente para a melhoria dos resultados na empresa.

CONCLUSÃO

Com a nova situação de demanda os operadores que antes eram divididos em três turnos de produção tiveram sua quantidade racionalizada para o novo cenário de mercado. A equipe que ficou na empresa foi dividida em dois Grupos de Execução de Rotina (GER), trabalhando em paralelo em um mesmo turno ou em turnos defasados com foco em dois macroprocessos: usinagem e acabamento.

Após a implantação do método de *empowerment* houve um acompanhamento por 12 semanas no GER e a condução de um processo de*coaching* com os capitães por seis meses para a obtenção da autonomia sustentável da equipe empoderada.Foi possível estabelecer uma nova estrutura hierárquica na planta, sendo validada pela diretoria da companhia a formação, sem a figura do líder de produção:

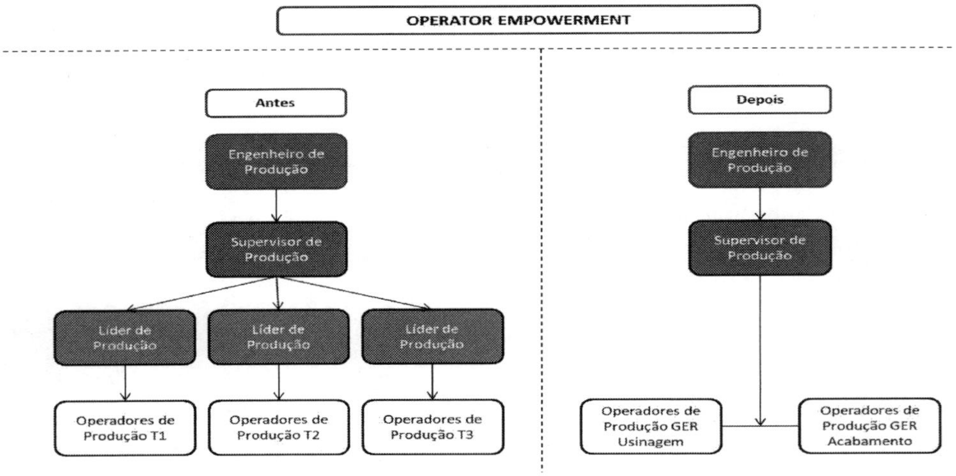

FIGURA 4 – Organograma, antes e depois do *empowerment*
Fonte: Adaptado da empresa estudada, 2018.

Além da possibilidade de redução da estrutura hierárquica o empoderamento operacional trouxe outros benefícios, como a facilidade na troca de informações entre os níveis gerenciais e a promoção do espírito de melhoria contínua. Foram relatados pelos operadores 916 problemas no *flipchart* ao longo do ano, no qualtambém foramestabelecidas ações de resolução e seus respectivos responsáveis, todas validadas pelo supervisor de produção, reduzindo perdas por paradas de produção e falhas de processo, sendo estes aferidos pela redução do tempo de setup dos tornos em 23% e pela redução do tempo de paradas por falha de equipamento em 5%.

Para concluir, o *operator empowerment* foi estabelecido conquistando a sinergia da equipe e melhorando o ambiente de trabalho, garantindo a reação e prevenção aos problemas cotidianos, além da evolução dos processos da fábrica pelo envolvimento operacional na proposição e na implantação das melhorias necessárias para a sustentabilidade da empresa, possibilitandoque o número de ideias de melhoria da fábrica aumentasse em 91.3%, comparando com o ano anterior à implantação do GER. O método mostrou-se eficaz e está sendo gradativamente expandido para outras unidades do grupo empresarial ao qual a companhia faz parte.

REFERÊNCIAS

Batista MC. A observação participante enquanto técnica de investigação. Pensar Enfermagem [periódicos na Internet]. 2009; 13 (2) [acesso em 10 jan 2018]. Disponível em: http://pensarenfermagem.esel.pt/files/2009_13_2_30-36.pdf .

Carless SA. Does psychological empowerment mediate the relationship betweenPsychological climate and job satisfaction?.Journal of Business and Psychology. 2004; 18(4): 25-405.

Carneiro J, Delgado F. A crise de atratividade do setor de óleo e gás no Brasil. Boletim de Conjuntura [periódicos na internet]. 2017 [acesso em 15 jan 2018]; 6: 8-15. Disponível em: http://bibliotecadigital.fgv.br/ojs/index.php/bc/article/view/71051.

Dennis P. Fazendo acontecer a coisa certa. São Paulo: LeanInstitute Brasil; 2007.

Denthom DK. Organização Horizontal: Além da Satisfação Total do Cliente. São Paulo: IMAM; 1995.

Ford RC, Fottler MD. Empowerment: a matter of degree. IEEE Engineering Management Review. 1996; 24(3): 19-24.

Garcia SQ.Petróleo: Visão Geral e Aspectos Fundamentais nas Relações Internacionais. Rev Política Hoje. 2015; 23: 129-148.

Herrenkolhl RC et al. Defining and measuring employee empowerment.Journal of Applied Behavioral Science.1999; 35(3): 373-389.

Krugman P, Wells R. Introdução à economia. Elsevier Brasil; 2016.

Liker JK, Ogden T. Toyota under fire.McGraw-Hill Professional; 2011.

Liker JK, The Toyota Way: 14 Management Principles from the World's Greatest Manufacturer.New York: McGraw-Hill, 2004.

Mendes FB. Proposta de planejamento e desdobramento estratégico – HoshinKanri; aplicado ao setor de exploração e produção de petróleo e gás. In: Calado RD (Org.). Leansix sigma na indústria de óleo e gás. Aplicações boas e práticas. Global South Press. Rockville: MD; 2017.

Pache R.Proposta de Arranjo Físico para uma Indústria de Transformação de Termoplásticos Baseado nos Conceitos de Manufatura Enxuta. Belo Horizonte. Trabalho Final de Curso [Graduando em Engenharia de Produção] – Faculdade Horizontina; 2012.

Portal da Indústria. Pagamento de impostos eleva custos industriais no terceiro trimestre [acesso em 21 jan 2018]. Disponível em: http://www.portaldaindustria.com.br/estatisticas/indicador-de-custos-industriais/.

Quinn, RE&,Spreitzer, GM. The road to empowerment: seven questions every leader should consider. IEEE Engineering Management Review. 1999; 27 (2): 21-28.

Tonet H et al. Desenvolvimento de equipes. Rio de Janeiro: FGV Management; 2009.

Slack Net al. Administração da produção. 2. ed. São Paulo: Atlas; 2002.

Sacomano Neto M, Escrivão Filho E. Estrutura organizacional e equipes de trabalho: Estudo da mudança organizacional em quatro grandes empresas industriais. Gestão e Produção. 2000; 7(2): 136-145.

Womack JP et al. The machine that changed the world. Ontario: Macmillan Publishing Company; 1990.

O LEAN GREEN APLICADO NA ELABORAÇÃO DO PLANO DE GERENCIAMENTO DE RESÍDUOS SÓLIDOS DE UM PROJETO DE CONSTRUÇÃO CIVIL

Eng. Felipe da Silva Rocha; D. Sc. Flávio Silva Machado;
D.Sc. Mateus Carvalho Amaral; M.Sc. Uilson Alves da Silva

feliperochasp@gmail.com; flavio1964@hotmail.com; mateus.amaral2008@hotmail.com; uilsonalves@gmail.com
Instituto de Ciências e Tecnologia - Universidade Federal Fluminense

Resumo: No atual cenário de elevada competitividade é fundamental que as organizações otimizem seus processos produtivos levando em conta a sustentabilidade. O Lean Green, que é a fusão entre o pensamento enxuto e sustentabilidade, se mostra como alternativa para alavancar a posição competitiva de tais organizações. Em 2010 foi criada no Brasil a Lei que dispõe sobre a Política Nacional de Resíduos Sólidos, impondo medidas ambientais a serem adotadas pela sociedade, Estado e as empresas. No que se refere às empresas de construção civil, a legislação determina que seja criado um plano de gerenciamento de resíduos sólidos, contendo a caracterização, triagem, acondicionamento, transporte e destinação final dos resíduos que serão gerados no empreendimento. Com este trabalho foi possível criar o plano de gerenciamento de resíduos sólidos de empreendimento de construção civil aplicando a filosofia Lean Grean no planejamento das atividades do projeto.
Palavras-chave: Lean Grean, Gestão de projetos, 5S, Gerenciamento de resíduos e Política Nacional de Resíduos Sólidos.

Introdução

Em 1991, as preocupações com as questões ambientais levaram integrantes do Senado Federal a propor um projeto de lei que se tornaria a Política Nacional de Resíduos Sólidos (PNRS), sendo instituída como lei após quase 20 anos de discussão. A lei determina que as empresas privadas, que geram resíduos diários com volume superior a geração doméstica, devem criar o seu plano de gerenciamento de resíduos sólidos[1].

Empresas que até então não possuíam um controle sobre a gestão de seus resíduos devem se adequar a nova legislação, caso contrário terão dificuldades em regularizar seus empreendimentos ou até mesmo inviabilizar a execução dos mesmos.

Para Mariano (2), somente com a estimativa do período em que resíduo será gerado, será possível programar as ações necessárias para garantir o armazenamento e controle de tal resíduo, bem como sua posterior reciclagem ou disposição final.

No que se refere à gestão de projetos, podemos usar o guia *Project Management Body of Knowledge* (PMBOK) como ferramenta para o planejamento do projeto. Segundo o PMBOK, (3) o projeto consiste em "um esforço temporário empreendido para criar um produto, serviço, ou resultado exclusivo. Sua natureza temporária indica o início e o término definidos".

O termo 5S é uma referência às cinco palavras de origem japonesa e suas iniciais: Seiri, Seiton, Seiso, Seiketsu e Shitsuke (4). Tais palavras traduzidas para o português representam os sensos de utilização, organização, limpeza, higiene e disciplina.

O *Lean Construction* é uma filosofia que traz conceitos do *Lean Manufacturing*, que é baseada no Sistema Toyota de Produção, para a construção civil. Segundo Hirota et al. (5), o desafio dos profissionais da construção atualmente é melhorar a eficiência do setor através da adaptação das técnicas da produção enxuta à construção civil.

Para Junior at al. (6), devido ao grande impacto das construções e de seu consumo elevado de insumos naturais surgiu o conceito Green Building. Segundo mostra em seu trabalho, Green Building é fruto da integração do modelo de Construção Enxuta (Lean Construction) com o conceito de Edifícios Verdes (Green Building).

O objetivo geral deste trabalho é elaborar o plano de gerenciamento de resíduos sólidos de um empreendimento de construção civil, adequando esta obra a nova lei de resíduos sólidos brasileira (Lei nº 12.305/2010) utilizando os conceitos do *Lean Green*. Para isso será necessário planejar o gerenciamento do escopo e o gerenciamento do tempo do empreendimento. Classificar e quantificar os resíduos sólidos que serão gerados em cada atividade da obra. Definir as medidas para acondicionamento, transporte e destinação final dos resíduos.

Método

O método utilizado para realização deste trabalho consiste nas seguintes etapas:

- Utilizar as práticas de gerenciamento do escopo apresentadas no guia PMBOK, para construir a estrutura analítica do projeto (EAP) de um empreendimento de construção civil.
- Utilizar as práticas de gerenciamento do tempo apresentadas no guia PMBOK, para desenvolver o cronograma do empreendimento.

- Utilizar a experiência dos profissionais da empresa estudada, juntamente com a Resolução nº 307 do CONAMA (7), para caracterizar os resíduos que serão gerados em cada atividade do cronograma e suas respectivas quantidades.
- Utilizar o programa 5S para facilitar a definição dos processos de triagem e acondicionamento dos resíduos gerados.
- Utilizar a legislação para planejar o transporte e destinação final de cada classe de resíduo e seu tratamento adequado.

Estudo de Caso

A empresa na qual ocorre o estudo apresentado nesse trabalho é uma empresa que atua no ramo de construção civil em obras de pequeno e médio porte. Seu objetivo principal é de firmar contratos com empresas e órgãos da Administração Pública, atendendo a demanda de tal setor. A empresa possui em seu portfólio de clientes alguns Municípios da baixada fluminense e uma grande empresa petrolífera brasileira. Desta maneira, para que seja possível alcançar seu principal objetivo, a empresa deve observar com rigor os requisitos legais para ser habilitada a participar de licitações públicas.

O projeto estudado

Após realizar o levantamento de todos os serviços a serem realizados pela empresa estudada, foi selecionado o serviço que melhor se adéqua a aplicação da metodologia. Tal serviço tem como objetivo a realização de reformas em uma escola pública no município de Magé, no estado do Rio de Janeiro.

Elaboração do plano de gerenciamento de resíduos sólidos

Gerenciamento do escopo

A etapa de gerenciamento do escopo tem como principal entrega a EAP, que será usada como base para a etapa do gerenciamento do tempo.

Por se tratar de contrato com a Administração Pública, a empresa passou por procedimento licitatório. Desta maneira, não será necessário elaborar o termo de abertura do projeto, visto que todos os itens solicitados pelo cliente já foram tecnicamente descritos e documentados na licitação. Já para construir a declaração do escopo do projeto, foram tomadas como base as informações contidas no contrato, que descrevem as atividades a serem executadas. Após reuniões com a empresa, foi criada a declaração do escopo do projeto.

A Figura 1 descreve parte da Estrutura Analítica do Projeto do presente estudo de caso foi elaborada tendo como base a declaração do escopo do projeto realizado na etapa anterior. As etapas para construção da EAP da reforma da escola foram separadas previamente usando como critério a sequência lógica de execução da obra.

Figura 1: Parte da Estrutura Analítica do Projeto da reforma da escola.

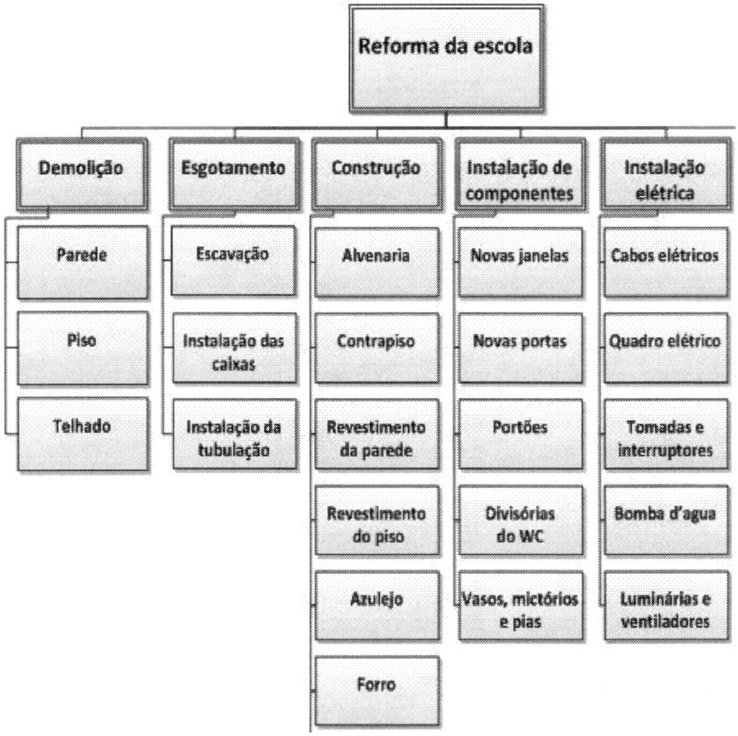

Fonte: O autor.

Gerenciamento do tempo

Para decompor as entregas disponíveis na estrutura analítica do projeto em atividades menores, foram realizadas entrevistas com os profissionais que atuarão na execução do projeto, que além de terem acesso às entregas esperadas pelo cliente, tais profissionais realizaram visitas técnicas no local da execução do serviço.

Após reuniões com as equipes de execução do projeto, tendo sempre como base a EAP e a sequência de passos proposta pelo guia PMBOK foi criada uma planilha com todas as atividades do empreendimento e suas características relevantes, Quadro 1.

Quadro 1: Parte da planilha contendo as atividades e características do estudo de caso.

N°	Nome	Unid.	Quant.	Pred.	Duração(h)
1	Reforma da Escola				
2	1. Demolição				
3	1.1 Parede				
4	1.1.1 Demolir parte da alvenaria wc femin+ masc	m^2	10	1	2,0
5	1.1.2 Retirar todo revestimento wc femin+masc	m^2	66,36	4	6,0
6	1.1.3 Retirar todo revestimento wc PNE + Prof	m^2	41,55	5	4,0
7	1.1.4 Retirar todo revestimento cozin+ refeit.	m^2	119,7	6	12,0

Fonte: O autor.

Classificação dos resíduos

Após a etapa de planejamento do tempo, foi possível levantar os resíduos de cada atividade do cronograma, fazendo uso da experiência dos profissionais que durante as reuniões realizadas apontavam a matéria prima, ferramentas e sobras que ocorriam em cada atividade.

Após as reuniões de levantamento dos resíduos foi criada uma planilha que descreve cada atividade e seus respectivos resíduos, sendo possível assim, classificar cada um deles. Para tal etapa foram usados os critérios estabelecidos pela Resolução do Conselho Nacional do Meio Ambiente N°307, Art. 3°, que regulamenta a classificação dos resíduos de construção civil (7).

Quantificação dos resíduos

Foi observado que os resíduos poderiam surgir principalmente através de demolição, embalagens, desperdício, ferramentas e EPI.

A geração pela demolição foi estimada usando os dados da própria licitação da obra, que contém a área de toda construção a ser demolida. Devido à dificuldade em encontrar na literatura dados confiáveis que possibilite a conversão de metro quadrado de estrutura construída para quilograma, foi necessário realizar experimentos práticos que determinassem a conversão desejada. Para isso foram construídas estruturas em escala reduzida, pelos próprios profissionais da empresa, e posteriormente tais estruturas foram pesadas.

Para determinar o número de embalagens geradas em cada atividade do cronograma foi levado em conta o volume de material necessário para a execução da obra. Já a quantidade de EPI e ferramentas foram estimadas pelo número de profissionais que executarão o serviço. Para converter o número de embalagens, EPI e ferramentas em quilograma, foi realizado o levantamento do peso unitário de cada item nos catálogos dos fornecedores da empresa e quando o peso não era informado, o item era pesado em uma balança de precisão para servir como referência nos cálculos.

Após a criação do cronograma, classificação e quantificação dos resíduos foi possível gerar inúmeros relatórios e gráficos que relacionam informações referentes ao volume, classe e o momento de sua geração, que é o resultado da etapa de caracterização dos resíduos esperados no projeto. A Figuras 1 e 2 mostram uma pequena parte dos resultados dessa etapa.

Figura 1: Gráfico com a quantificação dos resíduos.

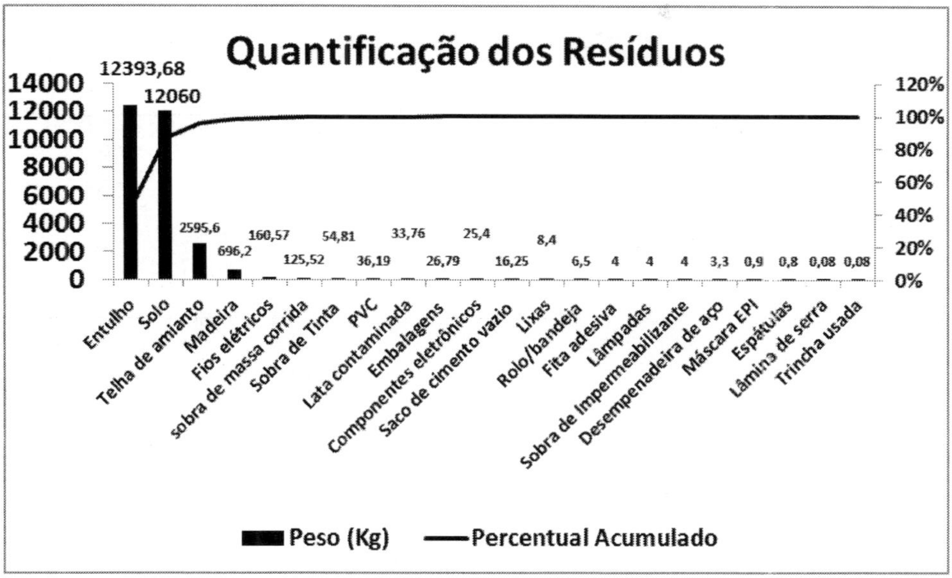

Fonte: O autor.

Figura 2: Parte do gráfico de Gantt elaborado no estudo de caso.

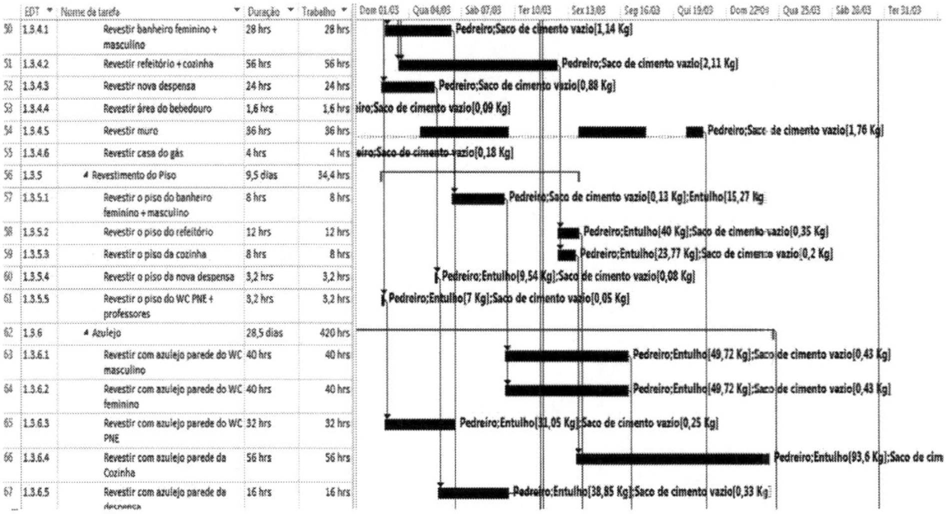

Fonte: O autor.

Triagem e acondicionamento

Na etapa de triagem e acondicionamento foi difundido o conceito de 5S para todos os colaboradores, que em sua grande maioria tiveram pela primeira vez o contato com tal programa. Os sensos de utilização, organização, limpeza, higiene e disciplina foram passados para os colaboradores juntamente com exemplos já aplicados nas rotinas de construção civil.

Para acondicionar os resíduos classe A serão utilizadas caçambas estacionárias, pois elas suportam elevado peso e volume do entulho que será gerado. Serão necessárias 3 caçambas de 6 m^3 cada uma, tendo em vista o volume de entulho esperado. Para racionalizar espaço no canteiro, será usado uma caçamba por vez, quando a mesma estiver cheia será substituída por outra vazia. O uso da caçamba e dos demais recursos deve respeitar o cronograma da geração dos resíduos criada na etapa de caracterização.

Os resíduos de classe B serão acondicionados das seguintes formas: os resíduos com potencial para serem reutilizados serão organizados e separados em pequenas baias dentro do canteiro de obra para serem aproveitados em outras atividades do projeto ou em outros projetos. Os resíduos classe B que serão reciclados (tais como papel, plástico, PVC e etc) deverão ficar acondicionados em *Big Bags* identificadas para facilitar o transporte de tais resíduos.

Por ser esperado baixo volume de resíduo classe C, será reservado um *Big Bag* para o acondicionamento de tais resíduos durante toda execução da obra. O *Big Bag* deverá ser sinalizado para facilitar a identificação do acondicionamento pelos colaboradores.

Para acondicionamento dos resíduos classe D será disponibilizado uma baia protegida da chuva. As telhas de amianto serão dispostas ao lado da Baia dos demais resíduos classe D, por poder pegar chuva e ter elevado volume.

Transporte e destinação final

O transporte e a destinação dos resíduos classes A e C ficarão a cargo da Prefeitura Municipal de Magé que os encaminhará até um Centro de Tratamento de Resíduos licenciado. Os resíduos classe B reutilizáveis serão transportados pela própria empresa até o seu galpão de armazenamento de materiais, e lá ficarão protegidos e organizados até serem reutilizados em outros projetos. No que se refere aos resíduos de classe B recicláveis, a coleta será realizada por uma cooperativa de reciclagem formada por antigos catadores, que possui parceria com a Prefeitura Municipal.

Os resíduos classe D por serem considerados perigosos, serão transportados por uma empresa privada licenciada para que esta realize a destinação final dos resíduos, conforme previsto em lei.

Considerações finais

Atualmente, a legislação brasileira exige que as empresas gerenciem os seus resíduos sólidos. Com isso, é necessário que as mesmas aprimorem os processos de gerenciamento de seus projetos incluindo as práticas sustentáveis previstas em lei. Sendo assim o *Lean Green* se apresenta como uma alternativa para alcançar a sustentabilidade das mais diversas atividades.

REFERÊNCIAS BIBLIOGRÁFICAS

1. BRASIL. Lei n° 12.305, de 2 de agosto de 2010. Institui a Política Nacional de Resíduos Sólidos; altera a Lei no 9.605, de 12 de fevereiro de 1998; e dá outras providências. *Diário oficial [da] República Federativa do Brasil,* Brasília, DF, n. 147, p. 3 – 7, 3 de agosto de 2010. Seção 1.
2. MARIANO, Leila Seleme. *Gerenciamento de resíduos da construção civil com reaproveitamento estrutural*: estudo de caso de uma obra com 4.000m². Curitiba, 2008. 108f. Dissertação (Mestrado em Engenharia de Recursos Hídricos e Ambiental) – Departamento de hidráulica e saneamento, Universidade Federal do Paraná, Curitiba, 2008.
3. PMBOK. *Um guia do conhecimento em gerenciamento de projetos.* 4 ed. Pennsylvania: Project Managent Institute. 2008, 337 p.

4. BRITO, Maria de Fátima Paiva; ROTTA, Carmen Silvia Gabriel: implantação do Programa 5S num hospital geral privado do interior do Estado de São Paulo como ferramenta para a melhoria da qualidade. RAS, São Paulo, v. 3, n. 11, p. 9-13, 2001.
5. HIROTA, Ercilia Hitomi; FORMOSO, Carlos: o processo de aprendizagem na transferência dos conceitos e princípios da produção enxuta para a construção. Encontro Nacional da Tecnologia do Ambiente Construído. 8 ed. Salvador, 2000.
6. JUNIOR, Ailton Lannes; FILHO, José Rodrigues de Farias: O conceito Lean Green de construção: proposta de integração dos modelos Lean Construction e Green Building, aplicado à indústria da construção civil, subsetor edificações. Encontro Nacional de Engenharia de Produção. 24 ed. Florianópolis, 2004.
7. BRASIL. Resolução do CONAMA n° 307, de 5 de julho de 2002. Estabelece diretrizes, critérios e procedimentos para a gestão dos resíduos da construção civil. *Diário oficial [da] República Federativa do Brasil,* Brasília, DF, n. 136, p. 95 – 96, 17 de julho de 2002. Seção 1.

UMA EXPERIÊNCIA COM GERENCIAMENTO DIÁRIO NA SAÚDE

Stela Maris Antunes Coelho[1]
Gerente Lean no Instituto de Oncologia do Vale - IOV, engenheira de Alimentos pela UNITAU, pós-graduada em Processos Lean pela FAAP e Mestre em Engenharia de Produção Mecânica pela UNITAU
stela.maris@iov.med.br
Instituto de Oncologia do Vale - IOV

Instituto de Oncologia do Vale

O IOV é um serviço de oncologia fundado em 1995 na região metropolitana do Vale Paraíba, Estado de São Paulo, que conta com aproximadamente 2,4 milhões de habitantes. Somos cerca de 140 profissionais voltados ao atendimento ambulatorial de pacientes com câncer, distribuídos nas unidades de São José dos Campos e Taubaté. Dispomos de cinco unidades de tratamento, sendo duas voltadas à quimioterapia e três à radioterapia (1).

Jornada Lean no IOV

Iniciamos nossa jornada Lean em 2008. O diretor-executivo do IOV - também médico, exerce um papel de liderança com grande habilidade em entender qual a necessidade estratégica da empresa em relação à filosofia *Lean*. Foi o primeiro a dar um passo importante na instituição, já que estávamos em processo de certificação de qualidade. Porém, apesar disso, o nosso diretor estava insatisfeito, pois foram identificados vários desperdícios relacionados à espera, movimento entre outros – desperdícios que não agregam ao paciente – em nossos fluxos. Assim, a partir de uma pesquisa, buscou mais informações sobre o conceito de desperdícios na saúde e encontrou então um artigo sobre *Lean* e, com base nesse material, iniciamos nossa jornada (1).

O diretor começou a participar de workshops e capacitações dentro e fora do Brasil. O próximo passo foi desenvolver sua liderança em *Lean* no IOV.

Participamos de alguns cursos ministrados por ele e, na maioria das vezes, as ações práticas identificavam os problemas em nossas rotinas. Algumas vezes, não entendíamos muito bem o motivo de ele estar nos ensinando a história da Toyota, por exemplo, mas aos poucos, os resultados foram aparecendo para nossos pacientes e, então, tudo o que praticávamos começou a fazer sentido (2).

Minha história no IOV

Comecei no IOV em 2000. Naquela época, tinha acabado de completar 18 anos e terminar o 3º ano do Ensino Médio. Fui contratada para trabalhar na recepção da unidade de Oncologia da filial do IOV que ficava dentro do Hospital Regional do Vale do Paraíba em Taubaté (HRVP), local onde atuei como recepcionista por sete anos, sendo então promovida à coordenadora de recepção e depois à coordenação administrativa.

Participei do primeiro Mapa de Fluxo de Valor do IOV, que foi desenhado na unidade em que trabalhava. Sempre gostei muito de estudar. Apesar de não ter muitos recursos, procurava alternativas para não parar e consegui uma bolsa na Universidade de Taubaté – UNITAU para fazer Engenharia de Alimentos. Após a conclusão da graduação, iniciei uma pós-graduação em Estratégia, Negócio e Gestão de Projetos na Universidade Anhanguera. Em seguida, conquistei uma nova bolsa para fazer pós-graduação em Processos *Lean* na Fundação Armando Alvares. Paralelamente, iniciei o mestrado em Engenharia Mecânica na UNITAU.

Muitas pessoas me questionavam sobre o motivo de estudar exatas – já que trabalhava com saúde. Naquela época não conseguia responder, mas adorava trabalhar no IOV e a área de exatas me encantava. Em 2011, tudo fez sentido. Já tinha participado do primeiro Mapa de Fluxo de Valor (3), umas das principais ferramentas da filosofia *Lean*, e também fiz parte do primeiro grupo desenvolvido em *Lean* no IOV. Foi nessa época que recebi a proposta do diretor-executivo, Dr. Carlos Frederico, para trabalhar como coordenadora do *Lean Office* do grupo IOV. Não sabia ao certo o que faria, mas tinha certeza de que o meu estudo estava fazendo sentido então. Aceitei sem pensar e o primeiro desafio foi auxiliar na implantação do Gerenciamento Diário (4).

Gerenciamento Diário

O Gerenciamento Diário é uma ferramenta de sistema de gestão *Lean* que, se for bem aplicada, traz uma série de benefícios como, por exemplo, o engajamento das pessoas para as transformações necessárias. Essa ferramenta levará as mensagens, as metas e os resultados alcançados para todos os níveis da organização (5).

Importante ressaltar que os elementos que serão mencionados abaixo foram construídos para o IOV, não sendo regra padrão para o Gerenciamento Diário.

São 9 os elementos do Gerenciamento Diário:

1. Encontros de Início do Turno: reuniões diárias de 5 a 10 minutos que servem para avaliar desempenho, problemas do dia anterior e questões críticas para o dia em questão (4).
2. Trabalho Padronizado do Encontro: a reunião tem uma planilha padronizada com perguntas relacionadas aos desempenhos, questões críticas para planejar o dia e alinhamento com as diretrizes da instituição (6).
3. Quadro Gerador de Ideia: possui duas funções básicas - tornar os problemas visuais e dar oportunidade a todos para sugerirem ideias (1).
   3.1. No quadro *Kaizen* **são identificadas oportunidades de melhorias no processo (que são as ideias) ou Alertas de Segurança, abertos sempre que um quase erro ou uma situação de risco sejam identificados (1).**
4. Diagrama de Afinidade dos Problemas: trata-se do método que realiza afinidades dos problemas. Muitas vezes, a maioria dos alertas abertos está relacionada ao sintoma de um problema maior que chamamos de causa-raiz (4).

5. Matriz de Impacto *versus* Complexidade: utilizada para priorizar os problemas, a matriz possui quatro quadrantes: primeiro quadrante: alto impacto *versus* baixa complexidade (AI x BC): problemas prioritários para serem tratados; segundo quadrante: alto impacto *versus* alta complexidade (AI x AC): são problemas complexos que necessitam de grandes mudanças ou investimentos – esses problemas geralmente precisam de apoio da liderança; terceiro quadrante: baixo impacto *versus* baixa complexidade (BI x BC): são problemas cuja frequência devemos avaliar, bem como os tipos de desperdícios, se ocorrem esporadicamente, por exemplo – talvez não valha a pena tratá-lo, mas se ocorrer com frequência e estiver relacionado ao desperdício, optamos em tratar; quarto quadrante: baixo impacto *versus* alta complexidade (BI x AC): se o problema for de baixo impacto e muito difícil de resolver, assumimos não tratá-lo (4).
6. Plantão *Kaizen*: a palavra *Kaizen* significa mudar para melhor. Refere-se aos eventos de melhorias nos quais uma equipe multidisciplinar estuda o método PDCA, desenvolvido por Walter A. Shewhart e W. Edwards Deming, em que se investe a maior parte do tempo planejando (*Plan*), então executam-se as contramedidas (*Do*) e, em seguida, realiza- se o *follow up* das contramedidas para ação (*Check*) ou ajuste do processo (*Act*) (4) e (7).
7. Cadeia de Ajuda: estabelece uma interação padronizada entre a liderança e todas as camadas da instituição. As pessoas resolvem os problemas assim que surgem. Quando for necessário, a operação solicita o apoio da liderança imediata ou até mesmo da alta liderança, dependendo da complexidade da situação (8).

8. Administração Visual Primária (AVP): gráfico de controle de processo, em que é utilizado o conceito do gráfico de Shewhart, o qual permite entender a variação dos processos (7) e (1).
9. Planejamento de Longo Prazo: usamos o conceito do *Hoshin Kanri*. O significado da palavra vem de *Ho* – direção, *shin* – agulha, *Kan* – controle, *ri* – lógica/razão, explicando o conceito de uma forma simplificada. É a organização que desenvolve um alinhamento do seu norte verdadeiro com algumas metas selecionadas pela instituição, as quais guiam e se desdobram para todas as camadas da organização (8), (9) e (10).

Como cada um dos elementos funcionam no IOV:

1- Encontro de início do turno: as reuniões de início de turno denominamos de *Round* e acontecem diariamente, com duração de cinco minutos. Participam todos os setores, como por exemplo: no fluxo assistencial estão presentes a telefonia, a recepção, triagem, guias, cuidado coordenado administrativo, cuidado coordenado clínico, equipe multidisciplinar, farmácia, enfermagem e médicos (11).

Figura 1: Encontro de início do turno com todos os colaboradores da assistência – *Round*

2- Trabalho Padronizado do Encontro: o trabalho padronizado está alinhado com as quatro dimensões do Cuidado do Institute for Healthcare Improvement – IHI (Segurança, Pessoas, Qualidade e Eficiência). Com o foco em cada dimensão, são criadas perguntas importantes para o planejamento diário e também para identificar pendência do dia anterior (6).

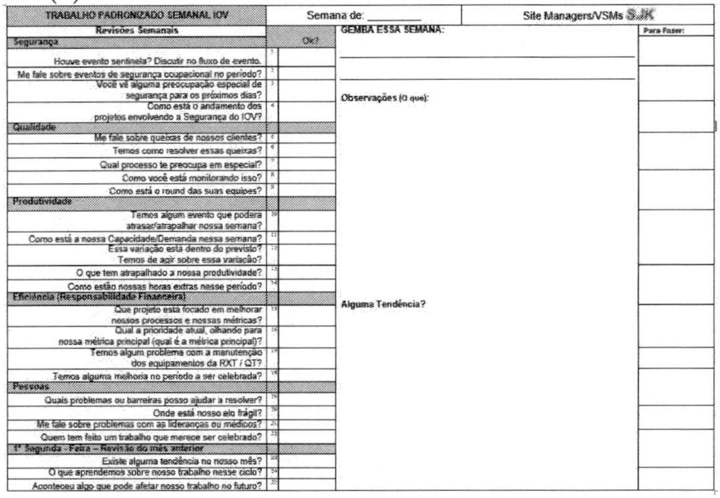

TRABALHO PADRONIZADO SEMANAL IOV		Semana de: _______	Site Managers/VSMs S.JK
Revisões Semanais		Ok?	
Segurança			
Houve evento sentinela? Discutir no fluxo de evento.	1		
Me fale sobre eventos de segurança ocupacional no período?	2		
Você vê alguma preocupação especial de segurança para os próximos dias?	3		
Como está o andamento dos projetos envolvendo a Segurança do IOV?	4		
Qualidade			
Me fale sobre queixas de nossos clientes?	5		
Temos como resolver essas queixas?	6		
Qual processo te preocupa em especial?	7		
Como você está monitorando isso?	8		
Como está o round das suas equipes?	9		
Produtividade			
Temos algum evento que podera atrasar/atrapalhar nossa semana?	10		
Como está a nossa Capacidade/Demanda nessa semana?	11		
Essa variação está dentro do previsto? Temos de agir sobre essa variação?	12		
O que tem atrapalhado a nossa produtividade?	13		
Como estão nossas horas extras nesse período?	14		
Eficiência (Responsabilidade Financeira)			
Que projeto está focado em melhorar nossos processos e nossas métricas?	15		
Qual a prioridade atual, olhando para nossa métrica principal (qual é a métrica principal)?	16		
Temos algum problema com a manutenção dos equipamentos da RXT / QT?	17		
Temos alguma melhoria no período a ser celebrada?	18		
Pessoas			
Quais problemas ou barreiras posso ajudar a resolver?	19		
Onde está nosso elo frágil?	20		
Me fale sobre problemas com as lideranças ou médicos?	21		
Quem tem feito um trabalho que mereoe ser celebrado?	22		
1ª Segunda - Feira – Revisão do mês anterior			
Existe alguma tendência no nosso mês?	23		
O que aprendemos sobre nosso trabalho nesse ciclo?	24		
Aconteceu algo que pode afetar nosso trabalho no futuro?	25		

GEMBA ESSA SEMANA:

Observações (O que):

Alguma Tendência?

Para Fazer:

Figura 2: Trabalho Padronizado do *Round* da Logística

3- Quadro gerador de ideia: desenvolvemos um quadro padrão que funciona como um PDCA. É composto por cinco etapas, que em uma sequência lógica vão da ideia de melhoria a ser executada até a conclusão (1). Esse quadro fica disponível em cada setor com o principal objetivo de manter uma gestão visual dos problemas e ideias. Nesse quadro, qualquer pessoa poderá colocar suas ideias e alertas de segurança, o que seria uma maneira de interromper um processo defeituoso ou arriscado e tratar do problema de uma forma duradoura (2).

O quadro fica disposto próximo ao *Round*. Com a reunião diária e as respostas às perguntas do trabalho padronizado, as ideias e alertas de segurança sugeridos são colocados no quadro e, uma vez por semana, ocorrem reuniões em frente a ele para aprovar com toda a equipe as alterações sugeridas. No início, assumimos tratar de todos os alertas de segurança abertos, mas percebemos que nem todos estavam relacionados à segurança. Sendo assim, foi implantado o Diagrama de Afinidade dos Problemas e a Matriz de Impacto *versus* Complexidade para classificar a prioridade dos alertas de segurança (4) e (1).

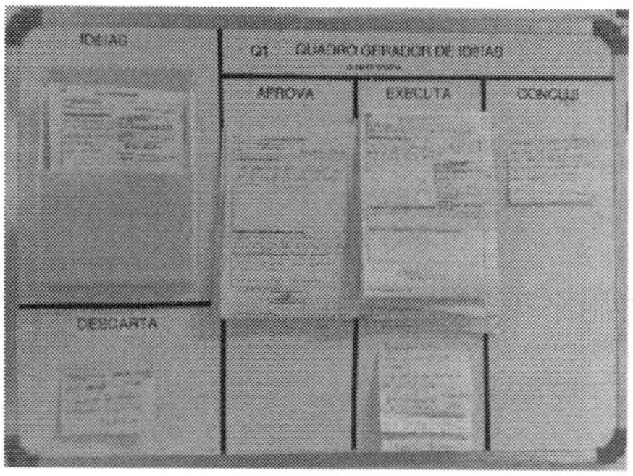

Figura 3: Quadro gerador de ideias

4- Diagrama de Afinidade dos Problemas: no dia anterior ao fechamento do quadro, cada coordenador de área analisa os alertas de segurança e define as afinidades dos problemas. Como já mencionado anteriormente, muitas vezes os alertas de segurança se repetem e têm uma relação de sintomas do mesmo problema identificados em vários setores. Com essa análise, é possível entender o problema de forma sistêmica (12).

5- A Matriz de Impacto *versus* Complexidade: foi mais difícil de implantar na instituição, pois é fundamental entender como classificar o problema na matriz – que para nós são os alertas de segurança. Então, foi criada uma matriz um pouco mais lúdica para simplificar a explicação. Cada quadrante é representado pelos "*emojis*", sendo o primeiro "Implementar" e indicado pelo *emoji* com sinal de joia, o que significa que todos os alertas de segurança que forem classificados nesse quadrante estão aprovados, pois são de alto impacto para a "segurança", nossa primeira e permanente diretriz; indica que a complexidade é baixa, ou seja, trata-se de algo fácil de se resolver.

O segundo quadrante, "Desafiar", representado pelo o *emoji* pensativo, significa que precisamos pensar sobre esse problema e que talvez necessitemos de ajuda da liderança para resolvê-lo. O terceiro quadrante é o quadrante "Possível", em que se pondera se o problema será ou não tratado – vai depender da frequência com que ele ocorre -, pois não oferece nenhum impacto à segurança, mas é fácil de resolver. Geralmente, nesse quadrante é discutida a frequência dos alertas de segurança e verificado se há relação com os desperdícios. Caso positivo, o problema é tratado.

O quarto quadrante, "Cancelar", indica um problema de baixo impacto, em que a questão da segurança é muito difícil de resolver e assume-se descartá-lo (4).

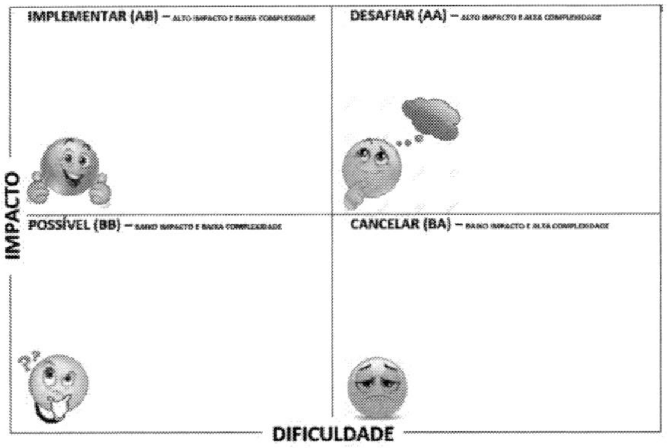

Figura 4: Matriz de Impacto x Complexidade

6- Plantão *Kaizen*: criamos o que chamamos de Plantão *Kaizen* que é como são tratados os problemas que já foram classificados na Matriz de Impacto *versus* Complexidade. Os considerados de baixa complexidade, fácil de se resolver, são tratados com *kaizen* diário, que são melhorias rápidas e simples. Já os problemas de alta complexidade, difícil de se resolver, recebem o método A3, que se refere ao tamanho de papel, na qual um ciclo completo do PDCA é realizado (13). Os próprios colaboradores executam os *kaizen* diários e os A3. Combinado com o fechamento do quadro, seus coordenadores são capacitados para apoiá-los no método de *kaizen* diário e A3 (14), (15) e (16).

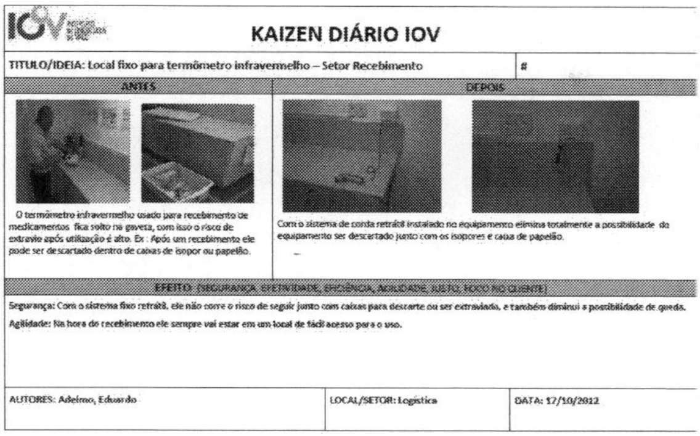

Figura 5: *Kaizen* diário da logística

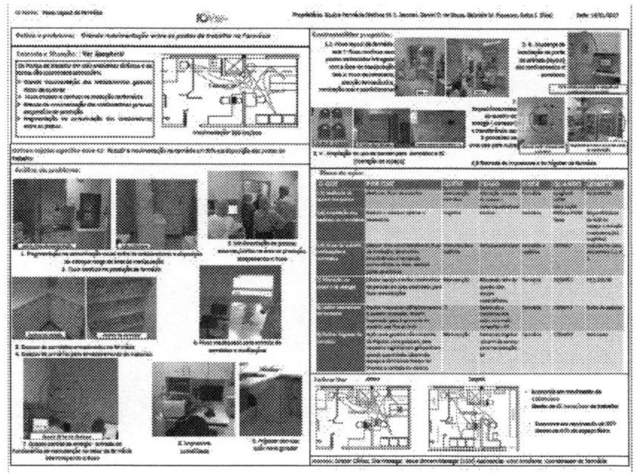

Figura 6: A3 do *layout* da farmácia

7- Cadeia de ajuda: às 8h acontecem os R*ounds* em todos os setores das cinco unidades do IOV e às 10h ocorre o *Round* com toda a média liderança das unidades. Todos os problemas da operação que precisam de ajuda sobem para o *round* da liderança. Esse *Round* também tem o trabalho padronizado com as quatro dimensões do cuidado - Segurança, Pessoas, Qualidade e Eficiência -, e um quadro visual dos problemas a serem tratados. Uma vez por semana, ocorre o *round* dos diretores do IOV, onde os prob lemas que não foram resolvidos na reunião de média liderança sobem para essa reunião de diretoria. Geralmente, é uma média de 3% dos problemas que sobem para essa reunião e são aqueles com maior complexidade, pois a maioria se resolvem na operação. Essa reunião também tem trabalho padronizado e o método que utilizamos para tratar de problema é o mesmo em toda organização *kaizen* diário ou A3. E, a cada três meses, é realizada a reunião do conselho administrativo que revisa o *Hoshin Kanri* da instituição. Assim, temos uma transição rápida da cadeia de ajuda de baixo para cima e o desdobramento da estratégia que denominamos de *Hoshin Kanri* de cima para baixo. Explicarei melhor o *Hoshin Kanri* no elemento do Planejamento de Longo Prazo (17) e (18).

8- Administração Visual Primária (AVP): é utilizado o gráfico de controle para gerenciar, diariamente, de forma visual os indicadores. São alinhadas as quatro dimensões do cuidado e cada setor preenche seus indicadores no final do dia. Com isso, é possível identificar a variação comum que é a esperada pelo processo e a variação especial, a inesperada, bem como entender quando é preciso intervir nos processos com algumas melhorias e quando não é necessário (7).

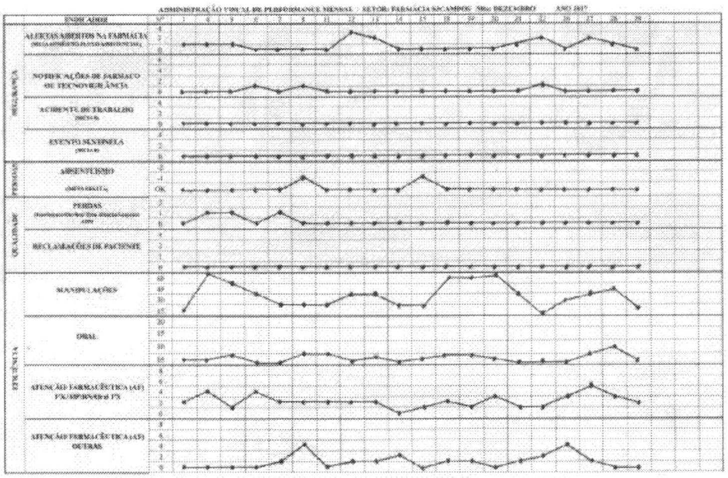

Figura 7: Administração Visual Primária – AVP do setor farmácia

9- Planejamento de Longo Prazo: em nossa instituição, temos duas diretrizes. A primeira e principal estratégia no IOV é a segurança, e a outra é o desenvolvimento do sistema de gestão *Lean*, que conforme a neces-

sidade do negócio, é alterada a cada três anos. Não utilizamos calendário fiscal para desenvolver o plano. O método empregado é o *Hoshin Kanri* e investimos muito tempo planejando-o. Depois, desdobramos para toda a instituição alinhando com o nosso norte verdadeiro, que se relaciona com poucos objetivos selecionados pela empresa que guiam todos os trabalhos de melhorias. O norte verdadeiro do IOV é definido a partir da meta tripla do IHI e a nossa missão é a de reduzir o impacto do câncer em nossas vidas. Em 2008, o IHI introduziu o conceito da meta tripla como forma de instituição de saúde, sendo a:
- 1ª contribuir com a saúde da população;
- 2ª melhorar a experiência do cuidado (as quatro dimensões do cuidado que são Segurança, Pessoas, Qualidade e Eficiência que usamos em nosso gerenciamento diário);
- 3ª reduzir os custos do cuidado. Hoje nossas diretrizes combinam segurança e redução de desperdícios (19), (1) e (20).

Já estamos desenvolvendo o Gerenciamento Dário há seis anos no IOV e percebemos que é essencial esse método para manter vivo o nosso sistema de gestão *Lean*, permitindo o desenvolvimento das pessoas no dia a dia e o norte verdadeiro da instituição. Hoje, nós temos, aproximadamente, 10 mil ideias e 12 mil alertas de segurança. São realizados encontros semanais para o fechamento do quadro e Plantão *Kaizen*. Todos da instituição participam do gerenciamento diário, desde do setor da portaria até o corpo clínico.

Atualmente, sou gerente do *Lean Office* do grupo IOV e meu principal desafio é o desenvolvimento dos colaboradores e das lideranças na filosofia *Lean*. Sou apaixonada pelo o que faço, continuo me desenvolvendo com o apoio do diretor-executivo. É muito satisfatório ver os profissionais adquirindo conhecimento na filosofia *Lean*, observar, por exemplo, as colaboradoras da limpeza identificando quais são seus problemas, abrindo o A3 e apresentando suas melhorias, além de receber as visitas externas e os colaboradores se sentirem orgulhosos de mostrar os aprendizados e melhorias focadas nos pacientes. Todos falam com amor das suas contribuições e aprendizados. Tenho muito orgulho em trabalhar no IOV.

Referências

1. Pinto CF. Em busca do Cuidado Perfeito: Aplicando Lean na Saúde. 1ª ed. São Paulo. Lean Institute Brasil, 2014.
2. Ohno T. O sistema Toyota de Produção: além produção em larga escala. 2ª ed. Porto Alegre, 1997.
3. Aherne J, Whelton J. Applying lean in healthcare: a collection of international case studies. 1ª ed. New York, 2010.
4. Barnas K, Adams E. Além dos heróis: Um sistema de gestão lean para a área da saúde.1ª ed. São Paulo. Lean Institute Brasil, 2015.
5. Gouvea R. Desdobramento da estratégia e gerenciamento diário sob a ótica lean. Publicado em 10 de junho de 2013. Acesso: 22 de janeiro de 2018. Disponível em <https://www.lean.org.br/artigos/228/desdobramento-da-estrategia-e-gerenciamento-diario-sob-a-otica-lean.aspx>.
6. Jackson TL. Standard work for lean healthcare. 1ª ed. New York, 2012.

Scherkenbach WW. O caminho de Deming para a qualidade e produtividade. 4ª ed. Rio de janeiro, 1990.

7. Cudney E. Using hoshin kanri to improve the value stream. 1ª ed. New York, 2009.

Jackson TL. Hoshin kanri for the lean enterprise: developing competitive capabilities and managing profit. 2ª ed. New York, 2006.

8. Lopez CF. HOSHIN KANRI - Desdobrando a estratégia em sua organização Lean. Lean Institute Brasil. Publicado em 19 de fevereiro de 2010. Acesso: 24 de janeiro de 2018. Disponível em <https://www.lean.org.br/artigos/125/hoshin-kanri-desdobrando-a-estrategia-em-sua-organizacao.aspx>.

9. Graban M, Swartz JE. Healthcare Kaizen: Engening front-line staff in sustainable continuous improvements. 1ª ed. Boca Raton 2012.
10. Shimokawa K, Fujimoto T. O nascimento do lean: conversas com Taiichi Ohno, Eiji Toyoda e outras pessoas deram forma ao modelo Toyota de gestão. 1ª ed. Porto Alegre, 2011.
11. Kato I, Smalley A. Toyota kaizen methods: six steps to improvement. 1ª ed. New York, 2011.
12. Dennis P. Fazendo acontecer a coisa certa: um guia de planejamento e execução para líderes. 1ª ed. São Paulo, 2007.
13. Jimmerson C. A3 problem solving for healthcare: a practical method for eliminating waste. 1ª ed. New York, 2007.
14. Sobek D, Smalley A. Entendendo o pensamento A3: um componente crítico do PDCA da Toyota. 1ª ed. Porto Alegre, 2010.
15. Mintzberg H. Desvendando o dia a dia da gestão. 1ª ed. Porto Alegre, 2010.
16. Scholtes PR. O manual do líder: um guia para inspirar sua equipe e gerenciar o fluxo de trabalho no dia a dia. 1ª ed. Rio de janeiro, 1999.
17. Byrne A. Lean turnaround: a grande virada. 1ª ed. São Paulo, 2014.
18. Toussaint J, Gerard R, Adams E. Uma transformação na saúde: como reduzir custos e oferecer um atendimento inovador. 1ª ed. Porto Alegre, 2012.

LEAN SIX SIGMA: ESTUDO DO AUMENTO DA CAPACIDADE DE PRODUÇÃO NA ÁREA DE TRATAMENTO TÉRMICO

Tiago Henrique De Oliveira, Sim_E_Verdade@Hotmail.Com
Robisom Damasceno Calado, Robisomcalado@Gmail.Com
Uff - Universidade Federal Fluminense/ ICT – Instituto De Ciência E Tecnologia

Resumo

Em um departamento de tratamento térmico composto por sete fornos em uma empresa multinacional de autopeças situada nos Estados Unidos, foi utilizado a abordagem para o aumento da produção diária, redução de paradas não-programadas e padronização das atividades diárias de operadores e técnicos de produção. Outras ferramentas de melhoria foram utilizadas para a solução de problemas específicos, como por exemplo o MTM para otimizar as operações manuais. Após quatro meses do projeto concluído houve um resultado de 21% no aumento da produção diária de peças, e também padronização de atividades em toda área de tratamento térmico.

Palavras-Chave: Manufatura Enxuta, Desperdícios, Seis Sigma, Padronização.

INTRODUÇÃO

O atual cenário global e a competividade do mercado, estimula as empresas a melhorar seus processos internos constantemente, seja processos produtivos ou administrativos. Para isso existem uma serie de ferramentas que podem ser utilizadas para aumentar a eficiência de um processo. Nesse artigo será apresentado um estudo de caso em uma empresa de auto pecas, onde foi possível um aumento na produção diária de peças utilizando a abordagem Lean Six Sigma.

REVISÃO BIBLIOGRAFICA

LEAN MANUFACTURING

Segundo Morgan e Liker (1) é possível definir o Lean Manufacturing como um conjunto de ferramentas que busca eliminar o desperdício e cria um fluxo contínuo para os materiais ao longo de um processo de transformação. Desta forma ao aplicar o Lean Manufacturing pode-se integrar pessoas, processos, ferramentas e tecnologia para agregar valor ao consumidor.

O desenvolvimento do Lean Manufaturing baseou-se no Sistema Toyota de Produção (STP), desenvolvido pela Toyota Motor Company no Japão após a Segunda Guerra Mundial. Naquele momento a melhoria da eficiência e da flexibilidade eram fatores essenciais para a sobrevivência no mercado japonês (1-3).

O STP visa primeiramente a eliminação do desperdício (Muda – termo em japonês), o qual é definido por Taiichi Ohno (3) como qualquer atividade humana que absorve recursos, mas não cria valor na perspectiva do cliente (4).

Womack (5) define os cinco princípios do Lean Manufacturing como sendo:

1) definir o valor do programa para os steakholders;
2) planejar o fluxo da cadeia de valor das atividades de trabalho a partir de matéria-prima até a entrega do produto, eliminando o desperdício;
3) organizar a cadeia de valor como um fluxo de trabalho contínuo sem interrupções e, que seja puxado pelo ritmo (takt time) do cliente;
4) organizar a força de trabalho em função de um sistema de produção puxado pelo ritmo do cliente;
5) buscar a perfeição, através de um processo de melhoria continua.

A partir desse desejo de melhoria contínua, Narusawa e Shook (6), cita uma frase que traduz uma prática constante na cultura Toyota: "Não ter problemas é um problema". Desta forma a cultura Toyota busca constantemente oportunidades de melhoria, com o intuito de treinar os envolvidos em enxergar os desperdícios e elimina-los.

Segundo Liker e Meier (7), o verdadeiro sucesso de um processo de melhoria para a identificação de perdas, vem da compreensão da raiz do problema e colocar em prática verdadeiras contramedidas para essa causa. A Toyota identificou os seguintes tipos de atividades que não agregam valor às atividades empresariais:

1) superprodução;
2) espera (tempo à disposição);
3) transporte ou transferência;
4) superprocessamento ou processamento incorreto;
5) excesso de estoque;
6) deslocamentos desnecessários;
7) defeitos;
8) não utilização da criatividade dos funcionários.

GRÁFICO DE CONTROLE E GESTÃO A VISTA

Segundo Wang (8) estatisticamente, o Seis Sigma refere-se a um processo no qual o intervalo entre a média de uma medição da qualidade do processo e o limite de especificação mais próximo é pelo menos seis vezes o desvio padrão do processo. As abordagens tradicionais de gestão da qualidade, incluindo Controle de Qualidade Estatística (SQC), Zero Defeitos e Gerenciamento Total da Qualidade, têm sido os principais conceitos importantes utilizados nos últimos anos, enquanto o Six Sigma é uma das mais recentes iniciativas de melhoria da qualidade para ganhar popularidade e aceitação em muitas indústrias em todo o mundo.

Segundo Falconi (9), gerenciar a qualidade e o ato de buscar as causas (meios) da impossibilidade de atingir uma meta. Para isso acontecer e necessário estabelecer contramedidas, montar um plano de ação, executar e padronizar em caso de sucesso. Através de gráfico de controle e gestão a vista, e possível estabelecer os itens de controle, que são características numéricas as quais e necessário exercer o controle (gerenciamento).

SMED – TROCA RAPIDA

Segundo Chiarini (10), a troca rápida de ferramentas, também conhecida através do método SMED (SMED – Single Minute Exchange Die), é conhecida na manufatura por eliminar tempos improdutivos e reduzir o tempo de troca das operações. A redução do tempo de troca significa que os operadores podem mudar de um modelo de peça para outro mais frequentemente, e consequentemente reduzir os estoques na fábrica.

Segundo SHINGO (11), que na década de 50 quando fora contratado para reduzir o tempo na troca de matriz em uma prensa de 800 toneladas, na qual se gastava mais de 3 horas para preparação, notou que o operador da máquina havia demorado muito tempo para localizar e cortar um parafuso que fixava a matriz. Num outro caso durante os anos 60, na Toyota Motor Company uma prensa de 1000 toneladas demorava 4 horas para a completa troca de matriz, sendo que uma prensa similar na Volkswagen da Alemanha tinha sua troca de matriz feita em 2 horas. Durante seis meses de trabalho conduzidos por Shingo, depois de várias tentativas conseguiu-se reduzir o tempo de troca para 1 hora e meia, sendo que foi exigido pela direção da empresa que a troca de matriz se realizasse em menos de 10 minutos, nascendo daí a expressão Single Minute Exchange of Die (SMED), ou em outras palavras, "troca de matriz em dígito único de minuto".

O conceito do SMED pode ser definido como: "...mínima quantidade de tempo necessária para mudar de um tipo de atividade para outro tipo de atividade. A meta é reduzir o tempo da troca de forma que se tenha um mínimo de tempo necessário para os requisitos da próxima atividade... (11)". Assim, O SMED consiste em conceitos básicos que podem ser aplicados para qualquer atividade que vise a redução do tempo de troca de ferramentas, podendo-se citar como principais etapas:

1) Definição do processo atual de troca de ferramentas;
2) Minimização do tempo de parada através da preparação e organização;
3) Redução dos tempos internos através da melhoria de métodos e prática;
4) Redução do tempo total através de melhorias contínuas no processo;
5) Execução de medições e acompanhamentos constantes.

MTM

O MTM (do termo em inglês, Methods-time measurement) é um sistema de tempos pré-determinados, ou também chamados tempos sintéticos, que procura discernir o micro movimentos do operador e atribui a eles o tempo total a uma operação completa (SUGAI , 2003). Dito de outra forma, o MTM é um procedimento que analisa qualquer operação manual ou método nos movimentos básicos necessários para executá-la e atribui a cada movimento um tempo padrão pré-determinado, o qual é estabelecido pela natureza do movimento e condições sob as quais ele é realizado (12).

De acordo com Sugai (13), a aplicação do MTM, sob a perspectiva da melhoria contínua pode ser feita em um ciclo de seis fases: a) selecionar atividade: a alta administração ou o setor incumbido por realizar as melhorias na fábrica deve estabelecer e indicar em qual posto de trabalho a aplicação de MTM será realizada. Porém, é necessário escolher as atividades em que os desperdícios estão presentes ou ainda máquinas que são consideradas gargalo. b) sequenciar operações: após a escolha da atividade, o próximo passo é definir qual o sistema MTM será empregado na atividade. c) identificar movimentos: identificar todos os movimentos envolvidos na atividade, levando em consideração o comprimento do movimento e o grau de dificuldade. d) associar valores de tempo: após a escolha do sistema MTM a ser utilizado, deve-se coletar as tabelas correspondentes desenvolvidas pela Associação MTM e associar unidades de tempo para cada movimento básico de trabalho. e) definir padrão de tempo: composição do tempo global das atividades, resultante do tempo padrão de cada movimento. f) melhorias nas atividades: durante a análise dos movimentos são identificadas possíveis melhorias a serem consideradas nos postos de trabalho, com o propósito de melhorar e adequar os postos aos colaboradores.

OEE

Á métrica utilizada para o estabelecimento das metas e acompanhamento de evolução é o índice de Eficiência Global do Equipamento ou OEE (Overall Equipment Effectiveness). Segundo Hansen (14), OEE é o produto da disponibilidade (tempo real de operação versus tempo programado de operação) multiplicado pela taxa de velocidade (taxa de velocidade real versus taxa de velocidade teórica) multiplicada pela taxa de qualidade (produtos bons versus total de produtos fabricados). Na literatura de Hansen (14), ensina-se com muitos exemplos teóricos e práticos os conceitos básicos da medida do OEE e escreve várias fórmulas básicas o cálculo do OEE:

OEE = Taxa de Disponibilidade x Taxa de Eficiência de Performance x Taxa de Qualidade.

ESTUDO DE MELHORIA DA CAPACIDADE DE PRODUÇÃO

Este trabalho se classifica como um estudo de caso longitudinal porque investiga o presente, no qual o pesquisador acompanha e descreve uma mudança que ocorreu em tempo real. É único por descrever um fenômeno ou evento único e que tem como característica principal, maior aprofundamento na investigação proposta. Quanto à abordagem, a pesquisa é qualitativa, em razão dos métodos de coletas de dados empregados e o pesquisador no papel de colaborador da organização se envolveu de forma direta com problema de coleta de informações (15).

O estudo de caso foi realizado em uma indústria multinacional fabricante de autopeças situada no estado da Carolina do Sul nos Estado Unidos da América, a empresa está presente em 50 países com aproximadamente 88.000 funcionários ao redor do mundo. A empresa possui um programa corporativo de melhoria continua, que apresenta um leque de ferramentas e abordagens de melhoria para serem utilizadas para análise e solução de problemas tanto na área de produção como nas áreas administrativas. Dentre elas as principais abordagens utilizadas são: o Lean Manufacturing e o Seis Sigma.

O problema que motivou o estudo de caso estava situado na área de produção no departamento de Tratamento Térmico, situado entre o processo de estampagem e montagem. O processo de Tratamento Térmico de aços é um procedimento bastante utilizado pela indústria metalomecânica, principalmente quando se necessita desenvolver peças e equipamentos com maior resistência mecânica aliada a uma boa resistência a impactos e que cumpra a função projetada. O tratamento térmico de têmpera é realizado mediante aquecimento do material dentro do campo austenítico, seguido de resfriamento rápido para a obtenção de martensita (16,17). Esse processo é utilizado para controlar as diversas fases que podem se formar na microestrutura do aço, bem como controlar a morfologia e o tamanho de grão (18).

O primeiro passo do grupo multidisciplinar de trabalho composto por engenheiros, operadores e gestores de produção foi definir a situação atual da área de tratamento:

- O projeto de aumento de produção deveria abranger toda a área de tratamento térmico, composta por nove fornos, sendo eles: cinco fornos de tratamento térmico a óleo, três fornos de tratamento por ventilação de ar e um forno de carbonitretacao.
- O departamento de tratamento tinha a maior influência no atraso na entrega de peças aos clientes, com um atraso acumulado de 1,2 milhões de peças, e constante reclamações na performance de entrega da planta.
- Nesse momento o departamento de tratamento térmico era o gargalo da cadeia produtiva.

O grupo de trabalho recebeu a meta de aumentar a produção em 30% comparado aos números atuais em um período de 4 semanas.

a. Análise da Situação Atual.

A primeira semana de trabalho foi dedicada para observação dos motivos que provocavam a parada dos fornos e contribuíam para o não atingimento das metas diárias de produção. O grupo de trabalho foi divido ao longo dos três turnos para a coleta dos dados, dessa forma durante os três turnos haveria coleta em tempo real de todos os acontecimentos no chão de fábrica.

Para melhor entendimento das paradas coletadas durante a primeira semana:

- 10.1 Setup: Significa o tempo que forno fica parado entre a produção da última peça aprovada da última ordem de produção até a produção da primeira peça aprovada da próxima ordem de produção.
- 5.8 Missing Personal: Falta de pessoal para operar o forno ou mal balanceamento dos operadores por parte da gestão de produção.

- 8.1 Mech. Repair: Parada não programada do forno por motivos mecânicos.
- 9.1 Preventive Maintenance: Manutenção preventiva programada.
- 1.2 Shift Change: Tempo que o forno fica parado esperando por operador após início do turno de trabalho.
- 3.1 Waiting for Material: Tempo que o forno fica parado esperando por abastecimento de peças para o início da ordem de produção.

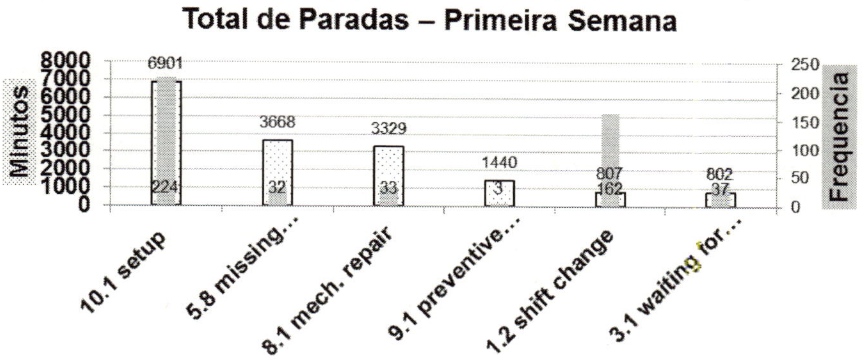

Figura 1 – Gráfico de Coleta de Paradas no Tratamento Térmico

Com base nesses dados para cada motivo de parada identificado foi definido um plano de ação.

Durante esse mesmo período também foi observado um motivo que não foi possível quantificar em minutos, porem afetava gravemente a produção horaria dos fornos, o carregamento manual deficiente das peças na esteira de entrada dos fornos por parte dos operadores.

b. Ações Implementadas para Solução dos Motivos de Parada.

Para cada motivo identificado foi definido ações conforme a Tabela 1 mostrada abaixo:

#	Motivo de Parada	Acao Implementada
1	Tempo de parada do forno entre a produção da ultima peça aprovada e a primeira peça aprovada.	Foi implantado junto ao planejamento de produção uma regra para melhor aproveitamento das rampas de temperatura em cada forno. Dessa forma antes de definir a próxima ordem de produção o planejador da produção deve consultar a temperatura que o forno está trabalhando e avaliar junto a folha de parâmetro da próxima peca se a temperatura e a mesma, ou a mais próxima possível, reduzindo do tempo de aquecimento ou resfriamento do forno.
2	Falta de operadores no forno.	Para definir o balanceamento correto de operadores para cada forno, foi criado matrizes de qualificação, e instruções de trabalho definindo cada etapa do trabalho. Dessa forma o treinamento e orientação de cada operador estava disponível para os gestores, e em caso de falta do operador, através da matriz de qualificação pode se buscar quais operadores estão aptos para a reposição imediata da falta.
3	Parada não programada por motivos mecânicos	Junto com o time de manutenção foi estratificado todos motivos que podem causar parada do forno, revisão dos planos de manutenção, e redefinição dos intervalos de manutenção preventiva conforme a gravidade de cada problema.

4	Manutenção preventiva programada.	Além da redefinição dos intervalos de manutenção preventiva, o time de manutenção estabeleceu reuniões mensais com o time de planejamento de produção para comunicação previa e escolhas das melhores datas de parada para cada forno.
5	Troca de turno dos operadores	Junto com o time de RH e da gestão de produção, todos operadores foram novamente orientados sobre o procedimento de troca de turno, e quais as tolerâncias permitidas.
6	Espera por abastecimento de peças.	Junto com o time de logística interna, foram definidas regras para definir o tempo necessário que o almoxarifado deve ser informado para o abastecimento de peças nos fornos, e simplificado o fluxo de informações entre as áreas. Em frente cada forno foi definido o ponto de abastecimento com cores e identificações de fácil visualização para o empilhadeirista.
7	Carregamento incorreto de peças na esteira de carregamento do forno.	Para esse problema foi programado um workshop de MTM (Method-Time Measurement) para a melhoria do método de carregamento, e assim garantir que o operador tivesse condições de sempre manter a esteira do forno cheia de peças.

Tabela 1: Ações implementadas para cada motivo de parada identificado.

A Tabela 1 resume todas as ações tomadas para redução de cada motivo de parado identificado nos fornos do departamento de tratamento térmico. Para a definição e implementação das ações foram utilizadas ferramentas do Lean Manufacturing. Como por exemplo para a diminuição do tempo de setup dos fornos, foi programado e executado um workshop de SMED, onde foi definiu-se todas as curvas de temperatura possível em cada forno entre as trocas para cada tipo de peça. Para o time de manutenção foi uma oportunidade para revisar atualizar todos os planos de manutenção corretiva e preventiva, em função do levantamento de dados que foi feito.

Para a otimização do carregamento manual dos fornos, como demonstrado na figura 2, através do workshop MTM, foi definido a melhor forma de carregamento analisando o tempo de manuseio e orientação de cada tipo de peça, desde a retirada da caixa até as distancias da zona de carregamento em relação ao operador, com base nessas informações o posto de trabalho em frente a cada forno foi melhorado reduzindo distancias desnecessárias na movimentação das peças. Na Figura 2 e possível verificar o resultado final do workshop de MTM:

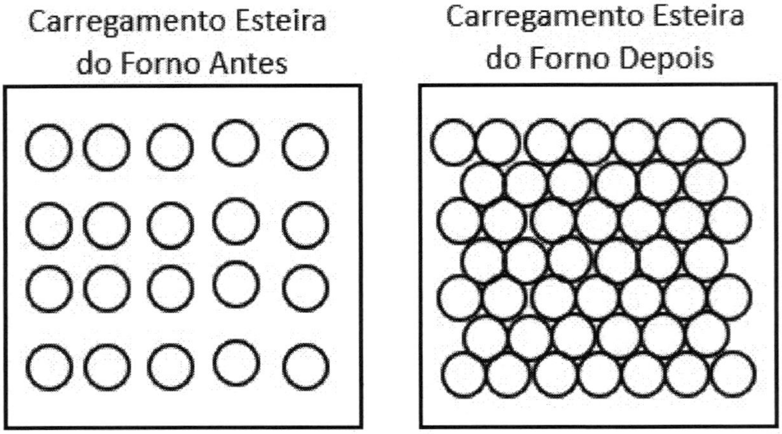

Figura 2: Método de carregamento do forno antes e depois do workshop de MTM.

RESULTADOS

Após quatro semanas de trabalho foi atingido parcialmente o resultado definido no começo do trabalho, veja na figura 3 abaixo:

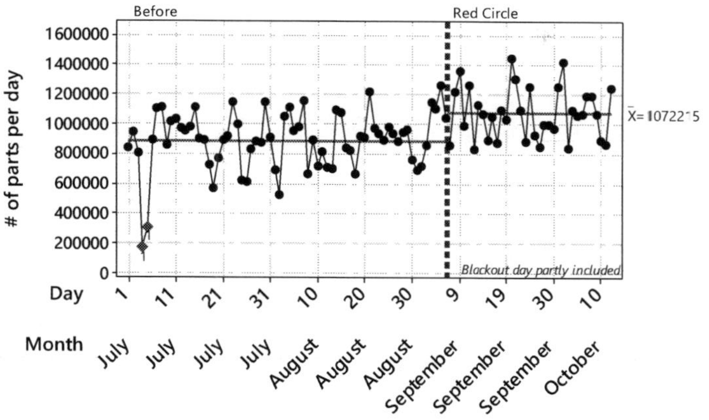

Figura 3: Resultados finais no aumento de produção após quatro semanas.

Houve o aumento da produção diária de 850.000 peças por dia para 1.072.215 peças por dia, percentualmente 21% de aumento. Esse resultado foi bastante expressivo para toda a cadeia de produção da fábrica, pois o aumento da produção no departamento de tratamento térmico reduziu também uma serie de paradas na área de montagem, pois as linhas ficavam esperando pecas por longos períodos. Consequentemente o OEE aumento tanto na área de tratamento de térmico quanto na área de montagem.

Como resultados qualitativos, a criação das matrizes de qualificação e instruções de trabalho no departamento de tratamento térmico, mapeou pontos a serem melhorados no conhecimento especifico da tecnologia de tratamento térmico, e reforçou também a necessidade de revisão constante dos procedimentos internos com todos os colaboradores.

CONCLUSÃO

Esse estudo de caso demonstra e reforça o atingimento de resultados sólidos em ambientes produtivos quando a abordagem Lean Six Sigma e aplicada corretamente, seguindo as etapas de identificação, analise e ações para solucionar os problemas. O estudo de caso também demonstra que outras ferramentas podem ser adicionadas para a solução de problemas específicos, como foi o caso do MTM, para análise de operações manuais. Como proposta de pesquisa futura, uma análise mais detalhada do OEE (Overall Equipment Effectiveness, ou Eficiência Global do Equipamento) deve ser feita para entender não somente os motivos de paradas de cada forno, mas também a variação do tempo de ciclo de cada peça e também a quantidade de refugo gerada por cada peça, e consequentemente buscar novos potenciais para o aumento diário da produção.

REFERÊNCIAS

1. Morgan JM, Liker JK. Sistema Toyota de Desenvolvimento de Produto: integrando pessoas, processos e tecnologia. Tradução: Raul Rubenich. Porto Alegre: Bookman, 2008.
2. Womack J, Jones D & Roos D. A Máquina que Mudou o Mundo. Rio de Janeiro: Editora Campus, 1992.
3. Ohno T. O Sistema Toyota de Produção. Além da Produção em Larga Escala. Bookman, 1997.
4. Liker J. O Modelo Toyota. Porto Alegre: Bookman, 2005.
5. Womack J, Jones D. Lean Thinking, Simon Schuster, New York, 1998.
6. Narusawa T, Shook J. Kaizen Express – Fundamentos para a sua Jornada Lean. Lean Institute Brasil, São Paulo, 2009.
7. Liker JK, Meier D. O Modelo Toyota: manual de aplicação. Tradução: Lene Belen Ribeiro. Porto Alegre: Bookman, 2007.
8. Wang Y, QI E. Enterprise Planning of Total Life Cycle Lean Thinking. IEEE, p. 1712-1717, 2008.
9. Falconi CV. Gerenciamento da rotina do trabalho do dia a dia. 9 ed. Nova Lima. Falconi, 2013.
10. Chiarini A. Integrating Lean Thinking Into ISSO 9001: A First Guideline. International Journal of Lean Six Sigma. Vol. 2, No. 2, pp. 96-117, 2011.

11. Shingo S. A revolution in manufacturing: the SMED system. Cambridge: Productivity Press, 1986, 361p.
12. Maynard HB. Manual de Engenharia de Produção: Seção 5 - Padrões de Tempos Elementares Pré determinados. Editora Edgard Blücher. São Paulo, 1970.
13. Sugai M. Avaliação do uso do MTM (Methods-time measurement) em uma empresa de metal-mecânica. Dissertação (Mestrado em Engenharia Mecânica) – Universidade Estadual de Campinas (UNICAMP). Campinas, 2003.
14. Hansen RC. Eficiência Global dos Equipamentos – uma poderosa ferramenta de produção/manutenção para o aumento dos lucros. Porto Alegre, Bookman, 2006.
15. Diehll A, Tatim D. Pesquisa em ciências sociais aplicadas: métodos e técnicas. São Paulo: Pearson Prentice Hall, 2004.
16. Balan KP. Austenite precipitation during tempering in 16Cr-2Ni martensitic stainless steels. Scripta Materialia, v. 39, n.7, p. 901-905, 1998.
17. Rodrigues JGG, Martinez GB, Bravo VM. Effect of heat treatment on the stress corrosion cracking behavior of 403 stainless steel in NaCl at 95°C. Materials Letters, v.43, p.208-214, 2000.
18. Anazawa RM, Abdalla AJ, Hashimoto TM, Pereira MS. Estudo comparativo das propriedades mecânicas em aços 4340 e 300M submetidos a tratamentos térmicos isotérmicos e intercríticos. Revista Brasileira de Aplicações de Vácuo. V. 31, n. 1-2, p. 32-37, 2012.

MAKIGAMI: UMA ANÁLISE DE PROCESSO DE ATENDIMENTO PSICOLÓGICO A PARTIR DA VOZ DO CLIENTE

Camila Arlotta (camilaarlotta@id.uff.br)
Universidade Federal Fluminense/UFF, Rio das Ostras, Rio de Janeiro, Brasil

Luana Rodrigues Pizetta Claudino (luanapizetta@id.uff.br)
Universidade Federal Fluminense/UFF, Rio das Ostras, Rio de Janeiro, Brasil

Robisom Damasceno Calado (robisomcalado@gmail.com)
Departamento de Engenharia, Universidade Federal Fluminense/UFF, Rio das Ostras, Rio de Janeiro, Brasil

Ana Paula Barbosa Sobral (ana_sobral@vm.uff.br)
Departamento de Engenharia, Universidade Federal Fluminense/UFF, Rio das Ostras, Rio de Janeiro, Brasil

RESUMO

Este trabalho tem como objetivo analisar o processo de atendimento aos clientes de um clinica psicologica utilizando a ferramenta Makigami e identificar se o mesmo é aderente aos fatores que proporcionam satisfação aos cientes. A fim de realizar esta análise, foi considerado como base o princípio de Fluxo de Valor da abordagem *Lean Healthcare*, aplicado a partir da ferramenta Makigami, e o conceito da Voz do Cliente, através da aplicação do modelo Kano. A partir dessas ferramentas, foi aplicado um método que resultou em uma proposta de melhorias para o processo estudado, com o intuito de tornar o fluxo de atendimento psicológico mais próximo dos requisitos dos clientes.

Palavras-chave: *Lean Healthcare*, Makigami, Voz do Cliente, Método Kano.

INTRODUÇÃO

Em um mundo globalizado onde a complexidade no ambiente de negócios e necessidade de melhores práticas de gestão e desempenho é efetiva, se busca por serviços de saúde de qualidade, que tenham um alto índice de segurança e eficiência no serviço prestado (1).

Para que haja um aumento significativo do desempenho da gestão, diversas instituições de saúde estão utilizando a abordagem *Lean*. Em diversos países estão sendo adotadas ferramentas e técnicas *Lean* com o intuito de melhorar a eficiência, a satisfação, a segurança de profissionais e pacientes e o resultado financeiro de suas organizações, resultando no aumento da qualidade dos cuidados prestados (2,3).

A Clínica Medida Certa, fundada em 2012 na cidade de Rio das Ostras, recebeu algumas reclamações de clientes do serviço de atendimento psicológico, o que gerou uma preocupação nos gestores com relação a satisfação dos clientes. Diante desse cenário, proposta deste trabalho é pesquisar e aplicar um método que contemple a análise da "voz do cliente" e a análise do processo executado, a fim de avaliar se o processo do serviço de psicologia da clínica em estudo atende às necessidades dos seus pacientes. E por fim, propor melhorias a fim de aumentar a aderência do processo aos requisitos dos clientes.

REVISÃO BIBLIOGRÁFICA

Este capítulo apresentará uma fundamentação teórica baseada em literatura nacional e internacional no que se refere aos conceitos da "voz do cliente", método Kano, *Lean Healthcare* e Makigami.

A VOZ DO CLIENTE E O MÉTODO KANO

No mercado global, a satisfação do cliente é fator fundamental para o sucesso de uma organização, diante da concorrência imposta aos prestadores de serviços. Ao capturar e analisar a voz do cliente, a organização pode ser capaz de enxergar a melhor abordagem para desenvolver um serviço direcionado às necessidades dos clientes, evitando desperdícios de energia, tais como tempo, dinheiro e mão de obra especializada. Conhecer a voz do cliente também auxilia no entendimento do funcionamento de seus processos, medindo suas forças e fraquezas, através do foco no cliente (4,5).

Segundo Jurado (6), a voz do cliente pode ser definida como exigências do mercado, obtida de enquete, convertida para a qualidade exigida, e a partir destas obtém-se os elementos da qualidade. Pode também ser identificada como a primeira fase/objetivo da Metologia QFD (Desdobramento da Função Qualidade) (7).

Um dos métodos que possibilitam a análise da voz do cliente é o modelo do Kano, criado por Noriaki Kano em 1984, onde é identificada a correlação entre o cliente, satisfação e desempenho do produto ou serviço de uma empresa. O modelo permite a análise dos critérios que proporcionam satisfação e insatisfação aos clientes a partir da aplicação de um questionário aos clientes sobre temas específicos que caracterizam o serviço prestado (8,9).

De acordo com as respostas, cada tema do questionário é classificado de acordo com os atributos do método Kano (atrativo, obrigatório, unidimensional, neutro, reverso e questionável), os quais possibilitam a análise da percepção do cliente com relação aos temas abordados. A organização, através dessa análise, pode melhorar seus resultados, alcançando a melhoria em seu desempenho, já que há a mensuração do impacto desse atributo, possibilitando a incrementação de serviços e inovação de processos (10,11).

LEAN HEALTHCARE E A FERRAMENTA MAKIGAMI

Diante do grande desafio que é administrar a variedade de processos na gestão da saúde, destacamos o papel importante da abordagem *Lean* para a sustentabilidade das organizações. A implementação do *Lean Healthcare* contribui para o atendimento das necessidades do paciente e para a melhoria dos processos internos da organização, pois propõe eliminar desperdícios e processos considerados ineficazes (12,13).

Para que haja melhoria nos processos a fim de reduzir desperdícios e até mesmo garantir maior segurança para os pacientes, é necessário que gestores e colaboradores das instituições sejam conscientes sobre o que agrega valor e o que não agrega em suas atividades (14).

Diante disso, é necessário que a análise do fluxo de valor seja realizada a partir de um método estruturado, de modo que a equipe esteja envolvida no processo de análise, a fim de identificar desperdícios a serem eliminados do processo.

Segundo Aij (15), o "Makigami" consiste em um método de mapeamento de processos, no qual tem como principal característica possibilitar uma visão sistêmica e holística do negócio em estudo. Esse método é aplicável principalmente em ambientes complexos, onde o produto não é físico ou não se faz presente no processo, como por exemplo em escritórios, laboratórios ou hospitais.

O Makigami permite o desenho do processo por departamentos, mensuração do lead time do processo mapeado e a visualização dos problemas que atuam no processo, o que é de grande utilidade quando o objetivo da análise é a melhoria contínua (16).

DEFINIÇÃO DO MÉTODO

Tendo como base o modelo Kano, desenvolvido por Noriaki Kano em 1984, e a ferramenta Makigami, identificada na pesquisa de Chiarini (16), será utilizado um método que contemple a aplicação de ambas ferramentas, a fim de atingir os objetivos do projeto (Figura 8):

APLICAÇÃO DO KANO E ANÁLISE DA VOZ DO CLIENTE (VOC)

A amostra foi realizada em uma clínica de pequeno porte, com entrevistas de 41 pacientes de psicologia, o que representa 35% do público deste segmento, objetivando extrair a opinião destes com relação aos serviços prestados. Foram realizadas doze perguntas, com base em um questionário já utilizado na dissertação de Oliveira (10) onde os respondentes mensuraram positivamente e negativamente sobre os temas: agilidade, organização, qualidade no atendimento, atenção dos funcionários, orientação dos funcionários e atenção dos médicos, que aqui tratamos como psicólogos.

A partir do questionário, foram calculados os percentuais relacionados a cada atributo do modelo Kano (Figura 2 parte A): unidimensional, neutro, obrigatório, reverso, atrativo e questionável. A partir dos percentuais de cada atributo, foram calculados, a partir da equação indicada na Figura 2 parte B, o coeficiente de satisfação (CS) e o coeficiente de insatisfação (CI), os quais indicam, a partir da aplicação em um diagrama de dispersão (Figura 2, parte C), o atributo dominante da característica em análise.

(A) Coeficiente X Atributo

Item	A	U	O	N	R	Q	CS	CI
Agilidade	31%	54%	5%	0%	0%	10%	94%	-66%
Organização	38%	33%	13%	8%	3%	5%	78%	-50%
Qualidade	42%	47%	0%	5%	0%	5%	94%	-50%
Atenção Funcionários	51%	36%	0%	5%	0%	8%	94%	-39%
Atenção Psicólogos	47%	39%	3%	3%	0%	8%	94%	-46%
Orientação Funcionários	48%	38%	10%	0%	0%	5%	89%	-50%

(B) Equações: Coeficientes de Satisfação e Insatisfação

$$\text{Coeficiente Satisfação} = \frac{A + U}{A + U + O + N} \qquad \text{Coeficiente Insatisfação} = \frac{U + O}{A + U + O + N}$$

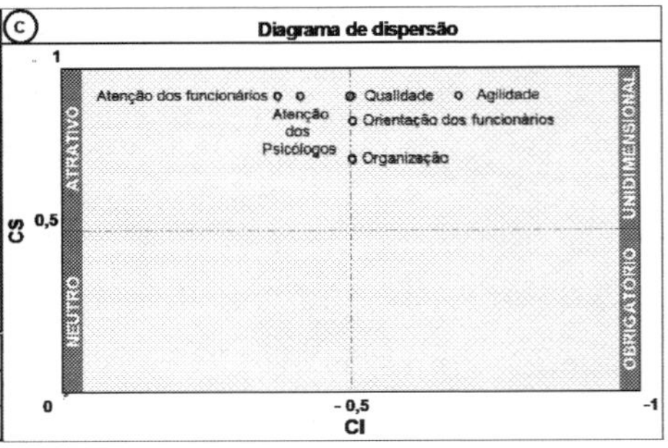

Figura 9: Correlação entre CS/ CI e Diagrama de Dispersão
Fonte: As autoras

De acordo com o resultado do questionário apresentado na Figura 2, podemos concluir que o tema agilidade, classificado como unidimensional, é o de maior contribuição para a insatisfação dos pacientes estudados (66%); Em relação aos temas organização, atenção dos psicólogos e orientação dos funcionários foi identificado o atributo atrativo, o que indica que sua presença provoca satisfação aos pacientes, mas não gera insatisfação quando não é atendido; O tema qualidade contribui efetivamente para a satisfação dos pacientes, onde a presença do atributo unidimensional ratifica o CS; Pode-se perceber que “atenção recebida dos funcionários” é o tema de maior peso no atributo atrativo, pois apresenta o maior percentual (51%) em relação aos demais temas.

APLICAÇÃO DO MAKIGAMI

A fim de realizar uma análise sistêmica do processo de atendimento psicológico, foi realizado o mapeamento baseado no método Makigami, o qual possibilitou a análise das atividades que agregam e não agregam valor, mapeamento das informações e documentos necessários no processo e identificação de problemas recorrentes no mesmo.

Pode-se perceber, a partir do Makigami representado na Figura 3, que 80% das atividades realizadas no processo de atendimento psicológico não agregam valor ao cliente, ou seja, o cliente não paga para que sejam realizadas, ou não estão diretamente ligadas aos requisitos do cliente, identificados na análise do método Kano.

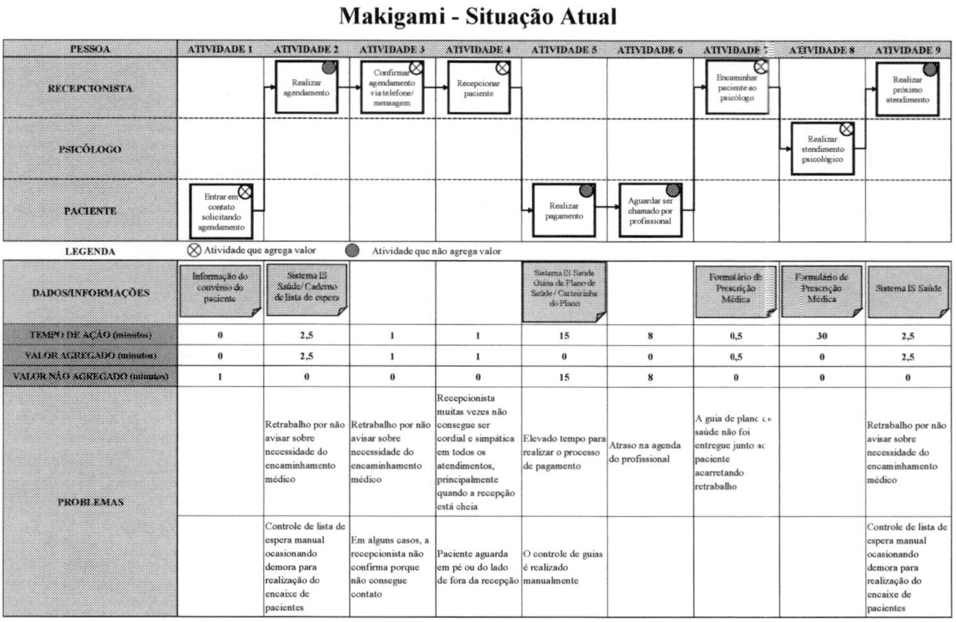

Figura 3: Makigami - Situação Atual
Fonte: As autoras

ANÁLISE DO PROCESSO

Após a realização da análise das expectativas dos clientes a partir do método Kano e análise do desempenho do processo a partir do Makigami, foi realizado um comparativo das análises realizadas individualmente da expectativa do cliente e estado atual do processo. Em seguida, uma proposição de melhorias para o processo de atendimento psicológico, conforme apresentado na Tabela 1.

Característica	Voz do Cliente	Análise Processo	Melhorias Propostas
Agilidade	Quanto mais ágil é o serviço, maior a satisfação do mesmo, assim como quanto mais lento maior a insatisfação.	Percebe-se de acordo com o Makigami analisado, que o processo de certa forma não é demorado, se comparado com concorrentes do mesmo setor. Mas possui pouca agilidade nas atividades de realizar o pagamento, que hoje é feito manualmente. Nota-se pouca eficiência na realização do encaixe dos pacientes que desejam se consultar com menor tempo de espera.	Para que o consultório aumente a agilidade nos seus processos, primeiramente sugere-se que o controle de guias no processo de pagamento e o processo de encaixe dos pacientes sejam realizados automaticamente, no próprio sistema de gerenciamento que a empresa já possui. Dessa forma seria eliminado o retrabalho na escrita dos dados do paciente manualmente. E tornaria a busca de informações das guias e do cadastro para o encaixe do paciente mais ágil.
Organização	A organização traz satisfação ao cliente, mas a desorganização não acarreta na insatisfação diretamente.	De maneira geral, o processo apresenta-se organizado em suas atividades, assim como o ambiente físico da clínica. Alguns pontos recorrentes na clínica que podem gerar a percepção de desorganização é a guia de plano de saúde não ser entregue junto ao paciente acarretando retrabalho e o paciente ter que aguardar o atendimento em pé e fora da sala de espera, por conta da mesma estar lotada.	Como proposta de melhoria, sugere-se a criação de um checklist dos documentos que devem ser solicitados aos pacientes no dia do atendimento e os documentos que devem ser entregues após o atendimento realizado. Com relação à espera do paciente em pé e fora da sala de espera, pode passar a impressão de um ambiente tumultuado e desorganizado, por isso é interessante avaliar o aumento do espaço físico do ambiente e reduzir o tempo de espera dos mesmos, para que a rotatividade de pessoas no ambiente seja maior.
Qualidade	Quanto maior a qualidade do serviço, maior a satisfação do cliente e quanto menor a qualidade, maior a insatisfação.	Com relação à qualidade, não foram avaliados pontos negativos que gerem a não qualidade do serviço prestado. Percebeu-se que a clínica possui uma estrutura adequada e processos que colaboram para um serviço de qualidade.	Sugere-se, para analisar a qualidade de uma maneira mais específica, a realização de um indicador com relação à expectativa do cliente no início do tratamento e o resultado no final do processo psicológico, a fim de mensurar mais especificamente esse critério.
Atenção Funcionários	A atenção dos funcionários traz satisfação ao cliente, mas a falta de atenção não acarreta na insatisfação diretamente.	Foi identificado a satisfação do cliente quando é lembrado da consulta dias antes. No entanto em alguns casos o funcionário não consegue contato com o paciente para confirmar o agendamento e desiste de ligar logo na primeira tentativa, deixando de gerar a satisfação desejada. Além disso, quando a recepção está com muitos clientes a atendente não consegue receber a todos com simpatia e atenção.	Percebe-se uma inconstância das práticas realizadas na clínica, já que nem sempre a atendente liga para o paciente confirmando da consulta e em alguns casos não o recebe com atenção e simpatia. Para o primeiro caso, sugere-se a melhor gestão das confirmações realizadas, a fim de que não se desista do contato com o paciente. Com relação ao atendimento na recepção, sugere-se criar um padrão para recepcionar os pacientes, a fim de que não haja diferença quando a clínica estiver com mais clientes.
Atenção Psicólogos	A atenção dos psicólogos traz satisfação ao cliente, mas a falta de atenção dos psicólogos não acarreta na insatisfação diretamente.	Percebe-se que a atenção e receptividade do psicólogo pode ser um diferencial competitivo, já que não é um requisito básico, mas aumenta a satisfação se realizada. Com relação ao psicólogo, observou-se apenas alguns atrasos para iniciar os atendimentos, o que gera um atraso na agenda do dia e uma pressão de não poder atrasar durante o atendimento para não afetar igualmente aos demais pacientes.	Sugere-se realizar um estudo do melhor horário de atendimento para os psicólogos, a fim de que não gere atrasos na chegada do mesmo. Além disso, um tempo maior entre atendimentos pode eliminar o problema de um atraso afetar os demais atendimentos.
Orientação Funcionários	A orientação dos funcionários traz satisfação ao cliente, mas a falta de orientação dos funcionários não acarreta na insatisfação diretamente.	A partir da análise do processo, percebeu-se uma recorrência na falta de aviso ao cliente sobre a necessidade de enviar o encaminhamento médico, podendo indicar que os clientes não são bem orientados para inciar o atendimento na clínica.	Sugere-se a padronização do que deve ser informado ao cliente antes do mesmo se apresentar na recepção. Elaborar um e-mail padrão com os documentos necessários pode ser uma forma eficiente de registrar formalmente os documentos que devem ser apresentados, proporcionando o não esquecimento de informações por parte tanto do funcionário quanto do cliente.

Tabela1: Análise do Processo X Voz do Cliente

Fonte: As autoras

CONCLUSÃO

Diante do estudo realizado, pode-se concluir a eficiência do método utilizado para esta pesquisa, já que foi possível identificar os requisitos dos clientes em relação ao serviço de psicologia, analisar o desempenho do processo da clínica e, por fim, propor melhorias embasadas nos requisitos dos clientes.

Com as análises realizadas, foi identificado que o processo da clínica em estudo atende aos requisitos dos clientes, porém com algumas variabilidades, retrabalhos ou elevado tempo em atividades que já são executadas.

Percebe-se com essa pesquisa a importância de identificar os critérios que criam valor para o cliente antes de mudar o processo, já que uma melhoria pode parecer urgente para os gestores, mas para o cliente pode não trazer a satisfação que a equipe imagina. Da mesma forma, realizar a análise do processo possibilita implementar melhorias relevantes para alcançar as expectativas dos clientes. O modelo Kano e o Makigami cumpriram perfeitamente esse objetivo, já que permitiram a visualização dos problemas do processo e as melhorias necessárias para aumentar a satisfação dos clientes.

Para a continuidade da pesquisa, sugerimos a construção do Makigami do processo futuro com as melhorias propostas, depois de apresentadas aos gestores da clínica, já que não o fizemos, propositalmente, para demonstrar a realidade do processo.

REFERÊNCIAS BIBLIOGRÁFICAS

1. Lira CA, Silva G, Lima C R M, Lima MA. Governança Corporativa em um Hospital Privado: Um estudo de caso sobre o impacto no desempenho hospitalar. RGSS. 2017; 6 (3).
2. D'andreamatteoa A, Ianni L, Lega F, Sargiacomo M. Lean in healthcare: A comprehensive review. Health Policy. 2015; 119, pp.1197–1209.
3. Eriksson N. Hospital management from a high reliability organizational change perspective. A Swedish case on Lean and Six Sigma. International Journal of Public Sector Management. 2017; 30 (1) pp. 67-84.
4. Austen V, Herbst U, Bertels V. When 3 + 3 does not equal 5 + 1- New insights into the measurement of industrial customer satisfaction. Ind. Mark. Manag. 2012; 41, 973–983;
5. Aguwa CC, Monplaisir L, Turgut O. Voice of the customer: Customer satisfaction ratio based analysis. Expert Syst Appl. 2012.

6. Jurado JMD, Alves MAL. Avaliação de uma disciplina da Graduação da Engenharia mecânica na Escola Politécnica da USP Aplicando a Metodologia do QFD ao Ensino. XXXIII Congresso Brasileiro de Ensino de Engenharia. Campina Grande – PB; 2005.
7. Oliveira LMV, Dantas LM, Carvalho DDC, Maciel RS, De Paulo VT. Aplicação do QFD como uma ferramenta de planejamento da qualidade: estudo de caso na prestação de serviços de uma concessionária. In: ENEGEP, (30). 2010. São Carlos. Maturidade e desafios da Engenharia de Produção: competitividade das empresas, condições de trabalho, meio ambiente.
8. Tontini, G. Integrating the Kano model and QFD for designing new products. Total Quality Management. 2007. 599-612.
9. Sauerwein E, Bailom F, Matzler KE, Hinterhuber HH. The Kano model: How to delight your customers. In International Working Seminar on Production Economics. 1996; Innsbrruck; (1), pp. 313-327.
10. Oliveira RFT. Proposta de melhoria no processo de atendimento em uma unidade de assistência médica especializada: uma aplicação do lean healthcare. [internet] Guaratinguetá (SP); UNESP; 2017.
11. Vasconcelos CR. Inovação em empresas prestadoras de serviços de saúde: uma contribuição através da metodologia de Kano. 2014; RGSS 57 (3) 57.
12. Laureani A, Brady M, Antony J. Applications of Lean Six Sigma in an Irish hospital. Leadership in Health Services. 2013; (4), 26, 322-337;
13. Robinson S, Radnor ZJ, Burgess N, Worthington C. Sim Lean: Utilising simulation in the implementation of lean in healthcare. European Journal of Operational Research. 2012; Vol. 219, 188–197;
14. Womack J, Byrne AP, Fiume OJ, Kaplan GS, Toussaint J. Innovation series: going lean in health care. Inst Healthc Improv [Internet]; 2005.
15. Aij KH, Simons FE, Visse M, Widdershoven GAM. Scheduling in the Operating Theatre A Focus on Throughput : Lean Improvement of Glob J Manag Bus Res A Adm Manag. 2014.
16. Chiarini A. Differences between Six Sigma applications in manufacturing and the service industry. International Journal of Productivity and Quality Management. 2013; 12(3), 345.

KARAKURI: UMA ALTERNATIVA DE AUTOMAÇÃO DE BAIXO CUSTO

Alves, Ricardo Rodrigo[1]; Calado, Robisom Damasceno[2]
[1,2]Instituto de Ciência e Tecnologia – Universidade Federal Fluminense.

RESUMO

Nas últimas décadas houve muitas mudanças nas filosofias de trabalho, resultantes da evolução nos conceitos de organização do trabalho. Nesse quadro se insere a tecnologia *Karakuri* que tem o significado em Japonês "artefato", "truque", "mecanismo" e/ou dispositivo feito para mover através de manipulação de cordas por extensão (1). No passado, o termo era utilizado para nomear os bonecos de madeira utilizados como entretenimento no Japão, Com a utilização de movimentos inteligentes e automáticos a tecnologia *Karakuri* possui estruturas mecânicas de acionamento simples e, através da criatividade se beneficia dos efeitos e movimentos mecânicos com o uso de alavancas, cames, molas, ação-reação e da própria gravidade para reduzir os esforços na movimentação de peças ou na transferência de caixas entre máquina aumentando a produtividade, melhorando a ergonomia no local de trabalho e eliminando os oito desperdícios classificados na abordagem do pensamento enxuto. A ideia do *Karakuri* é que com apenas um único movimento do colaborador, seja possível que o dispositivo realize outros diversos movimentos facilitando e diminuindo seu esforço físico e mental durante suas atividades. O objetivo deste trabalho está em mostrar o *Karakuri* e como ele pode auxiliar na eliminação dos desperdícios e melhoria de processos

Palavras – chaves: Karakuri, Pensamento Enxuto, Automatização

INTRODUÇÃO

O Instituto Japonês de Manutenção de Fábrica, JIPM (Japan Institute of Plant Maintenance) é o principal promotor da Manutenção Produtiva Total TPM (Total Productive Maintenance, sistema desenvolvido no Japão a fim de eliminar perdas, reduzir paradas, garantir a qualidade e diminuir custos nas empresas com processos contínuos). O JIPM realizou uma exposição sobre a tecnologia *Karakuri* no Japão (2), onde foi demonstrada uma ideia de dispositivo de baixo custo de automação (Figura 1) com o objetivo de não apenas trocar ideias sobre as tecnologias exibidas entre os fabricantes nacionais, mas também apresentar atividades de TPM para fabricantes no exterior.

Para iniciar os estudos convém relembrarmos sobre os desperdícios gerados nos processos de produção. Segundo (3), a Toyota identificou os sete maiores desperdícios que não agregam valor às atividades nos negócios ou nos processos de manufatura, no entanto, deve-se incluir o oitavo desperdício, a não utilização da criatividade. A eliminação de cada um dos desperdícios a serem explicados a seguir pode ser aplicada no desenvolvimento de produtos, no escritório, na área de saúde, em diferentes áreas de atuação e não somente nas linhas de produção (4).

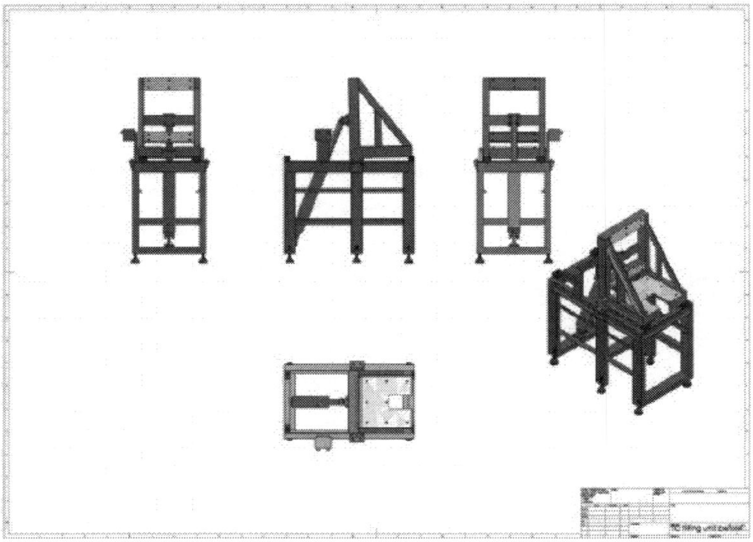

Figura 1. Desenho de dispositivo com tecnologia *Karakuri* (Rani, 2015)

- Excesso de Produção ou Superprodução: A superprodução ocorre quando há maior produção do que a necessária, ou seja, a empresa produz antes ou em quantidades maiores do que pode vender, resultado em um aumento no estoque de produtos acabados. A superprodução esconde desperdícios, uma vez que muitos pensam que o estoque é considerado um ativo de valor para a empresa, quando na verdade a maioria deles podem se tornar obsoletos ou implicar em custos para mantê-los até que possam ser vendidos.

- Espera: O desperdício referente ao tempo de espera ocorre quando os recursos (pessoas ou equipamentos) são obrigados a esperar desnecessariamente em virtude de atrasos na chegada de materiais ou disponibilidade de outros recursos, incluindo informações. Como exemplo, podemos citar a situação em que um participante atrasa a reunião por perder o horário e chegar atrasado. A espera de ferramentas para começar a trabalhar, de uma assinatura para um processo contínuo ou de um veículo atrasado para transportar os trabalhadores para o local de trabalho, são outros exemplos.

- Transporte: Quando qualquer recurso (pessoas, equipamentos, suprimentos, ferramentas, documentos ou materiais) é movido ou transportado de um local para outro sem necessidade, está sendo criado o desperdício de transporte. Como exemplo podemos citar: o transporte de peças erradas, envio de materiais para o local errado ou na hora errada ou o envio de documentos para lugares que não deveriam ser enviados.

- Processamento: Esta categoria de desperdício refere-se aos processamentos que não agregam valor ao item que está sendo produzido ou trabalhado. Exemplos são etapas adicionais que não aumentam a qualidade do produto ou etapas que simplesmente adicionam excesso de qualidade de que os clientes não necessitam.

- Estoque: Os desperdícios de estoque podem ser originados na compra e armazenamento de excedentes de insumos, materiais ou outros recursos. Eles também possuem origem no excesso de materiais em processo (WIP ou work-in-process) acumulados. A principal causa é, muitas vezes, a falta de planejamento e falta de desconhecimento do departamento de compras com relação ao consumo real ou taxa de utilização de um determinado recurso. Ter excesso de estoque significa um maior custo para a empresa, ocupação de área, manutenção do inventário e do estoque.

- Excesso de movimentação: O desperdício no movimento acontece quando ocorrem movimentos desnecessários do corpo ao executar uma tarefa. Alguns exemplos: procurar, andar, flexionar, elevar, abaixar e outros movimentos corporais desnecessários. Os trabalhadores cometem este tipo de desperdício quando procuram por ferramentas ou documentos ou quando seu local de trabalho está cheio ou desorganizado.
- Defeitos: Qualidade é fazer a coisa certa logo na primeira vez. Trata-se de prevenção e planejamento, não de correção e inspeção. A má qualidade ou defeitos não só resultam na insatisfação do cliente e danos à imagem da empresa, como também em desperdícios devido aos custos e tempo envolvidos em repor um produto defeituoso.
- Bloquear ou não utilizar a criatividade dos funcionários: Perda de Tempo, ideias, habilidades, melhorias e oportunidades de aprendizado por não estarmos engajados a escutar nossos colaboradores.

KARAKURI

O Japão sempre levou muito a sério sua produção de robôs e estima-se que atualmente existam cerca de 250 mil robôs trabalhando nas indústrias do país (5). Um número que só tem aumentado a cada ano. Portanto, seria um grande engano pensar que a avançada tecnologia robótica do Japão surgiu com a modernização científica. Isso porque a cultura deste país tem uma história de autômatos, pois esta robótica no Japão começou no período Edo (1603 em diante), porque durante o período Edo muitos *Karakuri* foram feitos e poderiam se mover automaticamente devido a cordas e mecanismo de relógios e molas (6).

Karakuri são bonecos autômatos, Figura 2, que foram produzidos em um grande número durante os séculos XVII a IXX no Japão e são considerados os precursores dos modernos robôs japoneses (7).

Figura 2. Boneco *Karakuri* (Susane De Godoi, 2017)

Vários festivais do Japão ainda fazem uso do *Karakuri* para representar uma cena da história do país ou algum mito. A maioria dos *Karakuris* foram produzidos para o teatro, festivais ou como uma novidade para se ter em casa. Muitos deles podem atirar flechas ou servir chá e demonstram uma notável sofisticação para sua época. Este conceito de design não perfeito de mecanismo reflete a natureza humana em máquinas e pessoas comuns assistindo à sensação de desempenho do boneco *Karakuri* diverte-se e ri quando o boneco mecânico apresenta falha (8).

Integrando o *Karakuri* a filosofia Lean.

Atualmente as empresas criaram uma corrida para eliminação dos desperdícios como plano de sobrevivência, pois a cada dia as automações estão cada vez mais complexas e os custos cada vez mais elevados. Com isso várias empresas estão adotando a Filosofia Lean e muitas já chegaram a níveis altíssimos no controle dos desperdícios e 5S, porém quando olhamos para dentro das operações ainda conseguimos enxergar desperdícios, mas que para eliminá-los estão recorrendo a automações, deixando seus custos cada vez maiores (9).

Com isso o *Karakuri* está se mostrando uma ferramenta que vem ajudando a eliminar os desperdícios como tempo de espera, movimentação, processamento, transporte e até mesmo a criatividade dos operadores, pois muitos *Karakuris* podem ser desenvolvidos por eles. A tecnologia *Karakuri* reduz os custos na hora de implementar os kaizens, pois são considerados dispositivos que usam contrapesos ou até mesmo a gravidade para se movimentar, fazendo com que não necessitem de energia elétrica, ar comprimido ou dispositivos mais complexos, como painéis elétricos com CLP's deixando-os com um melhor custo.

Algumas vantagens da utilização do conceito *Karakuri* estão no fato de serem por si só técnicas simples e de baixo custo, proporcionarem alta produtividade, boa ergonomia; é possível implementá-los com utilização dos recursos disponíveis; uso do Poka-Yoke; redução de movimentos. O Poka-Yoke é uma sistemática para eliminação de erros que se utiliza dos conceitos do *Karakuri*, aplicando técnicas simples e eficientes. Outra aplicação muito comum e de muita eficiência é junto às análises onde o objetivo é eliminar perdas de movimentos desnecessários no processo.

Karakuri utilizados na indústria

Na plataforma de vídeos Youtube é possível encontrar alguns exemplos de *Karakuri* utilizados em indústrias de manufatura, alguns destes exemplos são analisados e suas operações sucintamente descritos a seguir. Os princípios e conceitos básicos da física foram utilizados nos vídeos, em quatro diferentes aplicações, citadas a seguir.

Neste primeiro exemplo (10) de melhoria de ergonomia com um elevador de nível, Figura 3, observa-se que a cada caixa que é colocada no dispositivo o peso vai abaixando, ficando sempre na altura confortável para o operador, evitando assim que ele se abaixe e exerça flexão lombar para pegar a última caixa, ou mesmo levantan do os braços acima dos ombros para pegar a primeira.

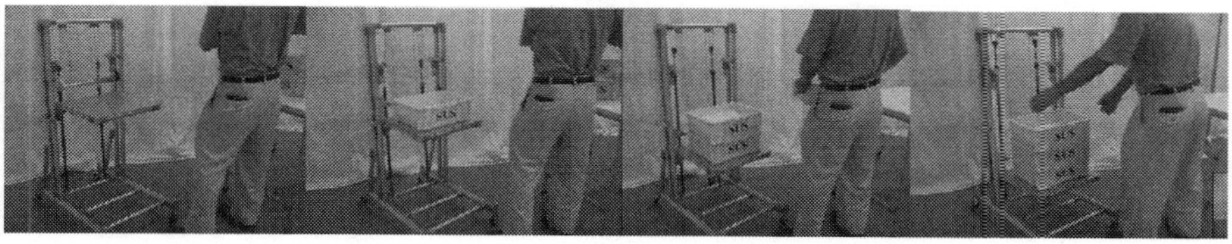

Figura 3. Karakuri Elevador de Nível (Thaicubic Chockwatta, 2012).

No segundo exemplo (11), Figura 4 temos um exemplo na eliminação de movimentos que não agregam valor, onde pode-se observar as peças estão em uma esteira seguras por um Poka-yoke onde este dispositivo impede seu avance. Assim que pega a peça, a bandeja que apoia a mesma desce automaticamente, um dispositivo por gravidade troca a bandeja de esteira, que retorna para o processo anterior automaticamente para ser abastecida e então voltar ao ciclo. Também observamos que a esteira limita a quantidade de peças que tem que ser produzida criando um FIFO evitando a superprodução e processos desnecessários. S se não estivesse instalado o sistema de *Karakuri* com retorno automático da bandeja o operador teria que realizar pelo menos mais três movimentos, o de ajustar a bandeja, pegar a bandeja, colocar a bandeja na esteira de retorno, ou seja, neste *Karakuri* conseguimos observar pelo menos 4 segundos a menos por peça. Podendo ser utilizado para melhorar a inspeção visual evitando perpetuar defeitos para o processo posterior ou até mesmo aumentar o volume de produção caso necessário.

Figura 4. Exemplo na eliminação de movimentos que não agregam valor (Thaicubic Chockwatta, 2015).

Neste outro exemplo (12), apresenta-se um sistema de movimentação de materiais tipo *Karakuri*, Figura 5, na qual nota-se que a caixa desce por gravidade, e fica a 45º onde deixa a pega das peças em seu interior mais fácil para os operadores, assim que termina de utilizar as peças o operador inclina a bandeja e a caixa retorna automaticamente. Nos meios convencionais o operador tem que pegar a caixa vazia e coloca-la no retorno e assim fará vários movimentos que não agregam valor na ordem de 2 ou 3 segundos de acordo com o tamanho da caixa. Quando olhamos este exemplo isolado com apenas uma caixa podemos não ver o valor desta solução com *Karakuri*, mas quando imaginamos uma linha de produção inteira os ganhos por movimentação e até mesmo mão de obra tornam-se consideráveis.

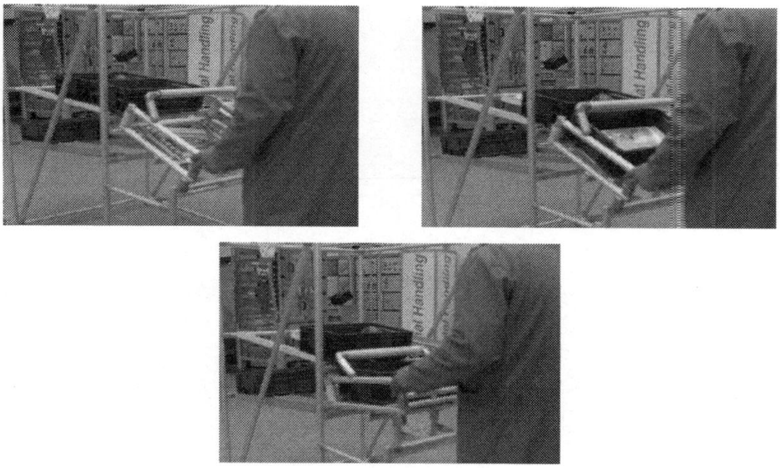

Figura 5. Exemplo na utilizado na movimentação de caixas. (Lean Products, 2012)

Observa-se, na Figura 6, o exemplo (13) de um transportador de trilhos de rolos que visa proporcionar um armazenamento eficiente e um processo de descarga fácil, mas é uma solução do *karakuri* com certa complexidade, pois além de entregar as caixas automaticamente no carrinho ele também reposiciona as caixas mantendo a ordem do FIFO. Quando o operador posiciona o ponto 1 do carrinho no ponto 2 na bancada, o mesmo aciona a trava, ponto 3, para que as caixas se desloquem para o carrinho por gravidade e assim que as caixas estão posicionadas o operador avança com o carrinho e a trava volta automaticamente a posição evitando que as caixas caiam no chão.

Figura 6. Exemplo na utilizado na movimentação de caixas 2 (Yuho Kim, 2014)

Conclusão e considerações

Atualmente, o *Karakuri* oferece uma abordagem que, sem deixar de ser objetiva, adota uma postura atraente para as indústrias. Pensando em todos os benefícios que o *Karakuri* pode nos trazer, elaboramos uma tabela para que possamos comparar o *Karakuri* com algumas das soluções mais usuais na Indústria como automações complexas e automações simples utilizando apenas equipamentos pneumáticos. Foi observado que a tecnologia *Karakuri* gera menor custo mantendo boa produtividade quando comparado a automação simples ou complexa, ver Tabela 1.

TABELA COMPARAÇÃO PARA USO DE DIFERENTES TIPOS DE AUTOMAÇÃO INDUSTRIAL

Tema	Unidade	TIPOS DE AUTOMAÇÕES					
		Automação Complexa		Automação Simples		Karakuri	
Projeto	Horas	↑	Precisa de varias horas para projeto mecanico, elétrico e para criar software.	↑	Dispença projeto de automação elétrica, utiliza apenas Pneumatica	↓	Elimina completamente eletrica, hidraulica e pneumática.
Tempo Execução	Horas	↑	Para criar um projeto com complexidade alta, é necessario um tempo maior de constroção e integração.	↑	Diminui a o tempo de execução, pois elimina a integração elétria e software.	↓	Elimina completamente eletrica, hidraulica e pneumática.
Custo	R$	↑	Devido a alta complexidade e utilização de CLP, inversores e até mesmo robôs deixa o custo inviável	↑	Diminui o custo em relação a automação complexa, mas ainda hoje o custo de peças pneumaticas ainda é alto.	↓	Elimina completamente eletrica, hidraulica e pneumática.
Man Power	Pessoas	↑	Aumenta a quantidade de pessoas para desenvolver o projeto e também aumenta a a quantidade de pessoas de manutenção para realizar manutenções preventivas.	↑	Diminui a quantidade de pessoas especializadas durante o projeto, mas mantem o aumento de man power de manutenção para realizar preventivas.	↓	Maioria das vezes realizado pelos operadores e manutentores da linha, durante o evento Kaizen.
Layout	m2	↑	Necessariamente necessita de área para instalar os paineis eletricos , que muitas vezes são Racks .	↓	Diminui o tamanho dos paineis, mantendo apenas as valvulas de controle pneumaticas	↓	Não há necessidade de painéis como elétrica, pneumatica e hidraulica.
Avaliação Final		X		Δ		O	

Legenda = O - Baixo custo e Boa Produtividade; Δ - Alto custo e Boa Produtividade; X - Alto custo e Baixa Produtividade

Tabela 1 Comparação e critérios de avaliação de automação (do autor)

Como podemos observar na Tabela 1, quando optamos por uma automação complexa, elevamos o custo da solução e também da operação, pois precisamos de várias horas de engenharia tanto para projetar como também para construir, sem esquecer dos elevados custos de manutenção. Já quando optamos por uma automação mais simples temos também que considerar uma carga de projeto elevada, mas observamos que ainda precisamos de uma área grande para instalação de cilindros pneumáticos e válvulas, só que temos o ganho de área no chão de fábrica por não precisar instalar grandes painéis elétricos.

Com a tecnologia *karakuri*, pode-se utilizar o a criatividade dos operadores (oitavo desperdício) e criar equipes de kaizens para colocá-los em prática, não utilizando energia elétrica e nem ar comprimido para funcionar, já o custo é bastante baixo por não utilizar equipamentos eletrônicos e pneumáticos por serem muito caros. A sua correta implantação atende às necessidades básicas de ergonomia dos colaboradores eliminando movimentos repetitivos, também melhora a eficiência no chão de fábrica eliminando os desperdícios nas linhas de produção possibilitando uma real diminuição de tempos nos processos, trabalhando em conjunto com o pensamento enxuto.

Embora a tecnologia *Karakuri* corrobora para o aumento da produtividade, satisfação e moral dos funcionários, observa-se que tem suas limitações, não sendo aplicáveis como solução para todos os processos e condições inadequadas de trabalho.

Referências

1. Japan Institute of Plant Maintence (internet homepage). (acesso em 19 jan 2018). Disponível emhttps://www.jipm.or.jp/en/
2. Kurokawa K. The Philosophy of Symbiosis from the Ages of the Machine to the Age of Life in The Philosophy of the Karakuri. 2001.
3. Liker JK, Meier D. The Toyota way fieldbook: pratical guide for implement Toyota's 4 Ps Liker, Jeffrey K., Meier, D. , McGraw-Hill, 2005. New York.

4. Dhiyaneswar R, Saravanan AK, Agrewale MR, Ashok B. Implementation of Karakuri kaizen in material handling unit. Source: SAE Technical Papers. Jan, 2015.
5. Shea M. Karakuri: Tryckery in Device Art and robotics demonstrations at Miraikan. Leonardo, 2015 48(1):40-47.
6. Bock T. WaKaGaCAR: Wadokei karakuri gattai construction automation robotics. Proceedings of the 23rd International Symposium on Robotics and Automation in Construction .Milwaukee, 2006 Jun; 1-4.
7. Godoy S. Karakuri: os primeiros robôs do Japão com mais de 300 anos (audiovisual). 2017 jan (cited 2017 Dec 20) Avaliable from: https://www.coisasdojapao.com/2017/01/karakuri-os-primeiros-robos-do-japao-com-mais-de-300-anos/.
8. Suematsu Y. The Japanese love of Robots lectures, Edo Karakuri Masters were Universal Scientist. anos (audiovisual). 2001 jan (cited 2017 Dec 14) Avaliable from: https://www.youtube.com/watch?v=hcDQ6BP-Wj90
9. Murata K, Wakabayashi K, Watanabe A, Katayama H. Analysis on Integrals of Lean Module Technologies-The Cases of Visual Management, Poka-Yoke and Karakuri Technologies. , Research in Electronic Commerce Frontiers (RECF), Tokyo, Japan, 2013.
10. Thaicubic Chockwatta. Karakuri – Karakuri Level Lifter (audiovisual). 2012 Dec 01 (cited 2017 Dec 14) Avaliable from: https://www.youtube.com/watch?v=y_WMlKUMyR0.
11. Thaicubic Chockwatta. Karakuri from TPM phase 6 (audiovisual). 2015 Nov 06 (cited 2017 Dec 14) Avaliable from: https://www.youtube.com/watch?v=R4HYNqMJN64.
12. Lean Products. Karakuri (audiovisual). 2017 out (cited 2017 Dec 20) Avaliable from: https://www.youtube.com/watch?v=Pd0_3XnRCfc
13. Yuho K. AMS MRS Rack System: Karakuri Zig-Zag Storage Rack (audiovisual). 2017 out (cited 2017 Dec 20) Avaliable from: https:// //www.youtube.com/watch?v=hcDQ6BPWj90.

Avaliação de eficácia da implantação do método SMED a partir de ferramenta estatística

Luana Rodrigues Pizetta Claudino
Universidade Federal Fluminense/UFF, Rio das Ostras, Rio de Janeiro, Brasil
E-mail: luanapizetta@id.uff.br

Ana Paula Barbosa Sobral
Departamento de Engenharia, Universidade Federal Fluminense/UFF, Rio das Ostras, Rio de Janeiro, Brasil
E-mail: ana_sobral@vm.uff.br

Robisom Damasceno Calado
Departamento de Engenharia, Universidade Federal Fluminense/UFF, Rio das Ostras, Rio de Janeiro, Brasil
E-mail: robisomcalado@id.uff.br

Resumo

A fim de se obter resultados significativos através da implementação de ferramentas *Lean*, a realização de análises estatísticas possibilita uma maior assertividade nas tomadas de decisões durante a execução de melhorias nas organizações. Através deste conceito, o presente trabalho apresentará um caso prático que evidenciou a relevância da aplicabilidade do teste de hipótese para a validação de dados, teste de representatividade de metas e verificação da efetividade dos resultados alcançados em uma aplicação da metodologia SMED (*Single Minute Exchange of Die*) no equipamento crítico de uma fábrica do setor siderúrgico.

Palavras-chave: *Lean Six Sigma*, SMED, Teste de Hipótese, Avaliação de Eficácia.

Introdução

Diante do mercado competitivo atual, muitas empresas têm adotado a abordagem *Lean* como forma de reduzir os custos operacionais e automaticamente aumentar a competitividade diante dos concorrentes (1).

Dentre os métodos da abordagem *Lean*, o SMED (*Single Minute Exchange of Die*), desenvolvido por Shingo (2), tem como intuito reduzir o tempo de máquina parada durante o processo de *setup*, no qual se executam trocas de ferramentas para o processamento do material de diferente especificação.

Sarkar, Mukhopadhyay, Ghosh (3) apontam em seus estudos a utilidade do teste de hipótese em conjunto com abordagens de melhoria contínua, como o *Lean Six Sigma*. Em muitos casos, é necessário realizar uma análise estatística dos dados para validar a eficácia e os resultados da melhoria realizada. Da mesma forma, percebe-se que o Teste de Hipótese também pode ser utilizado para validar indicadores, testar se uma meta é representativa para a população estudada e testificar se o resultado foi alcançado, ou se a variação do indicador foi apenas uma variação amostral.

Diante disso, realizou-se um estudo estatístico em um projeto de SMED executado para um equipamento industrial, com o objetivo de avaliar estatisticamente a eficácia do projeto, através da avaliação da meta com relação aos tempos de *setup* no início do projeto e no fim do projeto.

Referencial Teórico

Para este trabalho, foi realizada uma pesquisa bibliográfica em bases acadêmicas como a Emerald, Scielo e Google Acadêmico. Foram identificadas referências relevantes sobre os conceitos do SMED e teste de hipótese, as quais serão apresentadas a seguir.

SMED

Com base no sistema de produção em massa, a troca de ferramenta (*setup*) era considerada uma operação que reduzia a eficiência da produção e aumentava os custos. Por conta do elevado tempo necessário de *setup*, a produção era realizada em grandes lotes e com pouca variedade de produtos, ocasionando um elevado estoque de produtos acabados. (4)

A abordagem *Lean*, com sua visão em reduzir desperdícios, considera como princípio a produção puxada pelo cliente, ou seja, produzir apenas o que for solicitado, sem a geração de estoque. A aplicação desse princípio exige que os produtos sejam fabricados em pequenos lotes e com alta variedade, sendo necessária a troca de ferramentas com maior frequência. O método SMED (*Single Minute Exchange of Die*) foi desenvolvido a fim de viabilizar a produção em pequenos lotes, a partir da redução do tempo de troca de ferramentas (5).

O método SMED, proposto por Shingo (2), consiste basicamente na classificação das atividades de *setup* em dois grupos: atividades internas, atividades que precisam ser realizadas com a máquina parada, e atividades externas, àquelas que podem ser executadas com a máquina em funcionamento. A partir dessa classificação, são executadas etapas de análise que consistem em: agrupar as atividades externas para serem executadas antes ou após o *setup*; reduzir o tempo de execução das atividades internas; e, por fim, reduzir o tempo de execução das atividades externas.

Teste de Hipótese

Segundo Sun, Djouani, Wyk, Wang, Siarry (6), o teste de hipótese é uma ferramenta estatística que possui grande aplicabilidade no auxílio à resolução de problemas, pois através dele é possível obter maior precisão nos resultados, possibilitando uma tomada de decisão eficaz.

Dentre as funcionalidades do teste de hipótese, há estudos de indicam sua aplicação em conjunto com a abordagem *Lean Six Sigma*. Sarkar, Mukhopadhyay, Ghosh (3) comprovam em sua pesquisa que o teste de hipótese pode colaborar com a ferramenta qualitativa de análise de causa e efeito, solucionando com base na estatística os questionamentos que normalmente são gerados na análise, o que reduz a probabilidade de uma análise equivocada.

De maneira geral, o teste de hipótese é realizado a partir de uma amostra aleatória e de duas hipóteses (H_0: hipótese nula e H_1: hipótese alternativa) que se deseja testar com relação à população de dados. O resultado desse teste implica na rejeição ou não da hipótese nula para o nível de significância adotado, ou seja, a afirmação da hipótese nula criada pode ser falsa ou não haverá indícios de que a afirmação é falsa (3,7).

Método de Pesquisa

O método de pesquisa, indicado na Figura 10 foi elaborado com base no método SMED, proposto por Shingo (2) e a partir de pesquisas realizadas sobre a aplicação da ferramenta estatística teste de hipótese em conjunto com a abordagem *Lean Six Sigma.*

Figura 10: Método de Pesquisa
Fonte: Os autores

1. Contextualização do problema: identificação do problema a ser resolvido com a aplicação do SMED e sua relevância para o contexto da empresa em estudo;
2. Implementação do SMED: realização de análises das atividades externas e internas do *setup*, visando a execução das atividades externas com a máquina em funcionamento e a eliminação ou redução do tempo das atividades internas;
3. Análise exploratória dos dados: análise inicial dos dados do projeto de SMED, a partir da aplicação dos gráficos Boxplot´s e de valores individuais;

4. Validação dos resultados a partir do teste de hipótese: realização de teste de hipótese a fim de identificar se os dados do *setup* são normais; identificar se o tempo médio de *setup* no início do projeto era igual ao da meta e, por fim, verificar se no final do projeto a meta havia sido atingida.

Aplicação

Contextualização

Na empresa estudada, tinha-se como característica uma produção realizada em pequenos lotes e grande variedade de produtos. Diante desse cenário, foi identificado que o equipamento X possuía um tempo de *setup* elevado, o qual impactava diretamente na disponibilidade da produção por conta da sua frequência de realização.

Com o intuito de aumentar a disponibilidade do equipamento X, foi realizada a aplicação do método SMED, com o principal objetivo de reduzir o tempo de máquina parada durante o *setup*.

Implementação do SMED

A implementação do SMED no equipamento X, foi um projeto realizado com duração de 8 meses, o qual passou por ciclos de análises mensais com relação aos *setups* realizados no mês anterior. As análises mensais eram realizadas com o principal objetivo de reduzir os tempos das atividades internas (atividades que só podem ser realizadas com a máquina parada).

A fim de reduzir o tempo de máquina parada, foi definida uma meta de redução do tempo de *setup* do equipamento X em 26% em 8 meses. A meta definida para o projeto foi estratificada em metas de redução de tempo para cada atividade do *setup*. Com isso, nas análises mensais, comparava-se o tempo da atividade com a meta estratificada. As atividades eram priorizadas a partir da aplicação da ferramenta Pareto e as atividades com maior discrepância da meta eram analisadas, a fim de que as causas-raízes fossem identificadas e mitigadas com ações corretivas.

Análise Exploratória dos dados

Para realizarmos a análise estatística dos dados de tempo de *setup* no início e no fim do projeto, considerou-se, respectivamente, os 30 primeiros e os 30 últimos *setups* realizados no equipamento X. Destaca-se que os gráficos e os testes de hipóteses foram realizados no software estatístico Minitab Primeiramente, foi construído o Boxplot dos dados iniciais e finais do projeto separadamente e foram identificados alguns outliers que, a partir da uma análise de falhas optou-se por retirá-los dos dados.

Sem os *outliers* obteve-se a Figura 11. Nesta figura tem-se o Boxplot comparativo dos dados iniciais e finais e o gráfico comparativo de valores individuais, nos quais se percebe que houve uma melhoria nos tempos de *setup* nos dados finais. Pode-se notar nos gráficos que a variabilidade dos dados finais é menor do que os dados iniciais.

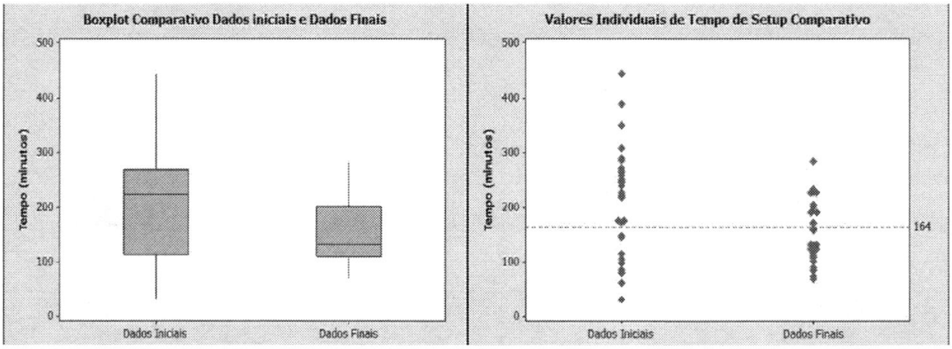

Figura 11: Análise exploratória dos dados

Fonte: Os autores

Validação dos resultados a partir de Teste de Hipótese

Antes da realização do Teste de Hipótese, é necessário verificar se os dados utilizados provêm de uma distribuição normal, para que o método de análise seja escolhido de modo a apontar o resultado que melhor represente a realidade dos dados. Por conta disso, foi realizado um teste de normalidade para os dados iniciais e finais separadamente.

Teste de normalidade

Foram formuladas as seguintes hipóteses para os dados iniciais e finais separadamente:

$$H_0: \text{Os dados provêm de uma distribuição normal}.$$

$$H_1: \text{Os dados não provêm de uma distribuição normal}$$

Adotando o nível de significância de 5%, obteve-se o para os dados iniciais e finais o teste de normalidade com o p-valor > 0,05. Logo, pode-se concluir que não há indícios para rejeitar H_0, ou seja, os dados iniciais e finais provêm de uma distribuição normal, o que embasa o Teste de Hipótese a ser realizado no próximo tópico.

Teste de hipótese

O objetivo do teste de hipótese neste trabalho é provar estatisticamente, considerando um nível de significância de 5%, que o projeto de SMED foi eficaz no atendimento de sua meta. Para isso, foram realizados dois testes de hipótese: o primeiro teste de hipótese com os dados iniciais do projeto, com o objetivo de provar que em média os *setups* realizados no equipamento X não são iguais à meta do projeto; e o segundo teste de hipótese com o objetivo de provar com os dados finais do projeto que em média o tempo de *setup* é igual à meta.

Para os dados iniciais, foram formuladas as seguintes hipóteses:

$$H_0: \mu = 164$$

$$H_1: \mu \neq 164$$

Para o nível de significância de 5%, calculou-se o Intervalo de Confiança (IC) de 95% (171,4; 246,4) e obteve-se o p-valor de 0,021. Percebe-se que, H_0 não está contido no IC e que p-valor<0,05. Logo, há indícios para rejeitar H_0, ou seja, a média dos tempos de *setup* dos dados iniciais não é igual à meta proposta. Percebe-se visualmente na Figura 12 que H_0 está posicionado como um valor menor do que o IC, ou seja, a média populacional para os dados iniciais é maior do que a meta do projeto.

Da mesma forma, foram formuladas as hipóteses para os dados finais:

$$H_0: \mu = 164$$

$$H_1: \mu \neq 164$$

Para o nível de significância de 5%, temos um Intervalo de Confiança (IC) de 95% (132,7; 174,3) e p-valor =0,312. Percebe-se que, H_0 está contido no IC e que P-valor>0,05. Logo, não há indícios para rejeitar H_0, ou seja, a média dos tempos de *setup* dos dados finais é igual à meta proposta.

Podemos ainda perceber visualmente na Figura 12 que H_0 está posicionada dentro do IC, ou seja, a meta do projeto está contida em um Intervalo de Confiança de 95% dos dados.

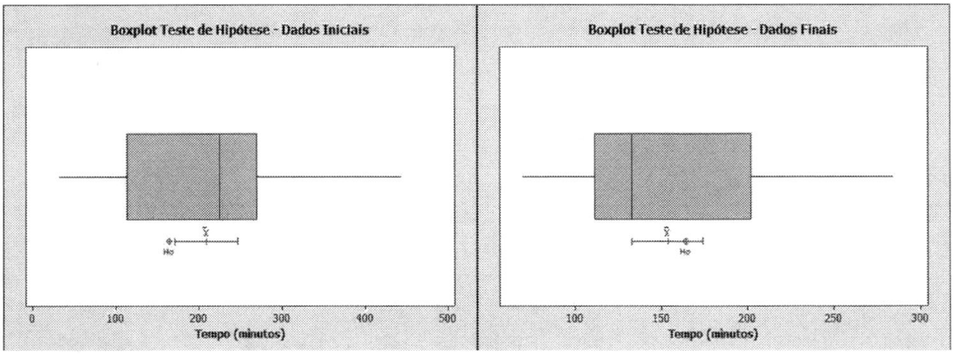

Figura 12: Teste de hipótese dos dados iniciais e finais

Fonte: Os autores

Conclusão

O presente trabalho teve como objetivo implementar um projeto de SMED em um equipamento siderúrgico e avaliar a sua eficácia com relação à meta estipulada para o mesmo. Utilizou-se como método para a avaliação da eficácia do projeto a realização de uma análise exploratória dos dados e a realização de teste de hipótese para média e para normalidade.

Percebe-se, a partir da execução deste trabalho, a utilidade do teste de hipótese atrelado às ferramentas de melhoria contínua, apresentadas em abordagens como o *Lean Six Sigma*, como forma de conceder ao projeto uma robustez e assertividade para a definição de metas e análise dos dados obtidos com o projeto.

Por fim, analisando o teste de hipótese de média, identificou-se, com intervalo de 95% de confiança, que os dados colhidos quando o projeto foi iniciado de fato eram maiores do que a meta e os obtidos ao fim eram iguais a meta. Desta forma, o projeto de implementação do SMED foi eficaz para o equipamento aplicado.

Referências

1. Zhu X, Lin Y. Does lean manufacturing improve firm value ? Journal of Manufacturing Technology Management, Vol. 28 Issue: 4, pp.422-437. 2017
2. Shingo SA. Revolution in Manufacturing: the SMED System. Productivity Press; 1985.
3. Sarkar SA, Mukhopadhyay AR, Ghosh SK. Root cause analysis, Lean Six Sigma and test of hypothesis. TQM J [Internet]. 2013; 25(2): 170–85.
4. Ohno, T. O Sistema Toyota de Produção: Além da produção em larga escala. Porto Alegre: Bookman. 1997; 150.

5. Moxham C, Greatbanks R. Prerequisites for the implementation of the SMED methodology. Int J Qual Reliab Manag [Internet]. 2001; 18(4): 404–14.
6. Sun Y, Djouani K, Jacobus van Wyk B, Wang Z, Siarry P. Hypothesis testing-based adaptive PSO. J Eng Des Technol [Internet]. 2014; 12(1): 89–101.
7. Montgomery DC, Runger GC, Calado V. Estatística Aplicada E Probabilidade Para Engenheiros. Grupo Gen-LTC; 2000.

COMO GERENCIAR OS PROJETOS DE MELHORIA?

Alice Sarantopoulos
Enfermeira, mestre e doutoranda em Lean Healthcare pela UNICAMP,
Black-Belt em Lean Six Sigma, educadora e consultora em Lean.
Contato: alice_sarantopoulos@hotmail.com

Gostaria de começar esse capítulo me apresentando; eu sou uma enfermeira, filha, irmã e esposa de engenheiros, que entrou na enfermagem para cuidar de pessoas. Meu desejo era diminuir o sofrimento das pessoas com um cuidado humanizado. Durante a faculdade, me deparei com o sofrimento humano e com a falta de organização dos serviços de saúde, que, por sua vez, intensificavam esse sofrimento. Filas de espera, atendimentos muito rápidos e sem qualidade, falta de material e medicamentos, erros evitáveis, cancelamentos de cirurgia, falta de vagas, falta de exames necessários, atrasos e por aí vai. Durante a graduação, estudando Administração Hospitalar como parte da ementa do curso, desenvolvi uma paixão pelo tema. Estudava, com gosto, famosos teóricos de Administração e ensinava meus colegas antes das provas. Tinha como exemplo a enfermeira Florence Nightingale, que revolucionou a enfermagem na guerra da Criméia, entendendo a importância da coleta de dados, limpeza, organização e o cuidado humanizado aos pacientes._

Por vocação e desejo intenso de melhorar a saúde, escolhi aprofundar meus estudos sobre o tema gestão da saúde. Tive a oportunidade de realizar meu mestrado e meu doutorado em *Lean Healthcare* e criar, juntamente com o meu orientador, o Prof. Dr. Li Li Min, o Grupo de Inovação e Gestão na Saúde (GIGS). Por meio desse grupo de pesquisa, tive a oportunidade de aplicar todos os conceitos e ferramentas *Lean* em hospitais, centros de saúdes e clínicas ambulatoriais, podendo, assim, consolidar meu aprendizado, influenciar agentes de mudanças, treinar pessoas e melhorar processos na saúde, eliminando diversos tipos de desperdícios. Vou aqui relatar uma dessas experiências e falar um pouco da ferramenta que sempre me acompanha em todos projetos de melhoria que participo, o Processo de Gestão A3 ou Pensamento A3.

Primeiramente gostaria de explicar rapidamente o que é o Pensamento A3 e como utilizá-lo. Depois vou contar um caso especifico onde utilizei o A3 para melhorar um processo, realizado em todo hospital, e descrever a percepção dos colaboradores desse hospital público ao utilizar o A3.

O Pensamento A3 teve sua origem na Toyota e é utilizado como uma ferramenta de processo de gestão que auxilia os colaboradores a estudar os problemas, aprendendo com eles para melhorar o gerenciamento.

A figura 1 apresenta as etapas gerais do Pensamento A3, que é um método científico.

Figura 1 – Etapas conceituais do Pensamento A3

Além de ser um método científico que auxilia os colaboradores a melhorar os processos de maneira mais rápida e eficaz, o A3 também aproxima os líderes dos colaboradores e do *gemba* (local onde o valor é produzido, onde as coisas acontece). Além disso, cria engajamento dos colaboradores na solução dos problemas, envolvendo-os no processo de melhoria. O autor John Shook (2008) demonstra em seu livro que o uso do Pensamento A3 tem, em si, o poder de alinhar as metas e os objetivos da organização com as atividades envolvidas na gestão do dia a dia e ainda auxilia no aprendizado para prevenção de problemas recorrentes.

O A3 leva o colaborador a perceber o problema no *gemba*, estudá-lo, identificar suas verdadeiras causas, definir metas, propor contramedidas, planejar a execução e acompanhar as medidas tomadas. Deve ser utilizado em todas as áreas da empresa, desde as operações complexas até as mais simples.

O termo "A3" nada mais é do que o tamanho da folha utilizada para apresentar suas etapas. Esta folha de papel é do tamanho de 2 folhas A4 (a folha sulfite que estamos acostumados a usar). A ideia é que todo o processo esteja representado visualmente no papel A3. Há uma estrutura de passo a passo no A3 básico, mas que pode ser alterada de acordo com a necessidade de cada local onde é utilizado. Geralmente, sua estrutura deve conter o Título que define o problema ou tema que será discutido; o responsável pelo A3; a data da última revisão; o pano de fundo (*background*) da situação, contendo o contexto geral da situação a ser abordada; as condições atuais do problema, onde devem ser colocados os dados e fatos do problema; o objetivo e as metas; a análise do problema. Tudo isso deve ser apresentado no lado esquerdo da folha A3 e, do outro lado da folha, deve ser colocada a proposta de atuação com as contramedidas; o plano de ação; e, por fim, o acompanhamento. Essa estrutura está representada na figura 2, apresentando as perguntas que podem ser feitas em cada etapa do processo. Este é apenas um dos modelos existentes, que pode ser alterado da melhor maneira para sua instituição.

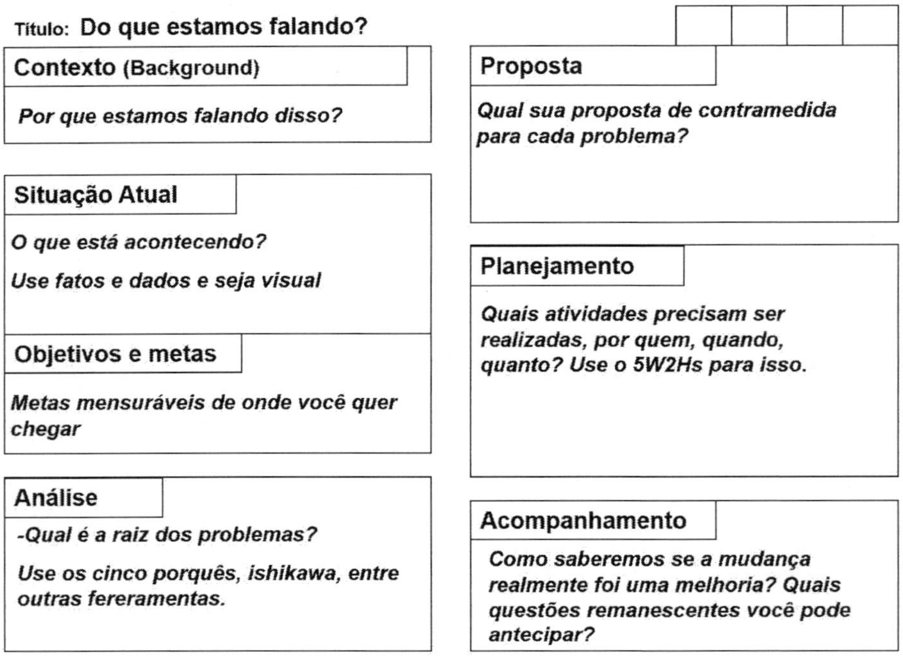

Figura 2 – Modelo do A3

De maneira muito resumida, foi apresentado o Processo de Gestão A3. Contudo, gostaria de deixar claro que o A3 não é apenas mais uma ferramenta para conduzir um projeto, mas é uma ferramenta poderosíssima para melhoria contínua, geração de líderes, comunicação interna, aprendizado contínuo e gestão *Lean*.

Gostaria agora de fazer um relato de um caso específico do uso do A3 em um hospital, para que você possa se inspirar para começar a utilizar essa ferramenta poderosa e alcançar ótimos resultados que melhorarão a experiência do cuidado para os pacientes e o trabalho dos profissionais.

O caso aconteceu na UTI de um hospital escola público, com uma equipe multiprofissional, envolvendo uma enfermeira da diretoria de enfermagem, uma enfermeira do setor de controle de infecções hospitalares, quatro enfermeiros, dois técnicos de enfermagem e dois médicos da UTI e eu, como tutora *Lean*, apresentando pela primeira vez as ferramentas para a equipe. Minha função era de treinar a enfermeira líder para usar a ferramenta e orientar as reuniões, para que o pensamento científico fosse seguido.

Vou contar um pouco como tudo começou. A enfermeira líder montou essa equipe pois queria melhorar todos os processos que envolviam a inserção do cateter e decidiu começar pela UTI. Fui chamada para ajudar a fazer as coisas acontecerem de maneira eficaz e mais rápida, pois os projetos começavam e os resultados geralmente não eram alcançados.

Quando cheguei, fui apresentada à equipe e, na conversa inicial, percebi que eles não sabiam o que precisava ser feito. Então, para que a equipe conhecesse melhor o problema, optei por começar com um SWOT para entender quais as forças (***S**trenghts*) fraquezas (***W**eakenesses*), oportunidades (***O**portunities*) e ameaças (***T**hreats*) do setor e só então começar o A3. A dinâmica com o SWOT foi rápida e prática, cada um escreveu o que achava em *post-its* e conseguimos, ao final da reunião, elaboramos um SWOT simplificado, demonstrado na figura 3.–

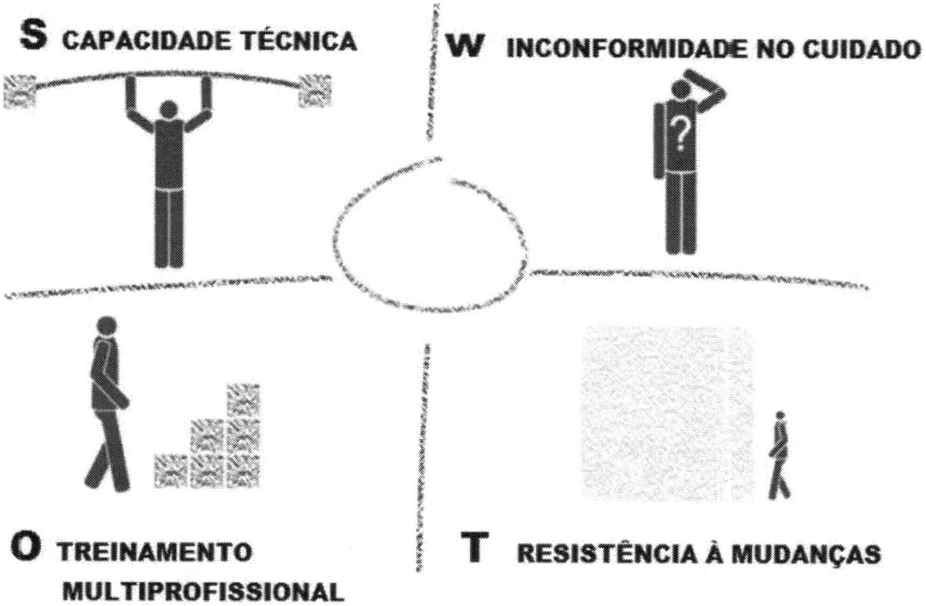

Figura 3 – SWOT realizado pela equipe da UTI

Ao final da dinâmica do SWOT, os relatos dos colaboradores foram muito positivos, anotei alguns em meu caderno: "*Impressionante como que em pouco tempo, conseguimos entender bem como estamos. Que ferramenta legal! Agora já sabemos por onde começar*".

Foi marcado um próximo encontro, no qual começaríamos o A3 para acompanhar o processo. No total foram realizadas 7 reuniões utilizando o A3 para guiar as discussões. Cada reunião não passava de 1 hora, afinal os profissionais estavam no meio do plantão.

Comecei nosso segundo encontro mostrando a estrutura do A3 e fazendo perguntas sobre cada etapa do processo. A definição do contexto foi realizada utilizando o resultado do SWOT. Sabendo que a terapia infusional é amplamente utilizada em cuidados de saúde para administrar soluções através de um cateter vascular central (CVC) e que eventos adversos têm um impacto severo na morbidade e mortalidade dos pacientes, na qualidade dos cuidados, nos custos e na eficácia do tratamento, a equipe sentiu necessidade de ir ao *gemba* para identificar problemas relacionados com CVC.

No *gemba*, uma parte dos colaboradores foram realizar uma breve de auditoria nos cateteres já inseridos e outra equipe foi acompanhar um processo do começo ao fim, desde o pedido de cateter realizado pelo médico até o fim da inserção. Coletamos todos os tempos e desenhamos o processo utilizando o Gráfico de Yamazumi, apresentado na figura 4.

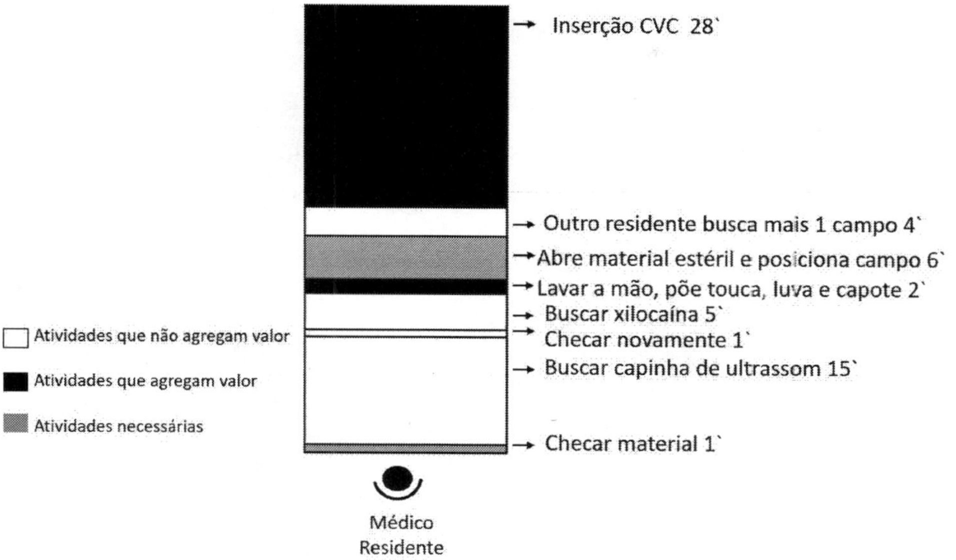

Figura 4 – Gráfico de Yamazume das atividades envolvendo a inserção do cateter na UTI.

Os profissionais sabiam que havia dificuldades de preparar o material para inserir o cateter, mas não imaginavam que o tempo gasto para coletar todo o material, fosse tão longo. Os médicos e residentes perdiam aproximadamente 30 minutos procurando e coletando os materiais para realizar o procedimento, que demorava em torno de 20 a 30 minutos. Ou seja, mais de 50% do tempo gasto nesta atividade, era considerado desperdício.

Além da questão do tempo gasto para reunir o material, no momento de inserção do cateter beira leito, por não haver uma mesa de apoio, a equipe médica tinha dificuldade de abrir o material estéril para realizar a atividade, aumentar o risco de contaminação.

Como meta, a equipe definiu reduzir o tempo de coleta de material de 30 minutos para 5 minutos.

Analisando a origem do problema utilizando os "5 por quês", encontramos as suas causas raízes: falta de organização e padronização no ambiente de trabalho.

Como contramedida, a equipe teve a ideia de desenvolver um kit com todos os materiais para tornar esse processo mais ágil (figura 5), o que resultou no ganho de 25 min de tempo médico por inserção de cateter. Totalizando aproximadamente 12 horas mensais médicas de economia, um tempo que o profissional pode utilizar no cuidado com o paciente. Além do ganho de tempo, houve relatos de diminuição de estresse entre a equipe.

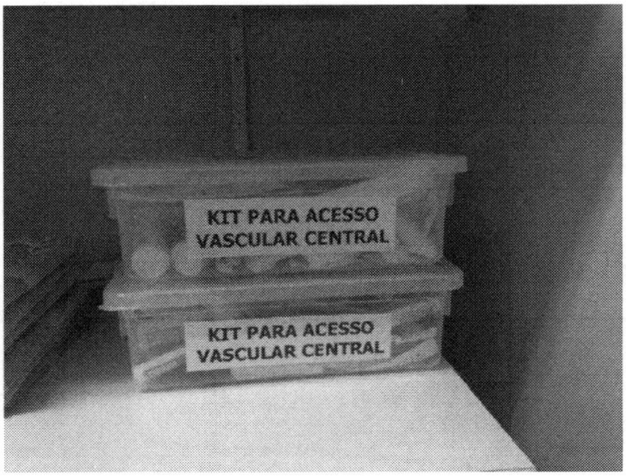

Figura 5 – Kit para Acesso Vascular Central

Outra medida, além da criação do Kit de Inserção, foi separar um carrinho específico e identificado para realização desta atividade. Fizemos um "5S" na UTI, organizando o ambiente de trabalho e identificando o local determinado do carrinho, como ilustrado na figura 6.

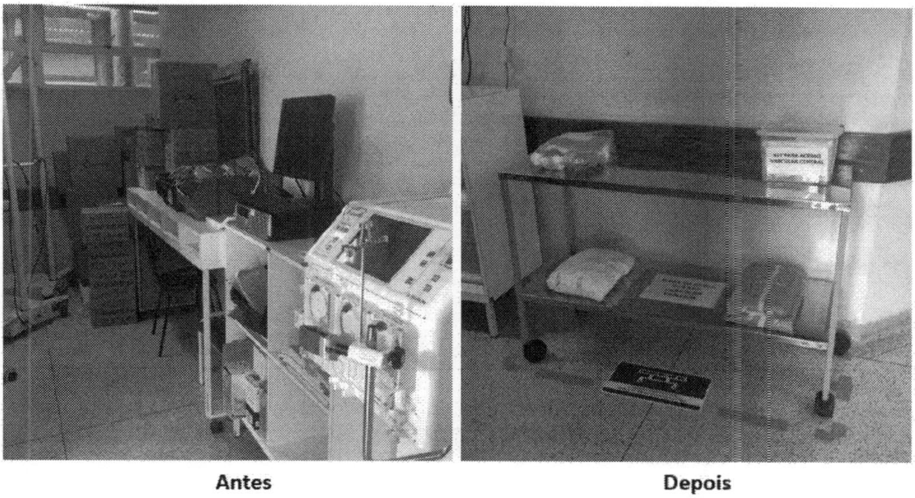

Figura 6 - Antes e depois do 5S na UTI e foto do KIT montado para acesso vascular central

A partir dessa experiência, a equipe envolvida percebeu que o uso do Processo de Gestão A3 agiliza e confere maior eficácia nos projetos de melhoria. Essa ferramenta também favoreceu o engajamento da equipe e permitiu discussões interdisciplinares. Ao final de todo processo, a equipe ficou muito feliz com os resultados alcançados e relatou que tentavam melhorar esse processo há 20 anos e que, com o A3, foi possível realizar a melhoria em menos de 2 meses. Sem dúvida, depois dessa experiência, todos as pessoas que participaram dessa melhoria posicionaram-se a favor do *Lean* e tornaram-se parceiros potenciais para próximos trabalhos.

Caso você seja simpatizante do *Lean* mas não sabe por onde começar, inspire-se na experiência relatada neste capitulo e comece com um pequeno problema. Faça um SWOT, escute seus colaboradores, utilize a poderosa ferramenta do A3 e, com resultados rápidos e eficazes, motive sua equipe para trabalhar com o *Lean*.

Referências

Shook, John. Gerenciando para o Aprendizado. Usando o processo de gestão A3 para resolver problemas, promover alinhamento, orientar e liderar. São Paulo: Lean Institute Brasil, 2008.

IQ-RM-FMEA: UMA ALTERNATIVA DE SOFTWARE PARA IMPLEMENTAÇÃO DA ANÁLISE DE MODOS E EFEITOS DE FALHA

Nascimento, Stephanie D'Amato[1]; Ricardo, Venâncio Gonçalves[2];
Calado, Robisom Damasceno[3]; Dias, Fabiana Murassaki[4].
[1,2,3]. Universidade Federal Fluminense, Rio das Ostras.
[4] Universidade São Francisco, Campinas
e-mail: sd_amato@id.uff.br[1], venancio.gr@hotmail.com[2], robisomcalado@id.uff.br[3], fabianamurassaki@gmail.com[4]

RESUMO

A análise de Modo e Efeitos de Falha (FMEA- *Failure Mode and Effect Analysis*) é uma ferramenta utilizada pela indústria e serviço na análise preventiva de falhas potenciais em produtos e processos. Com o objetivo de reduzir defeitos, melhorar a segurança e aumentar a satisfação dos clientes, a ferramenta é de suma importância para o profissional que tenha necessidade de conhecer e melhorar processos a fundo, entretanto sua realização é trabalhosa e difere do simples preenchimento de formulários, assim, o uso de metodologias ativas para o ensino de FMEA torna-se atrativo.

O objetivo deste capítulo é introduzir o conceito da FMEA e apresentar uma alternativa para aplicação de softwares na implementação da FMEA nas organizações.

Palavras chaves: FMEA, Lean Six-Sigma, Qualidade, Ensino Lean, Melhoria Continua

INTRODUÇÃO

A prosperidade de qualquer organização depende da qualidade de seus produtos e serviços. A qualidade percebida pelos clientes, chamada qualidade final é, em grande parte, resultado da fase de pré-produção. Nesta fase de projeto, segundo (1), pode ser utilizada uma grande variedade de métodos e ferramentas para o planejamento da qualidade. Através do desdobramento da qualidade (QFD) os desejos dos clientes são desdobrados em características técnicas do produto envolvendo para isso as áreas técnicas da empresa (engenharia do produto, produção, vendas, marketing). Ferramentas como o QFD e FMEA se integram uma vez que as saídas do QFD (especificações) são entradas da FMEA. Na figura 1 ilustra-se a relação. Em outras palavras, uma vez definidas as especificações, potenciais desvios devem ser analisados afim de controlar o sistema (2).

FIGURA 1: QFD e FMEA

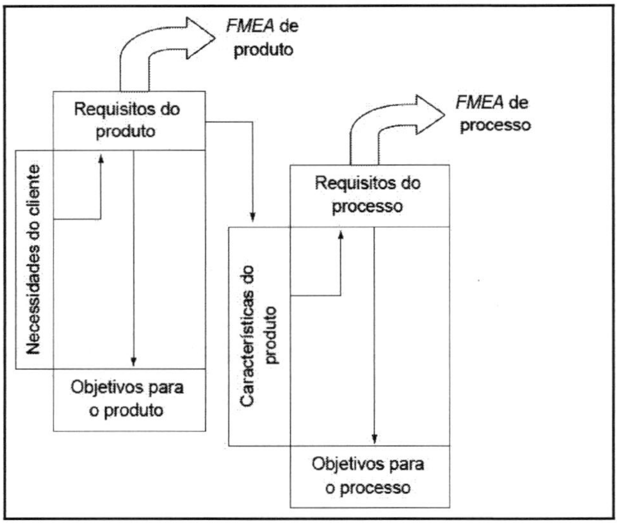

Fonte: Adaptado de Fernandes e Rebelato (2006)

A figura 2 abaixo mostra a evolução dos métodos de engenharia na qualidade e relaciona a FMEA com outros dois métodos de qualidade posteriores: o planejamento de experimentos (DOE) e o controle estatístico de processos (SPC/CEP). De acordo com a consultoria alemã TQU em *Portal für Qualitätsmanagement* (3), cada um dos métodos da imagem abaixo possui um foco. O QFD foca na qualidade direcionada às necessidades do cliente, o FMEA na necessidade de melhoria dos processos e produtos, o DOE na qualidade do planejamento e desenvolvimento e o CEP, na qualidade de produtos e serviços. Os métodos, se complementam entre si e convém serem utilizados em conjunto.

FIGURA 2: Evolução dos métodos de engenharia através do tempo e necessidades de melhoria

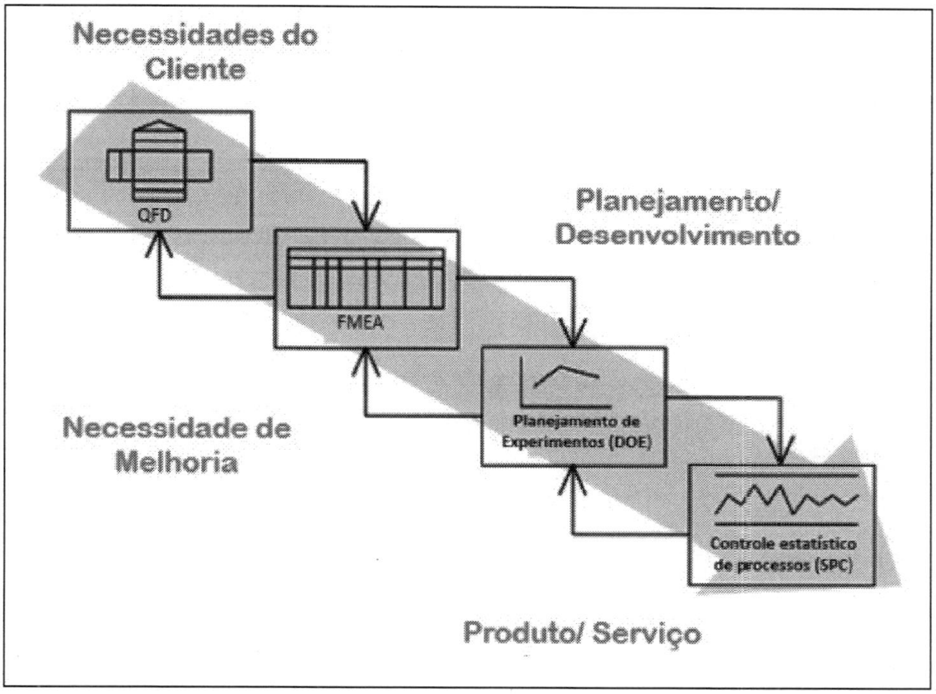

Fonte: Adaptada de TQU consultoria empresarial < https://umsetzer.com>

A FMEA é utilizada então, com o propósito de minimizar o risco de falhas nos produtos, nos processos e nos serviços, seja durante seu planejamento ou durante o seu uso. Sua vasta aplicação no mercado de trabalho vai desde a indústria automobilística aos serviços como, por exemplo, a sua aplicação na área de saúde com a sigla HFMEA – *Healthcare Failure Mode and Effect Analysis*- que significa Análises de Modo e Efeitos de Falha na saúde. Somando a grande variedade de aplicações de FMEA à sua importância para assegurar confiabilidade de sistemas e produtos justifica-se a necessidade de que a mesma seja objeto de estudo. A proposta deste trabalho é introduzir a ferramenta FMEA, mostrar suas aplicações e alternativas de uso de softwares na implementação da FMEA nas organizações.

FMEA

O foco na identificação e na análise de riscos em um sistema ou produto pode ser devido à uma gama de razões, como por exemplo, custos, competição, filosofia de melhoria contínua ou segurança, e tem como proposito fundamental responder à duas perguntas (4):

- O que pode dar errado?
- Se algo pode dar errado, qual é a probabilidade de que isso aconteça e quais são as consequências?

Para responder aos questionamentos, segundo (4), devemos analisar o produto ou sistema e seus modos de falha. FMEA, sigla em inglês para Análise de Modos e Efeitos de Falha, é uma ferramenta de análise que visa identificar possíveis modos de falha, seus efeitos e causas além de identificar áreas causadoras de ocorrências que possam afetar o sistema ou o sucesso do produto, manutenção ou segurança. O objetivo principal de uma FMEA é prevenir defeitos para melhorar a segurança e aumentar a satisfação do cliente.

Criada em 1949 pelas Forças Armadas Americanas, a ferramenta inicialmente usada para análise de riscos em equipamentos militares começou a ser aplicada em setores como nuclear e aeroespacial e, posteriormente, a realização da FMEA no desenvolvimento de produtos e processos tornou-se requisito nas industrias automotivas em meados dos anos 1980 quando as empresas formadoras do grupo de ação da indústria automotiva (AIAG) incorporaram formalmente a FMEA através da norma QS-9000 (atual ISO/TS 16949). Mais tarde a implementação da FMEA foi seguida também pela indústria automobilística alemã através da norma VBA (*Verband der Automobilindustrie*) (5). Atualmente há aplicação da FMEA em diversas áreas como indústrias químicas, petroquímicas, médica, de alimentos, desenvolvimento de softwares e setores administrativos.

O sucesso de uma FMEA depende sobretudo da colaboração entre o analista de FMEA e a equipe interessada e envolve sessões de diálogo com o intuito de aprofundar-se e descobrir modos de falhas nos níveis mais diferentes do sistema ou design do produto. O trabalho em equipes multidisciplinar, compostas por membros de vários departamentos, assegura que vários aspectos do projeto/ produto sejam bem avaliados.

A execução de uma FMEA deve ser continuamente acompanhada durante o ciclo de desenvolvimento do produto e não deve ser tratada como um documento estático. Assim, a evolução do projeto deve ser documentada sistematicamente mitigando a melhoria contínua.

TIPOS DE FMEA

Embora existam diversas outras aplicações para o método, como análise de máquinas, manutenção e segurança (6), as FMEAS são maiormente utilizadas para duas aplicações: para projetos (FMEA de produto, ou DFMEA e para processos (FMEA de processo).

No FMEA de produto, ou DFMEA, são consideradas falhas que poderão ocorrer em um produto ou processo de acordo com as especificações de projeto do mesmo. O objetivo é identificar e evitar falhas no projeto de produtos ou processos.

Na FMEA de processo são analisadas falhas tanto no planejamento quanto na execução de um processo. O objetivo nesse caso é evitar falhas no processo.

A versatilidade da ferramenta permite que a mesma seja aplicado em diversas situações, como diminuir a probabilidade de defeitos ou falhas em novos produtos e processos ou em processos já em operação, aumentar a confiabilidade de sistemas e produtos por meio da análise do histórico de falhas ou aumentar a qualidade até mesmo em procedimentos administrativos (7).

FUNCIONAMENTO BÁSICO

A base para aplicação da FMEA é o formulário FMEA apresentado como exemplo na figura 3 (8). Não existe um padrão de FMEA a ser aplicado. De acordo com (9), cada empresa possui geralmente seu próprio formulário voltado às suas necessidades e aos interesses de seus clientes, mas a estrutura de uma FMEA é geralmente dividida em cinco partes:

1. Cabeçalho: deve conter itens descritivos como descrição do processo, área e sistema analisado, número da FMEA, equipe contribuinte, datas de elaboração e revisão e responsáveis pela elaboração e revisão;
2. Ponto da Falha: deve-se indicar qual equipamento, sua função e quais componentes serão analisados;
3. Análise da Falha: O processo de análise da falha é dividido em três pontos: modos da falha, efeitos da falha e causa da falha. Devem ser preenchidas com o maior nível de cautela possível, analisando cada ponto, até chegar a uma análise da falha de modo integral
    a) Modos de falha: Como a falha se apresenta. Como ela é encontrada de forma sensitiva (visual, auditiva, olfativa ou pelo tato).
    b) Efeitos da falha: Qual a consequência dessa falha no processo?
    c) Causa da falha: O que levou à falha daquela componente?
4. Avaliação do Risco: Nesta etapa se quantifica o risco de cada modo de falha no processo. Três fatores são analisados para compor o número de prioridade de risco (RPN)
    a) Ocorrência: Quão provável é que o modo de falha ocorra? (nota 1 significa "muito improvável que ocorra" e 10 significa "muito provável que ocorra");
    b) Severidade: Caso ocorra, qual o impacto da falha na Segurança, Produção ou Custo (1 significa "sem impacto" e 10 significa "impacto extremo");
    c) Detecção: Se este modo de falha ocorrer, qual a probabilidade de detecção (1 significa "muito provável de ser detectado" e 10

significa "pouco provável que seja detectado").

O RPN é obtido através da multiplicação das notas de 1 a 10. Geralmente se toma como critério de desempate de prioridade a severidade e, caso o empate persista, a multiplicação entre severidade e ocorrência.

5. Atividades de Prevenção: Devem ser listadas todas as atividades que podem servir como prevenção, predição ou identificação das falhas em estágio inicial. O objetivo principal é mitigar o risco e impedir paradas na produção ou acidentes decorrentes da falha já estabelecida. Essa lista é feita através de um *brainstorming* utilizando dos conhecimentos da equipe de construção da FMEA.

FIGURA 3: Exemplo de formulário FMEA

Produto ou linha ____________ FMEA Nº ___ Equipe ____________
Processo ou subprocesso ____________ DATA ___ ____________

Nome e descrição do processo	Etapa	Modo de falha	Efeito de falha	Severida.	Causa potencial	Ocorrên.	Método de verificação	Detecção	RPN	Ações recomendadas

Fonte: Adaptado de Childs (2012)

De acordo com referência (10) deve-se destacar que o processo de análise difere do simples preenchimento de formulários, pois o seu verdadeiro valor está no brainstorming, discussão e reflexão dos membros integrantes do grupo sobre as falhas e suas respectivas soluções propostas.

O processo de criação de uma FMEA tem sido padronizado para assegurar a qualidade de alguns segmentos ou grupos de empresa, como o VDA (Norma Automotiva Alemã) (5) e o AIAG (Grupo de ação da Industria Automotiva dos EUA)(3). O manual de FMEA da VDA, seguido pelos países Europeus, determina a criação da FMEA em cinco passos, sendo eles:

- Análise estrutural: Etapa onde se identificam todos os componentes relevantes do produto ou etapas do processo sob estudo.
- Análise funcional: Nesta etapa são descritas as funções de cada elemento identificado.
- Análise de falhas: Nesta etapa se identificam potenciais modos, efeitos e causas de falhas para cada função existente.
- Análise de ações: analisa-se o risco de acordo com a probabilidade de ocorrência, detecção e severidade, calculo e priorização por RPN.
- Melhoria de processo: são feitas as análises de ações a serem tomadas, priorizando os RPN mais altos e, portanto, as causas de maior risco.

CONSTRUINDO FMEA POR MEIO DE PLANILHAS ELETRÔNICAS

É usual encontrarmos empresas que adotem programas como o Excel, da Microsoft, para a criação de FMEA, uma vez que se trata muitas vezes de recurso já disponível por demanda de outras atividades da empresa. Um exemplo de aplicação de FMEA por planilha é demonstrado na figura 2. Apesar de muito usada, segundo (1), diversos autores e profissionais apontam diversas desvantagens no método.

A principal desvantagem no uso de planilhas é que em muitos casos, a falta de conhecimento sobre FMEA e o formato das planilhas faz com que a análise de risco seja igualada com o processo de preenchimento de uma planilha. Outro tipo de desvantagem é quando a análise de falhas é complexa e a relação Modo de falha, Efeito da falha e Causa da falha não é apenas de um fator para cada, um mesmo Modo de falha pode ter mais de uma causa (11).

O quadro 1 ilustra essa situação: a Causa 2 se aplica aos Modos de falha 1 e 2. A inclusão dessa relação é trabalhosa porque é repetitiva e sua atualização pode ocasionar erros de maneira que um Modo de falha seja atualizado e o outro não. Além disso, o formato planilha facilita uma visão sistêmica da análise de falha.

Tabela 1: Fragmento de análise de falha complexa

Operação	Função	Modo de falha	Efeito da falha	Causa da falha
Op. 1	Função 1	Modo 1	Efeito 1	Causa 1
				Causa 2
				Causa 3
		Modo 2	Efeito 2	Causa 2
				Causa 4

Fonte: Autor (2018)

SOFTWARES PARA CRIAÇÃO DO FMEA

Como vimos no item anterior, a elaboração de um FMEA completo e rigoroso demanda tempo e recurso. É comum encontrar empresas que fazem a análise através de programas de criação de planilhas eletrônicas. O constante uso da ferramenta e o formato das planilhas faz com que a análise de riscos seja igualada a um simples processo de preenchimento de formulários. Outra desvantagem do uso de planilhas ocorre quando o processo tem repetição de efeitos ou causa, o que aumenta a chance de preenchimento errôneo do formulário (12).

A consultoria alemã TQU(13) elencou softwares dedicados exclusivamente à elaboração de FMEA conforme se segue na tabela 2.

Tabela 2: Softwares Dedicados à Elaboração de FMEA

Software	Site
APIS IQ-FMEA	www.apis.de
FMEA for Medical Devices	www.fmeasoftware.de
CIMOS-FMEA	www.imler.de
FMEA mit PathMaker	www.noveco.com
I/FMEA	www.imcor.de
SINIC FMEA	www.sinic.de
FMECA-Prozessor	www.ingenieurwerkstatt.de
QUIPSY FMEA	www.quipsy.de

Software	**Site**
Sycat FMEA	www.sycat.de
IFP	www.iqs.de
CASQ-it 9000 FMEA	www.pickert.de
SCIO FMEA System	www.plato-ag.de

Fonte: TQU Consultoria < https://umsetzer.com/leistungen/>

Em busca de uma maneira unificada de analisar as falhas, a empresa alemã APIS (14) realizou pesquisas e pôde constatar que, quando a FMEA é feita a partir de planilhas eletrônicas há uma probabilidade maior de seus aplicadores confundirem as causas e os efeitos das falhas além de não lembrar dos detalhes inseridos depois de certo tempo. Esse problema tendia a piorar quando pessoas que não faziam parte da equipe inicial de analistas tentavam dar continuidade ao andamento da análise. A empresa ressalta que um bom formulário de FMEA deve permitir que todos tenham domínio sobre o processo para assegurar que o entendimento das falhas deixe de ser complexo.

Com base nas pesquisas, a APIS desenvolveu o Software IQ-RM, que arranja o produto/processo em forma de árvores gráficas, permitindo que as relações de causa e efeito sejam facilmente identificadas e permitindo também a rastreabilidade de causas através de sua função de redes, como pode ser observado na figura 4. Outro importante recurso do software são os recursos estatísticos que proporcionam dados e documentos de controle de cada fase do processo de análise.

Figura 4:Imagem da tela do *software* IQ-RM

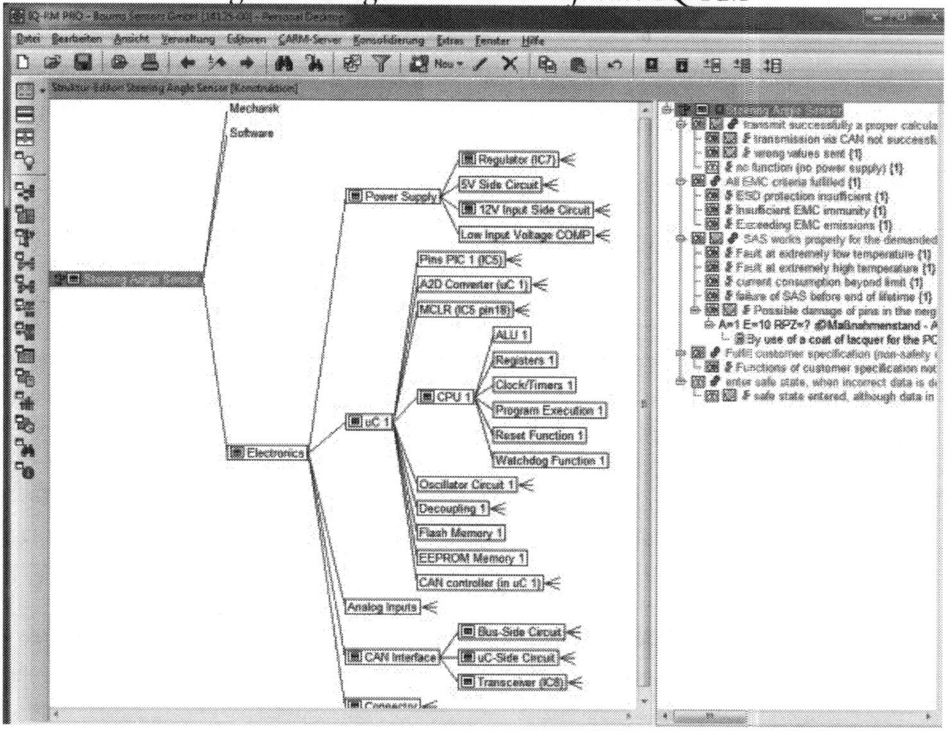

Fonte: extraída deAPIS software IQ-RM

CONCLUSÃO

Apesar da FMEA ser parte integrante da norma ISO/TS 16949 do APQP (Planejamento Avançado da Qualidade do Produto) e do PPAP (Processo de Aprovação de Peças da Produção) muitas empresas continuam a utilizá-la em sua forma mais simples, as planilhas eletrônicas. No entanto foram apontadas neste trabalho diversas desvantagens para essa utilização e proposto o uso de Softwares como o IQ-RM, cuja licença foi concedida pela empresa alemã APIS a fim de experimentação.

AGRADECIMENTOS

Os autores agradecem ao CNPQ, ao programa PIBIC e à Universidade Federal Fluminense (UFF) pelo apoio ao projeto de pesquisa. Aos membros do laboratório de Design Thinking, Gestão e Engenharia Industrial (DGE) pelo suporte fornecido durante a execução desse trabalho e à APIS pela concessão da licença do Software sob estudo.

REFERÊNCIAS

1. Vykydal D, Plura J, Halfarová P, Klaput P. Advanced approaches to failure mode and effect analysis (fmea)applications. Metalurgija. 2015 Feb; 54(4): 675-678.
2. Fernandes JMR, Rebelato MG. Proposta de um método para integração entre QFD e FMEA. Gestão & Produção. Curitiba, 2006 aug; 13(2):245-259.
3. Portal für Qualitätsmanagement (internet homepage). DRBFM – Design Review Based on Failure Mode (acesso em 19 jan 2018). Disponível em: https://www.qz-online.de/qualitaets-management/
4. Stamatis, DH. Failure Mode and Effect Analysis: FMEA from theory to execution. 2. ed. Milwaukee: Asq Quality Press, 2003.
5. Verband der Automobilindustrie. Quality Assurance In the Process Landscape: Product- and Process-FMEA. 2. ed. Berlín: VDA; 2006.
6. Chong KE, Ng KC, Goh GGG. Improving Overall Equipment Effectiveness (OEE) Through Integration of Maintenance Failure Mode and Effect Analysis (Maintenance-FMEA) in a Semiconductor Manufacturer. Proceedings of the 2015 IEEE IEEM. Singapore, 2015 Dec; 1 1427-1431.
7. Taylor Z, Ranganathan S. Design failure modes and effects analysis. In the Institute of Electrical and Electronics Engineers, Inc. Designing high availability systems: design for six sigma and classical reliability techniques with practical real-life examples. First edition. New Jersey: John Wiley & Sons, Inc. 2014. 302-331.
8. Childs JA. Process Failure Modes, Effects, and Criticality Analysis. In Raheja D, Gullo LJ. Design for Reliability. First edition. New Jersey: John Wiley & Sons, Inc; 2012. 88-101.

9. Gullo LJ. Design Failure Modes, Effects, and Criticality Analysis. In Raheja D, Gullo LJ. Design for Reliability. First edition. New Jersey: John Wiley & Sons, Inc; 2012. 67-87.
10. Suganthi S, Kumar D. FMEA without fear and tear. Proceedings of the 2010 IEEE ICMIT. Singapore, 2010 Jun; 1118-1124.
11. Leal F, Pinho AF, Almeida DA. Análise de falhas através da aplicação do FMEA e da teoria Grey. Revista Gestão Industrial. 2006 Jan; 02(1): 78-88.
12. Laurenti R, Villari BD, Rozenfeld H. Problemas e melhorias do método FMEA: uma revisão sistemática da literatura. P&d em Engenharia de Produção. Itajubá, 2012 Mar; 10(1):59-70.
13. TQU – Die Qualitätsprofis (internet homepage). Mit Qualitätsmethoden und-Systemen zum Erfolg (acesso em 18 jan 2018). Disponível em: https://umsetzer.com
14. Dias FM. Implantação de software para ensino e aprendizagem da metodologia FMEA (trabalho de conclusão de curso). Campinas: Universidade São Francisco.

USO DE JOGOS DE SIMULAÇÃO PARA O ENSINO E APRENDIZADO LEAN

Nascimento, Stephanie D'Amato[1]; Calado, Robisom Damasceno[2];
Calarge, Felipe Araújo [3]; Silva, Messias Borges[4].
[1,2]Universidade Federal Fluminense, Rio das Ostras.
[3]Universidade Estadual de Campinas, Campinas.
[4] Universidade Estadual de São Paulo, Guaratinguetá.
[4] Escola de Engenharia de Lorena, Universidade de São Paulo, Lorena.
(e-mail: sd_amato@id.uff.br[1], robisomcalado@id.uff.br[2], calarge@unicamp.br[3], messias@dequi.eel.usp.br, messias@dequi.eel.usp.br[4],)

RESUMO

Neste capítulo demonstraremos a integração da aprendizagem ativa com o uso de jogos de simulação no ensino superior para a aprendizagem de conceitos do pensamento enxuto em organizações e universidades. A educação ativa é uma forma de ensino que estimula e eleva a capacidade do aluno em absorver e reter o conhecimento adquirido. O uso de jogos de simulação no ambiente de ensino diminui a distância entre a prática e o que os estudantes e profissionais em treinamento aprendem em teoria. Serão apresentados também alguns exemplos de aplicação de jogos de simulação digitais e não digitais para o aprendizado Lean.

TEMA: Ensino Lean

Palavras chaves: Aprendizagem ativa, Ensino Lean, Lean Six Sigma, Nivelamento de Produção, Jogos de Simulação

INTRODUÇÃO

Com o avanço das tecnologias e o grande poder de disseminação de informações, o ambiente coorporativo torna-se cada vez mais global e competitivo. Nesta busca por competitividade, as empresas se conscientizam da importância de práticas que lhes permitam aprimorar seus produtos e processos em busca de um melhor desempenho. Frente a isto, a abordagem de mentalidade enxuta torna-se atrativa (1) à diversos segmentos de organizações.

O pensamento enxuto, originado do segmento automobilístico, têm influenciado continuamente diversos outros segmentos de negócios a alcançarem os mesmos resultados satisfatórios e se manterem competitivos. Hoje vemos a aplicação do pensamento enxuto na área industrial, contábil, de saúde, escritórios entre outras tantas. Passa a ser, então, de grande importância a educação do profissional e também do estudante (prestes a entrar no mercado de trabalho) no pensamento enxuto, pois a imersão destes na cultura organizacional é primordial para o alinhamento do novo profissional à estratégia global da organização.

A aprendizagem ativa e sua vertente aprendizagem baseada em jogos, vem a somar frente a necessidade de capacitação e inserção de profissionais e estudantes na mentalidade enxuta (2). Suas principais vantagens incluem a maior absorção e retenção de conhecimento quando comparado a métodos convencionais de ensino (3), maior engajamento dos alunos, maior aproximação da realidade através da experimentação entre outras vantagens a serem discutidas neste capítulo.

APRENDIZAGEM ATIVA

Muitos autores reconhecem que a tradicional metodologia de ensino com base em palestras expositivas é propensa a se tornar ineficiente, pois muitos estudantes acabam perdendo a atenção rapidamente. Referência (4) cita que a atual cultura digital mudou a maneira do ser humano trabalhar, se comunicar, se socializar, brincar e, também está alterando o jeito como as novas gerações absorvem conhecimento. É crucial, portanto, que o método de aprendizagem também seja condizente com este novo estilo de vida e envolvam ativamente os alunos em seus próprios processos de aprendizagem.

A referência (5) aponta que a necessidade de novas formas de aprendizagem fumigou no surgimento de diversas metodologias de aprendizagem ativa, dentre as quais podemos destacar as seguintes abordagens: aprendizado baseado em projetos, aprendizado baseado em problemas, abordagens experimentais e jogos de simulação.

A aprendizagem é, em geral, mais eficaz quando o aluno se envolve voluntariamente no processo. As melhores experiências de aprendizagem são as que "motivam e são agradáveis" (6). Motivar os alunos no processo de aprendizagem é, portanto, um fator crucial para aumentar a possibilidade de ação e descoberta.

O CICLO DA APRENDIZAGEM

O ciclo de aprendizagem é um modelo proposto por Kolb (7) como representação de como os adultos aprendem. O autor descreve o processo de aprendizagem como um ciclo contínuo de quatro etapas conforme representado na figura 1, sendo as etapas descritas a seguir.

Figura 1: Ciclo de aprendizagem de Kolb

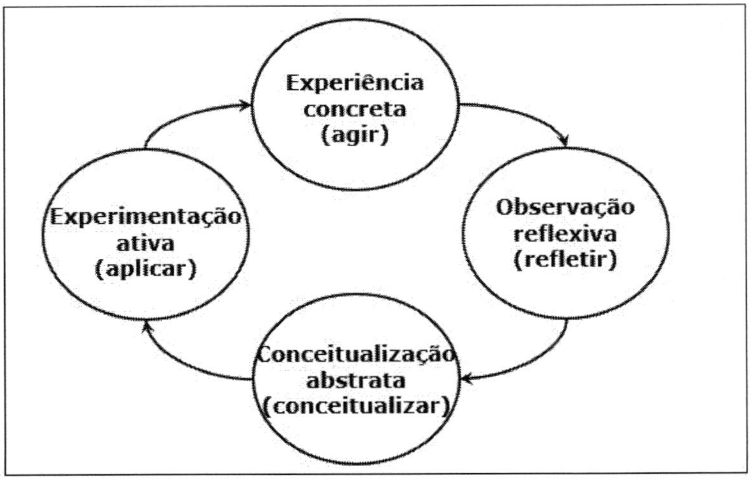

Fonte: Adaptado de Kolb (7)

➢ Experiência concreta (agir) o aluno absorve experiências concretas através de atividades práticas e tende a observar e sentir mais do que sistematizar uma abordagem teórica.

- Observação reflexiva, o aluno começa a pensar na atividade desenvolvida através de questionamentos internos como "o que senti?" "como os outros se comportaram?".
- Contextualização abstrata: o aluno toma domínio cognitivo da situação e começa a usar o raciocínio lógico, teorias e modelos para explicar eventos.
- Experimentação ativa: Nesta etapa os estudantes usam a teoria para tomada de decisões e resolução de problemas. Aplica-se ativamente a teoria aprendida.

Tal modelo educacional foi posteriormente revisto por Lewin (1951) que considerou então a inclusão da análise reflexiva. O novo ciclo proposto está detalhado na figura 2. De acordo com (9) o aprendizado ocorre quando os alunos são capazes de refletir sobre a desconexão entre os pressupostos anteriormente assumidos e o que eles realmente experimentam em uma atividade educativa, ou seja. depois de concluir essas etapas, os alunos estão aptos para tirar conclusões que os guiarão na formulação de novos pressupostos, prontos a serem modificados em experiências subsequentes.

Figura 2: Adaptação do Ciclo de Aprendizagem de Kolb

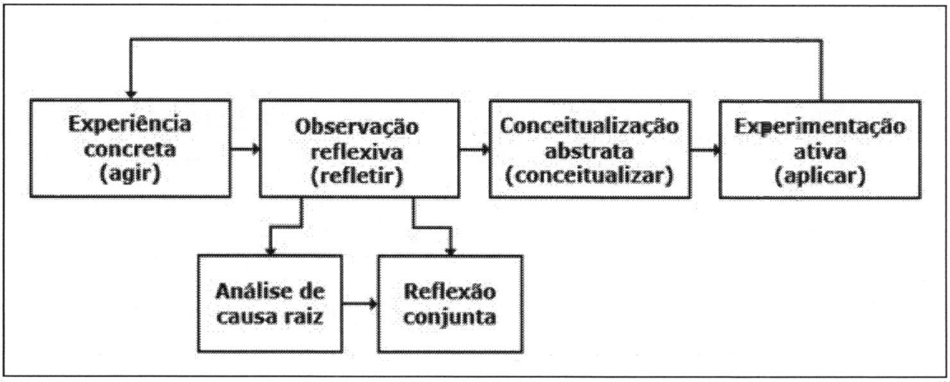

Fonte: adaptado de Miller e Maellaro (2016)

As literaturas Lean revelam um ciclo de aprendizagem semelhante no modelo PDCA (Plan-Do-Check-Act) de Deming. Embora estes dois métodos não sejam idênticos em cada fase, há semelhança nas melhorias de condução ciclo a ciclo, onde cada ciclo sucessivo pode fornecer informações de como melhorar o processo de aprendizado. Tal como acontece na fase de experimentação ativa de Kolb, o "Check" é o elemento chave do processo de aprendizagem PDCA para verificar que se selecionou o método correto e garantir as informações precisas para a realização das fases subsequentes. Para os autores, a aprendizagem experimental na educação gerencial é um ciclo que une educação, trabalho e desenvolvimento pessoal.

METODOLOGIAS DE APRENDIZAGEM ATIVA

O termo aprendizagem ativa faz referência ao uso de atividades que mantenham os alunos engajados e focados durante o processo de aprendizagem, encorajando os estudantes a explorar, fazer e se desenvolver o seu conhecimento internamente através da reflexão e assimilação (10). Alguns exemplos de metodologias de aprendizagem ativa são apresentados a seguir.

- Aprendizagem experimental: Enfatiza a importância da experimentação no processo de aprendizagem, se baseia no ciclo de aprendizagem apresentado no item anterior. Na aprendizagem baseada em jogos se usa a aprendizagem experimental, que fomenta a relação causa-efeito entre as escolhas feitas pelo jogador e seu efeito no andamento do jogo;
- Aprendizado baseado em problemas: Nesta metodologia, situações-problema são utilizadas para dar início, direcionar e motivar a aprendizagem de conceitos, teorias e habilidades. O PBL (*Problem Based Learning*), sigla em inglês para Aprendizado baseado em problemas, é centrado no estudante e estimula um ambiente de colaboração e crescimento contínuo;
- Instrução pelos pares: Este tipo de aprendizagem ocorre através da interação entre o moderador, ou professor, que desafia os alunos concei-

tualmente em um ciclo com o intuito de enfatizar conceitos fundamentais. No método, os estudantes são orientados a trabalhar sob um problema apresentado pelo professor e a votar em possíveis respostas para o mesmo. Em seguida, ao invés da resposta ser explicada pelo professor, os alunos são induzidos a discutirem entre si e apresentarem seus argumentos a fim de convencer seus colegas de seus pontos de vista. Posteriormente os alunos tem a possibilidade de corrigir ou aperfeiçoarem suas respostas e então, as questões são esclarecidas pelo professor.

- Aprendizado baseado em projetos: Relaciona a construção de conhecimento através da investigação e propostas de solução baseadas em projetos reais.
- Aprendizagem baseada em jogos: Baseia-se no uso de jogos computacionais ou físicos para estimular a aprendizagem.

Tais metodologias são aplicáveis em conjunto e devem ser analisadas conforme cada situação e proposito de aprendizado.

APRENDIZAGEM BASEADA EM JOGOS

A metodologia de aprendizagem baseada em jogos pode ser utilizada tanto para complementar abordagens de aprendizado já existes como integrar currículos de ensino. A seleção da abordagem certa depende em grande parte da faixa etária dos alunos e do uso pretendido dessa tecnologia educacional. Em geral, o foco do conteúdo de aprendizagem baseada em jogos pode ser, segundo (11) direcionado ou imersivo. Quando direcionado o foco é projetado para ensinar conceitos específicos enquanto que o conteúdo focado em imersão fornece uma real aprendizagem.

O uso de jogos não digitais é uma estratégia recomendada para facilitar a aprendizagem ativa em sala de aula promovendo o espírito de competição entre os estudantes, mantendo-os engajados em buscar cada vez mais do jogo, e, consequentemente mantendo-os engajados também na busca pelo conhecimento. Em comparação às estratégias convencionais de ensino, a aprendizagem baseada em jogos pode muitas vezes ser usada fora da sala de aula individualmente ou em grupos através da rede.

Algumas vantagens destacadas por (4) para o uso de jogos de simulação são:

- Incentiva os alunos a adotar uma postura de "*problem solvers*" (solucionadores de problemas) na aprendizagem;
- Possibilidade de feedbacks instantâneos para corrigir equívocos e promover a formação de conceitos, aumentando assim a compreensão dos alunos sobre a área estudada;
- Aumento da retenção de informações através da aprendizagem;
- Auxilio na aquisição e desenvolvimentos de habilidades que não são formalmente ensinadas na educação;
- Estudantes mais jovens podem aprender habilidades necessárias a serem utilizadas no mercado de trabalho;
- Promove o aprendizado colaborativo entre pares;
- Constrói a confiança nos alunos e ajuda estudantes com transtornos relacionados à aprendizagem, como dislexia;
- Promove aprendizagem profunda despertando a curiosidade nos alunos;
- Transforma diversão em produtividade na educação.

Do ponto de vista financeiro, o uso de jogos de simulação pode ser uma abordagem efetivamente econômica e segura para conduzir treinamentos e aulas nos setores de engenharias, hospitalares, laboratoriais e afins por envolverem questões como equipamentos caros ou perigosos a ponto de comprometer a segurança dos alunos durante a manipulação. Nesse caso os jogos de simulação oferecem um ambiente amigável, onde os alunos podem cometer erros e aprender com os mesmos.

APRENDIZADO DA MENTALIDADE ENXUTA E SUAS FERRAMENTAS

Várias empresas tentam implementar as técnicas e ferramentas da manufatura enxuta, no entanto, poucas o fazem com sucesso, pois iniciam o processo com a implementação de várias ferramentas ao invés de priorizar a inserção da filosofia enxuta em si (12). Empresas que implementam primeiramente a mentalidade enxuta em seu dia a dia e depois, sucessivamente as ferramentas tendem a obter sucesso na implementação do sistema enxuto, pois os princípios são permanentes, enquanto as ferramentas a serem utilizadas mudam de acordo com a necessidade momentânea da organização (13).

FIGURA 3: As três camadas de percepção da mentalidade enxuta

Fonte: adaptado de Arlbjørn e Freytag (2013).

EXEMPLOS DE JOGOS DE SIMULAÇÃO PARA APRENDIZADO DE CONCEITOS LEAN

Como vimos nos itens anteriores, o uso de jogos de simulação pode dar-se por duas maneiras, digital ou não digital, das quais serão apresentados exemplos a seguir:

- Linha de montagem de aviões de papel (The "Paper Airplane" Exercise)

A dinâmica, que simula uma linha de montagem de aviões de papel, é simples e requer apenas algumas folhas de papel, calculadora e dois cronômetros para ser realizada. Na figura 4 apresenta-se o esquema de montagem sugerido. Os participantes da dinâmica devem se colocar sentados um ao lado do outro para a "montagem" dos aviões. Cada estação de trabalho pode ser responsável por fazer uma ou mais dobraduras. O moderador deve dar o ritmo da produção fazendo o papel de cliente. Ao final de cada rodada são anotados dados como estoque, pedidos entregues, pedidos não entregues, tempo de entrega e qualidade. A qualidade pode ser medida com um teste de voo e alcance dos aviões.

FIGURA 4: Demonstrativo de etapas da linha de montagem de aviões de papel

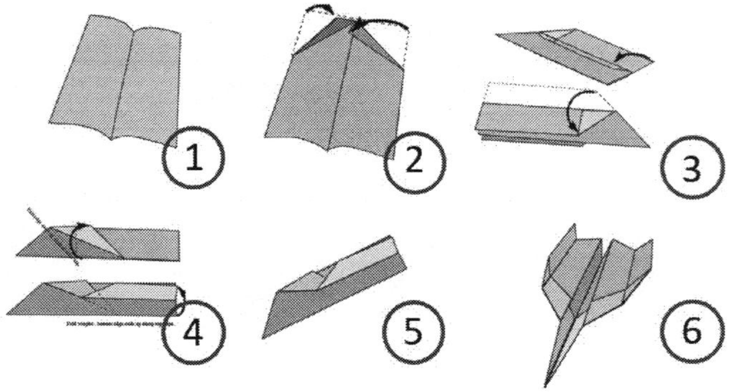

Fonte: Adaptado de Agile way <agileway.com.br>

A simulação é rápida e versátil. Pode ser utilizada para o ensino de Just In Time, produção puxada/empurrada, produção em lotes e kanban.

- O jogo da cerveja (*The beer game*)

O jogo criado por Jay Forrester (1997) do MIT no final dos anos 50 é aplicado há décadas em faculdades e empresas e tem como objetivo simular o fluxo de materiais e informações em uma cadeia produtiva e de distribuição de cerveja (14). Ao estimular os jogadores a pensar e a agir de maneira sistêmica, o jogo permite o exercício do raciocínio lógico, do planejamento e aprendizado prático de conceitos de gerenciamento.

A dinâmica da simulação ocorre sobre um tabuleiro simples que representa a cadeia produtiva. Os participantes do jogo dividem-se em 4 setores: varejista, atacadista, distribuídos e fabril. Cada setor deve ser gerido idealmente por um membro ou dupla. O objetivo principal dos jogadores deve ser a satisfação total da demanda a um custo mínimo possível.

O sistema do jogo é o de produção puxada, assim, a cada rodada o cliente compra do varejista fazendo com que seu estoque diminua. O varejista efetua um pedido para o atacadista que efetua o seu pedido para o distribuidor. Esse, para atender ao pedido faz o pedido à fábrica que produz as cervejas. Dentre estes estágios, existem conceitos como o de Lead time e efeito chicote. A decisão de cada setor deve ser dimensionar os pedidos com base na previsão de demanda e na situação atual do estoque de cada posto. Para facilitar esse controle os gerentes registram em um formulário as informações sobre estoque, pedidos e demandas não atendidas.

O vencedor do jogo será o setor que obtiver o menor custo total, ou -dependendo do tamanho da turma de jogadores- a cervejaria que, somados os custos de todos os setores, tiver o menor valor de custo ao final do jogo.

- Jogo da caneta

Consiste na simulação de uma fábrica de caneta. O objetivo do jogo é utilizar ferramentas Lean para aumentar a quantidade de canetas produzidas e embaladas ao menor custo (15). As canetas são montadas em três cores diferentes e embaladas ou amarradas com o uso de um elástico. A cada ciclo uma nova ferramenta é apresentada e são discutidas novas maneiras de otimizar a produção. Ao final de cada rodada os indicadores são medidos e comparados com os resultados obtidos na rodada anterior, o que ajuda os participantes a visualizarem o impacto real de cada ferramenta na produção. Na figura 5 (16) podemos ver um exemplo do Poka-Yoke aplicado durante o jogo.

FIGURA 5: Aplicação do Poka-Yoke no jogo da caneta

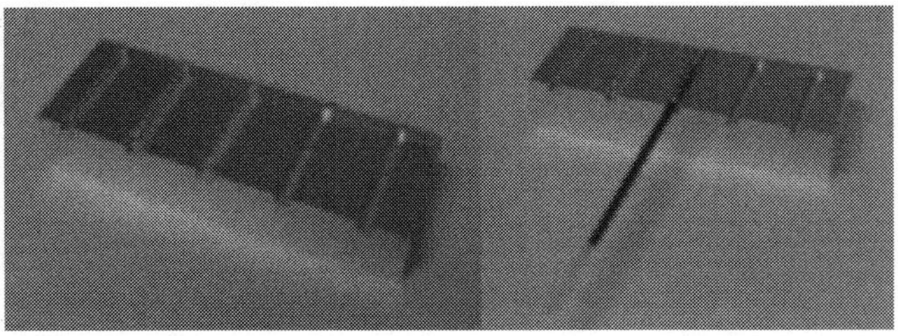

Fonte: Carvalho, Lopes e Ramos (2013)

- ROBOCANO

A ideia principal do jogo é simular uma fábrica de produtos fictícios representados pela montagem de tubos e conexões PVC (17). Na figura 6 abaixo pode-se observar os dois modelos de produtos propostos. De acordo com os criadores da dinâmica de simulação, a sua utilização auxilia na compreensão de métodos como balanceamento de linha, produção puxada, kanban, sistema MRP (requisição de materiais), dentre outros. Durante os turnos de produção são descritos detalhadamente os processos, medidos tempos e apresentadas novas ferramentas para a melhoria global da fábrica.

FIGURA 6: Apresentação de modelos Robocano

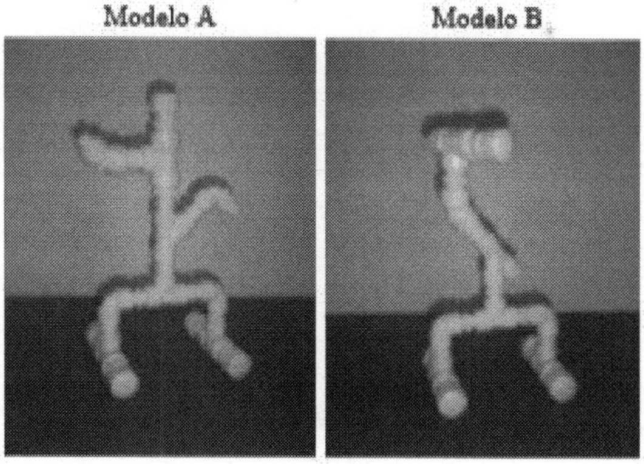

Fonte: Santos, Gohr e Vieira Jr. (2012)

- Lean Board Game®: (flexsim)

  O Lean Board Game, da empresa FlexSim, é um jogo de simulação baseado na metodologia PBL (Problem Based Learning) onde os participantes são desafiados a melhorar o desempenho de uma fábrica, que é "montada" pelo próprio grupo, aplicando diversos conceitos Lean (18). Apesar de parte da simulação ocorrer em tabuleiro, como mostra a figura 7 abaixo, diversas ações são feitas utilizando computadores.

FIGURA 7: Lean Board Game

Fonte: < www.leansimulation.org >

Parte da tarefa dos participantes no jogo é identificar gargalos, desperdícios e restrições do processo. Ao longo do jogo são introduzidos conceitos Lean de forma que os alunos possam melhorar o processo e colocar em prática o conhecimento recém adquirido. O jogo é utilizado por diversas empresas e universidades em cursos de Lean e Seis Sigma.

- Jogo da fábrica de bicicletas LEAN (*Lean Bicycle Factory*)

  O jogo é uma competição onde cada jogador controla as funcionalidades de uma fábrica de bicicletas. Criado pela empresa sueca Ludosity, o game é comumente utilizado para simulação prática de conceitos da manufatura enxuta, tais como produção puxada, fluxo de uma peça, eliminação de desperdícios entre outros.

  Na figura 8, pode-se observar o layout do jogo e suas estações de trabalho, sendo estas: estampagem, montagem, pintura e controle de qualidade. Além das estações também estão presentes no jogo a área de estoque, de vendas e empilhadeiras responsáveis pela movimentação de insumos e produtos em processamento na fábrica.

FIGURA 8: Tela do jogo Lean Bicycle Factory

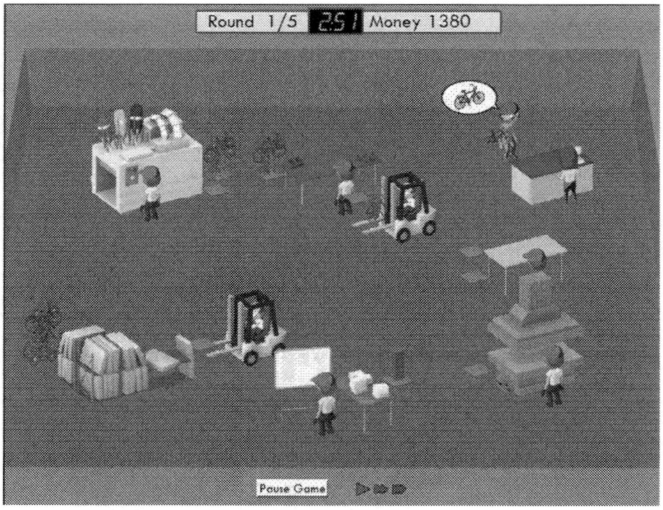

Fonte: Captura de tela realizada pelo autor. Jogo Lean Bicycle Factory, Ludosity.

O jogo consiste em 5 rodadas. Ao final de cada rodada uma mensagem com os resultados obtidos até o momento é exibida e o jogo questiona se o gestor deseja fazer alguma modificação. São liberadas apenas duas modificações por rodada e cada mudança tem um custo associado. Entre as modificações é possível fazer: mudanças de layout, mudanças no tamanho dos lotes de transporte e processamento, demissão ou contratação de novos colaboradores, aquisição de novas máquinas, investimentos em qualidade e mudanças no controle de qualidade e manutenção. Trata-se de um jogo rápido. Cada rodada tem a duração de 10 minutos, mas pode-se adiantar o tempo de jogo após observadas as consequências das mudanças de cada rodada.

Apesar de ser um jogo passível e divertido de ser jogado individualmente, também é bem aplicado em treinamentos em grupo, onde o grupo pode competir pelos melhores resultados ou utilizá-lo como objeto de observação dos conceitos enxutos quando aplicado como apoio para aulas.

CONCLUSÃO

As transformações vivenciadas na atual era da informação trouxeram consigo a necessidade de mudanças no modo de aprender fazendo com que as metodologias ativas de ensino ganham espaço e, com elas, o uso de jogos para a educação. Os jogos aqui apresentados demonstram alternativas para envolver os estudantes ativamente em experiências de construção do seu próprio conhecimento além de colaborarem em diminuir a distância entre a teoria e a prática de maneira efetiva.

AGRADECIMENTOS

Os autores agradecem ao CNPQ, ao programa PIBIC e à Universidade Federal Fluminense (UFF), pelo apoio ao projeto de pesquisa. Agradecem também aos membros do laboratório de Design Thinking, Gestão e Engenharia Industrial (DGE) pelo suporte fornecido durante a execução desse trabalho.

REFERÊNCIAS

1. Bhasin S. An appropriate change strategy for lean success. Management Decision. 2012 Jun; 50(3):439-458.
2. McManus H, Rebentisch E. Experiences in simulation-based education in engineering processes. 38th ASEE/IEEE Frontiers in Education Conference. Saratoga Springs, 2008 Oct.
3. Kuo CC. Aplicação da metodologia de aprendizagem ativa em treinamento com enfoque no Lean Thinking: Proposta de um método para o segmento industrial farmacêutico (tese de mestrado). Universidade Nove de Julho. São Paulo, 2015.
4. Tang S, Hanneghan M., El Rhalibi, A. Introduction to Game-based learning. In: Connolly T, M. Stansfield M, Boyle L. Games-based learning advancements for multi-sensory human computer interfaces: Techniques and effective practices. First edition. New York: Information Science Reference; 2009. 1-17.
5. Wals AEJ. Sustainability in higher education in the context of the UN DESD: a review of learning and institutionalization processes. Journal of Cleaner Production. 2014 Jan; 62(1): 8-15.
6. Sjøberg S, Schreiner C. How do students perceive science and technology? Science in School. 2006 Dec; 1(4):66-69.
7. Kolb DA. Experiential learning: Experience as the source of learning and development. Second Edition. Indianapolis. Pearson FT Press. 2014.
8. Lewin, K.Field theory in social science; selected theoretical papers. First Edition. New York. Harper and Brothers, 1951.
9. Miller RJ, Maellaro R. Getting to the Root of the Problem in Experiential Learning: Using Problem Solving and Collective Reflection to Improve Learning Outcomes. Journal of Management Education. Thousand Oaks, 2016 May; 40(2):170-193.
10. Carvalho VHC, Leão CP, Soares F, Cruz-Cunha MM. Games Development for Pedagogical and Educational Purposes. In: Cruz-Cunha MM, Carvalho, VHC, Tavares PCA. Computer games as Educational and

Management Tools: Uses and approaches. First Edition. Hershey. Information Science Reference; 2011. 1-19.
11. Freitas S, Neumann T.The use of 'exploratory learning' for supporting immersive learning in virtual environments. Computers & Education. 2009 Jan; 52(2):343-352.
12. Sousa RM, Stadnicka D, Dinis-Carvalho J, Ratnayake RMC, Isoherranen V. Gamification based lean knowledge dissemination: A case study. 2016 IEEE International Conference on Industrial Engineering and Engineering Management (IEEM). Bali, 2016 Dec; 164-168.
13. Arlbjørn JS, Freytag PV. Evidence of lean: a review of international peer-reviewed journal articles. European Business Review. 2013 Jan; 25(2):174-205.
14. Forester JW. Industrial Dynamics. Journal of the Operational Research Society. London, 1997 Oct; 48(10): 1037-1041.
15. Satolo EG. Modelo de simulação aplicado ao conceito da produção enxuta no ensino de engenharia de produção. Revista Gestão Industrial. 2011 Jun; 7(2).
16. Carvalho CV, Lopes MP. Ramos AG. Digital serious games and simulation dames – comparison of two approaches to lean training. International Conference on Interactive Collaborative Learning (ICL). Kazan, 2013 Sep. 49-54.
17. Santos LC, Gohr CF, Vieira Jr M. . Robocano: uma dinâmica alternativa para ensinar e aprender gestão da produção. Revista Gestão Industrial. 2013 Oct; 9(1):122-146.
18. Moraes LP, Schroeder MA, Landgraf GC, Jesus GP, Duarte ACM. Melhoria na qualidade de ensino dos cursos de graduação e pós-graduação de engenharia de produção utilizando o Lean Board Game®. Encontro Nacional de Engenharia de Produção. Salvador, 2013 Oct.

CONTABILIDADE ENXUTA APLICADA NA PRESTAÇÃO DE SERVIÇOS: O CASO DA INSTITUIÇÃO DE ENSINO

Elen Nara Carpim Besteiro[1], Caio Ponaro Russo[2], Márcio Luiz Borinelli[3], Robisom Damasceno Calado[4]
[1]Laboratório de Gestão Estratégica de Custos-CMS-LAB-USP; [2]Laboratório de Gestão Estratégica de Custos-CMS-LAB-USP; [3]Laboratório de Gestão Estratégica de Custos-CMS-LAB-USP; [4]Laboratório Design Thinking, Gestão e Engenharia Industrial-DGE-UFF.

Contato: besteiro.elen@gmail.com; caioprusso@gmail.com; marciolb@usp.br; robisom.calado@gmail.com

Resumo

Esta pesquisa tem como objetivo verificar como a Contabilidade Enxuta ou *Lean Accounting* pode contribuir para o gerenciamento de resultado das instituições de ensino de pequeno e médio porte. E verificar especificamente como o processo de gestão - Gestão do Custo Alvo pode ajudar as instituições educacionais no planejamento e controle do negócio. A pesquisa foi classificada descritiva, realizada por meio de um estudo de caso em uma instituição de ensino no interior de São Paulo. Os resultados evidenciaram que a aplicação do Custeio Alvo no setor mune os gestores das instituições de informações para tomada de decisão, visto que as pequenas e médias empresas muitas vezes sofrem pela falta de informações gerenciais. Adicionalmente, a aplicação desse modelo de gestão trouxe como contribuição que instituições de ensino podem anualmente fazer o planejamento de recursos e direcionar esforços para uma gestão operacional sustentável, pois é durante o projeto que a maioria custos são estabelecidos, que as alterações devem ser feitas, para que se obtenham economias significativas de custos e garantia da margem objetivada.

Keywords: Contabilidade de custos, contabilidade enxuta, gerenciamento de resultado, Lean accounting.

Introdução

Muitas empresas falam da escassez de recursos que se apresentam no mercado e reconhecem que, para seu desenvolvimento e seu crescimento, precisam otimizar seu potencial lucro, utilizando recursos da melhor forma possível, minimizando os desperdícios para obter eficiência. Nesse sentido, se destaca vários tipos de desperdícios, chamado de "ladrões de lucros" como complexidade excessiva, redundância, retrabalho, renegociações, treinamento inadequado, comunicação deficiente que pode vir a causar desperdícios na gestão de uma empresa (1).

Adicionalmente, o desenvolvimento do capitalismo nas últimas décadas fez a competição entre as empresas se tornar crescente, bem como a exigência dos consumidores no que diz respeito à qualidade e preço de produtos e serviços. Assim, principalmente a partir da década de 1990, o mercado apontou pela grande necessidade de inovação das técnicas de controle de custos (2) pois o gerenciamento desses custos gera informações relevantes para tomada de decisão (3).

O presente estudo procura, em perspectiva brasileira, alinhar-se essa tradição recente da pesquisa em Contabilidade Gerencial, focalizando na Contabilidade Enxuta, cujo foco é a eliminação dos desperdícios e perdas. Observa-se, que o pensamento enxuto tem provocado mudanças significativas nas empresas, que precisam ser acompanhadas pelos sistemas de Contabilidade Gerencial. Não há, no entanto, consenso quanto ao que se constitui um adequado sistema de gestão para organizações enxutas, mas alguns estudiosos têm trazido importantes contribuições para fortalecimento da Contabilidade Enxuta *(Lean Accounting)* tais como (4-7), entre outros.

Este cenário competitivo, exige uma gestão mais precisa e otimizada, com prestação de serviços de alta qualidade e preços justos. Neste sentido, as Instituições de Ensino disponibilizam para a sociedade um complexo conjunto de atividades, compostas por vários tipos de benefícios e custos, com significativas oportunidades e riscos (8).

Para Vieira (8), a contabilidade fornece aos gestores de micro e pequenas empresas (MPES) informações fundamentais para o planejamento e tomada de decisão, contribuindo para funções organizacionais ao reportar informações para oferta de produtos e serviços. Entre as diversas informações fornecidas, este estudo se restringe a Contabilidade de Custos, considerada fundamental para uma boa gestão e para a competitividade das empresas (9,10).

Considerando a alta competitividade do setor educacional e que o resultado operacional está associado com mudanças nas práticas contábeis e sistemas de avaliação de desempenho. O pensamento enxuto pode contribuir pois tem como filosofia a criação de um sistema de qualidade para fabricação de produtos, sem desperdícios, visando tornar as empresas mais lucrativas, e que não compreende apenas o processo operacional, mas também o ciclo de mensuração os custos e precificação dos produtos, são funções da contabilidade (1, 11).

Neste contexto, a gestão do custo alvo foi identificada como uma ferramenta estratégica da Contabilidade Enxuta que pode ajudar a instituição no planejamento e controle de custos para atingir os objetivos definidos pelos gestores. Nessa Perspectiva, as pesquisas verificaram elementos e ferramentas de controle gerencial, destacando o Custeio Alvo (CA) como um processo de planejamento de resultados, com base no gerenciamento de custos e preços, que se fundamenta em preços de venda estabelecidos pelo mercado e nas margens objetivadas pela empresa (12).

Os estudos de Sani e Allahverdizadeh (12) evidenciaram que as organizações destinadas a se manterem competitivas no mercado, têm que encontrar formas alternativas para reduzir os custos em cada etapa da produção. Nesse sentido, o CA é visto como um modelo de custeio orientada para o cliente, que respeita a influência do mercado como determinante dos preços além do envolvimento de toda a cultura organizacional da empresa.

Com base no exposto, tem-se a seguinte questão que norteia o desenvolvimento do estudo: Como a gestão do custo alvo pode ajudar as instituições educacionais a identificar o resultado operacional e financeiro, especificamente o ponto de equilíbrio operacional do negócio? Decorrente da questão de pesquisa, tem-se por objetivo verificar como a Gestão do Custo Alvo pode contribuir para o planejamento de lucro e controle de custos para entidades educacionais de pequeno e médio porte.

Para fundamentar como a Contabilidade de Custos pode contribuir para a gestão de entidades de pequeno e médio porte, buscou-se investigar uma instituição de ensino, especificamente identificar problemas de gestão no sistema de controle de custos existentes. A instituição investigada, consiste em uma entidade de pequeno porte, sem fins lucrativos, localizada no interior do Estado de São Paulo, que atua no mercado a mais de 10 anos, e tem seu público voltado para educação infantil e fundamental. Um diagnóstico preliminar foi realizado. Constatou-se dificuldade de se identificar o resultado operacional e financeiro do negócio, bem como identificar o ponto de equilíbrio operacional para uma gestão duradoura, competitiva e principalmente sustentável do negócio.

O estudo contribui ao evidenciar a relevância de um sistema de controle para contribuir com o sucesso das estratégias no setor. A lacuna de pesquisa está em demonstrar que se tem um grande número de pequenas e médias instituições de ensino que podem ser melhor gerenciadas, o que motiva a realização deste estudo. Tornando relevante fomentar que uma gestão eficiente possibilita aos agentes envolvidos conhecerem, controlarem e administrarem da melhor forma seus recursos, produtos e serviços.

Esta pesquisa está estruturada em cinco tópicos, além desta introdução e referências. O tópico dois apresenta-se o referencial teórico. No tópico três a metodologia empregada. E nos tópicos quatro e cinco, respectivamente, os resultados e considerações finais.

Material e Métodos

Metodologias e ferramentas fundamentas na Filosofia Enxuta

A busca da excelência pela aplicação das metodologias e ferramentas fundamentadas pela Filosofia Enxuta, que por sua vez, é baseada no Sistema Toyota de Produção (STP) para redução de desperdícios alinhadas às práticas da Contabilidade Gerencial têm alavancado o desempenho econômico financeiro das empresas (14).

Monden (15) verificou que as empresas que adaptaram sua gestão contábil aos sistemas que adaptaram sua gestão contábil aos sistemas de apoio a Manufatura Ensuta demonstram as seguintes características: a. integração das culturas empresariais e de manufatura; b) reconhecimentos dos processos de manufatura e logística na definição dos princípios de mensuração contábil; c). enfatizam a melhoria contínua dos sistemas de Contabilidade Gerencial, adequando-os à atualização constante dos sistemas de produção e serviços; d). esforçam-se para eliminar desperdícios no processamento da informação; e e) priorizam o uso da informação contábil para redução de custos.

O estudo de Maskell (4) também contribui sobre as adaptações necessárias da Contabilidade Gerencial para o apoio à gestão das empresas que desenvolvem pensamento enxuto, identificando a operacionalização das adaptações dos métodos de custeio em empresas que adotam a filosofia da Contabilidade Enxuta, conforme Quadro1.

Quadro 1. Quatro passos para um modelo de Contabilidade Enxuta

Reduzindo gargalos informacionais	Mantém contas correntes e métodos de controle, mas elimina os desperdícios dentro dos processos (por exemplo, redução de relatórios detalhados do trabalho e variância, redução de número de centro de custos, simplificação de processos contábeis, entre outros).
Removendo transações	Eliminação do monitoramento detalhado do chão-de-fábrica, após obtenção da estabilidade dos processos de manufatura enxuta. Redução de prazos e desperdícios tornam-se irrelevantes para o sistema contábil; eliminam-se, assim, os custos desnecessários de informações econômico-financeiras.
Eliminando desperdícios	As operações da companhia não devem ser influenciadas pelo ciclo de avaliação contábil (mensal) – o fato de ser fim do mês não deve mudar o nível de venda de produtos, fabricação ou distribuição.

Contabilidade enxuta	Migração para transações mínimas – análise do custo total de produção ou transferência de operações são automatizadas para todas as informações relevantes por meio dos sistemas de informação.

Fonte: Adaptado de Maskell (4).

O modelo é útil para identificar que mudanças contábeis devem ser introduzidas, no que diz respeito a Contabilidade enxuta. No entanto, foram observadas limitações que indicam que não existe uma orientação específica quanto às alterações contábeis que devem ser feitas para suportar cada tipo de decisão.

D'Angelo (16) estudaram a implantação da Manufatura Enxuta no segmento automotivo e notaram alto nível de amadurecimento nas áreas produtivas da empresa; contudo percebeu-se também uma grande dificuldade na parte administrativa, principalmente no que se refere à gestão de estoques. Essa dificuldade reside na avaliação e precificação, atributos que demonstram a necessidade de aprimoramento das práticas de Contabilidade Enxuta.

Pesquisas têm demonstrado que, muitas vezes, a Contabilidade Gerencial não está adequada para proporcionar medidas de desempenho e incentivos adequados aos objetivos da Filosofia Enxuta (17). Essa filosofia pressupõe que os sistemas de Contabilidade Gerencial sejam definidos para auxiliar os gestores no alcance dos objetivos organizacionais e que o desempenho de um adequado sistema está subordinado ao ambiente ou contexto em que se desenvolve as práticas organizacionais.

Nesse contexto, investigar o percurso histórico da administração escolar no Brasil e o aumento da competitividade do setor possibilitou um campo de investigação das práticas de gestão e dos sistemas de gestão utilizados no negócio. Nesse contexto, pode-se entender a gestão como um processo que "orienta a realização das atividades e seus propósitos, ou seja, é responsável pela dinâmica do sistema" (18).

Faz-se importante ressaltar que o processo de gestão de uma entidade é solidificado por um modelo de gestão que se constitui das crenças e valores da instituição. Portanto, compreende-se que a gestão de uma instituição é influenciada por sua cultura organizacional. E o modelo de gestão é a base do subsistema de gestão, que ordena a administração e o fluxo do processo de tomada de decisão em todos os planos empresariais e níveis hierárquicos, denominado de processo de gestão (19).

Porém, pesquisas revelam que gestores de MPES brasileiras consideram deficiente o acesso real que possuem a estas informações para tomada de decisão VILELA (20). Para Melo (22) argumentam que a Contabilidade nas MPES não tem a necessidade de ser tão complexa, uma vez que seus processos são mais simplificados em relação às grandes empresas. Entretanto, os autores enfatizam a Contabilidade de Custos como indispensável para estas organizações, em especial para as Pequenas e médias empresas (MPES) (21,22).

Por outro lado, Santos (23), mesmo avaliando as informações da Contabilidade de Custos essenciais para orientar os gestores, considera importante averiguar a real relevância que os gestores atribuem a tais informações para identificar aspectos e formas que atendam da melhor maneira os gestores. E elencam o Balanço Patrimonial, a Demonstração de Resultado do Exercício e o Fluxo de Caixa como informações de fácil acesso e muito relevantes para gestão dos empreendimentos em MPES.

Pesquisadores tem sinalizado que, dentre as diversas informações geradas pela Contabilidade, merece destaque as informações da Contabilidade de Custos por sua importância no processo gerencial. Estas podem colaborar significativamente na melhoria do desempenho da organização e no desenvolvimento de vantagens competitivas como redução de custos e despesas. Horngren (9) consideram as informações de custos como a mais relevante ferramenta de auxílio aos gestores na condução das atividades empresariais.

Desta forma, como os sistemas tradicionais de custos, muitas vezes, se tornam pouco eficientes na geração de informações para dar sustentação às decisões gerenciais, o Custeio Alvo pode ser um importante instrumento na busca da eficiência operacional.

Gestão do Custo Alvo para planejamento de lucro e controle de custos

A estruturação de um sistema de custos nas MPES não é apenas uma necessidade contábil. É uma necessidade administrativa, pois sem conhecer os custos, diferentes decisões que se apresentam, como: que preço cobrar para um novo produto ou para um pedido especial, qual o nível de descontos que pode ser concedido a um cliente, eliminação de produtos que apresentam "prejuízos", terceirização de atividades, aquisição de novos equipamentos, mudanças no processo de fabricação e entre outros são tomadas de forma intuitiva pelos gestores (21).

Nesse contexto, o Gestão do Custo Alvo (GCA) pode contribuir, pois possui vínculo com o ambiente, é orientado para o futuro e está relacionado com a busca de vantagem competitiva. Conceitos e métodos como esse processo de gestão foram elevados ao nível estratégico, pois emerge a importância das decisões adequadas para assegurar eficiência e eficácia para as empresas (24). O planejamento e desenvolvimento de novos processos ajudam a otimizar os custos. E a GCA é um sistema de planejamento de lucros e gerenciamento de custos direcionado pelo preço e com visão de mercado (25).

Segundo Cruz (26), três grandes fases podem ser identificadas no processo de Gestão do Custo Alvo: estabelecimento do custo máximo admissível, determinação do custo alvo e processo de eliminação ou se necessário aumento do custo alvo. O preço máximo admissível é estabelecido por uma pesquisa de mercado, adicionalmente deve fazer uma análise da competitividade do mercado, coletar dados sobe as necessidades e desejos dos consumidores, bem como informações dos concorrentes.

O custo alvo é o montante de custos que deve ser eliminado para que o custo estimado de um produto ou serviço se ajuste ao admissível, tendo em vista o custo total do consumidor, o preço-alvo e as margens-alvo para cada elo da cadeia. E quando a empresa precisa tomar ações para redução de custos, todos os custos (estimado, admissível e custo alvo) devem ser separados entre componentes e atividades. Esse processo pode acontecer de diferentes formas e metodologias (somente com os custos diretos ou com todos os custos e despesas).

Método de Pesquisa

Para atender ao objetivo proposto de verificar como a Gestão do Custo Alvo pode contribuir para o planejamento de lucro e controle de custos para entidades de pequeno e médio porte. A construção da pesquisa teve seus meios de investigação a partir de pesquisas bibliográficas direcionadas ao tema estudado (27). Tendo em vista os propósitos estabelecidos, esta pesquisa recebe a seguinte classificação: i) descritiva quanto aos objetivos, uma vez que busca descrever a aplicação do artefato em uma situação real; ii) aplicada quanto à natureza do problema de pesquisa, tendo em vista que busca verificar, na prática, conceitos teóricos; iii) estudo de caso quanto à estratégia de pesquisa, por estudar, profundamente, uma única empresa e v) de campo quanto ao ambiente de pesquisa, uma vez que tanto a coleta quanto a análise dos dados foi feita no contexto real da empresa (28).

Considerando como uma das fases do estudo de caso, a pesquisa bibliográfica que, segundo Vergara (29), "(...) é o estudo sistematizado desenvolvido com base em material publicado em livros, revistas, jornais, redes eletrônicas", visando o levantamento de conceitos que possam dar suporte para a prática a ser adotada. O estudo foi realizado por meio da análise de um caso, desenvolvido no ano de 2014, em uma instituição de ensino situada no interior do Estado de São Paulo, que atua no setor educacional.

Na realização deste estudo de caso, foram feitas entrevistas com dois gestores da área administrativa e financeira da instituição responsáveis pelo resultado do negócio. Durante esta observação foram coletados os dados fornecidos pela instituição como planilhas e relatórios da área contábil. O estudo está direcionado, especificamente, na análise do modelo de gestão de uma instituição de ensino de pequeno porte e que possui 10 anos de atuação no mercado.

Tendo em vista que as instituições de ensino precisam melhor gerenciar seus recursos, que uma gestão eficiente possibilita os gestores conhecerem, controlarem e administrarem da melhor a instituição, o objetivo desta pesquisa consiste em:

a. Contribuir com a discussão sobre planejamento de lucro e controle de custo;
b. Evidenciar a origem dos recursos
c. Identificar os atributos importantes para da instituição de ensino;
d. Contribuir para o direcionamento de custos de forma correta;
e. Intensificar a contribuição do planejamento de recurso na instituição.

Resultados

A Gestão do Custo Alvo foi aplicada em uma entidade sem fins lucrativos do ramo educacional, especificamente da educação básica, no interior de São Paulo. A entidade estudada tem 10 anos de atuação no mercado, sua fundação foi motivada por uma associação que visa buscar desenvolver os diferentes aspectos do ser humano como o das virtudes e do processo cognitivo. Os serviços são destinados a famílias que prezam pela educação de valores humanos.

A instituição está classificada como de pequeno porte, pois possui cerca de 60 funcionários e tem suas atividades distribuídas em educação infantil (a partir de 1 ano) e ensino fundamental I (de 1º ao 5º ano). Neste ano estudado estava com 131 alunos, 11 turmas e um faturamento mensal de R$ 154.000.00. A seguir são descritas as etapas de implantação da Gestão do Custo Alvo, bem como de todos os requisitos adotados para melhoria de resultados e gerenciamento dos custos do negócio.

Etapa 1. Definição do preço-alvo

Nesta etapa, deve-se realizar pesquisa de mercado para a prestação de serviço e uma análise da competitividade do mercado de atuação da instituição. Portanto, o preço de venda não pode ser fixado a partir dos custos de produção mais a margem que a empresa pretende obter, mas sim, o que os consumidores estão dispostos a pagar pelo produto.

Como a implantação da Gestão do Custo Alvo, neste caso, ocorre em uma atividade existente, foi projetado para cada atividade a receita prevista, a receita real, os descontos legais, que são uma obrigação da instituição com seus funcionários e os descontos adicionais concedidos para algumas famílias. Conforme pesquisa realizada. O preço de venda da mensalidade foi fixado em R$ 1.654,00 (um mil, seiscentos e cinquenta e quatro reais) que, de acordo com a pesquisa, era o que o mercado estaria disposto a pagar pelo serviço prestado. Para definição do preço da mensalidade foi realizada uma pesquisa de mercado com as famílias que possuem os filhos na instituição a fim de se identificar o nível de satisfação das famílias.

Esta tipologia de serviço possui valor diferenciado, ou seja, o preço de mercado nem sempre é definido pelo mercado, deve ser comparado com a média de preço de escolas que oferecerem uma prestação de serviço similar. Neste caso, deve ser observado horário de funcionamento, instalações e número de alunos. Os descontos adicionais foram concedidos de acordo com uma política de desconto definida pela gestão. Os resultados podem ser estão apresentados na Tabela 1.

Tabela 1. Descrição dos serviços prestados

	Número de alunos	Valor da mensalidade	Receita Prevista	Receita Real	Descontos Legais e Concedidos
Educação Infantil	70	1.645,00	115.150,00	77.479,74	
Educação Fundamental I	61	1.645,00	100.345,00	76.919,74	
	131		215.495,00	154.399,48	61.095,52

Fonte: Elaborado pelos autores

A partir dos cálculos realizados, pode-se evidenciar os valores da receita prevista e da receita real e os descontos concedidos pela entidade para as famílias e para os professores. Vale mencionar que os descontos concedidos para os professores estão previstos em lei.

Etapa 2. Definição da margem objetiva do produto/serviço

Esta etapa compõe-se da definição da margem de retorno objetiva pela entidade; da identificação dos impostos incidentes sobre a venda e das comissões, caso sejam existentes.

Definido o preço da mensalidade a ser cobrada, deduzidos os impostos e comissões chega-se ao preço de venda líquido. Por sugestão dos gestores, a margem objetivada para o a entidade foi de 12%. Esta margem será destinada para reinvestimento e melhorias, visto que a instituição é sem fins lucrativos.

Tabela 2. Cálculo da margem objetivada

Descrição	Valor (R$)
Preço de vendas líquido	1.645,00
(-) Impostos - ISS sobre serviços prestados de 4%	65,80
(-) Comissões sobre vendas	-
(=) Preço de vendas líquido	1.579,20
Margem de lucro objetivada (1.579,20 x 12%)	189,50

Fonte: Elaborado pelos autores

Observou-se que a margem de lucro objetivada corresponde a R$ 189,50 por aluno. Portanto o retorno desejado deve corresponder a margem de lucro objetivada vezes o número de alunos existentes no período. Pôde-se verificar que mesmo sendo até mesmo uma instituição sem fins lucrativos define margem de resultado a fim de fazer melhorias e novos investimentos.

Etapa 3. Cálculo do custo máximo admissível do produto

Depois de estabelecidos o preço de mercado e a margem objetivada, calcula-se o custo máximo admissível para o serviço.

Tabela3. Cálculo do custo máximo admissível

Descrição	Valor (R$)
Preço de venda líquido	1.579,20
(-) Margem de lucro objetivada	189,50
(=) Custo máximo admissível	1.389,70

Fonte: Elaborado pelos autores

Entende-se que, para obter um retorno desejado de 189,50 por aluno, o custo máximo admissível para o serviço deverá ser de 1.389,70 por aluno. Ou seja as despesas totais devem corresponder ao custo máximo admissível vezes o número de alunos existentes no período.

Etapa 4. Cálculo do custo estimado

Para apurar o custo estimado do serviço, foi utilizado o Custeio Pleno, em que se conhece os custos diretos, indiretos e despesas durante a prestação do serviço. Para se obter esses valores, foram analisados os relatórios gerenciais e as demonstrações financeiras da entidade. Os resultados descritos na Tabela 4 se referem a custos diretos, indiretos e despesas de um período de mensal e anual.

Tabela 4. Custos e Despesas do período

Descrição	Período mensal	Período anual
Salário professoras responsável - 11 pessoas	39.815,93	477.791,16
Salário professoras auxiliares - 4 pessoas	5.577,20	66.926,40
Salário professora especialista de inglês	4.020,45	48.245,40
Salário professora especialista de inglês	1.876,54	22.518,48
Salário professora especialista de espanhol	1.275,40	15.304,80
Salário professora especialista de artes	603,07	7.236,84
Salário professor especialista de educação física	3.819,43	45.833,16
Professora responsável de licença maternidade	800,00	9.600,00
Professor comum música	1.708,69	20.504,28
Professor comum de psicomotricidade/xadrez	1.608,18	19.298,16
Auxiliar de orientação educacional	3.316,87	39.802,44
Coordenadora da educação infantil	6.692,46	80.309,52
Coordenadora do ensino fundamental	6.692,46	80.309,52
Custo total pessoal operacional	77.806,68	933.680,16
Salário pessoal admistrativo - 3 pessoas	6.451,13	77.413,56
Salário pessoal da limpeza - 4 pessoas	4.018,60	48.223,20
Salário pessoal da segurança	1.394,30	16.731,60
Salário pessoal da manutenção	800,00	9.600,00
Outros custos	9.971,00	119.652,00
Custo total pessoal administrativo	22.635,03	271.620,36
Despesas apoio pedagógico	20.418,00	245.016,00
Despesas com atividade extra curricular	5.856,33	70.276,00
Despesas administrativas	7.029,33	84.351,96
Despesas com apoio administrativo	1.153,33	13.839,96
Custos Sociais	22.023,74	264.284,88
Despesas comuns entre os setores	10.916,92	131.003,04
Multas e juros	4.281,59	51.379,08
Despesas Administrativas	71.679,24	860.150,92
Custos e despesas totais	172.120,95	2.065.451,44

Fonte: Elaborado pelos autores

Na Tabela 4, estão demonstrados os resultados tomando como base o resultado mensal do período analisado. Como o método utilizado é o Custeio Pleno, todos os custos e despesas devem ser alocados aos produtos por meio de um critério de rateio. Nesta pesquisa, o critério utilizado foi o número de alunos. Portanto os custos totais divididos pelo número de alunos (172.120,95 / 131) corresponde a um custo operacional por aluno de R$ 1.313,90.

Tabela 5. Apuração dos custos totais

	Período mensal	Período anual
Custo pessoal operacional	77.807	933.680
Custo pessoal administrativo	12.664	151.968
Outras despesas administrativas	9.971	119.652
Despesas administrativas	71.679	860.151
Custo e despesas do período	172.121	2.065.451
Custos financeiros		
Emprestímos e parcelamentos	16.039	192.468
Pagamento Empréstimos abatidos da receita	11.638	139.656
Custo e despesas totais	199.798	2.397.576
Custo estimado por aluno	1.537	18.443

Fonte: Elaborado pelos autores

Adicionalmente, a entidade possui despesas financeiras de outros períodos e que devem ser acrescidas para que cumpra seus compromissos com terceiros. Desta forma observa-se que, o custo estimado total por aluno no período passou para R$ 1.537,00.

Etapa 5. Determinação do Custo Alvo

Neste momento deve ser comparado o custo estimado por aluno com o custo máximo admissível para a identificação do custo alvo, conforme ilustra a Tabela 6.

Tabela 6. Apuração do Custo Alvo – a ser eliminado

Descrição	Período Mensal
Custo estimado (Tabela 5 e 6)	1.389,70
Custo máximo admissível	147,21
Custo alvo	1.242,48
Custo alvo em % do estimado ((147,21\1.536,91)*100)	9,58%

Fonte: Elaborado pelos autores

Da comparação entre o custo estimado e o custo máximo admissível foi estabelecido o custo alvo de R$ 147,00, que representa 9,58% do custo estimado do serviço. Este custo representa o custo que deverá ser eliminado do serviço para que a margem objetivada pela instituição seja alcançada.

Etapa 6. Aplicação da Engenharia de Valor

Esta etapa consiste em realizar um conjunto de procedimentos que consiste em manter ou melhorar o funcionamento de um produto ou serviço, por meio da análise funcional, da avaliação de funções e de planos de melhoria. Para esta fase da pesquisa, a empresa dispôs de uma pesquisa de satisfação com 86 famílias que possuem filhos na escola a fim de se obter informações sobre o grau de importância que elas atribuíam a cada serviço prestado.

Um questionário foi enviado para cada família por meio eletrônico, em que o serviço decomposto em atividades que são realizadas e valorizadas pelos respondentes. Estes deveriam responder qual atributo mais valorizam em uma escala de 1 a 9 pontos de acordo com o grau de importância para cada família. Foram obtidos 45 respondentes para a pesquisa. O mesmo quadro utilizado foi reproduzido na Tabela 8, em que constam as respostas tabuladas em termos de percentuais de importância de cada atributo.

Tabela 7. Importância dos atributos do serviço

Atributos para escolha do colégio	Pontuação estabelecida									Pontuação obtida	Grau de Importância dos atributos
	1	2	3	4	5	6	7	8	9		
Proposta do pedagógica				1			2	11	31	279	18,79
Recomendação	8	1		3	6	1	11	6	9	81	5,45
Prestigio acadêmico	3		1	3	12	9	6	6	5	45	3,03
Enfoque cristão			1	2		2	9	4	27	243	16,36
Atividades complementares	7			1	10	6	6	9	6	54	3,64
Ensino Personalizado (Formação de valores humanos)						1	1	1	42	378	25,45
Localização e comodidade de entrada e saída	9	2	1	1	4	6	10	2	10	90	6,06
Ensino do inglês diário				2	2	4	6	7	24	216	14,55
Relação custo x beneficio (valor investido/mensalidade x ensino oferecido)	1		1	4	8	6	5	9	11	99	6,67
										1.485	100

Fonte: Elaborado pelos autores

Na Tabela 7, foi apurado o grau de importância dado pelas famílias para cada item do serviço de acordo com a pontuação da pesquisa. O resultado foi obtido através da divisão da pontuação de cada atributo pelo total da pontuação e multiplicado por 100.

O Grau de importância relativa do atributo representa o valor dado a ele pelas famílias, ou seja, quanto ele é importante no conjunto total de atributos do serviço. Na Tabela 8, se apurou o Grau de importância relativa (IR) de cada atributo e os recursos necessários para que cada atributo seja atendido, sendo que podem ser necessários mais de um recurso para um único atributo. O resultado deu-se por meio da multiplicação do grau de importância do atributo pelo percentual de contribuição de cada atividade e multiplicado por 100.

Tabela 8. Grau de Importância Relativa dos Recursos (IR)

Atividades	**% de Contribuição em relação ao atributo**	**Grau de importância dos atributos**	**IR (Importância Relativa) dos componentes**	**Grau de importância Relativa (IR) do atributo**
Proposta do pedagógica				
Auxiliar de orientação educacional	20	19,00	0,04	3,80
Coordenadora Infantil	40		0,08	7,60
Coordenadora Snipe Fundamental	40		0,08	7,60
	100		0,19	19,00

Recomendação				
Auxiliar de orientação educacional	20		0,01	1,20
Coordenadora Infantil	30	6,00	0,02	1,80
Coordenadora Snipe Fundamental	30		0,02	1,80
Despesas administrativas	20		0,01	1,20
	100		0,06	6,00
Prestigio acadêmico				
Salário professoras responsável - 11 pessoas	40		0,01	1,20
Auxiliar de orientação educacional	5		0,00	0,15
Coordenadora Infantil	10	3,00	0,00	0,30
Coordenadora Snipe Fundamental	10		0,00	0,30
Custo pessoal administrativo	20		0,01	0,60
Despesas administrativas	15		0,00	0,45
	100		0,03	3,00
Enfoque cristão				
Salário professoras responsável - 11 pessoas	100	16,00	0,16	16,00
Atividades complementares				
Professor comum música	10		0,00	0,30
Salário professora especialista de artes	10		0,00	0,30
Professor comum de psicomotricidade/xadrez	10		0,00	0,30
Salário professor especialista de educação fisica	30	3,00	0,01	0,90
custo total pessoal administrativo	10		0,00	0,30
Coordenadora da educação infantil	10		0,00	0,30
Despesas administrativas	10		0,00	0,30
Coordenadora do ensino fundamental	10		0,00	0,30
	100		0,03	3,00
Ensino Personalizado				
Salário professoras responsável - 11 pessoas	33		0,08	8,25
Salário professoras auxiliares - 4 pessoas	12		0,03	3,00
Salário professora especialista de inglês	3		0,01	0,75
Salário professora especialista de inglês	3		0,01	0,75
Salário professora especialista de espanhol	3		0,01	0,75
Salário professora especialista de artes	3	25,00	0,01	0,75
Salário professor especialista de educação fisica	3		0,01	0,75
Professora responsável de licença maternidade	3		0,01	0,75
Professor comum música	3		0,01	0,75
Professor comum de psicomotricidade/xadrez	3		0,01	0,75
Auxiliar de orientação educacional	7		0,02	1,75
Coordenadora da educação infantil	12		0,03	3,00
Coordenadora do ensino fundamental	12		0,03	3,00
	100		0,25	25,00
Localização e comodidade de entrada e saida				
Custo total pessoal administrativo	40	6,00	0,02	2,40
Despesas Operacionais e Administrativas	60		0,04	3,60
	100		0,06	6,00
Ensino do inglês diário				
Professora de inglês - Infantil	45		0,07	6,75
Professora de inglês - Fundam	45	15,00	0,07	6,75
Coordenadora Edu Infantil	5		0,01	0,75
Coordenadora Fundamental	5		0,01	0,75
	100		0,15	15,00
Relação custo xbeneficio				
Despesas administrativas	60	7,00	0,04	4,20
custo total dos professores responsáveis sala	20		0,01	1,40
custo total pessoal administrativo	20		0,01	1,40
	100		0,07	7,00
		100,00	0,84	84,00

Fonte: Elaborado pelos autores

O Grau de Importância Relativa do Recurso (IR) que significa o quanto do recurso é utilizado para atender a cada atributo do serviço, como apresentado na Tabela 9:

Tabela 9. Atributo: Proposta Pedagógica:

Auxiliar de orientação educacional	20 x 19 x 100 = 3,80
Coordenadora do Infantil	40 x 19 x 100 = 7,60
Coordenadora do Fundamental	40 x 19 x 100 = 7,60
Grau de importância total do atributo	19%

Fonte: Elaborado pelos autores

O grau de importância do atributo proposta pedagógica significa que para elaboração da proposta pedagógica contribuem a prestação de serviços das duas coordenadoras e da auxiliar de orientação educacional, e adicional

Dos recursos relacionados anteriormente, somente os professores de inglês e coordenadoras, pode ser relacionado diretamente ao atributo ensino de inglês diário. Os demais recursos são utilizados para que os produtos possam ser fabricados, mas não há como estabelecer relação direta com os atributos.

Depois de efetuado o cálculo do Grau de Importância Relativa do Recurso, foi calculado o Custo Relativo (CR) e o índice de Valor (IV). O custo relativo significa o percentual de custo de cada recurso com relação ao custo estimado total do serviço prestado.

O IV representa a relação entre a importância de um recurso e seu custo relativo. O índice de valor acima de 1 significa que o custo relativo do recurso é menor que o seu grau de importância relativa. Por outro lado, índice de Valor abaixo de 1 significa que o Custo relativo de recurso é maior que o seu grau de importância relativa. O ideal é que o IV fique próximo de 1, alcançando assim, uma situação de equilíbrio entre os atributos/funções do serviço e seu respectivo custo.

Os IVs menores que 1 (Tabela 10) representam que os custos relativos foram maiores do que a importância relativa atribuída pelas famílias. Estão nesta condição os professores auxiliares (0,93), os professores de espanhol (1,01), o professor de educação física (0,74) e o professor de música (1,06). O custo total do pessoal administrativo e as despesas administrativas representaram aproximadamente (0,36) e (0,23).

Tabela 10. Custo Relativo (CR) e Índice de Valor (IV) dos recursos

Descrição	Custo R$ Mensal	Custo Relativo (CR)	Índice de Importância Relativa (IR)	Índice de Valor (IV)
Salário professoras responsável - 12 pessoas	39.815,93	23,13	26,85	1,16
Salário professoras auxiliares - 4 pessoas	5.577,20	3,24	3,00	0,93
Salário professora especialista de inglês	4.020,45	2,34	7,50	3,21
Salário professora especialista de inglês	1.876,54	1,09	7,50	6,88
Salário professora especialista de espanhol	1.275,40	0,74	0,75	1,01
Salário professora especialista de artes	603,07	0,35	1,05	3,00
Salário professor especialista de educação física	3.819,43	2,22	1,65	0,74
Professora responsável de licença maternidade	800,00	0,46	0,75	1,61
Professor comum música	1.708,69	0,99	1,05	1,06
Professor comum de psicomotricidade/xadrez	1.608,18	0,93	1,05	1,12
Auxiliar de orientação educacional	3.316,87	1,93	6,90	3,58
Coordenadora da educação infantil	6.692,46	3,89	13,75	3,54
Coordenadora do ensino fundamental	6.692,46	3,89	13,75	3,54
Custo total pessoal operacional	77.806,68	45,20	85,55	1,89
Salário pessoal admistrativo - 3 pessoas	6.451,13	3,75		
Salário pessoal da limpeza - 4 pessoas	4.018,60	2,33		
Salário pessoal da segurança	1.394,30	0,81		
Salário pessoal da manutenção	800,00	0,46		
Outros custos	9.971,00	5,79		
Custo total pessoal administrativo	22.635,03	13,15	4,70	0,36
Despesas apoio pedagógico	20.418,00	11,86		
Despesas com atividade extra curricular	5.856,33	3,40		
Despesas administrativas	7.029,33	4,08		
Despesas com apoio administrativo	1.153,33	0,67		
Custos Sociais	22.023,74	12,80		
Despesas comuns entre os setores	10.916,92	6,34		
Multas e juros	4.281,59	2,49		
Despesas Operacionais e Administrativas	71.679,24	41,64	9,75	0,23
Custos e despesas totais	172.120,95	100,00		

Fonte: Elaborado pelos autores

Portanto, ao aplicar a engenharia de valor nas atividades e funções pôde-se observar quais são atributos que podem ser gerenciados para que seja atingida os resultados desejados pela instituição. Os custos com pessoal administrativo e as despesas administrativas foram calculados por seus valores totais por seus atributos serem considerados sempre em conjunto.

Discussão

A partir dos dados apresentados, os gestores optaram pela redução dos atributos que apresentaram índice de valor abaixo de 1, como por exemplo, o dos professores auxiliares, professores de espanhol, e pela redução de uma das coordenadoras para que o custo máximo admissível seja alcançado. No caso dos professores de música e educação física mesmo não sendo atribuído o valor, devem permanecer por fazer parte das atividades e pelo número de crianças existentes na instituição.

Etapa 7. Recálculo do Custo Estimado

Para verificar se o custo meta havia sido atingido elaborou novamente a tabela de custos que contém todos os custos e despesas da instituição ajustados (Tabela 11). As decisões tomadas tiveram reflexos diretos nos custos operacionais, que passou de 77 mil para 63 mil, bem como houve redução dos custos sociais de 22 mil para 17 mil. Os demais custos e despesas não sofreram alterações. Assim, nos custos e despesas totais mensais passaram para 153 mil e anuais para 1.723 mil, que resultou em uma redução de 19,6 mil dos custos mensais e de 342 mil nos custos anuais da entidade.

Tabela 11. Custos e despesas operacionais totais ajustados

Custo Estimado dos serviços	Custo Mensal	Custo Anual
Salário professora responsável	39.815,93	477.791,16
Salário professora especialista de inglês educação infantil	4.020,45	
Salário professora especialista de inglês ensino fundamenta	1.876,54	
Salário professora especialista de artes	603,07	
Salário professor especialista de educação física	3.819,43	
Salário professora de licença maternidade	800,00	
salário professor de música	1.708,69	
Salário professor de psicomotricidade	1.608,18	
Custo total professores especialistas	14.436,36	173.236,32
Auxiliar de orientação educacional	2.202,36	
Coordenadora Ed. Infantil e Fundamental	6.692,46	8.894,82
Custo total coordenação educacional	8.894,82	
Custo total pessoal operacional	63.147,11	659.922,30
Salário pessoal admistrativo - 3 pessoas	6.451,13	
Salário pessoal da limpeza - 4 pessoas	4.018,60	
Salário pessoal da segurança	1.394,30	
Custo total pessoal administrativo	11.864,03	142.368,36
Salário terceirizado da manutenção	800,00	
Outros custos	9.971,00	119.652,00
Outros custos administrativos	10.771,00	
Custos Totais administrativos	22.635,03	262.020,36
Apoio Pedagógico	20.418,00	
Atividade extra curricular	5.856,33	
Despesas Administrativas	7.029,33	
Apoio Administrativo	1.153,33	
Custos Sociais	17.123,74	
Outras despesas operacionais	10.916,92	
Multas e juros	4.281,59	
Despesas Administrativas	66.779,24	801.350,92
Custos e despesas totais	152.561,38	1.723.293,58

Fonte: Elaborado pelos autores

Adicionalmente foi acrescido as despesas financeiras da instituição que resultou em um acréscimo das despesas totais para 180 mil, conforme apresentado na Tabela 12. Verificou-se que o custo alvo de 1.390 não só foi alcançado, com também superado. Para a empresa, significa que terão mais recursos para saldar seus compromissos financeiros.

Tabela 12. Custos totais operacionais e financeiros ajustados

Descrição	Valores (R$)
Custo pessoal operacional	63.147,11
Custo pessoal administrativo	11.864
Outros custos administrativos	10.771
Despesas Administrativas	66.779
Custo e despesas do período	152.561
Emprestimos e parcelamentos	16.039
Pagamento Empréstimos abatidos da receita	11.638
Custo e despesas totais	180.238
Custo estimado ajustado	1.386

Fonte: Elaborado pelos autores

A tabela 13 demonstra a apuração ajustada do processo do Custeio Alvo.

Tabela 13. Custo alvo ajustado

Descrição	Período Mensal
Custo estimado (Tabela 11)	1.386
Custo máximo admissível	1.390
Custo alvo	-4
Custo alvo em % do estimado	0,26%

Fonte: Elaborado pelos autores

Portanto, o valor encontrado pelo custo alvo ajustado foi negativo em R$ 4,00, o que indica que o custo alvo não só foi alcançado, como também, superado.

Etapa 8. Apresentar a previsão de resultados

Tendo em vista que a margem operacional objetivada era de 12% do valor da mensalidade bruta, pode-se notar que esse objetivo foi efetivamente atingida como demonstra a Tabela 14.

Tabela 14. Apresentado do Resultado

Descrição	Valor (R$)
Preço de vendas líquido	1.645
(-) Impostos - ISS sobre serviços prestados de 4%	66
(=) Preço de vendas líquido	1.579
(-) Custo estimado ajustado	1.386
(=) Margem Operacional	193
(=) Margem operacional em % do Preço de venda líquido	12

Fonte: Elaborado pelos autores

Verificou-se que, do preço da mensalidade de R$ 1.645 foi deduzido o valor de R$ 66,00 de pagamento ISS sobre o serviço prestado, passando o novo valor da mensalidade líquida para R$ 1.579. Também foi obtida a margem operacional objetivada no R$ 193,00 que significa que foi superada em 0,26 %.

Conclusão

Embora Contabilidade Enxuta ainda seja em processo inicial no Brasil, existe agora um corpo de pesquisadores que está focado na abordagem de contabilidade, controle e medição. Esses princípios, práticas, e as ferramentas da *Lean Accounting* foram implementado em uma ampla gama de empresas. Esses métodos podem ser prontamente ajustado para atender à necessidades específicas da empresa e manter a adesão aos requisitos e regulamentos dos relatórios externos.

O objetivo da integração da Contabilidade Gerencial com a Manufatura Enxuta, que dá origem à Contabilidade Enxuta *(Lean Accounting)*, está relacionado à gestão econômico-financeira das empresas, visam à minimização ou eliminação de desperdícios, perdas e possíveis custos ocultos. A Contabilidade Enxuta deve auxiliar os gestores a identificar os erros e falhas nos processos, a encontrar as soluções para fazer certo da primeira vez e evitar desperdício de tempo e dinheiro.

Empresas que utilizam a Contabilidade Enxuta presa por ter melhores informações para a tomada de decisões, relatórios simples e oportunos que sejam claramente entendido por todos. Concentram o negócio em torno do valor criado para os clientes, que ajuda a empresa crescer, adicionar mais valor para a clientes, aumentar o fluxo de caixa e valor para os proprietários e acionistas.

Esta pesquisa buscou verificar como a Contabilidade Enxuta por meio da ferramenta de Gestão do Custo Alvo pode contribuir para o planejamento de lucro e controle de custo para as entidades educacionais de pequeno e médio porte, considerando que esse processo de gestão é um instrumento gerencial que auxilia os gestores no planejamento e controle do negócio. Foi estudada uma instituição sem fins lucrativos, de pequeno porte, localizada no interior de São Paulo e que possui dez anos de atuação no mercado.

Os resultados evidenciados permitiram avaliar a origem dos recursos da instituição como a receita prevista, receita real e descontos concedidos. Permitiu identificar a margem de lucro ou resultado objetivada pelo negócio em relação a cada mensalidade e apurou-se o custo máximo admissível por aluno. Esse valor foi confrontado com a tabela de despesas da instituição e apurado o custo real por aluno.

Adicionalmente foi comparado o custo admissível com o custo real e apurado o custo alvo a ser eliminado para se alcançar um resultado operacional sustentável para o negócio. Pode-se observar que nesta instituição o resultado operacional atingia os objetivos de resultado pretendido pelos gestores, porém havia despesas financeiras como empréstimos e financiamentos que a instituição devia de períodos anteriores e deveriam ser acrescidos aos custos de despesas totais do período. De acordo com o modelo de gestão, foi aplicado a engenharia de valor e o grau de importância relativa do recurso.

Tendo em vista que a voz do consumidor orienta o processo, foi utilizada uma pesquisa de satisfação anual realizada pela instituição a fim de identificar os pontos fortes, qualidades e pontos que precisam ser melhorados, bem como conhecer os atributos mais importantes para a satisfação das famílias que adquirem a prestação de serviço oferecida. Desta forma, os custos e despesas foram ajustados e margem de resultado objetivada de 12% foi alcançada. Ao ser utilizado esse processo de gestão pôde-se direcionar os custos de forma correta para que se aproveitasse melhor os recursos da instituição de ensino.

A aplicação do custeio alvo trouxe como contribuição ao evidenciar que as instituições de ensino possuem um número certo de alunos, conhecem a origem de seus recursos, portanto possuem contratos fidelizados anualmente. Este fator é uma das características do processo de gestão do custo alvo, que diz que é durante o projeto que a maioria custos são estabelecidos, que as alterações devem ser feitas, para que se obtenham economias significativas de custos e garantia da margem objetivada.

Portanto, ao adotar o Custeio Alvo como forma de planejamento de lucro e controle de custos instituições de ensino podem anualmente fazer o planejamento de recursos e direcionar esforços para uma gestão operacional sustentável, atingindo o seu ponto de equilíbrio para uma gestão duradoura e contribuindo para o desenvolvimento de um país.

Referências

1. Slavov, et al. Contabilidade Enxuta (Lean Accounting) Na indústria automobilística: o caso da Fiat. Gestão & Regionalidade; 2013; v. 29, n. 86.
2. Brito RS, Morgan B F, Garcia S. Custeio alvo: utilização do sistema de gerenciamento de lucro pelos fabricantes de veículos automotores com indústria no Brasil. Revista de Contabilidade e Organizações. São Paulo: 2008. v. 2, n. 2, p. 71-86 ISSN: 1982-6486.
3. Abbas K, Gonçalves MN, Leoncine M. Os métodos de custeio: vantagens, desvantagens e sua aplicabilidade nos diversos tipos de organizações apresentadas pela literatura. Porto Alegre: 2012; v. 12, n. 22, p. 145-159.
4. Maskell BH, Baggaley, BL. Practical Lean Accounting: a proven system for measuring and managing the lean enterprise. New York: Productivity Press; 2003.
5. Carnes K, Hedin S. Accounting for lean manufacturing: another missed opportunity? Management Accounting Quarterly; 2005; v.7, n.1.

6. IMA - Institute of Management Accountants for the lean enterprise: major changes to the accounting paradigma. Statements on Management Accounting. New Jersey: Institute of Management Accountants; 2006.
7. Stenzel J. (org.) Lean Accounting – Best Practices for Sustainable Integration. San Francisco: John Wiley & Sons; 2007.
8. Vieira SFA, Borinelli ML, Negreiros LF, Dalmas JC. A Relação entre custo direto e desempenho escolar: uma analise multivariada nas escolas de ensino fundamental de Londrina/Pr. Educação em Revista. Belo Horizonte: 2015; , v. 31, n. 1, p. 169-194.
9. Horngren CT, Foster G, Datar S. Cost accounting: a managerial emphasis. 9. ed. New Jersey: Prentice Hall; 1997.
10. Pinto J, Silveira A, Domingues MJCS. Ensino de custos no curso de administração da Universidade do Oeste de Santa Catarina. In: 8º Congresso USP Controladoria e Contabilidade, Anais. São Paulo: 2008.
11. Cleveland J. Benefits of lean in the accounting department. Automotive Design and Production: 2005; v. 117, n.2.
12. Hansen JE. "Aplicação do custeio alvo em cursos de pós-graduação lato sensu: um estudo sob o enfoque da gestão estratégica de custos".Dissertação (Mestrado em Contabilidade) – Faculdade de Economia, Administração e Contabilidade, Universidade de São Paulo. São Paulo: 2002.
13. Sani AA, Allahverdizadeh M. Target and Kaizen Costing. World Academy of Science, Engineering and Technology. 2012; , v. 6, n. 2, p. 40-46.
14. Alpenberg J, Scarbrough DP. Na Analysis of Lean Production practice in diferente countries. The APMA – Asia pacific management accounting association annual fórum; 2009.
15. Monden Y. Cost management in the new manufacturing age: innovations in the japanese automotive industry. New York: Produtictivity Press, 1992.
16. D'Angelo F, Amato NJ. The lean production paradigma and the influence of automakers in the industrial organization of the suppliers. Interna-

tional Journal of Automotive Technology and Management; 2008; v.8, n.3.

17. Fullerton RR, Kennedy FA, Widener SK. Management accounting and control practices in a lean manufacturing environment. Accounting, Organizations and Society; 2013; v. 38, n. 1, p. 50-71.
18. Pereira CA. Ambiente, Empresa, Gestão e Eficácia. In: CATELLI, Armando. Controladoria: uma abordagem da gestão econômica. São Paulo: Atlas; 2015.
19. Padoveze CL. Controladoria estratégica e operacional: conceitos, estrutura, aplicação. 3. Ed. São Paulo: Cengage Learning; 2012.
20. Vilela V, Souza FA, Costa MO, Mariano FO. Um estudo sobre a percepção dos empresários das micro e pequenas empresas e dos profissionais de contabilidade a cerca da informação contábil gerada. In: V Congresso UFV de Administração e Contabilidade e II Mostra Científica. Anais eletrônicos...Viçosa: 2012.
21. Bacic MJ, Megliorini E, Oliveira ECM, Yomura N. Manual de técnicas e práticas de gestão estratégica de custos para pequenas e médias empresas. São Paulo: CRC-SP; 2011.
22. Melo C, Prieto MA. gestão de custos em micros e pequenas empresas - MPES: um estudo de caso em empresas de panificação na cidade de Uberlândia. In: III CSEAR South America Conference, Anais eletrônicos... Belém-PA, 2013 Disponível em: <http://csearsouthamerica.net/events/index.php/csear/csear2013/paper/view/72/71>. Acesso em: 15 dez. 2016.
23. Santos JJ. Formação de preços e do lucro. 4. ed. São Paulo: Atlas; 1999
24. Marques KCM, Rocha W. Custeio Alvo e sua Contribuição para a Implementação das Estratégias de Negócio de uma Subsidiária de Origem Asiática. Contabilidade, Gestão e Governança: 2015; v. 18, n. 2.
25. Ansari SL. et al. Target costing. Irwin Professional Publishing, Chicago:1997.

26. Cruz CA, Rocha W. Custeio-alvo: reflexões sobre definições, finalidades e procedimentos. Revista Contemporânea de Contabilidade, Florianópolis: 2008; v. 1, n. 10, p. 31-51; ISSN: 1807-1821.
27. Barros L, Aidil JS, Souza NA. Fundamentos da metodologia científica. São Paulo: Pearson Prentice Hall; 2012.
28. Moreira, MA. Metodologia da pesquisa em ensino. São Paulo: Editora Livraria da Física; 2011.
29. Vergara SC. Projetos e relatórios de pesquisa em administração. 2. ed. São Paulo: Atlas; 1998.

UTILIZAÇÃO DE FERRAMENTAS E TÉCNICAS DE LEAN NO MAPEAMENTO DO FLUXO DE VALOR DE UM RESTAURANTE DE COMIDA JAPONESA

Manuel Henrique Guinelle Teixedo
Universidade Federal Fluminense
Rafael Sanches Meneguite Ribeiro
Universidade Federal Fluminense
Vitor Eduardo Martins Maciel
Universidade Federal Fluminense

RESUMO

Com o constante crescimento do ramo de alimentação que trabalha com delivery, cada vez mais as pessoas têm procurado comodidade e agilidade em sua rotina, inclusive em seus hábitos alimentares, nos dias atuais. De acordo com notícia veiculada no site Administradores (2011), 59% dos brasileiros pedem comida em casa. Ainda, a taxa de crescimento projetada para este tipo de serviço até 2015, é de 100% ao ano (ECOMMERCEBRASIL, 2013). Neste presente artigo, pesquisou-se sobre uma empresa do ramo delivery de comida japonesa no município de Rio das Ostras, Rio de Janeiro.

Destaca-se, portanto, que o objetivo deste trabalho foi realizar um estudo de campo no restaurante e delivery Kioshi Bistrô e Sushi Bar. Partindo dos dados fornecidos pelo dono do estabelecimento o combo III foi identificado como o produto mais vendido pela loja. Assim o grupo estudou a modelagem atual da organização para entender como funcionava todo o processo de fabricação das peças que compunham o combo, além disso verificamos os materiais necessários e as respectivas quantidades distribuídas para a produção de uma unidade de cada peça que compõe o combo. Aplicamos as técnicas e ferramentas específicas de Lean, tais como: O Mapeamento do Fluxo de Valor, a Previsão de Demanda, a Curva ABC XYZ e a Gestão dos Estoques, com o intuito de reduzir o estoque, minimizar os desperdícios que o combo possa gerar, consequentemente, reduzindo o custo de produção que o combo específico gera. Utilizando tais ferramentas espera-se melhorias na produção da Organização, maior entendimento das necessidades de recursos e melhora tanto no planejamento operacional como estratégico, já que existirá uma previsão de mercado, redução de custos e um novo Mapofluxograma propondo um processo mais ágil e enxuto.

Introdução

Kioshi Bistrô e Sushi Bar é um restaurante e delivery de comida japonesa presente nas cidades de Rio das Ostras e Barra de São João. Surgiu da apreciação dos donos pela comida japonesa e após dois anos de funcionamento, conta com um restaurante físico, onde os clientes podem apreciar a culinária japonesa e ainda utilizar o serviço de delivery.

Metodologia

Utilizamos a metodologia Design Science Research, na qual foi possível a criação de um corpo de conhecimento rigoroso e de validez.

Durante a primeira visita, o grupo se apresentou aos funcionários que trabalham no restaurante, junto a apresentação foi feita uma exposição explicativa dos funcionários ao tema do estudo e a primeira visita foi finalizada com um reconhecimento do local.

A segunda visita teve como premissa um reconhecimento mais profundo do local, assim como, entender o funcionamento do restaurante. Para que tal conhecimento fosse obtido, foram feitas entrevistas informais com o proprietário e os funcionários. Durante a entrevista foram feitas perguntas sobre o contexto da empresa, possibilitando obter informações sobre o mix dos produtos, os materiais utilizados, como é realizado o armazenamento, os fornecedores chave (parceiros), as demandas de pedidos, sobre o mercado, a história da firma, elementos da geografia, localização, concorrentes, dados dos funcionários, existência de sazonalidade nas atividades, controle de qualidade e outros.

Durante a terceira visita onde os funcionários já estavam mais familiarizados com o grupo e o nosso trabalho, passamos a observar a execução das atividades para entendermos como o processo atual de delivery ocorria, desde o pedido solicitado pelo cliente até a sua entrega. Diante disso, foi feito o mapeamento do processo, de modo que, facilitasse a compreensão da equipe quanto ao funcionamento do negócio. No Anexo 1, apresentamos o mapeamento do processo, que serviu de apoio para o entendimento do processo global de delivery da organização.

Durante a quarta visita, tomamos ciência de dados como os materiais a serem utilizados. O proprietário forneceu o histórico de pedidos, onde observou-se que o pedido de maior solicitação de venda presente no cardápio era o Combo III. Imediatamente, fizemos um estudo dos itens que continham no combo (as peças e os itens para suas confecções, bem como, os preços de cada item). Em seguida, elaboramos um Mapeamento de Fluxo de Valor de acordo com a situação atual para a realização do Combo III, baseado na demanda de pedidos coletados para identificarmos como ocorria o fluxo de informações e de materiais, desde de a solicitação da matéria prima, a confecção dos produtos não acabados e a sua entrega final.

Para a construção do VSM (Mapa de Fluxo de Valor) é necessário a escolha de uma família de produto, que no caso deste estudo foi feita a escolha do combo III. A partir deste, a matéria prima em análise foi baseada no produto mais importante e perecível. Todos os itens que compõem o grupo foram julgados, por meio de custeio, método ABC-XYZ, facilidade de estocagem e Criticidade de compra. Assim, chegou-se à conclusão de que devido aos outros itens pertencentes ao combo serem obtidos por compras feitas no Rio de Janeiro, por opção de preço e por se tratarem de itens que não possuem níveis de estocagem vermelho e nível de dificuldade de compra alto ao mesmo tempo, são matérias primas que podem ser estocados em grandes quantidades ou por longos períodos de tempo ou itens que podem ser encontrados com maior facilidade por possuírem mais de um fornecedor na região. Por meio dessa análise, o item que tomamos como referência para cálculo do VSM foi o Salmão, por ser o item mais caro, possuir nível de estocagem vermelho e criticidade de compra alta, por possuir poucos fornecedores de confiança e ser um produto com classificação AZ.

Também se utilizou o custeio de cada item do Combo III, eles foram de suma importância para realizarmos a classificação dos materiais. Classificação essa, feita de acordo com a análise ABC/XYZ, referentes ao seu preço e criticidade, respectivamente, para cada item que o produto possui.

Com isso, foi possível a realização do Mapeamento do Fluxo de Valor da situação Futura.

Figura 13: Modelo de condução baseado no Design Science Research

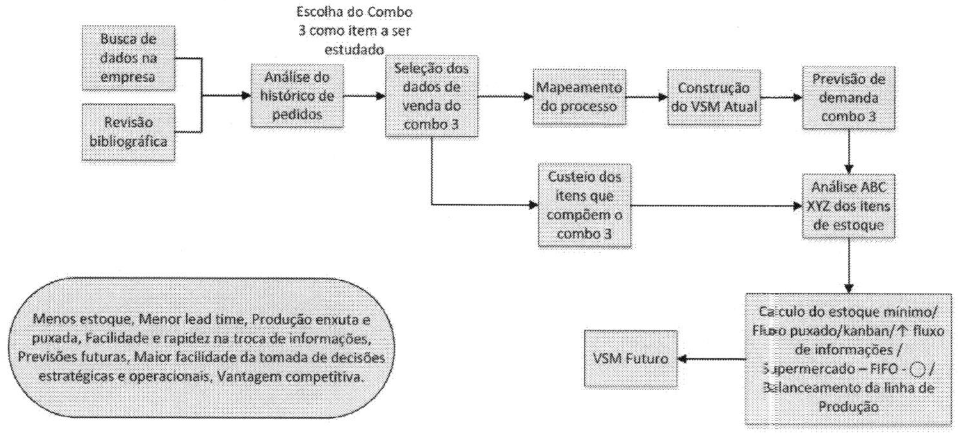

Fonte: Autor

Estudo de Caso

O caso a ser analisado, consiste em utilizar as ferramentas e técnicas de Lean através da elaboração do Mapeamento do Fluxo de Valor e do Mapeamento do processo de delivery de um restaurante de comida japonesa, situado em Rio das Ostras, Rio de Janeiro.

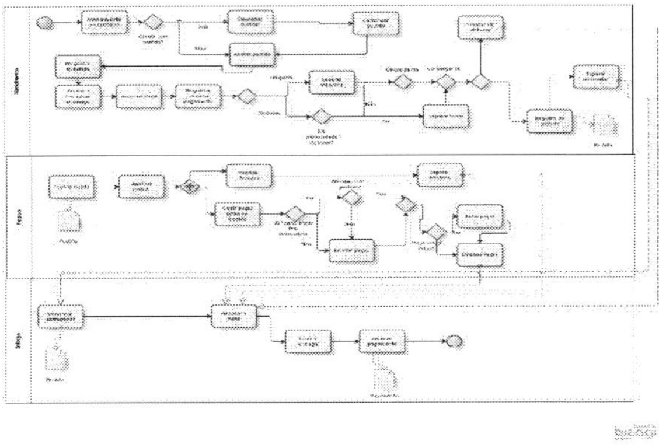

Inicialmente, buscou-se entender o funcionamento do negócio, sendo assim, a equipe através de técnicas de observações diretas, buscou entender como o trabalho é, de fato, executado pelos colaboradores e por meio de entrevistas informais, saber os responsáveis por cada atividade. Diante disto, foi realizado o mapeamento do processo do delivery da situação atual, por meio da ferramenta de processos Bizagi.

A figura 2 mostra o processo de delivery na situação atual.

Demanda Corrigida	Decomposição das Séries Temporais
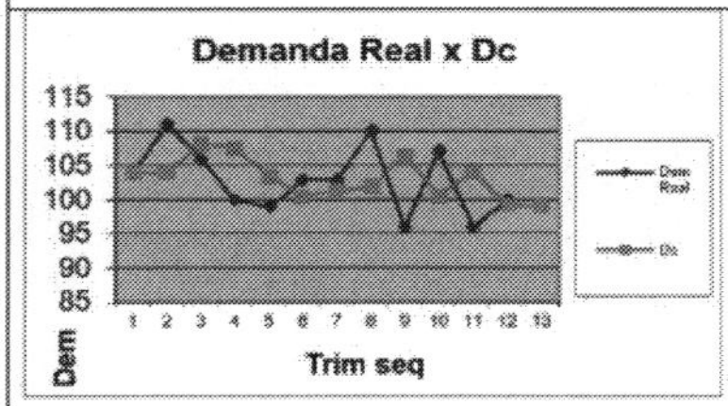	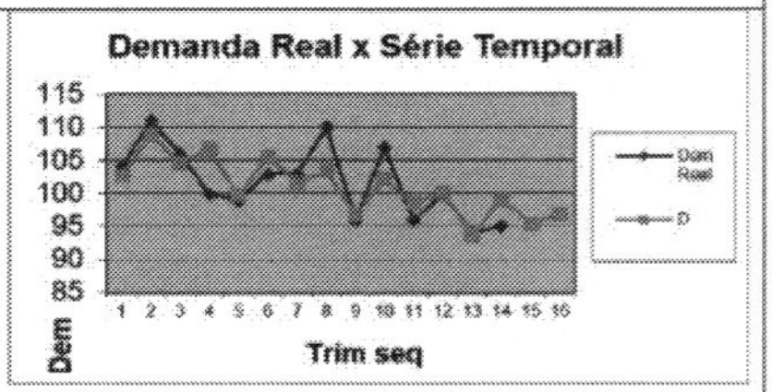
Desvio absoluto médio (DAM) de 4,60	Desvio absoluto médio (DAM) de 2,50
Método dos Mínimos Quadrados	
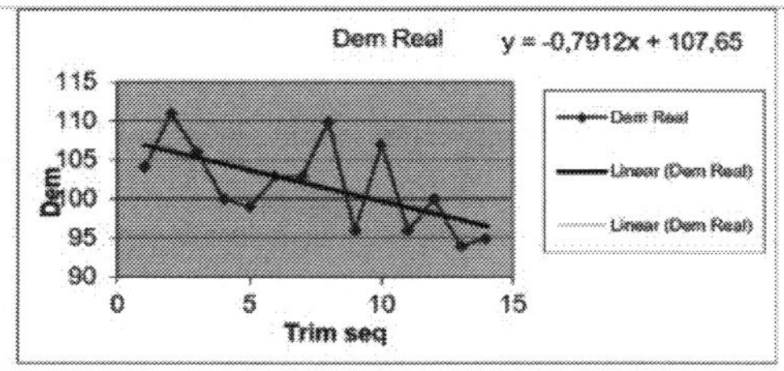	
DAM calculado igual a 3,49	

Tabela 2 – Métodos de previsão de demanda

Fonte : Autor

Método da Média Móvel Simples	Método da Média Móvel Ponderada
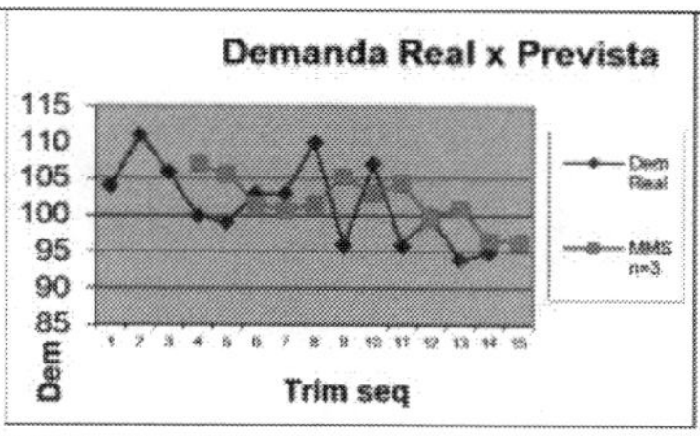	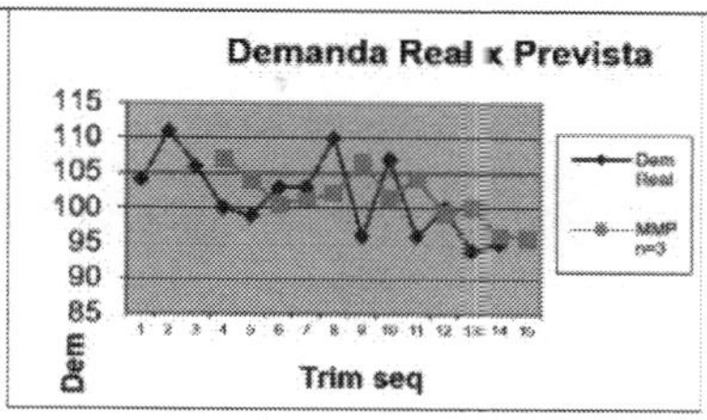
Desvio absoluto médio (DAM) de 5,12	Desvio absoluto médio (DAM) de 5,12
Método da Média Móvel Exponencialmente Ponderada de 1ª Ordem (MMEP1)	**Método da Média Móvel Exponencialmente Ponderada de 2ª Ordem (MMEP2)**
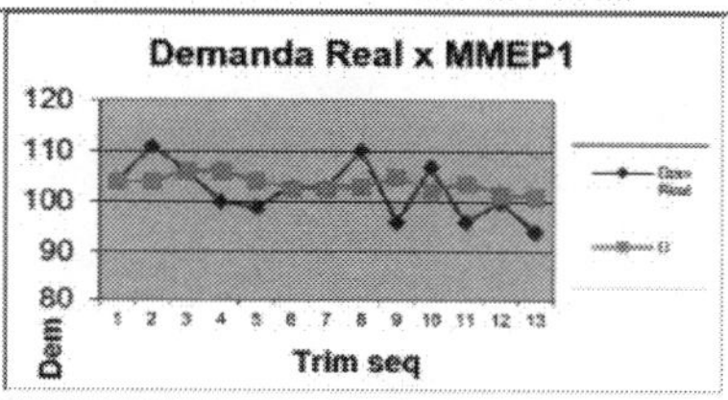	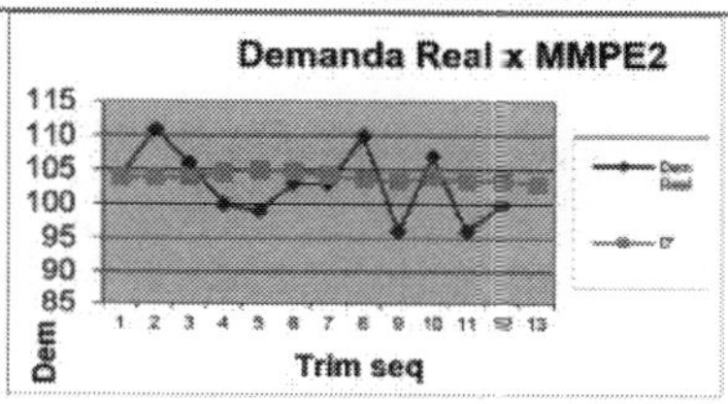
DAM calculado igual a 4,27	DAM calculado igual a 4,76

Tabela 1 – Métodos de previsão de demanda
Fonte : Autor

Análise de Demanda

Utilizando o método quantitativo de análise de demanda, que é compreendido por duas categorias, as Séries Temporais e os Modelos Causais, foi possível analisar cada cenário referente à previsão da demanda da empresa Kioshi Bistrô e Sushi Bar.

Estas séries podem ser representadas matematicamente através de modelos matemáticos, como por exemplo, a Regressão Simples e a Regressão Múltipla, sendo o primeiro escolhido para a análise.

Em relação as séries temporais, o método das médias móveis, a previsão é sempre obtida através de algum tipo de média que leva em conta valores reais anteriores da demanda, podendo prever apenas o próximo período sucessor. A partir disso, foi necessário utilizar os dados obtidos durante visita feita ao estabelecimento, para que fosse possível checar cada uma das possibilidades para previsão da demanda, que serão mostradas a seguir.

De acordo com Arnold (1999, 38 p. 249) os erros de previsão são: "as diferenças entre a demanda real e a prevista. Uma das maneiras de se medir o erro, a mais frequentemente utilizada é a do desvio absoluto médio (DAM)". Para avaliar o melhor modelo, comparou-se o valor do Desvio Absoluto Médio (DAM), que selecionaria qual seria o modelo escolhido. Sendo assim, o método escolhido para análise foi o Método de Decomposição por Séries temporais, mostrado anteriormente, possuindo um DAM igual a 2,5, sendo o menor entre todos os outros obtidos.

Alimentos que compõem o combo 3					
	URAMAKI FILADÉLFIA	HOSSOMAKI SALMÃO	SASHIMI SALMÃO	JOY	NIGUIRI SALMÃO
Alga (un.)	0,5	0,5	-	-	300
Arroz (g)	75	50	-	10	-
Gergelim misto torrado (g)	10	-	-	-	-
Salmão (g)	35	30	125	30	500
Cream cheese (g)	20	-	-	5	-
Cebolinha Verde (un.)	0,25	-	-	0,1	-
Wasabi (g)	-	5	-		-
Vinagre (ml)	-	-	-	-	30
Açucar (ml)	-	-	-	-	10
Rendimento (un.)	**8**	**8**	**6**	**1**	**16**

Alimentos que compõem o Combo III

COMBO III		
ALGA	0,875	un.
SALMÃO	541,25	g
ARROZ	266,25	g
GERGELIM	7,5	g
CREAM CHEESE	45	g
CEBOLINHA	0,7875	un.
WASABI	35	g
VINAGRE	30	ml
AÇUCAR	10	ml
SHOYU	30	ml
EMBALAGEM	1	un.
HASHI	2	un.
GUARDANAPO	3	un.
SACOLA	1	un.
BERÇO PARA	1	un.

Ingredientes para o Combo III

Tabela 3: Combo III

Fonte: O Autor

Após análise da demanda existente no restaurante, notou-se que o produto que proporcionava maior venda era o combo III. Assim, o grupo focou o trabalho para analisar todos os processos que envolvessem os materiais do produto, envolvendo suas compras, estocagem e o mapeamento de fluxo de valor do combo.

O produto em análise é formado por 5 tipos de alimentos cada um contendo 6 peças, o Urumaki Filadélfia, Hossomaki Salmão, Sashimi Salmão, Joy e Niguiri Salmão. A descrição dos componentes e quantidades do combo é feita ao lado.

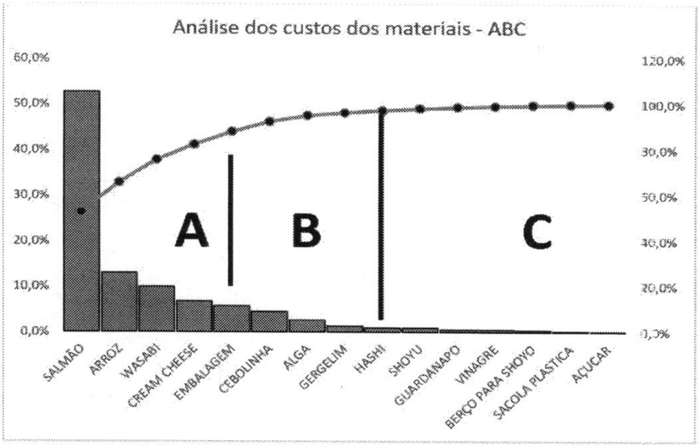

Figura 2: Análise dos Custos dos Materiais – Curva ABC

Fonte: O Autor

Com a classificação, divisão dos itens e suas precificações o grupo pode então aplicar o método ABC-XYZ sobre os itens de estoque. ABC / XYZ é classificado como função do valor do consumo. É um método de classificação de informações, onde se separa os itens de maior importância ou impacto.

O custo de cada item e seus pesos acumulados em relação ao combo III são classificados da seguinte maneira:

- Classe A: Representa 80% do valor total;
- Classe B: Representa 15% do valor total;

Classe C: Representa 5% do valor total;

Após a classificação ABC dos materiais foi realizada a classificação XYZ, onde atribui-se o nível de criticidade de cada item, avaliando se podem ser substituídos por outros itens do estoque, se tem potencial de parar a linha de produção por se tratar de itens indispensáveis para o produto ou se sua ausência não possui impactos muito relevantes. Assim a classificação foi realizada pelos critérios abaixo:

ABC-XYZ						
				ABC	XYZ	
x	y	%	% Acumulada	Valor de Consumo	Importancia	ABC-XYZ
SALMÃO	R$ 14,07	52,7%	52,7%	A	Z	AZ
ARROZ	R$ 3,46	13,0%	65,7%	A	Z	AZ
WASABI	R$ 2,63	9,8%	75,5%	A	Y	AY
CREAM CHEESE	R$ 1,80	6,7%	82,3%	B	X	BX
EMBALAGEM	R$ 1,50	5,6%	87,9%	B	Z	BZ
CEBOLINHA	R$ 1,18	4,4%	92,3%	B	X	BX
ALGA	R$ 0,70	2,6%	95,0%	B	Z	BZ
GERGELIM	R$ 0,35	1,3%	96,2%	C	X	CX
HASHI	R$ 0,25	0,9%	97,2%	C	Y	CY
SHOYU	R$ 0,25	0,9%	98,1%	C	Y	CY
GUARDANAPO	R$ 0,15	0,6%	98,7%	C	X	CX
VINAGRE	R$ 0,15	0,6%	99,2%	C	Z	CZ
BERÇO PARA SHOYO	R$ 0,12	0,4%	99,7%	C	Y	CY
SACOLA PLASTICA	R$ 0,05	0,2%	99,9%	C	Z	CZ
AÇUCAR	R$ 0,04	0,1%	100,0%	C	Z	CZ
Total	R$ 26,69	100%				

Z⊠Representa Muita Importância/ Insubstituível – Para a linha de produção;

□ Y⊠Representa Importância Moderada/ Pode ser substituído – Altera o produto final;

□ X⊠Representa Baixa Importância/ Não atrapalha a linha de produção.

Com o a classificação dos itens por meio da abordagem ABC-XYZ é possível ter um maior entendimento de quais recursos possuem maior criticidade para a linha de produção e assim, consegue-se direcionar esforços para manter um maior controle sobre os estoques, diminuindo-se os custos e evitando-se falta de materiais.

Com a finalização da classificação ABC-XYZ, foi implantado uma divisão dos materiais no que diz respeito a sua facilidade de estocagem e dificuldade de compra. Tal classificação foi obtida após uma triagem dos itens por perguntas.

- O produto necessita de cuidados especiais na estocagem?
- O produto é perecível?
- O produto pode ser estocado junto a outros produtos?
- O produto é frágil?
- O produto é pesado ou muito grande?

Classificação da Estocagem
Fácil
Média
Difícil

- Existe um único fornecedor?
- O material possui sazonalidade?
- Escassez no mercado?
- Material estratégico de difícil obtenção ou fabricação?
- Material com elevado custo de transporte?
- Material com elevado custo de armazenagem?

Criticidade de compra
Alta
Média
Leve
Baixa

Itens Super Importante	Preço	Estocagem	Criticidade
SALMÃO	R$ 14,07	Difícil	Alta
ARROZ	R$ 3,46	Média	Média
EMBALAGEM	R$ 1,50	Fácil	Baixa
ALGA	R$ 0,70	Média	Média
Total	R$ 19,73		

Itens Importante	Preço	Estocagem	Criticidade
WASABI	R$ 2,63	Média	Média
VINAGRE	R$ 0,15	Média	Baixa
SACOLA PLASTICA	R$ 0,05	Fácil	Baixa
AÇUCAR	R$ 0,04	Média	Baixa
Total	R$ 2,86		

Itens Necessários	Preço	Estocagem	Criticidade
CREAM CHEESE	R$ 1,80	Difícil	Média
CEBOLINHA	R$ 1,18	Difícil	Leve
GERGELIM	R$ 0,35	Média	Leve
HASHI	R$ 0,25	Fácil	Leve
SHOYU	R$ 0,25	Média	Leve
GUARDANAPO	R$ 0,15	Fácil	Leve
BERÇO PARA SHOYO	R$ 0,12	Fácil	Leve
Total	R$ 4,09		

Figura 5: Classificação da Importância

Para a construção do VSM, foi feita a escolha do combo III e a partir disso a matéria prima em análise foi baseada no produto mais importante e perecível. Todos os itens que o compõem o grupo foram julgados, por meio de custeio, método ABC-XYZ, facilidade de estocagem e Criticidade de compra, assim chegou-se à conclusão de que o Salmão, por ser o item mais caro, possuir nível de estocagem vermelho, criticidade de compra alta e por possuir poucos fornecedores de confiança.

Para se calcular o estoque do salmão foram tomadas algumas premissas, como: Os custos de armazenar uma quantidade tanto maior quanto menor são os mesmos, o que diferencia é que quanto menor a quantidade armazenada mais espaço sobra para outros itens; O custo de pedido é considerado desprezível; O custo de entrega é considerado desprezível; Quanto menor o tempo em estoque melhor (produto mais fresco).

Desta forma o Estoque Mínimo, Máximo e Ponto de Reposição para o salmão são:

ESTOQUE MÍNIMO	
Dem. Diária	17
Temp. Rep./ Dia	1
E.MIN.	17

PONTO DE REPOSIÇÃO	
Dem. Diária	17
Temp. Rep./ Dia	1
E.MIN.	17
P.R.	34

ESTOQUE MÁXIMO	
E.M.	17
LOTE REP.	17
E.MAX.	34

A partir do VSM da situação atual, foram identificadas, diversas oportunidades de melhoria no processo de delivery do Combo III. Sendo assim, foi proposto um novo VSM futuro, com as seguintes melhorias:

- Implantação de um método de previsão de demanda, facilitando a comunicação e programação do fornecedor;

□ Gestão eficiente do controle dos estoques: Redução dos estoques existentes ou implementação de sistema de supermercado; Criação de estoque de segurança, ponto de pedido e estoque máximo, assegurando que a mercadoria esteja sempre disponível e em qualidades de uso;

□ Melhoria do Fluxo da Produção;

□ Treinamento dos funcionários segundo a metodologia MTM (Medição de Tempos e Métodos), para melhorar o tempo de ciclo (Suposição, necessário estudo para implantação);

□ Programação da Produção puxada com implementação do sistema de Kanban;

□ Criação de uma célula de fluxo contínuo envolvendo os processos de montagem e embalagem;

□ Os pedidos são enviados para entrega assim que possuir entregador disponível, não sendo mais necessário esperar juntar certo número de pedidos.

□ Redução do Tempo de Processamento em 53%;

□ Redução do Lead Time em 65%;

□ Redução do Takt Time em 35%;

□ Melhoria no Fluxo das informações: Software para integração dos pedidos com a cozinha; Tela para fila de pedidos diretamente na cozinha.

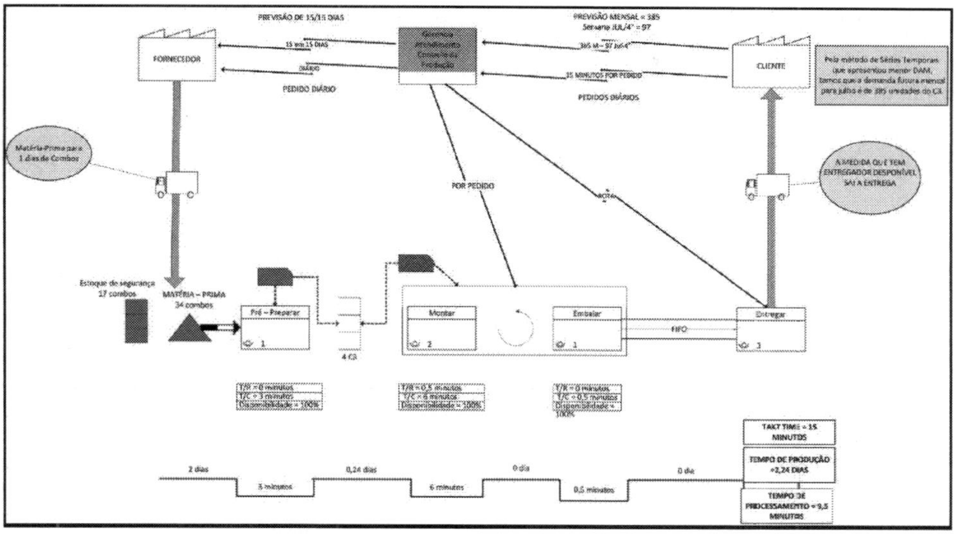

Programação dos materiais

Primeiramente foi necessário realizar a estimativa das vendas anuais. A previsão de demanda para as vendas semanais foi feita por meio de uma análise de série temporal, porém, para uma estimativa anual, o grupo só possuía os dados dos seis primeiros meses e pela análise do gráfico, na figura 11, a demanda está estável com uma pequena variação entre máximos e mínimos e uma leve tendência de caimento. O grupo decidiu fazer a estimativa de vendas anuais por meio de uma média ponderada de seis variáveis, com pesos diferentes.

PROGRAMAÇÃO DOS ESTOQUES	
DEMANDA ANUAL	4952,00
CUSTO SOBRE	30%
CUSTO POR COMPRA	R$ 12,61
CUSTTO POR PEDIDO	R$ 250,00
LEC	809
CT	R$ 65.525,52
NUMERO DE PEDIDOS	6
TEMPODE REPOSIÇÃO	47

A ponderação dos pesos dados aos meses para estimativa da demanda anual foi dado como peso 0,3 para o último mês, 0,2 para o antepenúltimo e penúltimo mês e 0,1 para os demais, até somar 1. Assim, a demanda atual estimada é de 4952 pedidos.

Por meio da demanda estimada anual, o custo de compra unitário do combo, custo por pedido, envolvendo gasto com gasolina, pedágio, estacionamento e uma estimativa de custo sobre estoque de 30% do valor de compra foi possível chegar a um lote econômico de compra, um custo total de compras, número de pedidos e tempo de reposição que são vistos na tabela abaixo. A partir desses dados calculou-se o custo da demanda anual e o custo por pedido de reposição e a quantidade de reposição de cada item por pedido, apresentados abaixo:

DEMANDA ESTIMADA ANUAL DOS ITENS		QUANTIDADE POR PEDIDO DE REPOSIÇÃO
ARROZ	R$ 17.137,34	R$ 2.799,31
WASABI	R$ 12.996,90	R$ 2.122,99
CREAM CHEESE	R$ 8.912,16	R$ 1.455,76
EMBALAGEM	R$ 7.426,80	R$ 1.213,14
CEBOLINHA	R$ 5.848,61	R$ 955,34
ALGA	R$ 3.465,84	R$ 566,13
GERGELIM	R$ 1.708,16	R$ 279,02
HASHI	R$ 1.237,80	R$ 202,19
SHOYU	R$ 1.225,42	R$ 200,17
GUARDANAPO	R$ 742,68	R$ 121,31
VINAGRE	R$ 742,68	R$ 121,31
BERÇO PARA SHOYO	R$ 589,19	R$ 96,24
SACOLA PLASTICA	R$ 247,56	R$ 40,44
AÇUCAR	R$ 173,29	R$ 28,31
Total	R$ 62.454,44	R$ 10.201,66

QUANTIDADES POR PEDIDO		
ALGA	708	un
ARROZ	215	kg
GERGELIM	6	kg
CREAM CHEESE	36	kg
CEBOLINHA	637	un
WASABI	28	kg
VINAGRE	24	L
AÇUCAR	8	kg
SHOYU	24	L
EMBALAGEM	809	un
HASHI	1618	un
GUARDANAPO	2427	un
SACOLA PLASTICA	809	un
BERÇO PARA SHOYO	809	un

Conclusão

Neste artigo, estudou-se sobre o funcionamento de uma empresa de Delivery de comida Japonesa situada na Cidade de rio das Ostras, onde se teve como objetivo o estudo do custeio de produção, seu fluxo de valor, analisando a demanda que o compõe.

A previsão de demanda surgiu como uma atividade importante, pois através de suas informações que se possibilitou a tomada de decisões que auxiliam no planejamento da organização e desenvolvimento do estudo, permitindo assim controlar possíveis problemas. Neste cenário, o estudo de caso do artigo apresentou uma comparação entre os diferentes métodos propostos pelos métodos de previsão de demanda, comparando-os afim de se chegar ao melhor método possível. Foi escolhido o Método de Decomposição por Séries temporais, pois este apresentou o menor Desvio Absoluto Médio (DAM). Após esta definição foi feita uma análise do estoque através o custeio ABC/XYZ, que é um método de classificação de informações, onde se separa os itens de maior importância ou impacto. Com o a classificação dos itens por meio da abordagem ABC-XYZ foi possível ter um maior entendimento de quais recursos possuem maior criticidade para a linha de produção e assim, consegue-se direcionar esforços para manter um maior controle sobre os estoques, diminuindo-se os custos e evitando-se falta de materiais, tendo o salmão como item mais importante a ser levado em consideração no estudo do combo III.

A utilização da Ferramenta Fluxo do Mapa de Valor (VSM) é muito importante para a organização, pois retrata a situação da empresa Kioshi Sushi Bar e Bistrô de forma que possibilita visualizar no mapa feito, de modo rápido e simples os desperdícios ocorrentes no processo e todos os demais dados que juntos o compõem, afim de se obter informações essenciais para a organização em questão.

Com a análise feita a partir do Mapa atual, foram propostas algumas melhorias que permitem a empresa reduzir o seu lead time do processo em 65%, fazendo com que seu tempo de processamento seja reduzido em 53%, tendo um takt time 35% menor, sem aumentar os recursos de transformação; unindo as células de montagem e embalagem em uma única célula, buscando reduzir de forma global os custos de produção do combo III.

Com a realização de todas as etapas do projeto presentes na metodologia estudada e discutida ao longo deste trabalho, é possível notar efetividade das ferramentas de controle e melhorias em busca da obtenção de resultados.

As soluções sugeridas e apresentadas têm como objetivo investir em melhorias dos processos, em conjunto com o gerenciamento diário da organização em questão e devem ser aprimoradas como um ciclo, onde ao final de cada rodada, deve-se refletir sobre os resultados e analisar possibilidades de melhorias. Os autores também sugerem que todas as etapas que foram aplicadas ao combo 3, sejam aplicadas futuramente a todos os itens e combos que o restaurante oferece, criando assim uma melhor harmonia de gestão da organização como um todo.

REFERÊNCIAS

ARNOLD, J. R. T.; CHAPMAN, S. N. Introduction to Materials Management. 4th ed. New Jersey: Prentice Hall, 2001.466p.

BALLOU, R. H. Gerenciamento da cadeia de suprimentos. Planejamento, organização e logística empresarial. 4. ed. São Paulo: Bookman, 2001.

DIAS, MARCO AURÉLIO P. Administração de materiais: edição compacta. 4. ed. São Paulo: Atlas, 1995.

E-COMMERCE BRASIL. Delivery online de comida deve crescer 100% ao ano até 2015. 2013. Disponível em . Acesso em: 13. Jul 2016

FOGARTY, D. W.; BLACKSTONE, Jr.; HOFFMANN, T. R. Production & Inventory Management, 2 ed. Ohio: South-Western, 1991. 870p.

JURAN, J. M. Planejando para a qualidade. 3° ed. São Paulo: Pioneira, 1995.

LACERDA, P. D et.al. Design Science Research: método de pesquisa para engenharia de produção. Disponível em: <http://www.scielo.br/pdf/gp/v20n4/aop_gp031412.pdf>. Acessado em: 15 de Jul. 2016.

PEREIRA, S.A.; LOUREIRO, L.D.; MARTINS, F. R. G.da Silva P.; DOS SANTOS, A. C. O.; FERRARI, D. TUBINO, D.F. Estudo comparativo entre modelos de previsão de demanda: ensaio em um produto classe a de uma empresa de perfumes e cosméticos-XXVI ENEGEP. Disponível em: <http://www.simpep.feb.unesp.br/anais/anais_13/artigos/984.pdf. >. Acesso em: 25 Jul. 2016.

QUEIROZ, A.A.; CAVALHEIRO, D. Método de previsão de demanda e detecção de sazonalidade para o planejamento da produção de indústrias de alimentos. XXIII ENEGEP, 2003. Disponível em: < http://www.abepro.org.br/biblioteca/enegep2003_tr0101_0801.pdf>. Acesso em: 25 Jul.2016.

SLACK, N.; CHAMBERS, S.; JOHNSTON, R. Administração da Produção. 2ª ed. São Paulo: Atlas, 2009.

TUBINO, D. F. Manual de Planejamento e Controle da Produção. 2ª ed. São Paulo: Atlas, 2000.

TUBINO, D. F. Planejamento e controle da produção: Teoria e prática. São Paulo: Atlas, 2007.

UNIVERSIDADE FEDERAL DE SANTA MARIA/RS. Previsão de vendas como suporte na programação e controle da produção em uma empresa de alimentos – um estudo de caso. Disponível em: <http://www.abepro.org.br/biblioteca/ENEGEP2000_E0098.PDF>. Acesso em: 25 Jul. 2016.

USO DE FERRAMENTAS *LEAN* NA CADEIA DE PETRÓLEO *OFFSHORE*

Regina Meyer Branski
Departamento de Minas e Petróleo da Escola Politécnica
Universidade de São Paulo
Praça Coronel Narciso Andrade s/n
Vila Mathias – Santos - SP
regina.branski@usp.br

Paulo Sérgio de Arruda Ignácio
Faculdade de Ciências Aplicadas
Universidade Estadual de Campinas
psai@fca.unicamp.br

Resumo

O pensamento enxuto ou *lean thinking* pode ser definido como uma filosofia ou conjunto de métodos, técnicas e ferramentas que busca essencialmente a eliminação de desperdícios nas operações. Utilizado na manufatura, h*á relatos na literatura de experiências bem sucedidas na aplicação da metodologia* lean no setor de petróleo. O objetivo do trabalho é identificar ferramentas e métodos *lean* que possam ser aplicadas à cadeia de petróleo e na logística *offshore.* A pesquisa será exploratória e o método utilizado será a revisão sistemática da literatura abrangendo artigos publicados em periódicos científicos, revistas especializadas e congressos da área entre os anos de 2000 a 2017. A pesquisa contribui para o desenvolvimento de uma estrutura conceitual e metodológica de base para a aplicação das ferramentas *lean* no setor de petróleo.

Palavras chave: cadeia de petróleo, logística, *lean*, pensamento enxuto, *offshore*, petróleo, óleo e gás.

Introdução

Nas últimas décadas vem crescendo a exploração de petróleo no mar (*offshore*), em reservas cada vez mais distantes da costa. As complexidades e os custos envolvidos na exploração e produção de petróleo em condições tão adversas são grandes. Com a queda do preço do petróleo nos últimos anos, as empresas da cadeia passaram a sofrer pressão crescente para reduzir seus custos e melhorar sua eficiência.

O pensamento enxuto ou *lean thinking* é uma abordagem para reduzir custos e aumentar a satisfação do cliente pela eliminação dos desperdícios. (1) Bastante utilizado na manufatura, h*á relatos de experiências bem sucedidas na aplicação da metodologia* *lean* no setor de petróleo. A Aera Energy na Califórnia, por exemplo, utilizou os princípios *lean* nos processos de manutenção e perfuração poços. Os resultados foram bons, com diminuição dos custos e maior eficiência. Outro exemplo é um fabricante de equipamentos do setor de petróleo que adotou algumas ferramentas de melhoria. (2)

Estudos realizados com fabricantes de aviões, de navios, de equipamentos industriais, entre outros, mostraram ser possível à aplicação das técnicas e ferramentas *lean* – com algumas adaptações – em outros setores além da manufatura. Assim, a questão que se coloca é: como aplicar *lean* para reduzir custos e melhorar a eficiência na cadeia de petróleo? O objetivo do trabalho é identificar ferramentas e técnicas *lean* que possam ser aplicadas na gestão cadeia de petróleo e na logística *offshore*. A identificação dessas ferramentas e técnicas contribui para o desenvolvimento de uma estrutura conceitual e metodológica de base para a aplicação de *lean* no setor de petróleo.

O trabalho está organizado da seguinte forma: metodologia; apresentação da cadeia de petróleo *offshore*, suas principais características e particularidades; em seguida os princípios, ferramentas e técnicas que regem a filosofia *lean* e, finalmente, os processos e atividades da cadeia do petróleo que podem ser beneficiados com a adoção dessas técnicas e ferramentas.

Metodologia

A metodologia para o desenvolvimento do trabalho será a revisão sistemática da literatura. Esta metodologia permite sumarizar conhecimento acumulado em um campo de interesse, identificar os métodos de pesquisa que predominam na área e, ainda, determinar onde existem lacunas para futuras pesquisas. (3)

A revisão sistemática difere da revisão bibliográfica tradicional porque exige uma sequencia de etapas, com técnicas padronizadas, e que podem ser replicáveis. A Figura 1 mostra as principais etapas cumpridas: definição dos objetivos e das estratégias de busca (seleção das bases, período, palavras-chave, critérios de inclusão e exclusão dos artigos), identificação e seleção dos trabalhos e, finalmente, análise criteriosa da literatura levantada.

Figura 1: Etapas da Revisão Sistemática

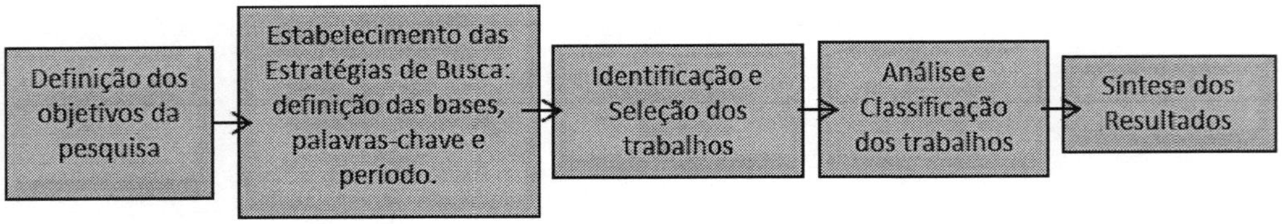

Fonte: Adaptado de Centre for Reviews and Dissemination (4).

A busca será realizada no portal de periódicos mantido pela Coordenação de Aperfeiçoamento de Pessoal de Nível Superior (CAPES) – que abrange mais de 37 mil publicações de bases como Science Direct, ProQuest, Academic OneFile, Emerald, Sage Journals, Science Electronic Library Online (SciELO) etc. - e, também, no *Google Academics* e em congressos da área de petróleo. Serão pesquisadas publicações entre os anos de 2000 e 2016 e as palavras-chave utilizadas serão *"petroleum and lean", "oil and lean"; "lean thinking and petroleum", "lean production and petroleum"*.

Cadeia do petróleo *offshore*

Cadeia de suprimentos é o conjunto das organizações, recursos e atividades conectados e comprometidos com a criação, distribuição e venda de produtos acabados e serviços para o consumidor final. Gestão da Cadeia (*Supply Chain Management* - SCM) é a coordenação e controle dos diferentes parceiros buscando a excelência dos processos como um todo (5). As cadeias de suprimentos podem ter formas, tamanhos e complexidades diferentes, de acordo com os produtos, processos de produção e posicionamento estratégico das empresas (6). Quanto mais complexa, maior a probabilidade da ocorrência de problemas, já que é mais difícil coordenar e controlar as unidades e parceiros. (5)

A cadeia de petróleo é bastante complexa e enfrenta desafios pouco comuns para a maioria das empresas. Tradicionalmente a cadeia é classificada em dois segmentos: *upstream*, onde estão as etapas de exploração, desenvolvimento e produção, e *downstream* com refino e distribuição. Este trabalho está voltado exclusivamente para a cadeia *upstream* do petróleo. A Figura 2 mostra as três etapas da cadeia *upstream* do petróleo e, o Quadro 1, as atividades desenvolvidas em cada uma delas.

Figura 2: Cadeia de Petróleo *Upstream*

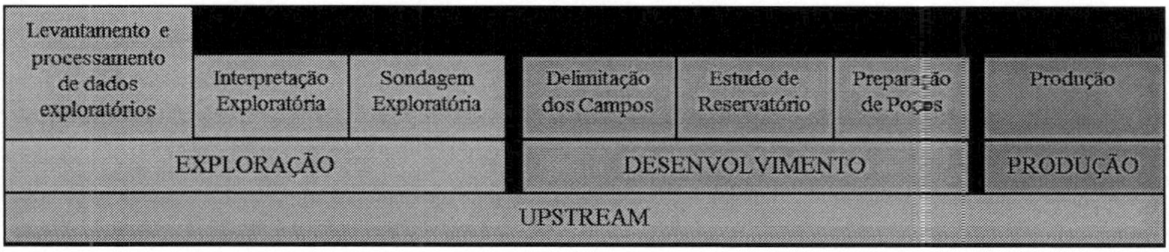

Fonte: adaptada de Sebrae (7)

A exploração tem início com levantamento sísmico que identifica possíveis jazidas. Envolve quatro atividades: coleta de informações geológicas do subsolo, processamento dos dados, conversão dos dados em modelos para análise e interpretação do perfil geológico para decidir onde perfurar os poços de exploração. Por meio dos poços de exploração identificam-se as reservas, sua magnitude e qualidade do óleo. Nessa etapa estão envolvidos muitos custos e riscos, já que os investimentos em capital e mão de obra especializada são elevados e podem resultar em poços de baixo ou mesmo de nenhum potencial econômico. Se os resultados forem promissores, a empresa evolui para a etapa de desenvolvimento. (8)

No desenvolvimento é feito o planejamento de como explorar o reservatório: número de poços perfurados, localização, equipamentos e materiais necessários. Os poços são perfurados e completados (preparados) com a instalação de equipamentos para extração, tratamento e estocagem e de um sistema para escoamento do óleo e do gás. (8)

Finalmente, na produção, é iniciada a extração do petróleo. Nessa etapa as principais atividades são os cuidados com a manutenção – recuperando ou substituindo peças e equipamentos desgastados ou com defeito – e supervisão das condições do ambiente como pressão, fluxo de fluídos, vazão do óleo etc. Os fluídos produzidos pelos poços (água, óleo e gás) são separados, tratados e armazenados para serem transportados para as refinarias (8).

Quadro 1: Atividades da Cadeia *Upstream* do Petróleo

Exploração	Desenvolvimento	Produção
De 0 a 10 anos	De 30 a 90 dias	De 2 a 20 anos
Conduzir pesquisa geológica e sísmica	Perfurar poços para avaliar a extensão, o potencial de produção e a viabilidade econômica da reserva (poços exploratórios)	Extrair o óleo e gás
Identificar potenciais reservatórios	Investigar as características do subsolo que podem afetar a produção	Transportar o petróleo e o gás
Confirmar sua existência	Avaliar cenários de produção	Encerrar as atividades de produção (desativação da infraestrutura e descarte de resíduos tóxicos)
	Planejar a exploração, desde o local da perfuração até a infraestrutura utilizada.	
	Implementar a infraestrutura de produção (poços de exploração e completação)	

Fonte: adaptado de Bain & Company e Tozzini Freire Advogados (9).

Assim, em cada uma das etapas da cadeia *upstream* do petróleo – exploração, desenvolvimento e produção – são desenvolvidas diferentes atividades e demandados diferentes materiais, equipamentos e serviços. O quadro 2 abaixo lista os principais produtos e serviços utilizados em cada uma das três etapas da cadeia *upstream*.

O número de *players* da cadeia é elevado e diversificado, e envolve desde empresas pouco especializadas até prestadores de serviço altamente qualificados. Entre os fornecedores estão empresas de análise geofísica e completação dos poços, empresas de perfuração, provedores de solução, provedores de serviço *subsea*, apoio logístico para transporte aéreo e terrestre de insumos, equipamentos e pessoas, fornecedores de peças, máquinas e equipamentos etc.

É entre os fornecedores de peças, máquinas e equipamentos que se encontra a maior diversidade. Estão incluídos nessa categoria uma ampla gama de empresas de diferentes tipos, que produzem desde um simples parafuso, até equipamentos especializados e únicos. Podem ser classificados em fornecedores de produtos padronizados para estoque (*make-to-stock* - MTS), de produtos produzidos sob-encomenda (*make-to-order* – MTO) e, finalmente, de projetos sob medida (*engineering-to-order* – ETO). A forma de operar de cada um tem impacto sobre os *lead times* da produção e do transporte e, consequentemente, nos prazos de entrega para o cliente.

Quadro 2: Bens e Serviços na Cadeia *Upstream* de Petróleo

	Exploração	Desenvolvimento			Produção
	Geologia e Geofísica	Perfuração, Avaliação e Completação	Unidade de Produção	Sistema de Coleta e Produção	Produção e Manutenção
Serviços	Aquisição de Dados	Afretamento / Operação de Sonda			
	Interpretação e Processamento	Perfuração e Completação		Serviços *Subsea* (instalação)	Serviços de Manutenção (topside e subsea)
		Contratação EAMs / Transporte Aéreo / Base de Apoio			

<table>
<tr><td rowspan="2"></td><td>Exploração</td><td colspan="3">Desenvolvimento</td><td>Produção</td></tr>
<tr><td>Geologia e Geofísica</td><td>Perfuração, Avaliação e Completação</td><td>Unidade de Produção</td><td>Sistema de Coleta e Produção</td><td>Produção e Manutenção</td></tr>
<tr><td rowspan="6">Bens</td><td></td><td colspan="4">Insumos para Perfuração e Completação</td></tr>
<tr><td></td><td colspan="4">Equipamentos Perfuração e Ferramental</td></tr>
<tr><td></td><td colspan="2">Projeto de Fabricação e Instalação de Módulos e Topsides para Sondas / UPs</td><td>Equipamentos Subsea e Ferramental</td><td></td></tr>
<tr><td>Naval Sísmicos</td><td colspan="2">Casco Sondas / UPs</td><td>Dutos de Exportação</td><td>Navio Aliviador</td></tr>
<tr><td></td><td colspan="4">Naval EAMs</td></tr>
<tr><td colspan="5">M&E Industriais (investimento e reposição)</td></tr>
</table>

Fonte: Ernst & Young (10).

Os produtos para estoque (MTS) são produzidos em grande quantidade, em processos repetitivos e, no geral, os fornecedores carregam grandes estoques e a entrega é rápida. Já os produzidos sob-encomenda (MTO), a maior parte do estoque é de peças semiacabadas e a montagem do produto final só ocorre a partir do pedido do cliente. Assim, os prazos de entrega costumam ser mais longos que os do para estoque. Finalmente, nos projetos sob-medida (ETO), os produtos são customizados, desenvolvidos para atender uma necessidade específica de um cliente único e, sendo assim, seu volume de produção é baixo, não existem estoques e o *lead times* são longos.

A gestão da cadeia de suprimentos de qualquer setor deve estar voltada para coordenação e controle dos diversos agentes que compõem a cadeia. Não é diferente na cadeia de petróleo. Há várias abordagens possíveis para análise da cadeia. Nesse trabalho a abordagem é do ponto de vista da logística.

Logística da cadeia de petróleo *offshore*

Logística é a parte do processo da cadeia de suprimentos que planeja, estabelece e controla os fluxos e estoques de matéria prima, produtos, serviços e informação desde a origem até o consumidor e envolve a gestão de três grandes áreas: (1) projeto de rede (número e tipos de instalações, localização e distribuição), (2) estoque (previsão da demanda, programação do abastecimento, armazenagem, manuseio e embalagem) e (3) transporte (escolha dos modais, roteirização e programação dos veículos e consolidação dos fretes): (11)

A rede logística da cadeia de petróleo *offshore* é composta por um conjunto de plataformas de perfuração e de produção, bases logísticas em terra (*onshore*) para armazenamento das peças e equipamentos, frota terrestre e marítima que incluem navios de sísmica e de apoio logístico, navios petroleiros para o transporte do óleo e gás para a terra, terminais para armazenamento do óleo, dutos e terminais portuários. O porto desempenha papel central, já que gargalos ou ineficiências em suas operações podem ter reflexos por toda a cadeia logística.

As plataformas *offshore* podem ser de diferentes tipos: fixas, autoeleváveis, semissubmersíveis, FPSO, Navios Sonda etc.. (12) Algumas são utilizadas na perfuração e outras na produção do óleo e do gás. No geral são equipadas com alojamento, refeitório, laboratórios, sala de controle, geradores de energia, depósitos para materiais, peças e equipamentos etc.

Com a descoberta de grandes reservas de petróleo no mar, vem sendo cada vez mais frequente a utilização dos FPSOs (*Floating Production, Storage and Offloading Systems*) na produção de petróleo *offshore*. Esses navios plataformas operam como verdadeiras unidades industriais onde é realizado o processamento do petróleo: óleo e o gás são separados da água e das impurezas; a água tratada é descartada ou reinjetada no reservatório. Em plantas mais complexas pode ser realizada, ainda, a compressão do gás para o transporte.

Nas plataformas são utilizados vários tipos de suprimentos: água, óleo diesel, alimentos, cimento, produtos químicos, equipamentos etc. São centenas de itens que devem estar disponíveis sempre que necessário e que variam de acordo com as atividades que estão sendo desenvolvidas no momento. A perfuração, por exemplo, está sujeita a inúmeros imprevistos e, assim, a demanda é incerta e são frequentes os pedidos de urgência. Os principais insumos utilizados são fluidos a base de óleo ou água com compostos como baritina e bentonita. Outro componente crítico nessa etapa são as peças para reposição (*spare parts*). Na produção predominam os produtos de rancho e químicos e a demanda é mais previsível. (13)

As restrições de espaço nas plataformas são severas e, por isso, a maior parte do estoque permanece armazenada em bases de apoio localizadas geralmente ao longo da costa ou nos portos. Os pedidos são remetidos para os fornecedores, que enviam para as bases *onshore* onde são consolidados e enviados para embarque nos portos. O transporte entre o porto e as plataformas, assim como a retirada dos resíduos, é feito por *Platform Supply Vessel* (PSV), navios especialmente planejados para abastecer as plataformas *offshore*. (14)

O planejamento das operações de abastecimento das plataformas é complexo e envolve inúmeras questões: (15) a demanda por embarcações é elevada e irregular; a carga só pode ser acomodada até o nível do convés, sem empilhamento; as prioridades e restrições operacionais das plataformas precisam ser observadas; capacidade das embarcações e das instalações portuárias é limitada exigindo adequação entre a chegada do material e o momento do embarque, finalmente, fatores estocásticos como alterações nas condições climáticas e ambientais podem afetar o planejamento.

A logística reversa também é realizada por essas embarcações: aproximadamente 75% do material trazido para as plataformas retornam para as bases. São contêineres de diferentes tamanhos, embalagens etc., além da água utilizada na perfuração que não pode ser descartada no mar. Cabe à logística dispor de forma adequada os resíduos remanescentes do processo.

Finalmente, o óleo e gás extraído dos poços *offshore* é transportado para as refinarias. Para o transporte do gás, os modais mais utilizados são dutos ou embarcações. O custo elevado dos dutos restringe o comércio do gás natural que muitas vezes acaba sendo depositado em reservatórios já esgotados, em aquíferos ou em cavernas de sal. (16)

A exploração e produção de petróleo em alto mar colocam diversos desafios para a indústria do petróleo. A gestão das operações *onshore* e da logística de apoio, fundamentais para as operações *offshore*, também são complexas. Dentre os fatores que contribuem para a complexidade da cadeia de petróleo e da logística estão longos *lead time* entre a produção e o cliente final, pouca flexibilidade decorrente das limitações na definição do modal, além do elevado número de *players*. Assim, as margens para manobra são limitadas e é um desafio reduzir custos e manter o nível de serviço na cadeia de petróleo.

Com relação ao *lead time*, muitas vezes o transporte o óleo e o gás, ou mesmo de equipamentos e materiais, ocorre entre locações situadas em diferentes continentes. L*ead time* longo eleva o custo do transporte, de carregamento dos estoques em trânsito e exige estoque de segurança maior. Além disso, as longas distâncias implicam em grande variabilidade no tempo de transporte afetando o nível de serviço.

Quanto à baixa flexibilidade, a produção ocorre apenas em certas áreas, o transporte do óleo e do gás *offshore* está limitado aos dutos ou navios-tanque, e a definição dos fornecedores e de outros parceiros é determinada pela qualificação dos agentes, já que o grau de especialização exigido é bastante elevado.

O uso de ferramentas e técnicas *lean* pode melhorar o nível de serviço e reduzir custo, reduzindo as complexidades, podendo ser aplicados não só na cadeia do petróleo e na logística offshore, como também nas operações realizadas nos FPSOs.

O pensamento *Lean*

Lean pode ser definido como uma filosofia ou conjunto de métodos, técnicas e ferramentas que buscam, essencialmente, a eliminação de desperdícios nas operações. Os benefícios da sua aplicação incluem redução no *lead time* e maior qualidade dos produtos e serviços, diminuindo custo e aumentando a eficiência dos processos. (1)

O pensamento enxuto está baseado em cinco princípios: (17)

- Identificar o que é valor para o cliente em todos os processos da cadeia de suprimentos
- Mapear o fluxo de valor: Identificar as etapas necessárias para produzir o produto ou serviço e classificar as atividades em três categorias: i) agregam

valor, ii) não agregam valor mas são necessárias, e iii) não agregam valor e devem ser eliminadas.

- Criar um fluxo contínuo para o produto. Melhorar os processos das atividades que criam valor para tornar o sistema funcional, reduzindo interrupções, divergências, estoques desnecessários, defeitos e devoluções.
- Estabelecer um fluxo puxado, ou seja, a produção responde à demanda do cliente. As informações de demanda devem estar visíveis para todos em toda a cadeia.
- Buscar sempre a perfeição pela identificação e eliminação contínua das atividades que não agregam valor.

Os princípios visam maximizar o valor que será entregue ao cliente, seja ele interno a organização ou externo, eliminando todo o tipo de desperdício. Desperdício é tudo aquilo que consome recursos sem agregar valor para o cliente. Taiichi Ohno (1) identificou sete tipos de desperdícios: superprodução, defeito e retrabalho, espera, transporte desnecessário, processamento desnecessário, estoque e movimentação desnecessária. Na busca pela otimização de recursos e eliminação de desperdícios são utilizadas várias técnicas e ferramentas. As principais são: (18)

- Cinco S: usado para organizar áreas de trabalho que enfatiza a ordem visual, organização, limpeza e padronização por meio de cinco atividades: Separe (Seire), Organize (Seiton), Limpe (Seiso), Padronize (Seiketsu) e Mantenha (Shitsuke)
- Mapa do Fluxo de Valor: representar visualmente as etapas da produção, registrando as atividades diretas e de apoio. Facilita a identificação de desperdícios e de suas causas.
- Padronização: adotar práticas padronizadas de trabalho com regras claras que devem ser seguidas por todos
- Flexibilidade: utilizar peças e equipamentos menores que podem ser combinados de diferentes maneiras. Podem processar produtos diferentes simultaneamente.

- SMED: reduzir tempo *set-up* baseado, principalmente, na redução das atividades internas, ou seja, que precisam ser realizadas com a máquina parada. Por exemplo, pré-montagem das componentes de modo a facilitar a fixação na máquina ou o uso de ferramentas padrão que se adaptam a diferentes equipamentos.

- Manutenção Preventiva: adotar manutenção preventiva (TPM) para evitar paradas não planejadas

- Planejamento: planejar fluxo suave, evitando rotas longas que aumentam a probabilidade de ocorrência de atrasos e de estoques.

- Visibilidade: tornar a operação o mais transparente possível, dessa forma os problemas são detectados mais facilmente. Por exemplo: deixar visíveis indicadores de desempenho, produtos com defeitos ou usar sinais que indicam quando ocorrem problemas de qualidade. Quanto mais transparente a operação, mais facilmente os problemas ser*ão* detectados e resolvidos pela equipe.

- Planejamento e controle *just-in-time* da produção e dos estoques: produzir somente o necessário, quando necessário, para atender a demanda dos clientes (puxado ou *pull*).

Petterson (19) recomenda o agrupamento das ferramentas em função dos objetivos que se pretende atingir (Quadro 3).

Quadro 3: Agrupamento das Ferramentas Lean

Objetivo	Ferramentas
Prática *Just In Time*	Heinjunka, Kanban, Tempo Takt, Fluxo Contínuo
Redução de recursos	Eliminação de perdas, SMED, Redução Lead Time, estoques e lotes.
Gestão de relações humanas	Organização de grupos de trabalho, OJT (On the Job Training)
Estratégias de Melhoria	Kaizen, Análise de causa raiz / 5W2H
Controle de defeitos	Jidoka, Poka Yoke, Andon, CEP (Controle Estatístico do Processo)
Gestão da cadeia produtiva	VSM (Value Stream Map), S&OP (Sales and Operations Planning)
Padronização	5S, Trabalho padrão, Gestão a vista
Controle de processos	Hoshin Kanri, Estudo de tempos e métodos, Projeto de layout, Produção celular

Fonte: adaptado de Petterson (19)

Embora o l*ean* tenha nascido na manufatura, sua aplicação em outros segmentos tem se tornado cada vez mais comum. Na verdade seus princípios são universais e podem ser aplicados a qualquer empresa. Entretanto, é preciso adaptar suas práticas e ferramentas às particularidades de cada setor. A seguir será discutido como *lean* pode ser utilizado na logística e na cadeia de petróleo *offshore*.

Ferramentas e técnicas *lean* na cadeia de petróleo *offshore*

Muitos dos desperdícios e ineficiências relatados por Ohno (1) para a manufatura podem ocorrer na cadeia de petróleo. O Quadro 4 define os desperdícios, aponta possíveis causas e as ferramentas/técnicas *lean* que podem ser utilizadas. (19). Em seguida o Quadro 5 elenca atividades para um boa gestão da cadeia do petróleo *offshore*.

Quadro 4: Desperdícios na Cadeia de Petróleo e Ferramentas *Lean*

Desperdícios	Definição	Causas	Ferramentas/Técnicas *Lean*
Superprodução	Produção além do necessário, utilização de mais recursos do que os necessários, ou não utilização eficiente dos recursos disponíveis	Pouca sinergia no abastecimento das instalações *offshore*, capacidade ociosa nos *vessels*, excesso de burocracia nos processos etc.	Ferramentas relacionadas aos objetivos coletivos de gestão da cadeia produtiva e de controle de processos
Retrabalho	Decorre do processamento de produtos com defeito ou da necessidade de refazer qualquer tarefa	Embalagem avariada, necessidade de checagem dos conteúdos das cargas, falta de etiqueta com a descrição da carga, colocação em uma mesma embalagem de pedidos destinados a diferentes plataformas etc.	Ferramentas relacionadas aos objetivos de controle de defeitos, padronização e gestão das relações humanas.
Tempo em espera	Trabalhadores e/ou equipamentos parados	Longos *lead-times*, de trabalhadores com pouca flexibilidade para desenvolver outras tarefas, do atraso na entrega de produtos e materiais, ou da manutenção de equipamentos alugados mais tempo do que o necessário.	Ferramentas relacionadas aos objetivos coletivos de redução de recursos e controle de processos
Transporte desnecessário	Movimentação de ferramentas, material, produtos ou equipamentos. Atividade necessária, mas que não agrega valor.	Roteirização não adequada, mau aproveitamento da capacidade dos *Supply Vessels*, falta de planejamento das cargas de retorno, fornecedores localizados em regiões distantes, *layout* não adequado dos FPSOs, local de trabalho desorganizado	Ferramentas relacionadas aos objetivos coletivos de redução de recursos e controle de processos
Processamento desnecessário	Realização de qualquer atividade que não agrega valor ao item que está sendo processado	Alterações na engenharia dos produtos, instruções de trabalho mal elaboradas, excesso de documentação ou regulamentações.	Ferramentas relacionadas aos objetivos coletivos de redução de recursos, padronização e controle de processos.
Estoques desnecessários	Manutenção de estoque de produtos finais, matéria prima e insumos.	Por falta de confiança nos fornecedores e operadores logísticos, realiza pedidos com muita antecedência e mantém peças e equipamentos nas plataformas mesmo quando não são mais necessárias.	Ferramentas relacionadas aos objetivos coletivos de redução de recursos, padronização, gestão da cadeia produtiva e controle de processos.
Movimentação desnecessária dos trabalhadores	Deslocamento para buscar uma peça ou ferramenta esquecida ou necessidade de deslocar para realizar atividade	*Layout* inadequado das plataformas (muitas vezes navios adaptados), desorganização no ambiente de trabalho, falta de clareza das regras e do fluxo de material.	Ferramentas relacionadas aos objetivos coletivos de gestão de relações humanas e padronização

Quadro 5: Gestão da Cadeia de Petróleo *Offshore*

Gestão da cadeia	Atividades
Planejamento do transporte nos *Supply Vessels*	□ Racionalizar o atendimento das plataformas (roteirizar). □ Estabelecer programação: frequência necessária, instalações atendidas etc. □ Utilizar ferramentas de otimização para distribuir a carga no deck e no compartimento inferior de modo eficiente. □ Revisar periodicamente.
Estabelecimento de categorias de serviço	□ Manter serviço padrão para situações rotineiras e serviço especial para situações críticas □ Estabelecer programa de manutenção preventiva dando confiabilidade ao processo.
Ajuste periódico da programação (flexibilidade)	□ Operar, sempre que possível, com equipamentos menores e peças construídas a partir de módulos comuns. Modularizaçao das peças e componentes facilita o reuso e o compartilhamento de componentes, aumenta capacidade para se adaptar aos ambientes competitivos dinâmicos, reduz a complexidade das tarefas e permite realiza-las simultaneamente. □ Mudança nos procedimentos de *set-up*. Trabalhadores treinados para operar diferentes equipamentos.
Sincronização	□ Fornecimento de produtos e equipamentos já em unidades de carga para que possam ser embarcados diretamente nos *vessels*. Se possível, devem estar consolidadas de acordo com as instalações atendidas. □ Identificação clara do conteúdo da carga, evitando erros, retrabalho e atrasos no embarque.

Conclusão

O objetivo do trabalho era identificar ferramentas e técnicas *lean* que pudessem ser aplicados na cadeia de petróleo e na logística *offshore*. Embora o *lean* tenha sido criado para a manufatura, o trabalho mostrou que é possível aplicar muitas de suas ferramentas na cadeia de petróleo. Entretanto, cada etapa exige diferentes produtos e serviços e está sujeita a diferentes complexidades. Além disso, cada campo tem características próprias que podem trazer novos desafios. Assim, flexibilidade e capacidade de adaptação à novas situações é central para a eficiência da cadeia.

Referências Bibliográficas

(1) Ohno, T. O sistema Toyota de Produção: além da produção em larga escala. Tradução Cristina Schumacher. Porto Alegre: Bookman. 1997.

(2) Melchert, E.R., Mesquita M.A., Franchischini, P.G. Lean manufacturing on make-suppliers: a case study. In: 12th International Conference on Industrial Engineering Operations Management (ICIEOM). 2006.

(3) Cochrane Library . *Cochrane handbook for systematic review of interventions*. The Cochrane Collaboration. 2009. Disponível em:<http://www.cochrane-handbook.org>. Acessado em 15/05/2015.

(4) Centre for Reviews and Dissemination, "Systematic Reviews: CRD's Guidance for Undertaking Reviews in Health Care" (online), CRD University of York, 20 July 2009. Disponível em <http://www.york.ac.uk/inst/crd/pdf/Systematic_Review.pdf>. Acessado em 10/02/2016.

(5) Asbjørnslett, B.E. "Project Supply Chain Management From Agile to Lean," 289. The Norwegian University of Science and Technology, Faculty of Engineering Science and Technology, Department of Production and Quality Engineering, Programme: PROJECT 2000. 2002.

(6) Bowersox, D.J. Closs, J.A. Logística Empresarial. São Paulo: Atlas. 2001.

(7) Sebrae. Petróleo e gás: informações para empresas fornecedoras de bens e serviços. 2015. Disponível em <http://www.sebrae.com.br> Acessado em 20/02/2017.

(8) Almeida, E.F. Economia da Indústria do Petróleo in Pinto Jr. (org.) Economia da Energia: Fundamentos Econômicos, Evolução Histórica e Organização Industrial. Rio de Janeiro:Editora Campus. Rio de Janeiro. 2004. 343 p.

(9) Bain & Company e Tozzini Freire Advogados. Estudos de alternativas regulatórias, institucionais e financeiras para a exploração e produção de petróleo e gás natural e para o desenvolvimento industrial da cadeia produtiva de petróleo e gás natural no Brasil: relatório consolidado. São Paulo: Bain & Company, Tozzini Freire Advogados, 2009. 236 p.

(10) Ernst & Young. Brasil sustentável. 2014. Disponível em <http://fgvprojetos.fgv.br/sites/fgvprojetos.fgv.br/files/estudo_20.pdf>. Acessado em março de 2017.

(11) Ballou, R.H. The evolution and future of logistics and supply chain management. *European Business Review*. 2007; 19 (4).

(12) Corts, K.S. *The offshore drilling industry*. Harward Business School. Fevereiro de 2001.

(13) Lopes, P.H.M. (2011). *Uma solução para o problema de roteamento de embarcações de apoio offshoreatravés da meta-heurística* RTR. 2011. Dissertação (Mestrado em Engenharia Elétrica). COPPE. Universidade Federal do Rio de Janeiro. Rio de Janeiro.

(14) Morais, J. M. Petróleo Em Águas Profundas - Uma história tecnológica da Petrobrás na exploração e produção offshor**e**. 1. ed. Brasília: Petrobrás, 2013

(15) Aguiar R.A. *Estudo do Impacto da ampliação de berço e de área de páteo no aumento da capacidae operacional de uma base offshore***.** Dissertação Engenharia Civil. Universidade Federal do Espírito Santo. 2013.

(16) Wang, X. Monetizing Natural Gas by Optimizing Transport**.** International Petroleum Thechnology Conference, 2014.

(17) Mano, A., Vincent, C. The Lean Handbook. American Society for Quality, Milwaukee: Quality Press. 2012.

(18) Lean Institute Brasil, 2016. Disponível em <lean.org.br> Acessado em 02/10/2016.

(19) Pettersen, J. Defining lean production: some conceptual and practical issues. The TQM Journal, 2009.l(21), pp.127-142, https://doi.org/10.1108/

VALOR E DESPERDÍCIO: UMA REVISÃO NO CONTEXTO DE LEAN HEALTHCARE

Milena Estanislau Diniz Mansur dos Reis[1], Robisom Damasceno Calado[2]
[1]Universidade Federal Fluminense – UFF/Rio das Ostras,
robisomcalado@id.uff.br
[2]Universidade Federal do Rio de Janeiro – UFRJ/Macaé,
milena.estanislau@gmail.com

RESUMO

Organizações do setor de saúde têm adotado utilizado o Pensamento Enxuto com o intuito de criar valor e eliminar desperdício. Poucas pesquisas têm focado em qual é a compreensão de valor e desperdício em organizações de saúde. Buscar-se-á respostas para os seguintes questionamentos: Qual é o significado de valor e desperdício, quais são as atividades que agregam valor e as que não agregam e como valor é identificado e enxergado nas organizações do setor de saúde? Quais são as estratégias para eliminação e/ou redução de desperdícios? Quais são os ganhos com eliminação e/ou redução? Para obtenção de respostas aos questionamentos, foi realizada revisão sistemática seguida de revisão de literatura de produção científica brasileira com base no acesso e levantamento de textos completos dos Anais do Simpósio de Engenharia de Produção - SIMPEP e dos periódicos *Journal of Lean Systems*, Revista Gestão Industrial e Revista Produção Online.

Palavras-chave: Pensamento Enxuto, Valor, Desperdício, *Lean Healthcare*

INTRODUÇÃO

GRABAN[1] afirma que a "Os hospitais e seus processos estão repletos de desperdício e ineficiência (...). Os problemas enfrentados pelos hospitais podem ser desa lentadores (...)" (p. 19). RODRIGUES e AFFONSO NETO[2] destacaram a importância de reduzir e/ou eliminar desperdício, na área de saúde da seguinte forma:

A pouca disseminação do *Lean* na área da saúde, e os enormes problemas de desperdício que o setor enfrenta, haja vista as perdas noticiadas todos os dias e o impacto do mal atendimento à população, evidenciam o papel relevante que o *Lean* pode desempenhar no sentido de mitigar desperdícios de forma a gerar resultados mais significativos e o bem-estar das pessoas que recorrem aos serviços de saúde no Brasil" (p. 66).

GRABAN[1] considera que
"A profissão da assistência à saúde é movida por uma importante missão e um forte sentido de propósito. Os problemas diários, o desperdício e os processos superados interferem naquilo que p rovedores e trabalhadores da assistência à saúde querem sempre realizar: proporcionar a melhor assistência possível aos pacientes e manter as pessoas saudáveis" (p. 4).

Trilhar a "rota do Lean" pode trazer melhoria em termos de "segurança, qualidade e custos" para o paciente e que o ponto de partida para sua adoção envolve a compreensão dos princípios que o rege.[1]

Neste sentido, o presente estudo buscará avaliar o tema desperdício e valor nas organizações de saúde em termos de compreensão dos conceitos e forma de emprego bem como buscará entender como lidar com os desperdícios.

MÉTODOS

No presente trabalho, o método teórico-conceitual foi utilizado baseado em uma revisão bibliográfica sistemática seguido de uma pesquisa bibliográfica com vistas à responder aos questionamentos listados. A Tabela 1 apresenta as palavras-chave e combinações de palavras-chave e os resultados da pesquisa nas fontes de dados.

Tabela 1- Dados da busca nas fontes de dados

Fonte de dados	Palavras-chave/ Combinação de palavras-chave	Modo de busca	Resultados
Journal of Lean Systems	Healthcare OR "Health Care" OR hospital OR saúde OR enfermagem OR cuidado OR farmácia OR emergência OR paciente	Combinação das palavras-chave com uso do Filtro Full Text. Observação: O Jornal conta com publicações a partir de 2016, por isso busca foi feita nos anos de 2016 e 2017.	A busca retornou 4 artigos, mas somente 3 foram considerados relevantes. No presente trabalho será apresentado somente 1 dos artigos.
Revista Produção Online	"Pensamento Lean" OR "Manufatura Enxuta" OR "Pensamento Enxuto" OR "Lean Manufacturing" OR "Filosofia Lean" OR "Filosofia Enxuta" OR "Produção Enxuta" OR "Lean Production" OR "Lean Thinking" OR "Lean Six Sigma" OR "Lean service" OR "Serviço enxuto"	Combinação das palavras-chave com uso do FiltroTexto Completo	Resultado inicial: 93 artigos. Com a utilização do critério de exclusão foram considerados 4 artigos e depois de leitura apenas 2 artigos.
Gestão Industrial	(Lean OR Enxut?) AND (saúde OR "health care" or healthcare)	Combinação das palavras-chave com uso do Filtro Texto Completo	Resultado inicial: 17 artigos. Com a utilização do critério de exclusão foi considerado 1 artigo.
Simpósio de Engenharia de Produção - SIMPEP	Palavras-chave: saúde, lean, enxuto, enxuta, Hospital, desperdício, valor	Palavras-chave no no campo de busca dos anais do Evento com exceção do período de 2004 a 2006, onde não havia disponibilidade de busca por meio do site. Os autores copiaram a página que continha o título dos artigos deste período, colaram no WORD e fizeram a pesquisa.	Resultado inicial: 27 artigos. Foram selecionados para o propósito deste estudo 2 artigos.

Os seguintes artigos foram considerados para realização da Pesquisa Bibliográfica:

Autores	Titulo	Fonte
MOCCELLIN, Fernando.; MUSETTI, Marcel Andreotti.	**Lean thinking: aplicação em um ambulatório hospitalar**	Simpósio de Engenharia de Produção - SIMPEP, 11, 2004, Bauru. Anais...Bauru, UNESP.
SELAU, Lisiane Priscila Roldão; PEDÓ, ;Mônica Gisele Brancher; SENFF, Daniela dos Santos; SAURIN, Tarcisio Abreu	**Produção enxuta no setor de serviços: caso do hospital de clínicas de Porto Alegre – HCPA**	Revista Gestão Industrial, v. 5, n. 1, p. 122-140, 2009.
SILVA, Elias Hans Dener Ribeiro da; LIMA, Edson Pinheiro de; COSTA, Sérgio Eduardo Gouvêa da	**Qual o significado de valor? Uma abordagem baseada em diferentes perspectivas**	Revista Produção Online, Florianópolis, v. 15, n. 4, p. 1326-1350, dez. 2015.
SILVA, Orlando Roque; SACRAMENTO, Francisco José Souza; PALMISANO, Angelo	**Desperdícios em instituições hospitalares: um estudo exploratório**	Simpósio de Engenharia de Produção - SIMPEP, 13, 2006, Bauru. Anais...Bauru, UNESP
SOLIMAN, Marlon; SAURIN, Tarcisio Abreu	**Uma análise das barreiras e dificuldades em lean healthcare.**	Revista Produção Online, Florianópolis, v. 17, n. 2, p. 620-640, jun. 2017.
ZATTAR, Izabel Cristina; SILVA, Rosangela Rosa Luciane da; BOSCHETTO, Jessica Werner	**Aplicações das ferramentas *lean* na área da saúde: revisão bibliográfica**	Journal of Lean Systems, 2017, Vol. 2, Nº 2, pp. 68-86.

Valor e desperdício

A Produção Enxuta, conforme Figura 1, pode ser percebida com base em sua Filosofia, seus Princípios e Ferramentas/Técnicas[3]. No topo da pirâmide, está evidenciada a Filosofia Lean por meio de seus objetivos mais importantes ligados a valor e desperdício. No nível intermediário e na base estão identificados, respectivamente, os cinco princípios e as ferramentas e técnicas da Produção Enxuta.

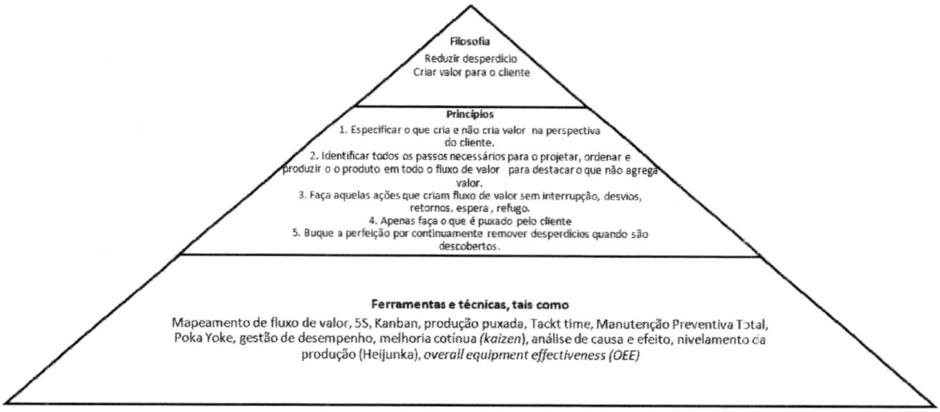

Figura 1- Três níveis de percepções Lean
Fonte: Adaptado de ARLBJØRN, FREYTAG & HAAS[3].

SILVA, LIMA e COSTA[4] afirmaram que "(...) dentro de um mesmo campo de estudo, o conceito de valor tem diferentes interpretações, sofrendo também mudanças evolutivas de percepção e/ou recaracterização, influenciadas muitas vezes pelo ambiente externo e cultural, além do aumento da complexidade e instabilidade da sociedade moderna". Os autores realizaram uma revisão de literatura sobre valor em diversas áreas de conhecimento buscando definir elementos que determinam a criação de valor.

Valor é o que um cliente está disposto a pagar[5]. Um cliente não está disposto a pagar por, exemplo, por espera, erros, retrabalho. Uma atividade para ser classificada como de valor agregado, deve atender a três condições (Graban, p. 41)[1]:

1. O cliente deve estar disposto a pagar pela atividade.
2. A atividade precisa transformar de alguma forma o produto ou serviço.
3. A atividade deve ser feita corretamente desde a primeira vez.

PINTO[6] afirma que "Para criar valor, é preciso primeiro separar valor de desperdício'". (...). Primeiro é preciso entender quais etapas envolvidas em um processo são realmente importantes, quais são apenas necessárias e quais são totalmente desnecessárias". Uma cirurgia de apêndice é de grande valia pois pode evitar a morte de um paciente mas está envolta por várias atividades que sob a perspectiva do cliente não agregam valor mas que são cruciais para a manutenção do hospital como "processo de autorização do procedimento, o faturamento e a cobrança" (Pinto, p. 28)[6]. Em um grande número de operações, a proporção de valor para desperdício é de 5/95[5].

THÜRER, TOMAŠEVIĆ & STEVENSON[7] analisaram diferentes usos do conceito de desperdício (*waste*). Os autores afirmaram que desperdício, frequentemente, é conceituado como "atividade que não agrega valor" e com base na classificação dos Sete Desperdícios. De maneira mais completa, WOMACK e JONES[8] conceituam desperdício como algo que consome recursos, mas não cria valor. O Quadro 1 sumariza os tipos de desperdício bem como exemplos no ambiente hospitalar. Este Quadro apresenta um oitavo desperdício (acrescido aos 7 desperdícios propostos por Ohno) conhecido como Potencial Humano.

Com relação a desperdício (muda), GRABAN[1] afirma o seguinte:

"Os funcionários dos hospitais normalmente passam uma grande parcela do seu tempo em atividades que representam desperdício. Enfermeiros médicocirúrgicos de hospitais em todo o mundo, por exemplo, geralmente empregam apenas cerca de 30% do seu tempo no atendimento direto aos pacientes, que inclui atividades como: verificar o estado dos pacientes; administrar medicação; responder a perguntas; transmitir orientações dos médicos" (p.38).

Quadro 1- Tipos de desperdícios no ambiente hospitalar

Tipo de desperdício	Descrição resumida	Exemplos hospitalares
Falhas	Tempo gasto fazendo algo incorretamente, inspecionando erros ou consertando erros	Carrinho cirúrgico com falta de um item; medicamento errado ou erro na dose administrada ao paciente
Superprodução	Fazer mais que o demandado pelo cliente ou produzir antes de surgir a demanda	Realização de procedimentos diagnósticos desnecessários
Transporte	Movimento desnecessário do "produto" (pacientes, amostras, materiais) em um sistema	Layout inadequado; por exemplo, laboratório do cateter localizado longe da emergência
Espera	Espera pelo próximo evento ou pela próxima atividade de trabalho	Funcionários esperando por causa de desequilíbrio nas suas cargas de trabalho; pacientes à espera de consulta
Estoque	Custo do estoque excessivo representado em custos financeiros, custos de armazenagem e transporte, desperdício, estrago	Suprimentos vencidos que precisam ser descartados, como medicamentos com data de validade vencida
Movimento	Movimento desnecessário dos funcionários no sistema	Funcionários do laboratório caminhando quilometros por dia em razão de um layout mal planejado
Excesso de processamento	Fazer trabalho que não é valorizado pelo cliente, ou causado por definições de qualidade que não se alinham com as necessidades do paciente	Dados sobre horário/data afixados em formulários, mas nunca utilizados
Potencial humano	Desperdício e perda derivados de funcionários que não se sentem engajados, que não se sentem ouvidos ou que não percebem apoio a suas carreiras	Funcionários que se sentem superados e deixam de apresentar sugestões para melhorias

Fonte: Graban[1] (p. 46)

RESULTADOS

A seguir, são apresentados os resultados da pesquisa bibliográfica, ou seja, a contribuição de cada um dos artigos para responder aos questionamentos que norteiam o presente trabalho.

Artigo 1- Aplicações das ferramentas *lean* na área da saúde: revisão bibliográfica.

ZATTAR, SILVA e BOSCHETTO[9] elaboraram uma revisão bibliográfica com o intuito de descrever o cenário atual da implementação das ferramentas Lean no setor de saúde e uma pesquisa sistemática para levantamento de trabalhos que envolvem aplicações de ferramentas Lean. Sessenta e nove artigos foram considerados, ente os quais, pode-se citar o artigo publicado em 2006 pelos autores Radnor, Walley e Bucci intitulado "*Evaluation of the Lean Aproach to Business Management and its Use in the Public Secto*r", que elencaram como benefícios da utilização do mapa de fluxo de valor: "redução do tempo de espera para consultas de 23 para 12 dias e redução do lead time de atendimento completo do paciente em 48%".

Contribuições para a pesquisa

1) Casos de implementação da filosofia *Lean* e os principais benefícios obtidos. Como benéficos de algum (uns) trabalhos citados, encontram-se redução de vários dos desperdícios citados anteriormente como de espera, defeitos, estoque excessivo.
2) Citação de um desperdício adicional aos oito desperdícios anteriormente citados, a saber: "repriorização, ou seja, iniciar uma tarefa e mudar para outra antes de concluir a primeira" com base no seguinte trabalho publicado em 2007 por Amirahmadi, Dalbello e Mccarthy intitulado *Innovations in the Clinical Laboratory: An Overview of Lean Principles in the Laboratory.*. Este trabalho citou, ainda, um exemplo de desperdício ligado ao oitavo desperdício ligado ao potencial humano, a: "(...) utilização de enfermeiros,

médicos e outros profissionais da saúde como operadores e não como trabalhadores especialistas em processos".

Artigo 2- Qual o significado de valor? Uma abordagem baseada em diferentes perspectivas.

SILVA, LIMA e COSTA[4] buscaram caracterizar o conceito de valor por meio do paradigma econômico-social e verificar quais são os determinantes que influenciam na criação de valor.

Contribuição para a pesquisa

1) Definição de valor no contexto de Gestão de Operações, com citação, entre outras, do Pensamento Enxuto.
2) Referência à Técnica Mapeamento do Fluxo de Valor (*VSM – Value Stream Mapping*) e sua relação com o desperdício nas organizações, a saber com base em Turkyilmaz *et al*[10]: "O VSM é uma técnica utilizada para entender a forma atual do funcionamento da empresa, seus desperdícios de recursos e ajudar no desenvolvimento de um fluxo de valor futuro com menos desperdícios".

Artigo 3- Uma análise das barreiras e dificuldades em lean healthcare.

SOLIMAN e SAURIN[11] examinaram barreiras e dificuldades em Lean Healthcare. Isto foi feito tendo em vista, consideração de artigos acadêmicos, entrevistas semi-estruturadas com acadêmicos e pessoas que desenvolvem atividades em lean healthcare e observações participantes em Hospitais.

Contribuições para a pesquisa

1) Os autores ressaltaram que para identificação de clientes e o que valorizam para o sucesso das organizações quando da adoção e utilização do Lean Healthcare, deve ser considerado e avaliado o equilíbrio da entrega de valor entre os

stakeholders atuantes nos processos. Outra questão considerada importante é a dificuldade na definição de perdas.

2) Com base na elaboração de um mapa conceitual que traz a inter-relação entre as barreiras de *Lean Healthcare*, os autores concluíram que o construto "Alta variabilidade de processo" causa "Dificuldade de entender quem é o cliente e o que valoriza" que causa "Desequilíbrio na entrega de valor" que causa "Dificuldade na definição de perdas". Esta relação representa apenas uma parte do mapa, mas traz uma importante relação entre valor e desperdício no contexto do estudo proposto pelos autores.

Artigo 4- Produção enxuta no setor de serviços: caso do hospital de clínicas de Porto Alegre – HCPA.

SELAU et al[12] realizaram um estudo de caso no Hospital de Clínicas de Porto Alegre – RS (HCPA). A unidade de análise foi o bloco cirúrgico. Os autores buscaram avaliar a aplicabilidade dos princípios da produção enxuta no bloco cirúrgico com utilização do mapeamento dos processos.

<u>Contribuições para a pesquisa</u>

Os autores identificaram um processo representativo da unidade de análise, a saber:

processo de Ressecção Transuretral de Próstata e, a partir disto, foi possível identificaram atividades que agregam e não agregam valor com utilização do mapeamento de processos com a perspectiva as perspectivas do paciente e do Hospital, bem como as estratégias para eliminação e/ou redução de desperdícios.

A seguir, é apresentada uma síntese dos resultados presentes no trabalho de Selau et al[12] com base no Processo Processo de Ressecção Transuretral de Próstata:

1) **Atividades que agregam valor e que não agregam valor**

Atividades que agregam valor: preparo do paciente para a cirurgia, ato cirúrgico e encaminhamento do paciente à sala de recuperação.

Atividades que não agregam valor: atividades burocráticas, preparo da sala de cirurgia e da equipe cirúrgica.

Proporção de atividades que não agregam valor com relação à totalidade das atividades do processo: Detectou-se que cerca 50% das atividades executadas quando do atendimento do paciente não agregam valor. Duas considerações interessantes foram destacadas pelos autores:

a) Dada a impossibilidade de eliminação das atividades que não agregam valor, aviltaram a possibilidade da realização destas atividades de modo paralelo.

b) Ocorrência de situação considerada problemática do ponto de vista do cliente, a saber: tempo de espera entre a confirmação da data da cirurgia e a sua execução é determinado como sendo de 15 dias. Isto não pode ser alterado devido a restrições e rotinas do Hospital.

2) Identificação e mapeamento de valor

Após a listagem das atividades do processo sob o ponto de vista do paciente e do Hospital, os autores construíram um mapa de fluxo de valor com desenho de mapas do estado atual do processo. Para elaboração dos mapas foram consideradas as perspectivas do paciente e do Hospital (bloco cirúrgico) com o intuito de análise de interseções, onde ocorre agregação de valor para o paciente e identificação de pontos de melhoria.

Com relação à eliminação de desperdícios, a aplicação de um questionário estruturado trouxe à luz a situação atual e a percepção de conflitos bem como a indicação de possíveis melhorias (Tabela 2). No presente estudo, os conflitos observados são considerados como pontos de perda, problemas, falhas que podem indicam desperdícios e as sugestões de melhoria serão consideradas como estratégias para eliminação dos desperdícios

Tabela 2- Eliminação e/ou redução de desperdícios

Situação atual	Conflitos observados	Sugestões de melhoria
Atividades relacionadas são colocadas próximas umas das outras.	*Layout* não facilita remoção de pacientes graves.	Tirar o Centro de Obstetrícia do mesmo andar (aumentar espaço).
Existem indicadores para avaliação de tempos de cirurgia e espera.	Muitas cirurgias sendo desmarcadas ou atrasadas.	Médicos estimarem com mais precisão os tempos de cirurgia.
Existe controle de estoque visual.	Enorme tempo entre a marcação da cirurgia e a realização (1 ano).	Colocar código de barras em documentos e deixar apenas uma assinatura como obrigatória.
Existem listas das salas com materiais disponíveis em cada uma.	Muita burocracia em relação à *looping* de papéis para assinatura.	O acerto do paciente no setor de convênios poderia ser feito anteriormente.
Existem estimativas de tempo para as atividades nos POPs (Procedimentos Operacionais Padrão).	O acerto do paciente no setor de convênios é realizado somente em cima da hora da cirurgia.	Considerar atraso nas cirurgias quando elas começam fora do horário.

Situação atual	Conflitos observados	Sugestões de melhoria
Existe um setor de ouvidoria que leva as reclamações e necessidades dos pacientes para os gestores.	O atraso nas cirurgias é medido somente no final, ou seja, se ela começa atrasada mas acaba dentro do esperado não é considerado problema.	Fazer grupo de trabalho com equipes de anestesia e cirúrgica para resolver o problema de horário de início de cirurgias.
O *layout* específico do processo da cirurgia é bem desenhado (em U).	Ocorrem atrasos no início das cirurgias por falhas na comunicação e entendimento entre equipe de anestesia e equipe médica.	

Fonte: Adaptado de SELAU et al.[13] (pp. 132-133) com base na Quadro Identificação da Aplicação dos Princípios Enxutos e Sugestões de Melhorias.

Artigo 5 - Lean thinking: aplicação em um ambulatório hospitalar.

MOCCELLIN & MUSETTI[13] realizaram uma aplicação do Pensamento Enxuto a um ambulatório hospitalar.

<u>Contribuições para a pesquisa</u>

Os autores utilizaram uma situação hipotética baseada em fatos reais com base em um "fluxo de um paciente com consulta agendada e o seu relacionamento com os procedimentos". Após consideração do fluxo, os autores consideraram a compreensão dos princípios enxutos concernente ao ambulatório hospitalar. Com relação ao primeiro princípio, consideraram que valor deve ser especificado com base no paciente (cliente) e, como tal, o ambulatório seria o provedor das necessidades do paciente. Com base na situação considerada e na literatura relativa aos sete desperdícios, foram relatadas as suas ocorrências (Quadro 2).

Quadro 2- Ocorrências dos Sete desperdícios em um ambulatório hospitalar.

Sete desperdícios	Ocorrências
Superprodução	Exame feito antes do tempo, com perda de sua validade e realizado novamente (retrabalho).
Espera	Paciente fica esperando em filas, por exemplo esperando atendimento ou quando o médico tem de parar um atendimento para procurar um exame considerado perdido. Os autores fazem uma alusão a um processo produtivo :"(...) é como se a produção parasse no meio para esperar um recurso necessário chegar".
Transporte excessivo	Paciente que deve agendar exame e retorno, mas que para isso ser feito exige deslocamento desnecessário.
Processos inadequados	"O fato do paciente ter que se deslocar para várias localidades para apenas agendar exames e retorno é causado pela ineficiência do processo de agendamento, pois não existe uma integração das informações sobre as vagas disponíveis para exames e para o retorno. O agendamento é descentralizado".
Estoque desnecessário	Aumento do "acúmulo de pessoas nos corredores" devido a ocorrência de atraso em consultas além de acompanhantes em quantidade superior à recomendada o que gera concorrência por assentos de espera e, consequentemente "má distribuição dos recursos".

Sete desperdícios	Ocorrências
Movimentação desnecessária	Quando durante a consulta, é detectada a falta de um exame, o médico se desloca desnecessariamente para procura-lo.
Produtos defeituosos	Exame com validade vencida, gerando um tempo adicional para realização de novo exame e retorno para consulta e "(...) vagas perdidas poderiam estar sendo ocupadas por outras pessoas".

Fonte: Elaboração própria com dados extraídos e adaptados de (Moccellin e Musetti)[13].

Artigo 6- Desperdícios em instituições hospitalares: um estudo exploratório.

SILVA, SACRAMENTO e PALMISANO[14] realizaram um estudo focado em desperdícios em seis instituições hospitalares com o intuito de identificar suas origens, analisar consequências do processo de identificação e como essas instituições lidam com eles. Isto foi feito por meio de entrevistas realizadas com profissionais de saúde dos Hospitais, observações e dados históricos. Um dos questionamentos proposto a ser respondido, ao longo do estudo, foi a seguinte: "a instituição está envolvida em algum tipo de programa de identificação e eliminação de desperdícios?".

Contribuições para a pesquisa

Nas respostas dos entrevistados com relação ao desperdício, foram detectadas preocupações em comum que estão sintetizadas parcialmente na Tabela 2. Esta Tabela conforme apresentada no presente trabalho contempla somente alguns exemplos de algumas das áreas/atividades contempladas por SILVA, SACRAMENTO e PALMISANO[14].

Tabela 3- Exemplos de desperdícios

Área/atividade	Exemplos
Requisição de material de enfermagem	"As requisições erradas produzem um significativo volume de devoluções para o almoxarifado, além de muitos descartes ou ainda a formação de estoques de produtos nos postos de enfermagem, sem controle, que são descartados por vencimento da validade".
Enfermagem	"Solicitação de medicamentos novos em situações que poderiam ser prescritas drogas alternativas".
Informação e documentação	"O processo de faturamento não pode ser finalizado por falta de algum documento, de informações complementares, de assinatura, produzindo atraso no recebimento de valores de 30 a 60 dias".
Manutenção	"O almoxarifado de manutenção não possui registro de entradas e saídas. As ferramentas são acondicionadas desordenadamente e acaba-se comprando novas desnecessariamente".

Fonte: Adaptado de (SILVA, SACRAMENTO e PALMISANO, p.6)[14].

CONCLUSÃO

O presente estudo buscou trazer uma compreensão inicial para o significado de valor e desperdício em organizações de saúde, bem como atividades que agregam e não agregam valor com base na literatura e em alguns artigos publicados em revistas nacionais e no SIMPEP. Além disto, estes artigos possibilitaram perceber algumas possíveis estratégias para eliminação e/ou redução de desperdícios e ganhos com a eliminação e/ou redução destes.

REFERÊNCIAS

Graban, M. Hospitais Lean: melhorando a qualidade, a segurança dos pacientes e o envolvimento dos funcionários. 2ª edição. Porto Alegre: Bookman, 2013.

Rodrigues ACO, Affonso Neto, A. Aplicação do *Lean* no setor de saúde: estudo de caso em um hospital geral. Journal of Lean Systems, 2017, Vol. 2, Nº 2, pp. 46-67

Arlbjørn JS, Freytag PV, Haas, H. (2011). Service supply chain management: A survey of lean application in the municipal sector. International Journal of Physical Distribution & Logistics Management, Vol. 41 Issue: 3, p. 277 – 295.

Silva EHDR, Lima EP, Costa SEG. Qual o significado de valor? Uma abordagem baseada em diferentes perspectivas. Revista Produção Online, Florianópolis, v. 15, n. 4, p. 1326-1350, dez. 2015.

Dennis, P. Produção Lean Simplificada - Um Guia para Entender o Sistema de Produção mais Poderoso do Mundo. 2ª edição. Porto Alegre: Bookman; 2008.

Pinto CF. Em busca do cuidado perfeito: aplicando Lean na saúde. São Paulo: Lean Institute Brasil, 2014, 188p.

Thürer M, Tomašević I, Stevenson M (2016). On the meaning of 'Waste': review and definition. Production Planning & Control, Vol. 28, Iss. 3, p. 244-255.

Womack JP, Jones DT (2004). A mentalidade enxuta nas empresas: elimine o desperdício e crie riqueza. Rio de Janeiro: Elsevier, 2004.

Zattar IC; Silva RRL; Boschetto JW. Aplicações das ferramentas *lean* na área da saúde: revisão bibliográfica. Journal of Lean Systems, 2017, Vol. 2, Nº 2, pp. 68-86

Turkyilmaz A., Gorener A., Baser H. Value stream mapping: case study in a water heater manufacturer. International Journal of Supply Chain Management, v.2, n.2, p.32-39, 2013.

Soliman M, Saurin, TA. Uma análise das barreiras e dificuldades em lean healthcare. Revista Produção Online, Florianópolis, v. 17, n. 2, p. 620-640, jun. 2017.

Selau LPR, Pedó MGB, Senff DS, Saurin TA. Produção enxuta no setor de serviços: caso do hospital de clínicas de Porto Alegre – HCPA. Revista Gestão Industrial, v. 5, n. 1, p. 122-140, 2009.

Moccellin F, Musetti MA (2004). Lean thinking: aplicação em um ambulatório hospitalar. In: Simpósio de Engenharia de Produção - SIMPEP, 11, 2004, Bauru. Anais...Bauru, UNESP.

Silva OR, Sacramento FJS, Palmisano A. Desperdícios em instituições hospitalares:

um estudo exploratório. In: Simpósio de Engenharia de Produção - SIMPEP, 13, 2006, Bauru. Anais...Bauru, UNESP.

Made in the USA
Monee, IL
05 November 2026

67808884R00296